建筑给水排水工程设计与施工系列丛书

建筑给水排水设计细节与禁忌

王　毅　主编

中国建筑工业出版社

图书在版编目(CIP)数据

建筑给水排水设计细节与禁忌/王毅主编. —北京：中国建筑工业出版社，2011
(建筑给水排水工程设计与施工系列丛书)
ISBN 978-7-112-12940-9

Ⅰ.①建… Ⅱ.①王… Ⅲ.①建筑-给水工程-工程设计-基本知识②建筑-排水工程-工程设计-基本知识 Ⅳ.①TU82

中国版本图书馆 CIP 数据核字(2011)第 026889 号

责任编辑：张文胜 姚荣华
责任设计：赵明霞
责任校对：关 健 马 赛

建筑给水排水工程设计与施工系列丛书
建筑给水排水设计细节与禁忌
王 毅 主编
*
中国建筑工业出版社出版、发行(北京西郊百万庄)
各地新华书店、建筑书店经销
北京天成排版公司制版
北京同文印刷有限责任公司印刷
*
开本：850×1168 毫米 1/32 印张：14½ 字数：390 千字
2011 年 5 月第一版 2011 年 5 月第一次印刷
定价：**32.00** 元
ISBN 978-7-112-12940-9
(20192)

(邮政编码 100037)

编 委 会

前　言

随着我国经济建设的高速发展和人们生活水平的不断提高，各类民用建筑和公共建筑正向着层数更多、标准更高、设备更完善、功能更齐全、技术更先进、安全性更强的方向发展。因此，对建筑给水排水工程的设计提出了新的要求。为更加适应实际建筑给水排水的设计要求，住房和城乡建设部在2009年对《建筑给水排水设计规范》(GB 50015)进行了全面修订。基于上述原因，我们组织相关工程技术人员编写了此书。

本书按照“细节”与“禁忌”两大主线对内容进行编排和组织。全书共分为8章，主要包括给水排水工程设计必备知识、建筑给水系统设计、建筑消防给水系统设计、建筑排水系统设计、建筑热水供应系统设计、建筑饮水供应系统设计、建筑中水系统设计、游泳池及水景给水排水系统设计。本书具有很强的针对性和适用性，理论与实践相结合，更注重实际经验的运用；结构体系上重点突出、详略得当，注重知识的融贯性，突出了整合性的编写原则。本书可供从事建筑给水排水工程设计、施工的人员使用，也可作为工程设计人员的参考用书。

由于编者的经验和学识有限，尽管编者尽心尽力，但内容难免有疏漏或不妥之处，恳请读者给予批评指正。

编者

2011.01

目　录

第1章　给水排水工程设计必备知识

1.1　给水排水设计基础

【细　　节】

细节：建筑给水排水设计主要内容

1. 建筑给水系统设计

建筑给水系统设计的主要内容有用水量计算，给水方式的确定，管道设备的布置，管道的水力计算及室内所需要的水压的计算，贮水池、水箱容积和构造尺寸的确定，水泵的流量、扬程及型号的确定，管材及型号的选用，给水系统图纸的绘制，给水管道及设备施工要求。

2. 建筑热水供应系统设计

建筑热水供应系统设计的主要内容有热水温度的确定，热水用量的计算，加热方式的选择，热水系统给水方式的确定，加热设备的容积计算和型号的确定，热水管道的水力计算及所需水压的计算，热水附属设备的确定及选择、热水系统图纸的绘制，热水管道及设备施工要求。

3. 建筑消防给水和灭火设备系统设计

建筑消防给水系统设计的主要内容有消火栓给水系统和自动喷水灭火系统。

(1) 消火栓给水系统。室内、外消火栓用水量的确定，消火栓给水系统供水方案的确定，消火栓的布置及消火栓型号的确定，消防水池、水箱容积的确定，消防管道水力计算及消防水压的计算，消防水泵的流量、扬程、型号和稳压系统的确定，消防控制系统的确定，消火栓给水系统图纸绘制，消防给水管道及设备施工技术要求。

(2) 自动喷洒给水系统。自动喷洒给水系统供水方案的确定，喷头布置及型号的确定，喷洒管网的水力计算，报警阀、水流指示器的选型，稳压系统的确定，自动喷洒控制系统的确定，喷洒系统的图纸绘制，自动喷洒给水管道及设备施工技术要求。

4. 建筑排水系统设计

建筑排水系统设计的主要内容有排水体制及排水方案的确定，排水管道系统的布置，排水管道的水力计算及排水通气系统的计算，卫生设备的选型及布置，局部污水处理构筑物的选型，屋面雨水系统的确定及计算，排水管材的选择，排水系统图纸的绘制，排水管道及设备施工技术要求。

细节：建筑给水排水工程方案设计

在进行方案设计时，应具有建筑总平面图，从而了解建筑平面位置、建筑用途及层数，建筑的外形特征、建筑物周围的地形及道路，同时还要了解市政给水管道的具体位置和允许连接引入管处的管径、水压及埋深，了解市政排水管道的具体位置、出户管接入点的检查井标高、排水管径和管材，排水方向和坡度以及排水体制。

掌握上述情况后，可以根据建筑性质计算总用水量，确定给水、排水设计方案；向建筑专业设计人员提出给水、排水设备用房面积和位置；编写方案设计说明书。

建筑给水排水工程方案设计说明书一般包括以下内容：

1. 设计依据、设计要求及主要技术经济指标

列出与工程设计有关的依据性文件的名称和文号；设计所采用的主要法规和标准；设计基础资料；设计内容和范围；工程规模和设计标准；主要经济指标(如总用地面积、总建筑面积、建筑层数、层高和总高度)。

2. 给水排水设计说明

给水系统：水源情况简述，用水量及耗热量估算，总用水量（最高日、最大时），说明所选定的给水方式。

排水系统：说明选用的排水体制，污、废水及雨水的排放管路；后算污、废水排水量，雨水量及重现期参数等；排水系统说明及综合利用；污、废水处理方法。

热水供应系统：简述热源、供应范围及供应方式。

消防给水系统：简述消防系统种类，供水方式。

建筑中水系统：简述设计依据，处理方法。

饮用净水系统：简述设计依据，处理方法等。

方案设计完毕后，经建设单位认可，报主管部门审批后，可进行下一阶段的设计工作。

细节：建筑给水排水工程初步设计

初步设计是将方案设计确定的系统和设施用图纸和说明书完整地表达出来。

建筑给水排水工程初步设计阶段，设计文件包括设计说明书、设计图纸、主要设备表和计算书。

1. 设计说明书

（1）设计依据。摘录有关主管部门批准文件和依据性资料中与本专业设计有关的内容；本工程采用的主要法规和标准；其他专业提供的本工程设计资料和工程可利用的市政条件。

（2）设计范围。根据设计任务书和有关设计资料来说明本专业设计内容。

（3）建筑给水排水各系统设计说明。说明用水量标准、用水单位数、工作时间、小时变化系数、最高日及最大时用水量。

给水系统：说明给水系统的划分和给水方式，分区供水要求和采取的措施，计量方式，水箱和水池的容量、设置位置、材质、设备选型，保温、防结露和防腐蚀等措施。

消防系统：遵照各类防火设计规范的有关要求，分别对各类消防系统的设计原则和依据、计算标准、系统组成、控制方式，消防水池和水箱的容量、设置位置以及主要设备选择予以叙述。

热水供应系统：说明所采取的热水供应方式，系统的选择，水温、水质、热源、加热方式及最大小时热水用水量和耗热量等。说明设备选型、保温和防腐的技术措施等。当利用余热或太阳能时，还应说明采用的依据、供应能力、系统形式、运行条件及技术措施等。

管道直饮水、开水系统：对水质、水压、水温等有特殊要求的工程，要说明采用的特殊技术措施，并列出设计数据及工艺流程和设备选型等。

建筑中水系统：说明建筑中水系统设计依据、水质要求、工艺流程、设计参数及设备选型，绘制水量平衡图。

排水系统：说明排水系统的选择，生活和生产污(废)水排水量，室外排放条件；有毒有害污水的局部处理工艺流程及设计数据；屋面雨水的排水系统的选择及室外排放条件，采用的降雨强度和重现期。

其他要说明的问题：管材、接口和敷设方式，节能节水措施，隔振及防噪声的技术措施。

2. 设计图纸

(1) 室外给水排水总平面图。总平面图应表示出新建筑物与旧建筑物及街道的相对位置。标出主要定位尺寸或坐标、标高和指北针；室外给水、排水及热水管网的具体平面位置和走向；室内外给水、排水管道的连接位置；干管的管径、水流方向、阀门井、消火栓井、水表井、检查井、化粪池和其他给水排水构筑物的位置。

(2) 建筑给水排水平面图。给水排水底层、标准层、复杂设备层的管道平面布置图，标出室内外接管位置和管径。平面图应能反映出各层给水排水管道和设备的平面位置。

(3) 系统图。给水系统、排水系统、各类消防系统、循环水系统、热水系统和中水系统等系统图，标注干管管径，排水管道的坡度，设备设置标高、建筑楼层编号及层面标高。

3. 主要设备表

主要设备表应按子项分别列出主要设备的名称、型号、规格（参数）和数量。

4. 计算书

计算书（内部使用）应包括各类用水量和排水量计算、有关的水力计算和热力计算、设备选型和构筑物尺寸计算。

细节：建筑给水排水工程施工图设计

给水排水工程施工图阶段，设计文件应包括图纸目录、施工图设计说明、设计图纸、主要设备表和计算书。

1. 设计说明

设计说明包括设计依据简述；给水排水系统概况；主要的技术指标（如最高日用水量，最大时用水量，最高日排水量，最大时热水用水量、耗热量，循环冷却水量，各消防系统的设计参数及消防总用水量等）。凡不能用图示表达的施工要求，均应以设计说明表达，如说明施工中所要求采用的技术规程、规范和标准图号等的出处，管道的防腐、防冻、防结露的技术要求和方法。施工说明要求写在图纸上作为施工图发出。

2. 设计图纸

(1) 平面图。

1）绘出与给水排水、消防给水管道布置有关的各层的平面图，内容包括主要轴线编号、房间名称、用水点位置，注明各种管道系统编号（或图例）。

2）绘出给水排水、消防给水管道平面布置、立管位置及编号。

3）当采用展开系统原理图时，应标注管道直径、标高，给水管安装高度变化处，应用符号表示清楚，并分别标出标高（排水横管应标注管道终点标高），管道密集处应在该平面图中画横断面图将管道布置定位表示清楚。

4）底层平面应注明引入管、排出管、水泵接合器等与建筑物的定位尺寸、穿建筑物外墙管道的标高、防水套管形式等，还应绘出指北针。

5）标出各层建筑平面标高（如卫生设备间平面标高有不同时，应另外标注）和灭火器放置地点。

6）若管道种类较多，在一张图纸上表示不清楚时，可分别绘制给水排水平面图和消防给水平面图。

7）对于给水排水设备及管道较多处（如热交换站、饮水间、卫生间和泵房等），平面图不能交代清楚时，应绘制局部放大平面图。

（2）系统图。

1）系统轴测图。对于给水排水系统和消防给水系统，一般宜按比例分别绘制各种管道系统轴测图。图中标明管道走向、管径、仪表及阀门、控制点标高和管道坡度，各系统编号，各楼层卫生设备和工艺用水设备的连接点位置。如各层（或某几层）卫生设备及用水点接管（分支管段）情况完全相同时，在轴测图上可只绘一张有代表性楼层的接管图，其他各层注明同该层即可。复杂的连接点应局部放大绘制。在系统轴测图上，应注明建筑楼层标高、层数、室内外建筑平面标高差。卫生间管道应绘制轴测图。

2）展开系统原理图。对于用展开系统原理图能将设计内容表达清楚的，可绘制展开系统原理图。图中标明立管和横管的管径、立管编号、楼层标高、层数、仪表及阀门、各系统编号、各楼层卫生设备和工艺用水设备的连接，排水管标立管检查口、通风帽等距地（板）高度等。如各层（或某几层）卫生设备及用水点接管（分支管段）情况完全相同时，在展开系统原理图上可只绘一张有代表性楼层的接管图，其他各层注明同该层即可。

当自动喷水灭火系统在平面图中已将管道管径、标高、喷头间距和位置标注清楚时，可简化表示从水流指示器至末端试水装置（试水阀）等阀件之间的管道和喷头。

简单管段在平面上注明管径、坡度、走向、进出水管位置及标高，可不绘制系统图。

(3) 局部设施图。当建筑物内有提升、调节或小型局部给水排水处理设施时，可绘出其平面图、剖面图(或轴测图)，或注明引用的详图和标准图号。

(4) 详图。特殊管件无定型产品又无标准图可利用时，应绘制详图。

3. 主要设备材料表

主要设备、器具、仪表及管道附、配件可在首页或相关图上列表表示。

4. 计算书（内部使用）

计算书根据初步设计审批意见进行施工图阶段设计计算。

细节：建筑给水排水设计方法与步骤

1. 熟悉查阅资料

首先要认真阅读设计任务书，明确设计任务，熟悉原始资料，了解建筑概况及给水排水设施情况。然后阅读有关设计规程、规范、参考书籍及资料。

2. 方案的选择及确定

在熟悉资料、明确任务及相关要求的基础上，对建筑内给水、热水、消防、排水等系统的设计方案进行选择与确定，一般情况下各系统均应提出两个方案进行技术经济比较，并从中选出最佳方案。

(1) 生活给水系统的方案。应在充分考虑利用市政管网提供的供水压力及其安全供水程度后，确定建筑给水系统的分区数及分区位置、各区的加压方式。

(2) 热水供应系统方案。应充分考虑冷热水供水压力平衡的问题，进行分区数及位置的确定，选择热媒种类、加热方式，加热、贮水设备的位置、热水循环方式、循环范围、管路的布置形式等。

(3) 建筑消防给水系统的方案。应充分考虑建筑内需要设置的消防设施的类型，消防供水设备是否为独立设置，是否需要分区供水，分区数及供水方式，消防用水量及消防水源。

（4）建筑排水系统的方案。应结合建筑性质、污废水性质和室外排水体制确定建筑内排水体制，污水是否需要进行局部处理及提升，确定屋面雨水的排除方式。

3. 设备及管线平面布置、绘制系统图

按照已确定的给水排水方案，遵照管线布置原则及结合卫生设备设置情况进行给水、热水、排水系统的管线平面布置。根据消防规范要求，进行消火栓及喷淋系统洒水喷头的平面布置、管线的平面布置。将选用的各系统的设备布置在设备间，并完成各系统图的绘制。

4. 设计计算

（1）生活给水系统设计计算。根据建筑所在地区和建筑性质及卫生设备设置情况合理选定的用水定额、小时变化系数计算出建筑最大日生活用水量、最大时用水量。根据建筑用水特点，确定建筑给水的设计秒流量公式。通过管道系统的水力计算，确定各管段的管径、流速及水头损失。

计算出水箱(池)生活调节容积，选择水箱(池)规格、确定水箱(池)安装高度。计算出各区水泵供水所需要的压力，确定水泵的型号、台数、备用数、确定启动及运行方式。根据要求，选择分户水表、分区水表及总水表，计算出水表的水头损失。

（2）消防给水系统设计计算。根据建筑设计防火规范，确定建筑类别、火灾危险等级、各类消防给水设施消防用水量标准以及火灾延续时间。

计算火灾初期消防贮水量，选择贮水设备并计算其尺寸，确定设置位置。计算火灾延续时间内的消防贮水量，据此计算出消防贮水池的尺寸。分别计算消火栓给水系统、自动喷洒给水系统所需的消防用水量，消防所需要的供水压力，选择消防水泵的型号、台数及备用台数。

计算室外消防用水量及供水压力，选择室外消火栓系统的供水设备及方式。

（3）室内排水系统设计计算。根据建筑性质及卫生器具设置情况，确定排水定额，选定设计秒流量计算公式。对于横干管和连接多个卫生器具的横支管，应逐段计算各管段的排水设计秒流量，通过水力计算确定各管段的管径和坡度。立管的水力计算，仅计算立管底部的设计秒流量，校核其是否满足排水立管最大允许排水量。根据通气方式的不同，分别计算通气管的管径。

对不能靠重力流流入市政排水管网的排水，应计算污水池容积，选择污水提升设备。

（4）室外给水排水系统设计计算。室外给水引入管的数量及位置在方案中确定，引入管的管径按通过设计流量确定。室外消火栓的数量、位置及管径的确定应按消防规范执行。

排水出户管应按设计秒流量确定管径及坡度。室外排水管道可按庭院排水管道设计方法进行计算确定。

化粪池在计算出容积后，按照国家标准图集确定型号并进行平面及高程布置。

（5）建筑雨水排水系统计算。根据选定的屋面雨水排放方式、雨水斗及管路布置，进行内排水系统计算。

确定当地暴雨强度公式及重现期，划分屋面泄水区，计算汇水面积，确定屋面泄水能力系数，计算出5min降雨强度h_s，从而计算各管段的雨水流量。

选择布置雨水斗，布置并计算确定连接管、悬吊管、立管、排出管和埋地管管径及相应坡度。

（6）热水供应系统设计计算。确定热水用水定额、时变化系数，冷、热水计算温度，热水供应时间。选择热媒，确定加热方式和加热设备。

根据水质和水量判定是否需要进行水质处理。

进行热水用量、耗热量和热媒耗量的计算。进行加热器容积计算，确定加热器规格及数量，进行加热器热交换面积的计算，确定换热管的规格及数量，进行加热器水头损失的计算。

热水管网的水力计算包括配水管网的水力计算和循环管网的水力计算，确定配水管路和回水管路的管径、配水管路的水头损失。

进行循环管路的水力计算，计算出管路的热损失、循环流量、复核各管段的终点水温、计算循环管网的总水头损失，选择循环方式及设备。

(7) 辅助建筑及设施的给水排水设计。设计内容包括游泳馆设计、洗衣房设计、直接饮用水、水质处理、污水处理站及中水设计。

5. 图纸绘制

在设计计算的基础上进行设计图纸的绘制，完成以下图纸：

(1) 室外给水排水平面图。图纸比例应与建筑总图相一致，可采用1∶300、1∶500、1∶1000。应有指北针，标明新建建筑物与邻近建筑的相对位置，所在街道名称及建筑层数等。用明显的线条表示出建筑进水管位置、阀门井的位置、室外消火栓管线及消火栓的位置、水泵接合器的位置、室外贮水池的位置；排水及雨水排水管线、检查井及化粪池位置。

(2) 地下室给水排水平面图。图纸比例一般为1∶100。地下室给水排水平面图除应表示出地下室的给水排水管线的布置外，还应表示出给水排水设备和污排水构筑物的平面布置。

(3) 首层、裙房、标准层给水排水平面图。图纸比例通常采用1∶100。应绘出生活给水、排水、热水、消火栓给水、自动喷淋给水系统的水平干管、立管和支管的位置。水平管线用不同线条或不同的管道编号加以区别，立管需进行管道编号。绘出消火栓及洒水喷头的位置，阀门、水流指示器、减压装置的位置。各管道应注明管径，自动喷洒系统的喷头及支管应给出定位尺寸。

(4) 设备层给水排水平面图。图纸比例一般为1∶100。应绘出各类管线的相互位置，连接关系，给水、排水、热水设备的布置位置及其设备与管道的连接。

(5) 屋面雨水排水平面图。图纸比例一般为1∶100。应绘出雨水斗的布置、通气管出口和试验消火栓等。

(6) 系统图。系统图一般用45°正面斜轴测投影绘制而成，用以表示管道及设备的空间关系。系统图如果按比例绘制，*OX*、*OY*、*OZ* 三个方向应采用相同的比例，一般采用1∶100。系统图也可不按比例绘制。

建筑内生活给水、热水、消火栓、自动喷淋、排水、屋面雨水排水系统图应分别绘制。

(7) 水泵间管道平、剖面图可按 1∶50 的比例绘制，图纸应达到施工图深度要求。

(8) 卫生间大样图。比例可采用 1∶50～1∶30。应绘制管道轴测图，应清楚地表明卫生间的卫生设备与各管道间的相互关系，注明安装尺寸、管径及坡度。

(9) 设计总说明。设计总说明应对建筑概况、设计范围、给水排水条件、设计任务要求以及设计依据做简要介绍。对建筑内各系统的主要设计参数及设计方案进行简单明了的论述，各种设备器材的选择给予说明。对设计图纸上用图形、图线或符号表达不清楚的问题，需要用文字加以说明。

细节：建筑给水排水设计说明书内容

建筑给水排水设计说明书的内容一般包括摘要、目录、概述、设计与计算内容、工程概算与成本分析、存在问题与建议等。建筑给水排水设计说明书的编写顺序及要求如下：

1. 摘要（中文与外文）

2. 目录

3. 概述

(1) 建筑概况介绍。城市概况、建筑所在街区的具体位置的描述；建筑性质、功能；建筑面积、建筑占地面积、建筑层数（地上、地下）、建筑总高度、室内外高差、建筑客房数及床位数、职工人数和设备层位置；建筑结构及基础情况。

(2) 室外给水排水管道现状。市政给水管网供水压力、引入管位置及管径；市政排水管位置、管径及埋深；冰冻线及地下水位等资料。

(3) 设计任务。见设计任务书中的要求。

(4) 设计依据。设计所采用的有关规范、标准、手册的名称、出版日期和出版社名称等。

4. 设计计算内容

设计计算内容应分系统进行阐述，对各系统的方案要进行充分的比较和论述后确定，对各系统的器材、设备选择要给予说明，对计算中的重要设计参数的选择应写出根据。

5. 工程概算与成本分析

根据高层建筑给水排水工程量，采用工程概算单位及当地工程预算定额进行编制，工程量包括卫生器具、管材、配件、设备各种仪表及有关土建工程。成本分析包括单位面积造价等。

6. 存在的问题与建议

论述设计中存在的问题及改进措施。

1.2 给水排水识图基础

细节：图线

图线的宽度 b 应根据图纸的类别、比例和复杂程度，按《房屋建筑制图统一标准》GB/T 50001—2010 中的相关规定选用。线宽 b 宜为 0.7mm 或 1.0mm。建筑给水排水专业制图常用的各种线型宜符合表 1-1 中的规定。

建筑给水排水专业制图常用的各种线型　　表 1-1

名称	线型	线宽	用途
粗实线	————	b	新设计的各种排水和其他重力流管线
粗虚线	— — — —	b	新设计的各种排水和其他重力流管线的不可见轮廓线
中粗实线	————	$0.7b$	新设计的各种给水和其他压力流管线；原有的各种排水和其他重力流管线
中粗虚线	- - - - - -	$0.7b$	新设计的各种给水和其他压力流管线及原有的各种排水和其他重力流管线的不可见轮廓线

续表

名称	线型	线宽	用　途
中实线	————————	0.50b	给水排水设备、零(附)件的可见轮廓线；总图中新建的建筑物和构筑物的可见轮廓线；原有的各种给水和其他压力流管线
中虚线	— — — — — — — —	0.50b	给水排水设备、零(附)件的不可见轮廓线；总图中新建的建筑物和构筑物的不可见轮廓线；原有的各种给水和其他压力流管线的不可见轮廓线
细实线	————————	0.25b	建筑的可见轮廓线；总图中原有的建筑物和构筑物的可见轮廓线；制图中的各种标注线
细虚线	— — — — — — — —	0.25b	建筑不可见轮廓线；总图中原有的建筑物和构筑物的不可见轮廓线
单点长画线	—— · —— · ——	0.25b	中心线、定位轴线
折断线	——∿——	0.25b	断开界线
波浪线	～～～～	0.25b	平面图中水面线；局部构造层次范围线；保温范围示意线

细节：比例

(1) 建筑给水排水专业制图常用的比例，宜符合表 1-2 的规定。

常用比例　　表 1-2

名称	比　例	备注
区域规划图 区域位置图	1∶50000、1∶25000、1∶10000 1∶5000、1∶2000	宜与总图专业一致
总平面图	1∶1000、1∶500、1∶300	宜与总图专业一致
管道纵断面图	纵向：1∶200、1∶100、1∶50 横向：1∶1000、1∶500、1∶300	—
水处理厂(站)平面图	1∶500、1∶200、1∶100	—
水处理构筑物、设备间、卫生间、泵房平、剖面图	1∶100、1∶50、1∶40、1∶30	—

续表

名称	比　例	备注
建筑给水排水平面图	1∶200、1∶150、1∶100	宜与建筑专业一致
建筑给水排水轴测图	1∶150、1∶100、1∶50	宜与相应图纸一致
详图	1∶50、1∶30、1∶20、1∶10、1∶5、1∶2、1∶1、2∶1	—

(2) 在管道纵断面图中，可根据需要对纵向与横向采用不同的组合比例。

(3) 在建筑给水排水轴测系统图中，如局部表达有困难时，该处可不按比例绘制。

(4) 水处理工艺流程断面图和建筑给水排水管道展开系统图可不按比例绘制。

细节：标高

(1) 标高符号及一般标注方法应符合《房屋建筑制图统一标准》GB/T 50001—2010 中的相关规定。

(2) 室内工程应标注相对标高；室外工程宜标注绝对标高，当无绝对标高资料时，可标注相对标高，但应与总图专业一致。

(3) 压力管道应标注管中心标高；沟渠和重力流管道宜标注沟(管)内底标高。标高单位以 m 计时，可注写到小数点后第二位。

(4) 在下列部位应标注标高：

1) 沟渠和重力流管道的起点、变径(尺寸)点、变坡点、穿外墙和剪力墙处以及控制标高处；

2) 压力流管道中的标高控制点；

3) 管道穿外墙、剪力墙和构筑物的壁及底板等处；

4) 不同水位线处；

5) 建(构)筑物和土建部分的相关标高。

(5) 标高的标注方法应符合下列规定：

1）平面图中，管道标高应按图 1-1 的方式标注；

2）平面图中，沟渠标高应按图 1-2 的方式标注；

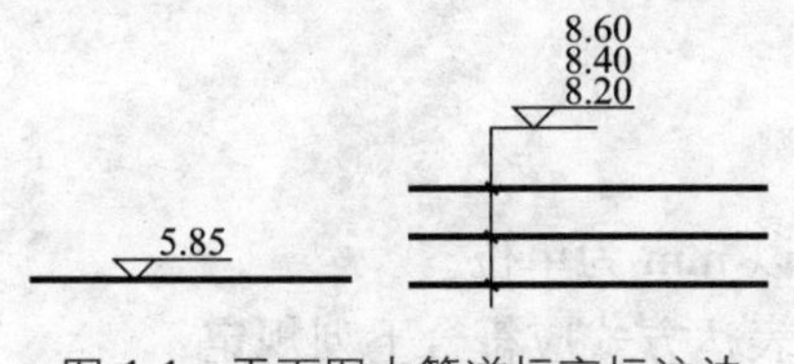

图 1-1　平面图中管道标高标注法

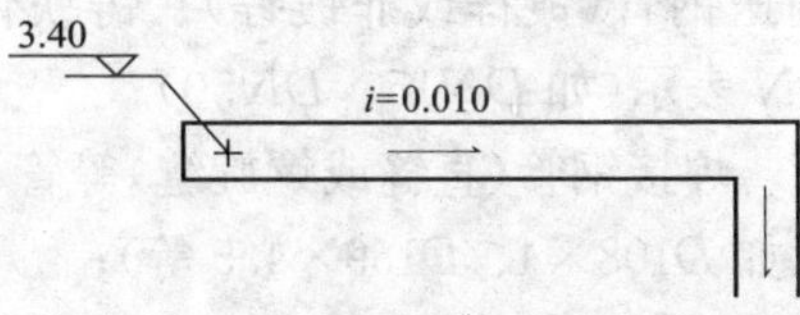

图 1-2　平面图中沟渠标高标注法

3）剖面图中，管道及水位的标高应按图 1-3 的方式标注；

4）轴测图中，管道标高应按图 1-4 的方式标注。

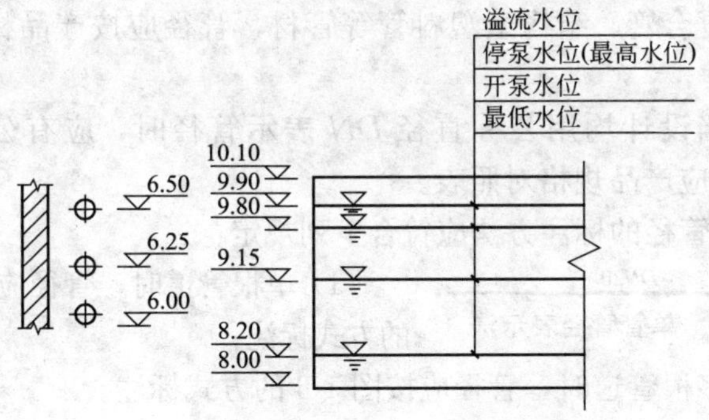

图 1-3　剖面图中管道及水位标高标注法

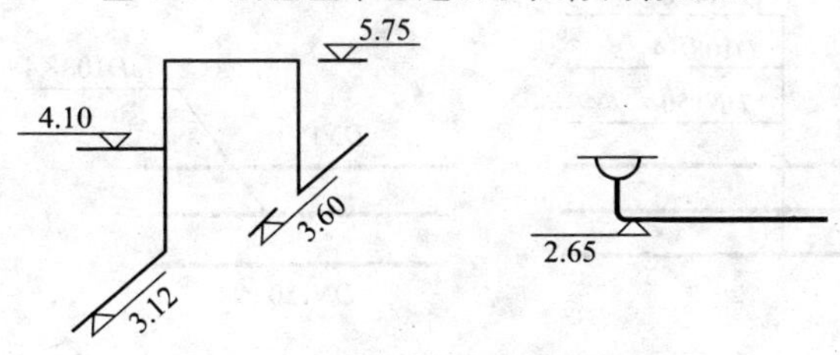

图 1-4　轴测图中管道标高标注法

(6) 在建筑工程中，管道也可标注相对本层建筑地面的标高，标注方法为 H＋相对高度，H 表示本层建筑地面标高（如 H＋0.250）。

细节：管径

(1) 管径应以 mm 为单位。

(2) 管径的表达方式应符合下列规定：

1) 水煤气输送钢管（镀锌或非镀锌）、铸铁管等管材，管径宜以公称直径 DN 表示（如 $DN15$、$DN50$）；

2) 无缝钢管、焊接钢管（直缝或螺旋缝）等管材，管径宜以外径 D×壁厚表示（如 $D108 \times 4$、$D159 \times 4.5$ 等）；

3) 铜管、薄壁不锈钢管等管材，管径宜认公称外径 D_{W} 表示；

4) 建筑给水排水塑料管材，管径宜以公称外径 dn 表示；

5) 钢筋混凝土（或混凝土）管，管径宜以内径 d 表示（如 $d230$、$d380$ 等）；

6) 复合管、结构壁塑料管等管材，管径应按产品标准的方法表示；

7) 当设计均用公称直径 DN 表示管径时，应有公称直径 DN 与相应产品规格对照表。

(3) 管径的标注方法应符合下列规定：

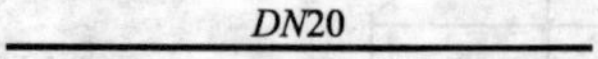

1) 单根管道时，管径应按图 1-5 的方式标注；

*DN*20

图 1-5 单管管径表示法

2) 多根管道时，管径应按图 1-6 的方式标注。

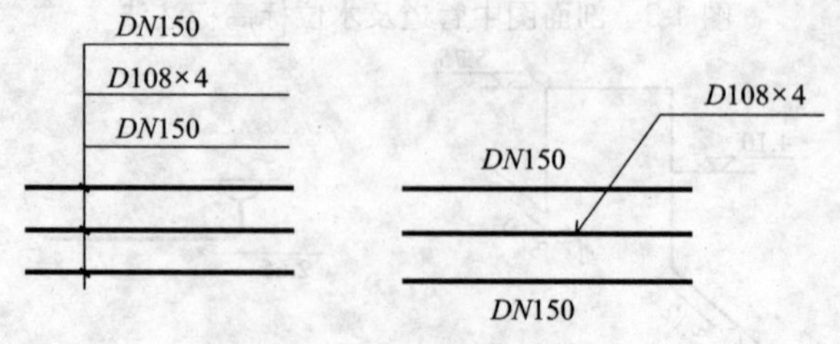

图 1-6 多管管径表示法

细节：编号

（1）当建筑物的给水引入管或排水排出管的数量超过一根时，宜进行编号，编号宜按图 1-7 的方法表示。

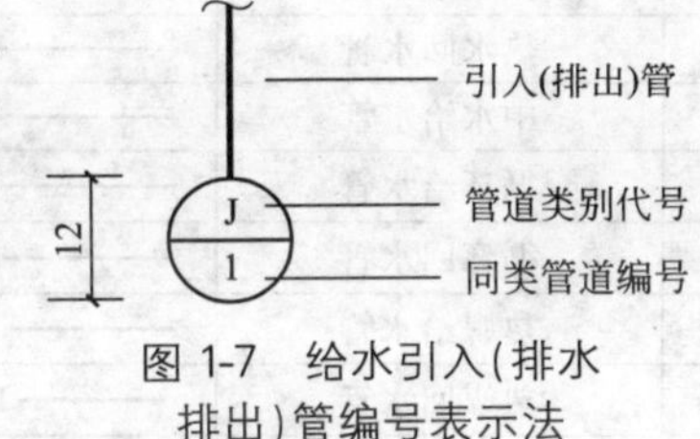

图 1-7　给水引入（排水排出）管编号表示法

（2）建筑物内穿越楼层的立管，其数量超过一根时宜进行编号，编号宜按图 1-8 的方法表示。

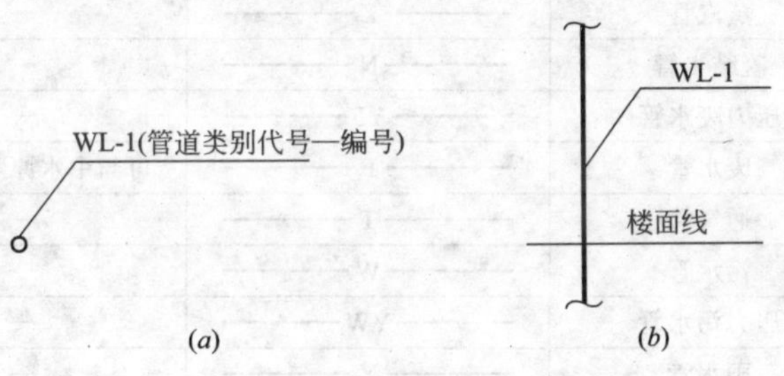

图 1-8　立管编号表示法

（a）平面图；（b）剖面图、系统图、轴测图

（3）在总平面图中，当同种给水排水附属构筑物的数量超过一个时，宜进行编号。

1）编号方法。构筑物代号—编号。

2）给水构筑物编号顺序。从水源到干管，再从干管到支管，最后到用户。

3）排水构筑物的编号顺序。从上游到下游，先干管后支管。

4）当给水排水机电设备的数量超过一台时，宜进行编号，并应有设备编号与设备名称对照表。

细节：施工图常用图例

1. 管道类别

管道类别应以汉语拼音字母表示，并符合表 1-3 中的要求。

管道图例 **表 1-3**

序号	名称	图例	备注
1	生活给水管	—— J ——	—
2	热水给水管	—— RJ ——	—
3	热水回水管	—— RH ——	—
4	中水给水管	—— ZJ ——	—
5	循环给水管	—— XJ ——	—
6	循环回水管	—— XH ——	—
7	热媒给水管	—— RM ——	—
8	热媒回水管	—— RMH ——	—
9	蒸汽管	—— Z ——	—
10	凝结水管	—— N ——	—
11	压力废水管	—— YF ——	—
12	废水管	—— F ——	可与中水原水管合用
13	通气管	—— T ——	—
14	污水管	—— W ——	—
15	压力污水管	—— YW ——	—
16	雨水管	—— Y ——	—
17	压力雨水管	—— YY ——	—
18	膨胀管	—— PZ ——	—
19	保温管		也可用文字说明保留范围
20	多孔管		—
21	地沟管		—
22	防护套管		—
23	伴热管		—
24	管道立管	XL-1 平面　XL-1 系统	X：管道类别；L：立管；1：编号
25	空调凝结水管	—— KN ——	—
26	排水明沟	坡向 ——	—
27	排水暗沟	坡向 ——	—

注：1. 分区管道用加注角标方式表示：如 J_1、J_2、RJ_1、RJ_2……。

2. 原有管线可用比同类型的新设管线细一级的线型表示，并加斜线，拆除管线则加叉线。

2. 管道附件

管道附件的图例宜符合表 1-4 的要求。

管道附件图例 **表 1-4**

序号	名称	图例	备注
1	套管伸缩器		—
2	方形伸缩器		—
3	刚性防水套管		—
4	柔性防水套管		—
5	波纹管		—
6	可曲挠橡胶接头	单球 双球	—
7	管道固定支架		—
8	管道滑动支架		—
9	立管检查口		—
10	清扫口	平面 系统	—
11	通气帽	成品 蘑菇形	—
12	雨水斗	YD- 平面 YD- 系统	—
13	排水漏斗	平面 系统	—
14	圆形地漏	平面 系统	通用。如为无水封，地漏应加存水弯
15	方形地漏	平面 系统	—
16	自动冲洗水箱		—

续表

序号	名称	图例	备注
17	挡墩		—
18	减压孔板	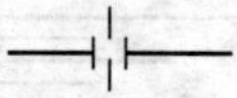	—
19	Y形除污器		—
20	毛发聚集器	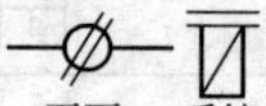 平面 系统	—
21	倒流防止器		—
22	吸气阀		—

3. 管道连接

管道连接的图例宜符合表 1-5 的要求。

管道连接图例 **表 1-5**

序号	名称	图例	备注
1	法兰连接	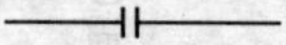	—
2	承插连接	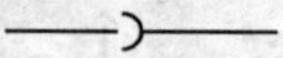	—
3	活接头	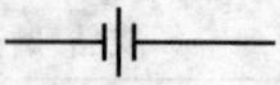	—
4	管堵		—
5	法兰堵盖		—
6	弯折管	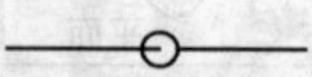	表示管道向后及向下弯转 90°
7	三通连接	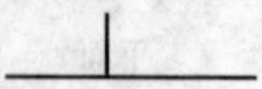	—
8	四通连接	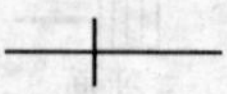	—
9	盲板		—

续表

序号	名称	图例	备注
10	管道丁字上接		—
11	管道丁字下接		—
12	管道交叉	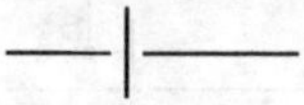	在下方和后面的管道应断开

4. 管件

管件的图例宜符合表 1-6 的要求。

管件图例 **表 1-6**

序号	名称	图例	备注
1	偏心异径管		—
2	异径管	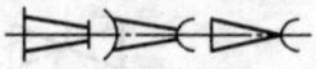	—
3	乙字管		—
4	喇叭管		—
5	转动接头	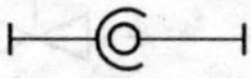	—
6	短管		—
7	存水弯	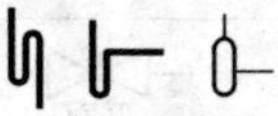	—
8	90°弯头		—
9	正三通		—
10	斜三通		—
11	正四通		—
12	斜四通	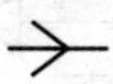	—
13	浴盆排水件	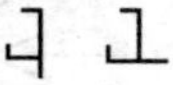	—

5. 阀门

阀门的图例宜符合表 1-7 的要求。

阀门图例 **表 1-7**

序号	名称	图例	备注
1	闸阀		—
2	角阀		—
3	三通阀		—
4	四通阀	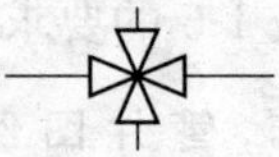	—
5	截止阀	 DN≥50 DN<50	—
6	电动闸阀		—
7	液动闸阀		—
8	气动闸阀		—
9	减压阀	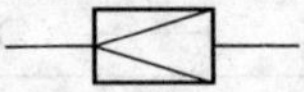	右侧为高压端
10	旋塞阀	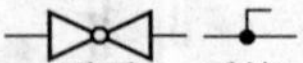 平面 系统	—
11	底阀	 平面 系统	—
12	球阀		—
13	隔膜阀		—
14	气开隔膜阀	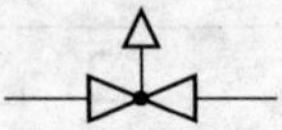	—

续表

序号	名称	图例	备注
15	气闭隔膜阀		—
16	温度调节阀		—
17	压力调节阀	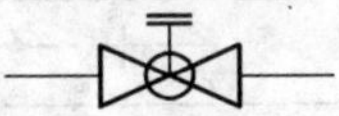	—
18	电磁阀	 M	—
19	止回阀		—
20	消声止回阀		—
21	蝶阀		—
22	弹簧安全阀	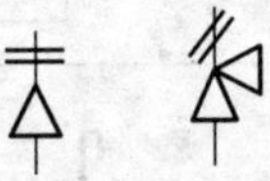	左侧为通用
23	平衡锤安全阀	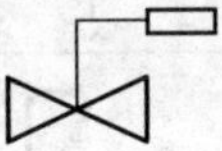	—
24	自动排气阀	 平面 系统	—
25	浮球阀	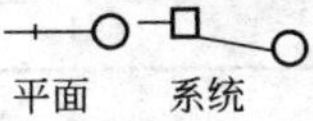 平面 系统	—
26	延时自闭冲洗阀	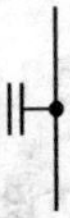	—
27	吸水喇叭口	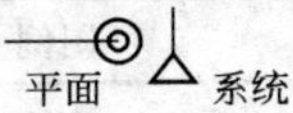 平面 系统	—
28	疏水器		—

6. 给水配件

给水配件的图例宜符合表1-8的要求。

给水配件图例　　表1-8

序号	名称	图例	备注
1	水嘴	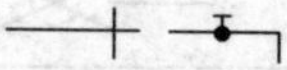	左侧为平面，右侧为系统
2	皮带水嘴	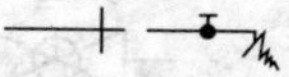	左侧为平面，右侧为系统
3	洒水(栓)水嘴		—
4	化验水嘴		—
5	肘式水嘴	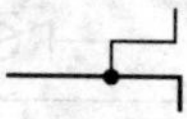	—
6	脚踏开关水嘴	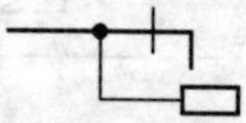	—
7	混合水嘴	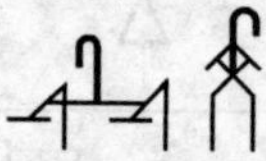	—
8	旋转水嘴	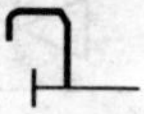	—
9	浴盆带喷头混合水嘴		—

7. 消防设施

消防设施的图例宜符合表1-9的要求。

消防设施图例　　表1-9

序号	名称	图例	备注
1	消火栓给水管	——XH——	—
2	自动喷水灭火给水管	——ZP——	—

续表

序号	名称	图例	备注
3	室外消火栓		—
4	室内消火栓(单口)	平面 系统	白色为开启面
5	室内消火栓(双口)	平面 系统	—
6	水幕灭火给水管	SM	—
7	水炮灭火给水管	SP	—
8	干式报警阀	平面 系统	—
9	水炮		—
10	湿式报警阀	平面 系统	—
11	水泵接合器		—
12	自动喷洒头(开式)	平面 系统	—
13	自动喷洒头(闭式)	平面 系统	下喷
14	自动喷洒头(闭式)	平面 系统	上喷
15	自动喷洒头(闭式)	平面 系统	上下喷
16	侧墙式自动喷洒头	平面 系统	—

续表

序号	名称	图例	备注
17	侧喷式喷洒头	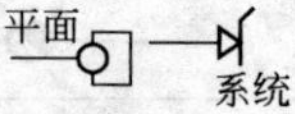 平面 系统	—
18	预作用报警阀	 平面 系统	—
19	信号闸阀		—
20	水流指示器		—
21	水力警铃		—
22	雨淋阀	 平面 系统	—
23	末端试水装置	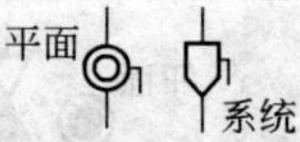 平面 系统	—
24	手提式灭火器		—

注：分区管道用加注角标方式表示：如 XH_1、XH_2、ZP_1、ZP_2……。

8. 卫生设备及水池

卫生设备及水池的图例宜符合表 1-10 的要求。

卫生设备及水池图例 **表 1-10**

序号	名称	图例	备注
1	立式洗脸盆		—
2	台式洗脸盆		—
3	挂式洗脸盆		—

续表

序号	名称	图例	备注
4	浴盆	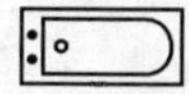	—
5	化验盆、洗涤盆	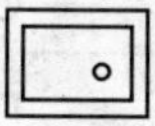	—
6	妇女卫生盆		—
7	立式小便器		—
8	壁挂式小便器		—
9	蹲式大便器	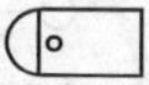	—
10	坐式大便器		—
11	带沥水板洗涤盆	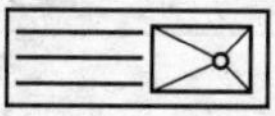	不锈钢制品
12	盥洗槽	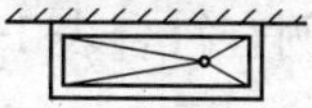	—
13	污水池		—
14	小便槽		—
15	沐浴喷头	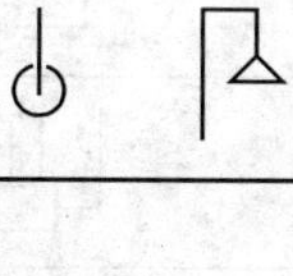	—

9. 小型给水排水构筑物

小型给水排水构筑物的图例宜符合表 1-11 的要求。

小型给水排水构筑物图例 表 1-11

序号	名称	图例	备注
1	矩形化粪池	HC	HC 为化粪池代号
2	圆形化粪池	HC	—
3	隔油池	YC	YC 为隔油池代号
4	沉淀池	CC	CC 为沉淀池代号
5	降温池	JC	JC 为降温池代号
6	中和池	ZC	ZC 为中和池代号
7	雨水口		单箅
			双箅
8	阀门井 检查井		以代号区别管道
9	水封井		—
10	跌水井		—
11	水表井		—

10. 给水排水设备

给水排水设备的图例宜符合表 1-12 的要求。

给水排水设备图例 表 1-12

序号	名称	图例	备注
1	水泵	平面 系统	—
2	开水器		—
3	潜水泵		—
4	定量泵		—

续表

序号	名称	图例	备注
5	管道泵		—
6	卧式热交换器	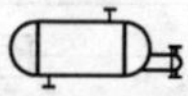	—
7	立式热交换器		—
8	快速管式热交换器		—
9	喷射器		小三角为进水端
10	除垢器		—
11	水锤消除器	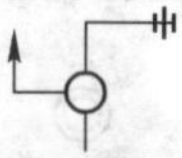	—
12	浮球液压器		—
13	搅拌器		—

11. 给水排水专业所用仪表的图例

给水排水专业所用仪表的图例宜符合表 1-13 的要求。

仪 表 图 例 **表 1-13**

序号	名称	图例	备注
1	温度计		—
2	压力表		—
3	自动记录压力表		—
4	自动记录流量计	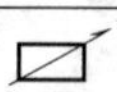	—

续表

序号	名称	图例	备注
5	余氯传感器	Cl	—
6	温度传感器	T	—
7	酸传感器	H	—
8	真空表		—
9	压力控制器		—
10	水表		—
11	转子流量计	平面 系统	—
12	压力传感器	P	—
13	pH 值传感器	pH	—
14	碱传感器	Na	—

第 2 章　建筑给水系统设计

2.1　给水系统组成与分类

【细　　节】

细节：建筑给水系统的组成与任务

建筑给水系统由建筑内部给水系统和居住小区的建筑外部给水系统组成。

建筑给水的任务是选择经济、合理、安全、先进、最佳的给水系统，将水从室外给水管网输送到卫生器具给水配件、消防给水系统的灭火设施和生产工艺的用水设备，并向用户提供水质符合标准、水量满足要求、水压能保证足够的生活、生产和消防用水。

细节：建筑内部给水系统分类

根据供水对象的不同，可将建筑内部给水系统分为生活给水系统、生产给水系统、消防给水系统、组合给水系统和中水给水系统。

1. 生活给水系统

生活给水系统就是在日常生活中提供人们所需的饮用、烹调、盥洗、洗涤和沐浴等用水的给水系统。

2. 生产给水系统

生产给水系统就是在生产中提供人们所需要的设备冷却水、原料和产品的洗涤水、锅炉用水及某些工业原料（如酿酒）用水的室内给水系统。其必须满足生产工艺对水质、水量、水压及安全方面的要求。

3. 消防给水系统

消防给水系统是提供层数较多的民用建筑、大型公共建筑及某些生产车间的消防设备用水的室内给水系统。消防用水对水质要求不高，但必须按建筑设计防火规范要求保证有足够的水量和水压。

4. 组合给水系统

在实际中，生活、生产和消防三种给水系统不一定需要单独设置，一般根据建筑物内用水设备对水质、水压、水温及室外给水系统的情况，考虑技术、经济和安全条件，组合成不同的共用系统，主要有生活与生产共用的给水系统，生产与消防共用的给水系统，生活和消防共用的给水系统，生活、生产与消防共用的给水系统。

5. 中水给水系统

将给水系统用过的废水，按水质有选择地收集起来，经过一定的处理使水质达到建筑中水水质标准，并经过一定的升压设备和输送设备回用于建筑，这种系统称为中水系统。从节约水资源方面考虑该系统是可行的，但在选用时，应综合技术、经济比较后才可决定选用。

细节：建筑内部给水系统组成

典型的建筑内部给水系统由水源、管网、水表节点、给水附件、升压和贮水设备、室内消防设备、给水局部处理设备等部分组成。如图 2-1 所示为一个建筑给水系统组成的示意图。

1. 水源

水源是指市政给水接管和自备贮水池等。

2. 管网

建筑内的给水管网是由水平或垂直的干管、立管、横支管以

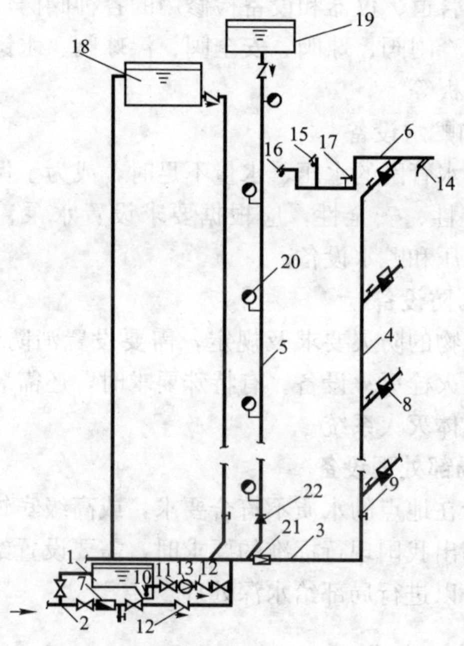

图 2-1　建筑给水系统示意图

1—贮水池；2—引入管；3—水平干管；4—给水立管；5—消防给水竖管；6—给水横支管；7—水表节点；8—分户水表；9—截止阀；10—喇叭口；11—闸阀；12—止回阀；13—水泵；14—水龙头；15—盥洗龙头；16—冷水龙头；17—角形截止阀；18—高位生活水箱；19—高位消防水箱；20—室内消火栓；21—减压阀；22—倒流防止器

及处在建筑小区给水管网和建筑内部管网之间的引入管组成。

3. 水表节点

水表节点是指引入管上装设的水表及前后设置的阀门、泄水阀等装置的总称，也指配水管网中装设的水表，便于计量局部用水量，如分户水表节点。

4. 给水附件

给水附件指给水管道上的调节水量、水压、控制水流方向以及断流后便于管道、仪器和设备检修用的各种阀门，具体包括截止阀、止回阀、闸阀、球阀、安全阀、浮球阀、水锤消除器、过滤器和减压孔板等。

5. 升压和贮水设备

当室外给水管网的水压、水量不足时，或为了保证建筑物内部供水的稳定性、安全性，应根据要求设置水泵、气压给水设备、水箱等增压和贮水设备。

6. 室内消防设备

按照建筑物的防火要求及规定，需要设置消防给水系统时，一般应设置消火栓灭火设备。有特殊要求时，还需装设自动喷水灭火系统或气体灭火系统。

7. 给水局部处理设备

建筑物所在地点的水质不符合要求，或高级宾馆、涉外建筑的给水水质超出我国现行标准的要求时，需要设置给水深处理构筑物和设备，以进行局部给水深处理。

细节：直接给水方式

建筑物内部只设有给水管道系统，不设增压及贮水设备，室内给水管道系统与室外供水管网直接相连，利用室外管网压力直接向室内给水系统供水，即直接给水方式，如图 2-2 所示。

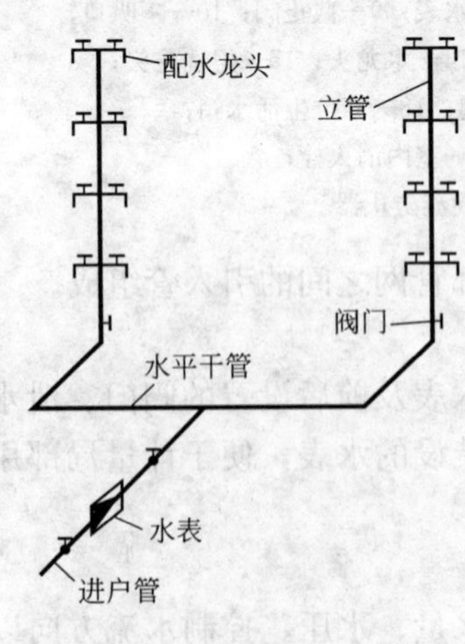

图 2-2　直接给水方式

直接给水方式适用于室外管网水量和水压充足，能够全天保证室内用户用水要求的地区。它的特点是给水系统简单，投资少，安装维修方便，充分利用室外管网水压，供水较为安全可靠。但系统内部无贮备水量，当室外管网停水时，室内系统立即断水。

细节：单设水箱给水方式

单设水箱给水方式如图 2-3 所示，其适用于室外管网水压出现周期性不足及室内用水要求水压稳定，并且允许设置水箱的建筑物。

单设水箱给水方式的优点是系统比较简单，投资较省；充分利用室外管网的压力供水，节省电耗；系统具有一定的贮备水量，供水的安全可靠性较好。缺点是系统设置了高位水箱，增加了建筑物的结构荷载，并给建筑物的立面处理带来困难。当水压较长时间持续不足时，需增大水箱容积，并有可能出现断水情况。

在室外管网水压周期性不足的多层建筑中，也可以采用如图 2-4 所示的给水方式，即建筑物下面几层由室外管网直接供水，建筑物上面几层采用有水箱的给水方式，这样可以减小水箱的容积。

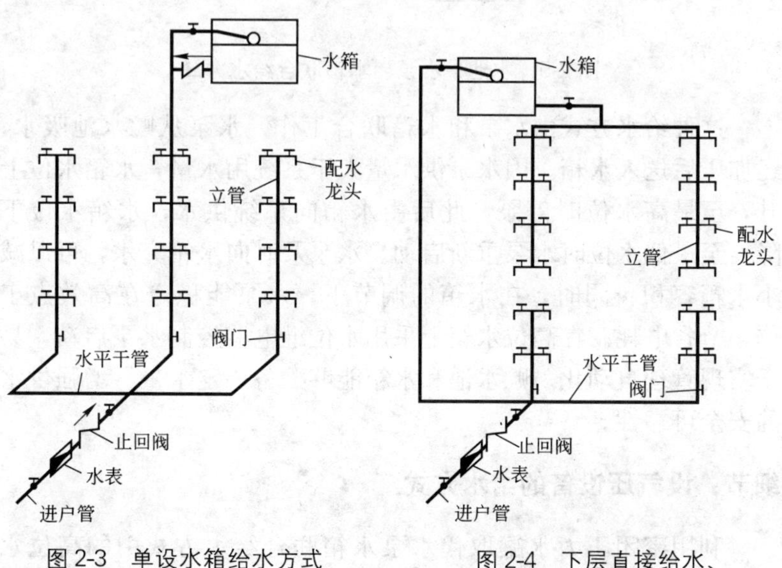

图 2-3　单设水箱给水方式

图 2-4　下层直接给水、上层水箱给水方式

细节：水池、水泵、水箱联合给水方式

当室外给水管网水压经常性不足、室内用水不均匀、室外管网不允许水泵直接吸水而且建筑物允许设置水箱时，通常采用水池、水泵、水箱联合给水方式，如图 2-5 所示。

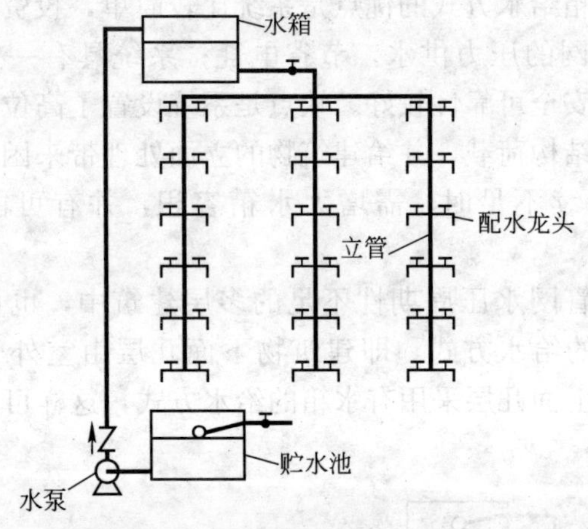

图 2-5 水池、水泵、水箱联合给水方式

这种给水方式由水泵和水箱联合工作，水泵从贮水池吸水，经加压后送入水箱。因水泵供水量大于系统用水量，水箱水位上升，至最高水位时停泵，此后由水箱向系统供水，水箱水位下降，至最低水位时水泵重新启动。水泵及时向水箱充水，可以减小水箱容积。同时，在水箱的调节下，水泵能稳定在高效点工作，节省电耗。在高位水箱上采用水位继电器控制水泵启动，易于实现管理自动化。贮水池和水箱能够贮备一定水量，增强供水的安全可靠性。

细节：设气压设备的给水方式

利用密闭压力水罐取代水泵水箱联合给水方式中的高位水箱，形成气压给水方式，如图 2-6 所示。

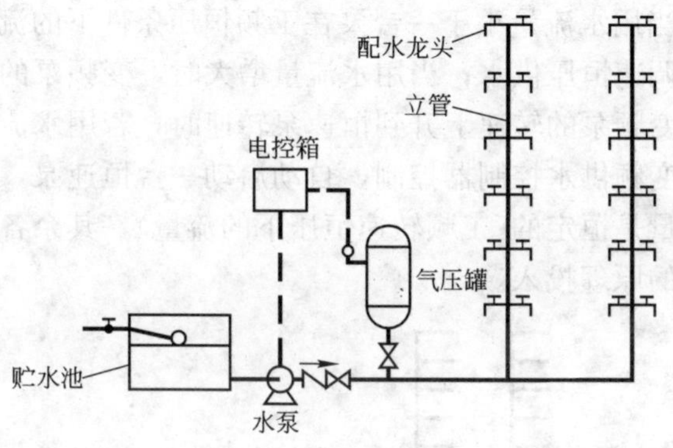

图 2-6　气压给水方式

水泵从贮水池吸水，水送至给水管网的同时，多余的水进入气压水罐，将罐内的气体压缩，罐内压力上升到最大工作压力时，水泵停止工作。此后，利用罐内气体的压力将水送至给水管网，罐内压力随之下降，至最小工作压力时，水泵重新启动，如此周而复始实现连续供水。

这种给水方式适用于室外管网水压经常性不足，不宜设置高位水箱的建筑(如隐蔽的国防工程、地震区建筑、建筑艺术要求较高的建筑等)。其优点是设备可设在建筑物的任何高度上，便于隐蔽，安装方便，水质不易受污染，投资少，建设周期短，便于实现自动化等。缺点是给水压力波动较大，能量浪费严重。

细节：设变频调速设备的给水方式

变频调速给水设备主要由微机控制器、变频调速器、水泵机组、压力传感器(或电触点压力表)四部分组成。

变频调速给水设备的控制方式有恒压变量与变压变量两种。恒压变量控制方式在水泵出水管上安装电触点压力表或压力传感器取样，当用水减少时，管网压力增大，电触点压力表或压力传感器将取样压力信号转换为电信号，与设定的压力信号进行比较，指令变频调速器降低电源输出频率，水泵电动机转速下降，反之亦然。恒压变量控制方式通常采用多泵并联的工作模式(见

图 2-7)，当用水流量小于一台泵在工频恒压条件下的流量，由一台变频泵调速恒压供水；当用水流量增大时，变频泵的转速自动上升；当变频泵的转速上升到恒速泵转速时，若用水流量进一步增大，由变频供水控制器控制，自动启动一台恒速泵，该恒速泵提供的流量是恒定的(工频转速恒压下的流量)，其余各并联恒速泵按相同的原理投入。

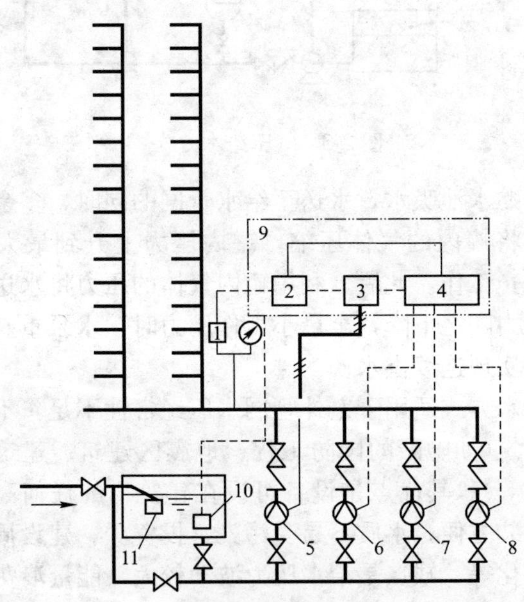

图 2-7　设变频调速设备的给水方式

1—压力传感器；2—微机控制器；3—变频调速器；4—恒速泵控制器；5—变频调速泵；6、7、8—恒速泵；9—电控柜；10—水位传感器；11—液位自动控制阀

变压变量控制方式是把可编程控制技术、变频调速技术与电动机泵组控制组合的新型机电一体化供水装置。变压变量控制方式在改变水泵性能曲线和自动控制方面优势明显，使得整个供水系统始终保持着高效节能的最佳状态，可以满足恒压、变压供水的需求。变压变量控制方式在工程上实现的难度较大，因此应用很少。

细节：竖向分区给水方式

在多层建筑物中，当室外给水管网的压力只能满足建筑物下面几层供水要求时，为了充分利用室外管网水压，可将建筑物供水系统划分为上下两区。下区由外网直接供水，上区由升压、贮水设备供水。可将两区的一根或几根立管相互连通，在连接处装设阀门，以备下区进水管发生故障或外网水压不足时，打开阀门由高区水箱向低区供水。图 2-8 所示为多层建筑分区给水方式。

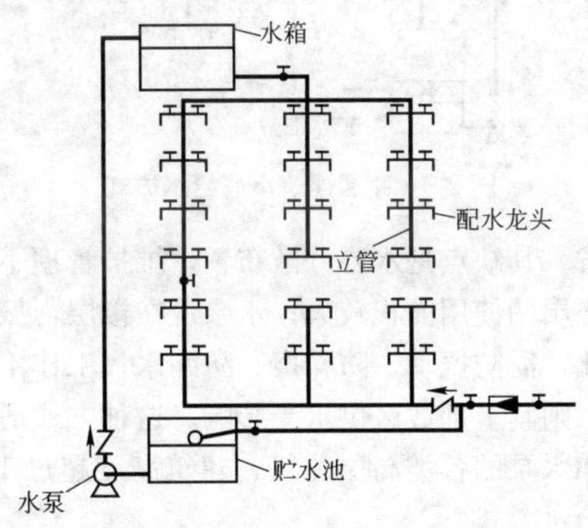

图 2-8　多层建筑分区给水方式

根据各分区之间的相互关系，高层建筑给水方式可分为串联给水方式、并联给水方式和减压给水方式。设计时应根据工程的实际情况，按照供水安全可靠、技术先进、经济合理的原则确定给水方式。

1. 串联给水方式

串联给水方式的各分区均设有水泵和水箱，上区的水泵从下区的水箱中抽水，如图 2-9 所示。

串联给水方式的优点是各区水泵的扬程和流量按本区需要设计，使用效率高，能源消耗较小，且水泵压力均衡，扬程较小，水锤影响小。另外，不需设高压泵和高压管道，设备和管道较简

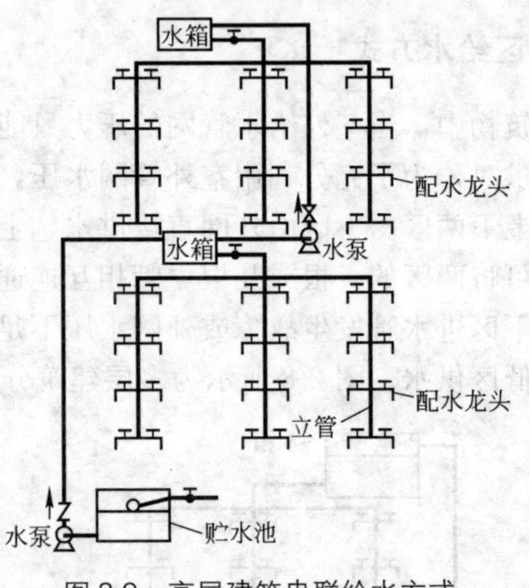

图 2-9　高层建筑串联给水方式

单，投资较省。其缺点是水泵分散布置，维护管理不方便；水泵和水箱占用楼层的使用面积较大；水泵设在楼层，振动和噪声干扰较大，因此，需防振动、防噪声、防漏水；工作不可靠，若下区发生事故，则其上部数区供水受影响。这种方式适用于允许分区设置水箱和水泵的各类高层建筑，建筑高度超过 100m 的建筑宜采用这种给水方式。

2. 并联给水方式

并联给水方式如图 2-10 所示，各分区独立设置水箱，供水安全可靠，水泵集中布置，便于维护管理，水泵效率高，能源消耗较小，水箱分散设置，各区水箱容积小，有利于结构设计。但管材耗用较多，且需设高压水泵和管道，设备费用增加，水箱占用楼层的使用面积，影响经济效益。这种给水方式广泛应用在允许分区设置水箱的各类高度不超过 100m 的高层建筑中。采用这种给水方式供水，宜采用相同型号、不同级数的多级水泵，并应尽可能利用外网水压直接向下层供水。

对于分区不多的高层建筑，当电价较低时，也可以采用单管并联给水方式，如图 2-11 所示。这种方式所用的设备、管道较

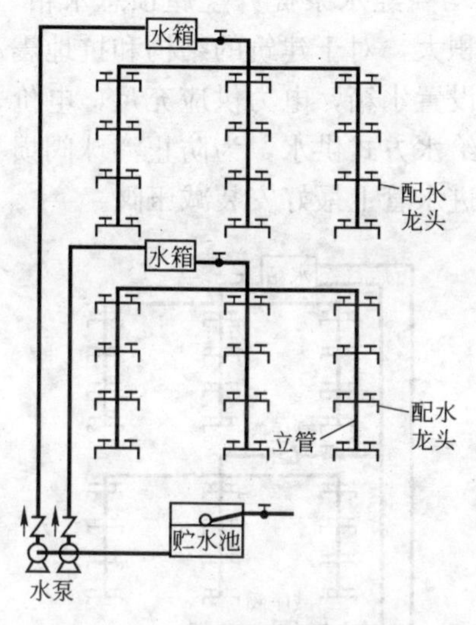

图 2-10　高层建筑并联给水方式

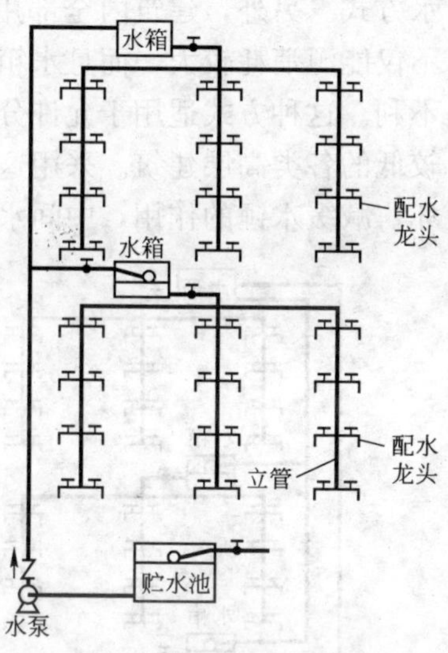

图 2-11　单管并联给水方式

少，投资较节省，维护管理也较方便。但低区压力损耗过大，能源消耗较大，供水可靠性也不如前者。采用这种给水方式供水，低区水箱进水管上应设置减压阀，以防浮球阀损坏和减缓水锤作用。

并联给水方式也可采用气压给水设备或变频调速给水设备并联工作泵，水泵集中布置在建筑底层或地下室，各区水泵独立向各区的水箱供水。这种方式的优点是各区独立运行，互不干扰。

3. 减压给水方式

减压给水方式分为减压水箱给水方式和减压阀给水方式，如图 2-12 所示。这两种方式的共同点是建筑物的用水由设置在底层的水泵一次提升到屋顶总水箱，再由此水箱依次向下区减压供水。

减压水箱给水方式通过各区减压水箱实现减压供水。其优点是水泵台数少、管道简单、投资较省、设备布置集中且维护管理简单；缺点是下区供水受上区供水限制，供水可靠性不如并联供水方式。另外，建筑内全部用水均要经水泵提升至屋顶总水箱，不仅能源消耗较大，而且水箱容积大，对于建筑的结构和抗地震不利。这种方式适用于允许分区设置水箱，电力供应充足，电价较低的各类高层建筑。采用这种给水方式供水，为防止浮球阀损坏，减缓水锤的作用，中间水箱进水管上最好安装减压阀。

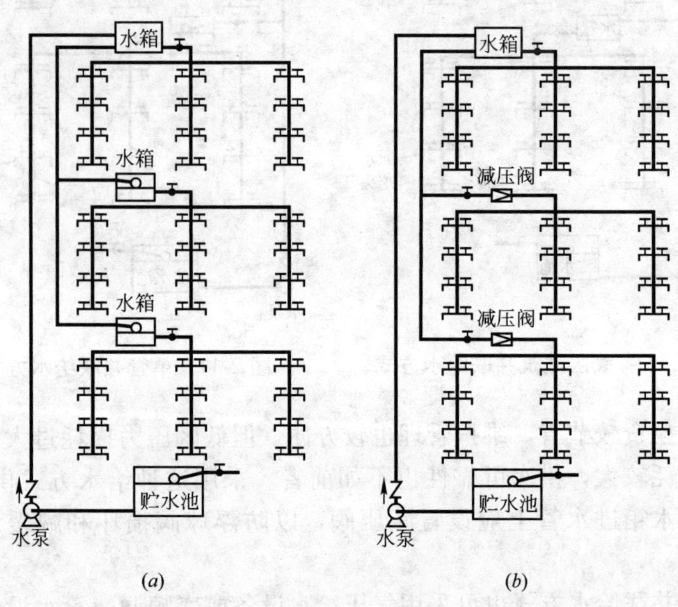

图 2-12　减压给水方式

(a)减压水箱给水方式；(b)减压阀给水方式

减压阀给水方式是利用减压阀替代减压水箱，这种方式与减压水箱给水方式相比节省了建筑的使用面积。

【禁　　忌】

禁忌：高层建筑给水系统未采用竖向分区

【分析】

给水系统竖向分区不但可以保证用户正常用水，还节能。正常用水主要是防止配水点水压过高而引起溅水，同时避免因卫生器具超压而容易损坏；节能主要是降低系统运行耗费的电能。

原来的分区水压是按照高位水箱自流重力供水的方式制定的，已不适应现在采用调速泵组直接供水和采用减压阀调节水压等多种供水方式。若将竖向分区水压限制过小，会给管道布置带来困难。此外，卫生器具给水配件质量的提高，在较大压力下已很少渗漏，有的还有自动消能功能。竖向分区的最大水压绝不是卫生器具正常使用的最佳水压，最佳使用水压宜为 0.20～0.30MPa，各分区顶层住宅入户管的进口水压不宜小于 0.10MPa。而对于水压大于 0.35MPa 的入户管，应设减压或调压措施，以避免水压过高或过低给用户带来不便。

【措施】

高层建筑生活给水系统应竖向分区，竖向分区要根据建筑物用途、建筑高度和材料设备性能等因素综合确定。竖向分区压力应符合下列要求：

(1) 各分区最低卫生器具配水点处的静水压不宜大于 0.45MPa。

(2) 静水压大于 0.35MPa 的入户管(或配水横管)，宜设减压或调压设施。

(3) 各分区最不利配水点的水压，应满足用水水压要求。

2.2 给水管材、附件和水表

【细　节】

细节：建筑室内常用给水管材

1. 金属管

目前应用较多的室内金属给水管材主要有钢管、给水铝合金衬塑管和给水铜管。

(1) 钢管。

1) 不锈钢管。不锈钢管分为薄壁不锈钢管和超薄壁不锈钢塑料复合管。

① 薄壁不锈钢管：由特殊焊接工艺处理的薄壁不锈钢管，因其强度高，管壁较薄，造价降低，从而有效地推动了不锈钢管的应用和发展。薄壁不锈钢管的优越性能还有：经久耐用、卫生可靠、防腐蚀性好、环保性好；抗冲击强，具有较好连接形式(如插接压封式连接技术)的管路强度是镀锌管和普通钢管的 2～3 倍；韧性好(比一般金属易弯曲、易扭转、不易裂缝和折断)。

② 超薄壁不锈钢塑料复合管：超薄壁不锈钢塑料复合管是一种外层超薄壁不锈钢管，内层塑料管和中间粘接剂复合而成的新型管材。

2) 钢塑复合钢管。

① 给水涂塑复合钢管：给水涂塑复合钢管的优异性能有：安全卫生，价格低廉；有良好的防腐性能，且耐酸、耐碱、耐高温，强度高，使用寿命长，优越的耐冲击机械性能；介质流动阻力低于钢管 40%。常用规格有公称通径 $DN15$～$DN150$ 十多种。

② 给水衬塑复合钢管：给水钢衬塑复合管主要性能与给水钢涂塑复合管类似，对衬塑复合钢管来说，导热系数低，节省了保温与防结露的材料厚度。常用规格有公称通径 $DN15$～$DN150$ 十多种。

(2) 给水铝合金衬塑管。给水铝合金衬塑管外层为无缝铝合金，内衬聚丙烯(PP)。其特性是：管外层刚性好、强度高、机械性能好、耐压能力高；热水管道热稳定性好、线性膨胀低；外层有铝合金保护，抗老化能力强、防火性能好。管材规格有公称通径 $DN10$～$DN150$ 十多种。公称工作压力为 1.0MPa。

(3) 铜管。

① 按材质的不同，可将铜管分为紫铜管、青铜管和黄铜管。紫铜管根据其是否覆塑又可分为紫铜光管、紫铜覆塑冷水管及紫铜覆塑热水管。建筑给水中常采用紫铜管。

② 按壁厚的不同，可将铜管分为A、B和C三种型号的铜管，其中A型管为厚壁型，适用于较高压力场合；B型管适用于一般场合；C型管为薄壁铜管。

铜管的主要优点：经久耐用(铜的化学性能稳定、耐腐蚀、耐热)；机械性能好，耐压强度高，同时韧性好，延展性也高，具有优良的抗振、抗冲击性能；使用卫生性能好。

2. 非金属管材

(1) 塑料管。

1) PE-X管。其特性是：优良的耐温性能；优良的隔热性能、耐压力；较长的使用寿命；抗振动、耐冲击；绿色环保。管外径规格为16～63mm。

2) PP-R管。PP-R管的突出特点是无毒、卫生；耐热、保温性能好；安装方便且是永久性的连接；原料可回收，不会造成环境的污染。

PP-R管的最高耐热可达131.3℃，最高使用温度为95℃，长期(50年)使用温度为70℃。同时，PP-R管的导热系数只有钢管的1/200，具有良好的保温性能，还可减小保温管材的厚度。

(2) PAP塑料复合管。PAP管是中间层采用焊接铝管，外层和内层采用中密度或高密度聚乙烯，或交联高密度聚乙烯，经热熔胶粘合而复合成的一种管道。PAP管按中间骨料层铝层的焊接方式的不同可分为超声波焊接的搭接焊型和氩弧焊焊接的对接焊型。

PAP管特性有：良好的耐腐蚀性能；优良的机械性能，防渗漏，耐压强度较高；抗振动、耐冲击；不用套丝，弯曲操作简单，管线连接施工方便。

细节：建筑室外常用给水管材

1. 金属管

(1) 钢管。钢管分为焊接钢管和无缝钢管。焊接钢管分为螺旋缝焊和直焊钢管，螺旋缝焊钢管分为自动埋弧焊接钢管和高频焊接钢管，直焊钢管又分为普通直焊钢管和不锈焊接钢管。无缝钢管按制造方法分为热轧管和冷轧(拔)管，其精度分为普通和高级两种。冷轧(拔)管的最大公称直径为200mm，热轧管最大公称直径为600mm。无缝钢管还有不锈钢无缝钢管，不锈钢无缝钢管分为热轧、热挤压不锈钢无缝钢管和冷轧(拔)不锈钢无缝钢管两种。

(2) 给水铸铁管。给水铸铁管能承受较大的工作压力(0.45～1.00MPa)、耐腐蚀、价格便宜，管内壁涂沥青后较光滑，因而被大量用于外部给水管上。但是它的缺点是质硬而脆、重量大、施工困难。公称直径从 *DN*75～*DN*1500，工作压力有0.45MPa、0.75MPa、1.00MPa等几种。给水铸铁管按制造材质不同分为给水灰口铸铁管和给水球墨铸铁管两种。常用的给水球墨铸铁管具有强度高、韧性大、密闭性能佳、抗腐蚀能力强、安装施工方便等优点。

2. 非金属管材

(1) 钢筋混凝土管。常用的钢筋混凝土管有普通的钢筋混凝土管(RCP)、自应力钢筋混凝土管(SPCP)、预应力钢筋混凝土管(PCP)和预应力钢筒钢筋混凝土管(PCCP)。它们共同的特点是：节省钢材，价格低廉(和金属管材相比)，防腐性能好，不会减少水管的输水能力，能够承受比较高的压力，具有较好的抗渗性、耐久性，能就地取材，节省钢材。

(2) 玻璃钢管。玻璃钢管按制造工艺的不同可分为离心浇铸型玻璃钢管和纤维缠绕型玻璃钢管。给水上常用的是属于纤维缠绕型的玻璃钢夹砂给水管。玻璃钢夹砂给水管具有管轻、强度好、耐腐蚀、水头损失小等优点，并且运输、吊装、连接方便，但管价较其他管材高，以及由于刚性较低，易损坏，专业性安装要求高。玻璃钢夹砂给水管规格有 *DN*25～*DN*3000 的三十多种，一般小于或等于 *DN*400 的玻璃钢管道不夹砂。

(3) 塑料管。塑料管主要有聚乙烯(PE)管、硬聚氯乙烯(PVC-U)管、丙烯腈-丁二烯-苯乙烯(ABS)管等。

1）PE 管。PE 管根据生产管道的聚乙烯原材料不同，分为 PE63 级（第一代）、PE80 级（第二代）、PE100 级（第三代）及 PE112 级（第四代）聚乙烯管材，目前给水中常用的主要是 PE80 级和 PE100 级。PE 管也分为高密度 HDPE 型管和中密度 MDPE 型管。HDPE 型管又分为 SDR11、SDR13.6、SDR17.6、SDR26 和 SDR33 系列，工作压力有 0.4MPa、0.60MPa、0.80MPa、1.00MPa、1.25MPa、1.60MPa。

2）PVC-U 管。PVC-U 管是由硬聚氯乙烯塑料通过一定工艺制成的管道。PVC-U 管材不导热、不导电、阻燃。主要规格有公称通径 $DN15 \sim DN700$ 十多种。管材最高许可压力为 0.6MPa、0.9MPa 和 1.6MPa 三种规格。

3）ABS 管。ABS 工程塑料是丙烯腈、丁二烯和苯乙烯三种化学材料的聚合物。ABS 管的主要优点为耐腐蚀性极强、耐撞击性极好、韧性强。主要规格有公称通径 $DN15 \sim DN400$ 十多种。管材最高许可压力为 0.6MPa、0.9MPa 和 1.6MPa 三种规格。

细节：建筑给水系统常用配水附件

建筑给水系统常用的配水附件指水嘴，通常和卫生器具（受水器）配套安装，主要起到分配给水流量的作用，其次还有调节给水流量的作用。

1. 水嘴的分类

水嘴按使用功能不同，可分为面盆水嘴、厨房水嘴、淋浴水嘴、浴缸水嘴及妇洗水嘴。

面盆水嘴主要配合各式洗脸盆使用，有台上盆水嘴（出水嘴高约 280mm）和台下盆水嘴（出水嘴高约 150mm）；在结构上有单孔水嘴和双孔水嘴。

厨房水嘴主要配合各类水槽使用，可分为八寸旋转、高弯摇摆和入墙摇摆三类。

淋浴水嘴的出水口在下方的，配合花洒和花洒架使用，出水口在上方的，主要作为控制主体与连杆大花洒配合适用。

浴缸水嘴的基本属性与淋浴水嘴相同，但增加了浴缸出水嘴，可配合浴缸使用，通过配置的分水器实现浴缸出水和花洒出水功能的转换。

妇洗水嘴带旋转喷嘴，配合妇洗马桶使用。

此外，水嘴按照控制方式的不同，还可分为单把双控水嘴、双把双控水嘴和单把单控水嘴。

2. 常用的水嘴类型及特点

(1) 旋塞式水嘴。旋塞式水嘴(见图 2-13)的主要零件为柱状旋塞，沿径向开有一圆形孔，旋塞限定旋转 90°即可完全关闭，可在短时间内获得较大流量，因水流呈直线流过水嘴，阻力较小，可将其设在压力不大(10kPa 左右)的给水系统上。但由于启闭迅速，容易产生水击，一般配水点不宜采用，仅用于浴池、洗衣房和开水间等需要迅速启闭的配水点。

(2) 瓷片式水嘴。瓷片式水嘴(见图 2-14)内部有两个置于同一轴线上的圆柱形硬质瓷片，其中一片固定，另一片通过转动阀柄能绕中心轴线转动，两个经过精密研磨的圆柱形硬质瓷片始终密切接触，两个瓷片的轴向都开有两个圆孔，当阀柄转到一定角

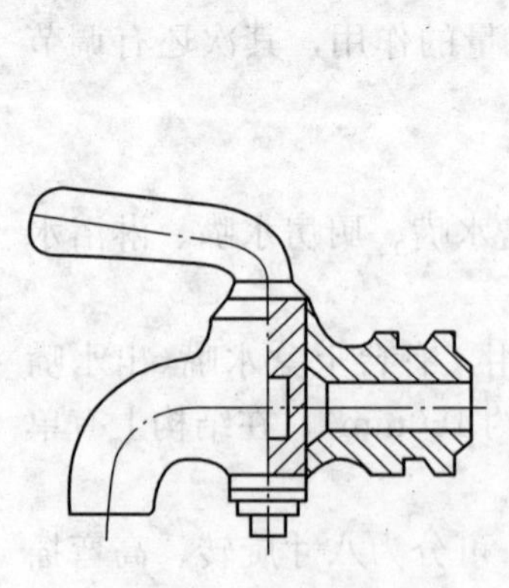

图 2-13　旋塞式水嘴

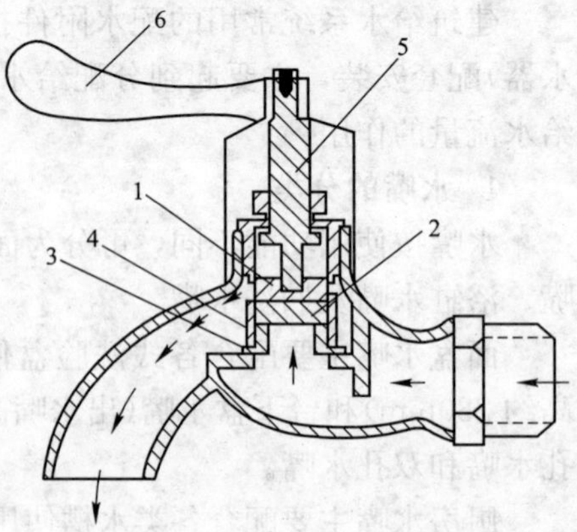

图 2-14　瓷片式水嘴

1—可旋转圆柱形瓷片；2—固定圆柱形瓷片；3—橡胶垫圈；4—阀体；5—传动轴；6—手柄

度时，可使两个瓷片的圆孔部分或全部重合，由此决定了水流通路的部分或全部开通。该种启闭和密封方式效果好，耐磨损，使用寿命长。

此外，还有盥洗水嘴(见图 2-15)，设在洗脸盆和化验盆上的专用冷水、热水嘴。外形有莲蓬头式、鸭嘴式、角式和长脖式等多种外形，内部结构多与瓷片式冷(热)水水嘴相同。

(3) 混合式冷(热)水嘴。混合式冷(热)水水嘴有双把手(见图 2-16 和图 2-17)和单把手(见图 2-18 和图 2-19)之分。

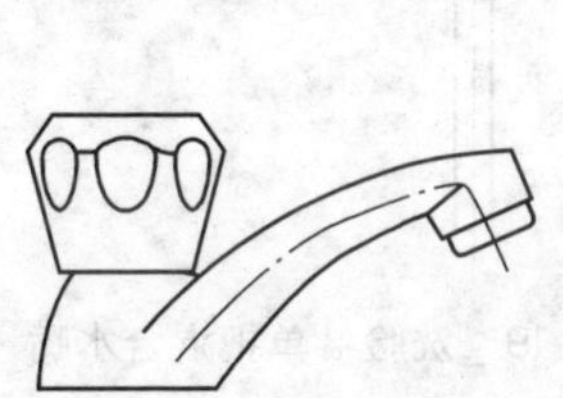

图2-15　鸭嘴式盥洗水嘴

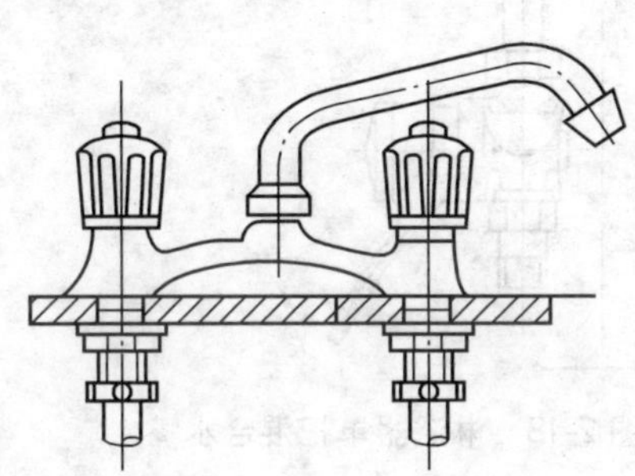

图 2-16　洗涤盆混合水嘴(一)

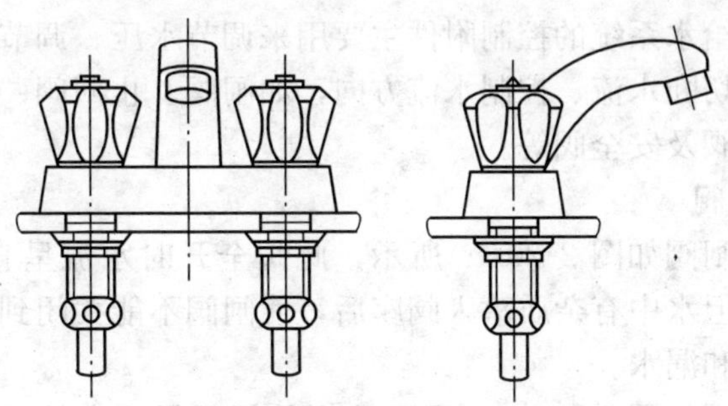

图 2-17　洗涤盆混合水嘴(二)

单把水嘴的内芯有轴筒式、球阀式和瓷片式。

(4) 电子自动水嘴。电子自动水嘴控制能源仅需安装几节干电池，使用时不用接触水嘴，只需将手伸至出水口下方，即可使水流出，既卫生安全又节水。

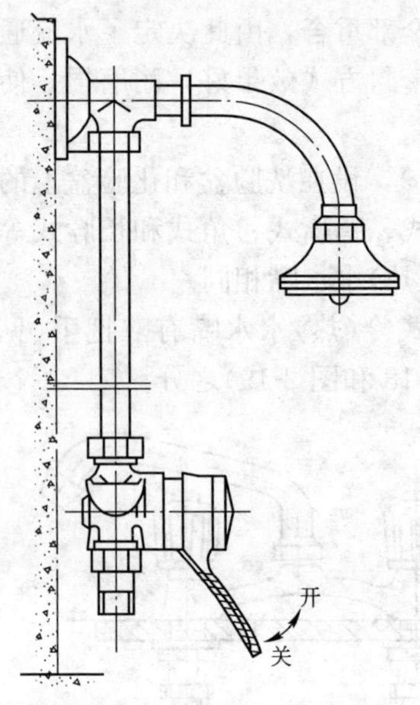

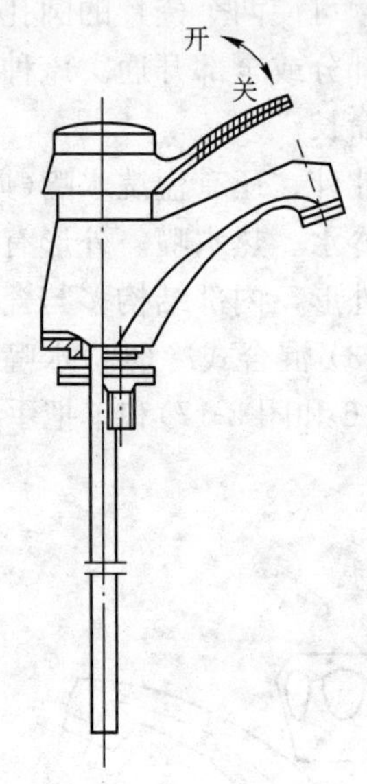

图 2-18　淋浴器单把混合水嘴　　　　图 2-19　洗脸盆单把混合水嘴

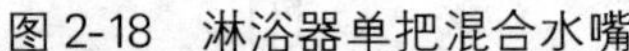

细节：建筑给水系统常用控制附件

建筑给水系统的控制附件主要用来调节水压、调节管道水流量大小及切断水流、控制水流方向，如闸阀、止回阀、倒流防止器、浮球阀及安全阀等。

1. 闸阀

闸板闸阀如图 2-20(*a*)所示，此阀全开时水流呈直线通过，阻力小，但水中有杂质落入阀座后，使闸阀不能关闭到底，因而产生磨损和漏水。

截止阀如图 2-20(*b*)所示，此阀关闭后是严密的，但水流阻力较大。

蝶阀如图 2-20(*c*)所示，此阀为盘状圆板启闭件，绕其自身中轴旋转改变管道轴线间的夹角来控制水流通过，具有结构简单、尺寸紧凑、启闭灵活、开启度指示清楚和水流阻力小等优点。

球阀如图 2-20(*d*)、(*e*)所示，它具有截止阀或闸阀的功能，与截止阀和闸阀相比，其阻力小、密封性能好、机械强度高及耐腐蚀。

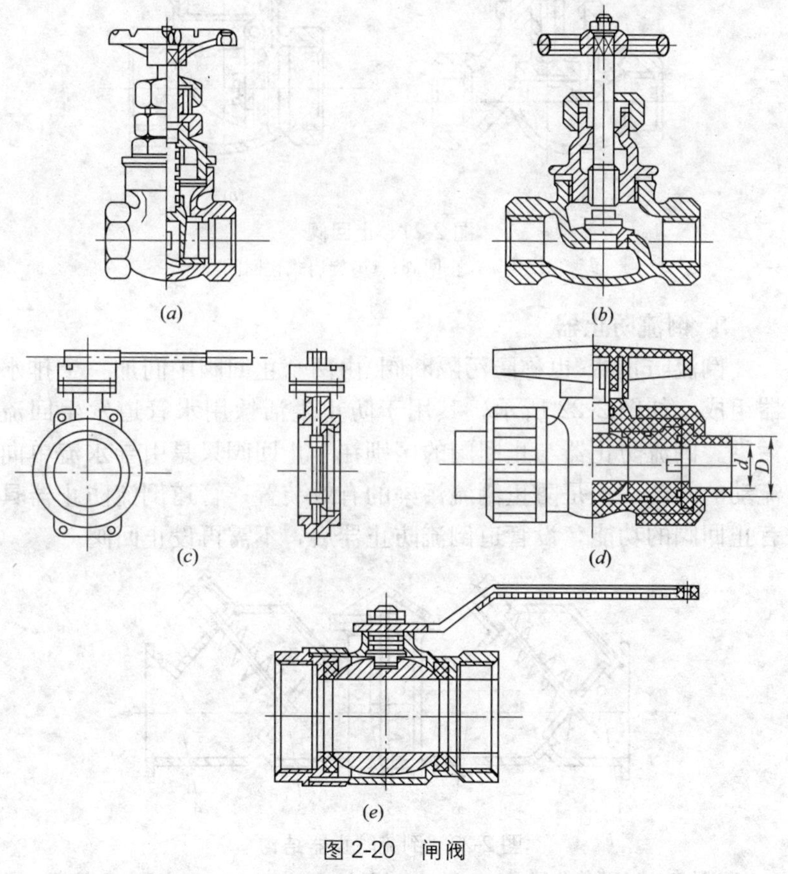

图 2-20　闸阀

(a)闸板闸阀；(b)截止阀；(c)蝶阀；(d)球阀；(e)ABS 球阀

2. 止回阀

止回阀用来阻止水流的反向流动。止回阀主要有升降式和旋启式两种。升降式止回阀［见图 2-21(a)］装在水平管道上，水头损失较大，只适用于小管径。旋启式止回阀［见图 2-21(b)］直径一般较大，水平、垂直管道上均可装置。

以上两种止回阀安装都有方向性，阀板或阀芯启闭既要与水流方向一致，又要在重力作用下能自动关闭，以防止常开不闭的状态。

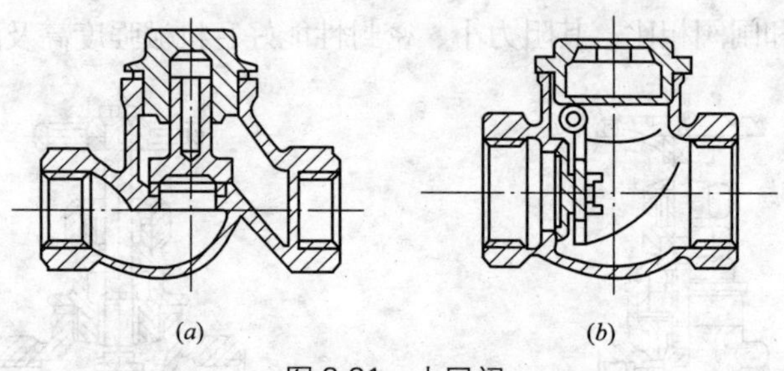

图 2-21　止回阀

(a)升降式止回阀；(b)旋启式止回阀

3. 倒流防止器

倒流防止器(也称防污隔断阀)由两个止回阀中间加一个排水器组成，如图 2-22 所示，其用于防止生活饮用水管道发生回流污染。倒流防止器与止回阀的区别在于止回阀只是引导水流单向流动的阀门，不是防止倒流污染的有效装置；管道倒流防止器具有止回阀的功能，设管道倒流防止器后，不需再设止回阀。

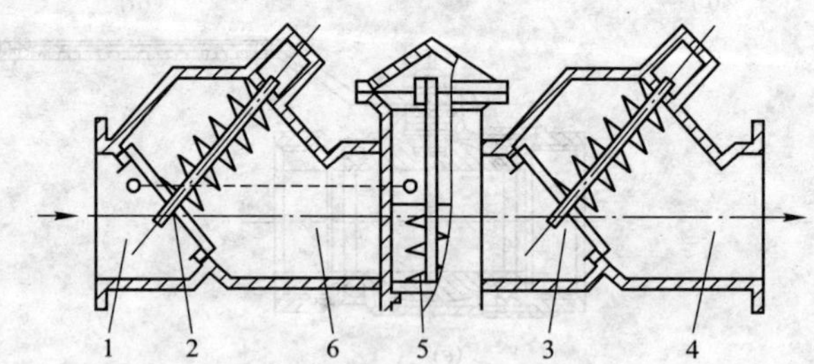

图 2-22　倒流防止器结构

1—进口；2—进水止回阀；3—出水止回阀；4—出口；5—泄水阀；6—阀腔

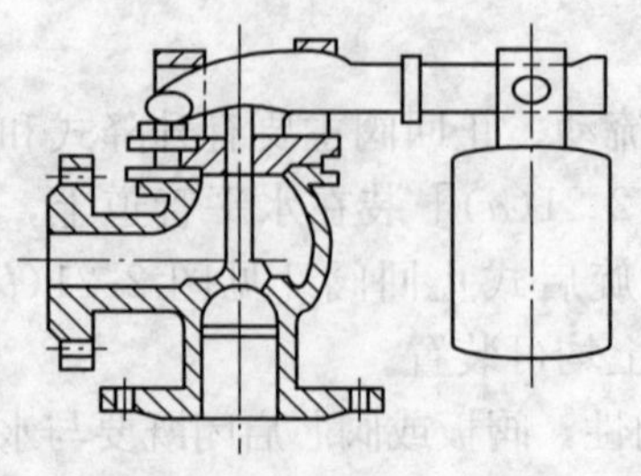

图 2-23　杠杆式安全阀

4. 安全阀

安全阀是在管网和其他设备所承受的压力超过规定的情况时，为避免遭受破坏而装设的附件。通常有弹簧式和杠杆式两种，杠杆式安全阀如图 2-23 所示。

5. 自动水位控制阀

给水系统的调节水池(箱)，除能自动控制切断进水外，在其进水管上还设有自动水位控制阀。水位控制阀的公称直径应与进水管管径一致，常见的有浮球阀(见图 2-24)、液控浮球阀(见图 2-25)、活塞式液压水位控制阀和薄膜式液压水位控制阀等。

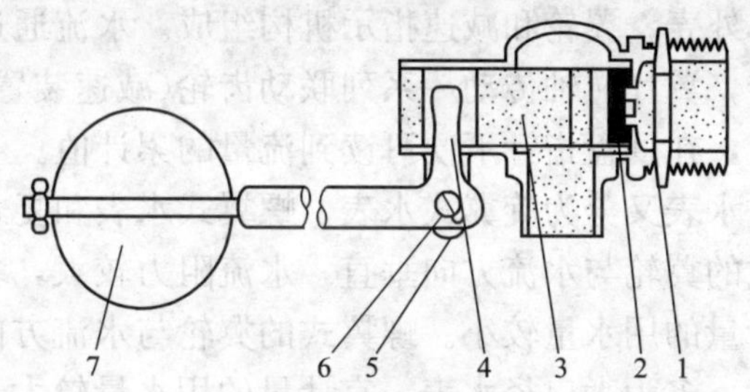

图 2-24 浮球阀结构

1—阀体；2—橡胶密封垫；3—活塞；4—杠杆；5—开口销；6—销子；7—铜浮球

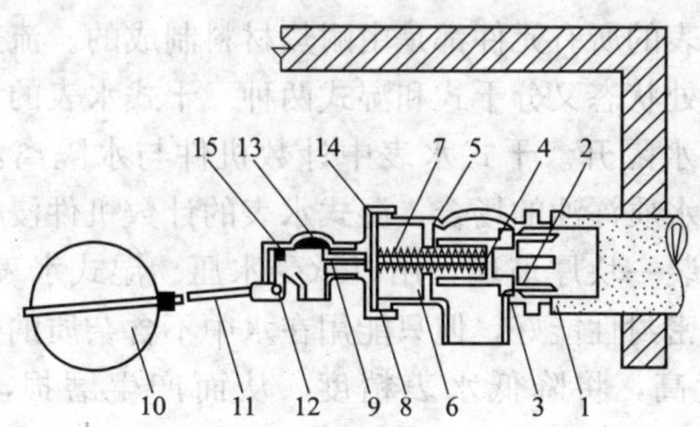

图 2-25 液控浮球阀结构

1—主阀体；2—导向叉；3—橡胶密封垫；4—连接道管；5—密封圈压板；6—L 形密封圈；7—回位弹簧；8—阀盖；9—小孔顶针；10—铜浮球；11—杠杆；12—小阀体；13—小密封胶垫；14—O 形橡胶密封圈；15—活塞

细节：建筑给水系统常用水表

水表用于计量建筑物的用水量，通常设置在建筑物的引入管、住宅和公寓建筑的分户配水支管以及公用建筑物内需计量水量的水管上，具有累计功能的流量计可以替代水表。

1. 水表的类型和特点

(1) 流速型水表。水表的类型有流速式和容积式，在建筑内部给水系统中广泛采用流速式水表。当水表公称直径一定时，通过该水表的水流速度与流量成正比的原理来测量用水量。流速型水表主要由外壳、翼轮和减速指示机构组成。水流通过水表时推动翼轮旋转，翼片转轴传动一系列联动齿轮(减速装置)，再传递到记录装置，在度盘指针下便可读到流量的累计值。

流速式水表又分为旋翼式水表、螺翼式水表和复式水表。

旋翼式的翼轮与水流方向垂直，水流阻力较大，多为小口径水表，宜计量的用水量较小。螺翼式的翼轮与水流方向平行，水流阻力较大，多为大口径水表，宜计量的用水量较大。复式水表是旋翼式和螺翼式的组合形式，在流量变化很大时采用。

流速式水表按计量冷水量或热水量的不同可分为冷水表和热水表。热水表的所有元件都是由耐热材料制成的。流速式水表按计数机件所处状态又分干式和湿式两种。干式水表的计数机件用金属圆盘与水隔开。干式水表中计数机件与水隔离，精确度较差，仅用于水质浑浊的场合。湿式水表的计数机件浸在水中，在计数度盘上装一块厚玻璃，用以承受水压。湿式水表机件简单，计量准确，密封性能好，但只能用在水中不含杂质的管道上，如果水质浊度高，将降低水表精度，从而产生磨损，降低水表寿命。

(2) IC卡智能水表。IC卡智能水表是普通水表上附带有卡器，并通过其控制累计水量(金额)的计量器。该种水表安装后，用户必须先交一定数量水费买好专用磁卡，将卡插入智能水表中，打开阀门即可供水。

(3) 数控定量水表。数控定量水表由电磁阀、叶轮测量机构和控制箱三大部分组成，采用脉冲计数、数字显示和体积定量的电子线路，用于定量供水量和控制。该种水表采用集成电路，可靠性高，耗电少；预置开关采用拨盘，可任意置数。上述三大部分通过导线连接可实现近 100m 的远距离控制。

(4) 数量集中检测仪。数量集中检测仪由远传水表(一次表)和流量集中积算仪(二次表)组成。出厂前，一次表可用上述流速式水表(传统用的机械表)加装传感器(作用是把要检测的变量转换成容易比较并且便于传送的信息输出，绝大多数传感器的输出信息是电量形式的)制成而投放市场，水表的安装位置与普通水表相同。一次表不能直接读数，每流过 10L 水发出一个信号。

2. 水表的性能参数

水表性能参数包括过载流量、常用流量、分界流量、最小流量和始动流量。

(1) 过载流量。也称最大流量，只允许短时间流经水表的流量，为水表使用的上限值。旋翼式水表通过最大流量时的水头损失为 100kPa，螺翼式水表通过最大流量时的水头损失为 10kPa。

(2) 常用流量。也称公称流量或额定流量，是水表允许长期使用的流量。

(3) 分界流量。水表误差限度改变时的流量。

(4) 最小流量。水表开始准确指示的流量值，为水表使用的下限值。

(5) 始动流量。也称启动流量，是水表开始连续指示的流量值。

用水量均匀的生活给水系统的水表，应以给水设计流量选定水表的常用流量；用水量不均匀的生活给水系统的水表，应以设计流量选定水表的过载流量；在消防时除生活用水外，还需通过消防流量的水表，应以生活用水的设计流量叠加消防流量进行校核，校核流量不应大于水表的过载流量。

细节：水泵的选择方法

水泵是建筑给水系统中的主要升压设备，除了直接给水方式和单设水箱给水方式外，其他给水方式都需要使用水泵。在建筑给水系统中，一般较多采用离心式水泵。离心泵的共同特点是结构简单、体积小、效率高、流量和扬程在一定范围内可调及运转平稳等特点。

水泵的选型首先应该正确计算出给水系统的用水量和所需水压，并以此作为水泵的流量和扬程，然后按照水泵的性能参数对应选型。

1. 水泵流量的确定

水泵加压直接供水，当无流量调节设备时，供水量应大于或等于用水量，即水泵的流量应满足供水系统的设计秒流量(输水管段中最大瞬时流量)。在水泵加压直接供水的给水系统中，由于水泵的流量通常按最不利情况考虑，但在绝大多数情况下实际用水量低于水泵的设计流量，因此应该利用变频调速装置调节水泵的出水量，使水泵在高效段内运行。

有水箱(罐)时，水泵的流量可根据供水区的最高日最高时用水量确定。当高位水箱容积较大、用水量较均匀时，可按平均小时流量确定。生活、生产用调速水泵的出水量应按设计秒流量确定。生活、生产和消防共用调速水泵在消防时其流量除保证消防用水总量外，还应满足《建筑设计防火规范》GB 50016—2006 关于生活、生产用水量方面的要求。

2. 水泵扬程的确定

水泵的扬程应满足最不利处的配水点或消火栓所需水压。

(1) 水泵单独供水。当水泵直接从管网抽水时，水泵的扬程计算式为：

$$H_b \geqslant H + \sum h + H_c - H_0 \tag{2-1}$$

式中 H_b——水泵扬程，kPa；

H——室外引入管轴线至最不利配水点的垂直高度，m (1m 相当于 10kPa)；

$\sum h$——水泵吸水管及压水管的总水头损失，kPa，即$\sum h = h_s + h_n$；

H_c——最不利配水点的用水设备所需最低工作压力，kPa；

H_0——室外给水管网可利用的最小水压，kPa。

(2) 水泵从贮水池吸水时，总扬程计算式为：

$$H_b \geqslant Z_1 + Z_2 + \sum h + H_c \tag{2-2}$$

式中 Z_1——贮水池最低水位至泵轴线的垂直高度，m(1m 相当于 10kPa)；

Z_2——泵轴线至最不利配水点(高位水箱的最高水位或消火栓)的垂直高度，m。

细节：水泵的布置要求

(1) 水泵的平面布置应符合表 2-1 的规定。

水泵机组外轮廓面与墙和相邻机组间的间距　　表 2-1

电动机额定功率(kW)	水泵机组外轮廓面与墙面之间的最小间距(m)	相邻水泵机组外轮廓面之间最小距离(m)
≤22	0.8	0.4
22～55	1.0	0.8
55～160	1.2	1.2

注：1. 水泵侧面有管道时，外轮廓面计至管道外壁面。
2. 水泵机组是指水泵与电动机的联合体，或已安装在金属架上的多台水泵联合体。

(2) 水泵的竖向布置。水泵基础高出地面的高度应便于水泵安装，不应<0.1m；当管径≤150mm 时，泵房内管道管外底距地面或管沟底面的距离不应小于 0.2m；当管径≥200mm 时，不应小于 0.25m。

(3) 水泵的检修。泵房内宜有检修水泵的场地，检修场地尺寸应按水泵或电机外形尺寸四周有不小于 0.7m 的通道确定。泵房内宜设置手动起重设备。

细节：水泵机组设置隔振装置的条件及方法

(1) 下列场所设置水泵应采取隔振措施：

1) 设置在播音室、录音室和音乐厅等建筑的水泵。

2) 设置在教学楼、科研楼、化验楼、综合楼和办公楼等建筑的水泵。

3）设置在工业建筑内、邻近居住建筑和公共建筑的独立水泵房内，或者在有人操作管理的工业企业集中泵房内的水泵。

(2) 水泵隔振包括下列三种形式，并应设立配套装置。

1）水泵机组隔振，如图 2-26 所示。

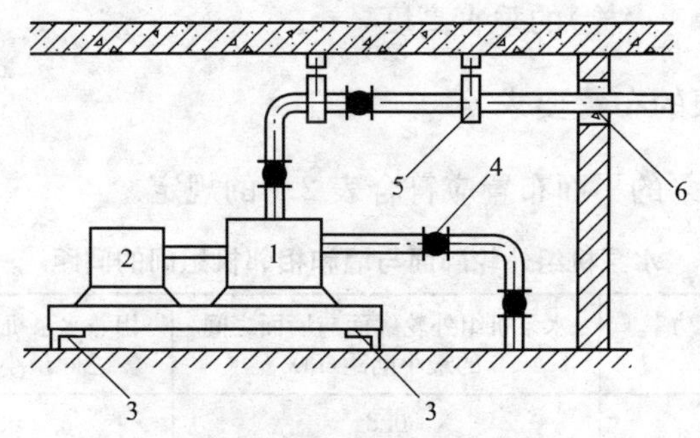

图 2-26 水泵隔振安装结构

1—水泵；2—电动机；3—隔振垫；4—可曲挠接头；5—弹性吊架；6—玻璃纤维

① 水泵机组隔振方式应该采用支承式。当设有惰性块或型钢机座时，隔振元件应设置在惰性块或型钢机座的下面。

② 卧式水泵应采用橡胶隔振垫，安装在楼层时应采用多层串联叠合的橡胶隔振垫，或橡胶隔振器，或阻尼弹簧隔振器。立式水泵应采用橡胶隔振器。

③ 水泵机组隔振元件支承点数量应为偶数，且不少于 4 个。一台水泵机组的各个支承点的隔振元件，其型号、规格和性能应尽可能保持一致。

2）管道隔振。

① 当水泵基础采用隔振措施时，水泵吸水管和出水管上均应采用管道隔振元件。

② 管道隔振元件应具有隔振和位移补偿双重功能。

③ 采用管道隔振时，一般采用以橡胶为原料的可曲挠管道配件。

④ 用于生活给水系统的可曲挠橡胶配件，宜采用符合饮用

水水质标准的原材料和添加剂，不产生有害物质，不危害人体健康。

⑤ 用于水泵出水管的可曲挠橡胶管道配件，应按工作压力选用。

⑥ 可曲挠橡胶管道配件，应避免与酸碱、油类或有机溶剂等接触。

3）支架隔振。

① 弹性支架应具有固定架设管道与隔振的双重功能。

② 当水泵机组的基础和管道需采取隔振措施时，管道支架应采用弹性支架。

③ 弹性支架数量应根据管道重量确定，支架悬挂物体的总重量应不大于支架容许额定荷载量。

④ 框架式弹性支架的型号应根据隔振要求、水泵机组的转速和水泵机组安装位置确定。

⑤ 支架隔振元件应根据管道的直径、重量、数量、隔振要求和与楼板或地面的距离等因素，来选用弹性支架、弹性托架、弹性吊架。

⑥ 弹性吊架应均匀布置，间距可按表 2-2 的规定。

弹性吊架安装间距表 **表 2-2**

序号	公称直径 DN(mm)	安装间距(m)	序号	公称直径 DN(mm)	安装间距(m)
1	25	2～3	4	100	5～6
2	50	2.5～3.5	5	125	7～8
3	80	3～4	6	150	8～10

细节：气压给水设备的工作原理及特点

气压给水设备是一种利用密封贮罐内空气可压缩性进行贮存、调节和加压送水的装置。

工作原理是：将水源来水经水泵压入密闭压力罐到最高水位后，在压缩空气的作用下由密闭罐将水送至建筑内各用水点。气压给水设备的功能与水塔或高位水箱的功能基本相似，罐的送水压力来自压缩空气而不是位置高度。

其特点是：气压装置可设置在任何位置(如室内外、地面、地下或楼层中)，应用灵活方便，供水水质好，建设快，投资少，还有消除水锤作用等优点。但密闭压力罐容量小，调节水量也小，罐内水压变化大，水泵启闭比较频繁，因此耗费电能多。

细节：气压给水设备类型

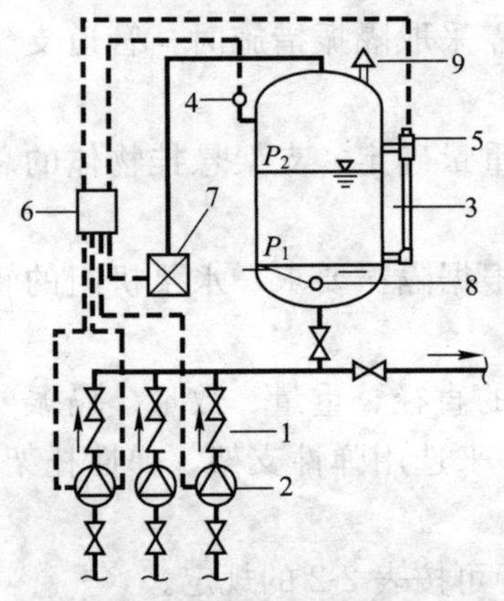

图 2-27 单罐变压式气压给水设备
1—止回阀；2—水泵；3—气压罐；4—压力信号器；5—液位信号器；6—控制器；7—补气装置；8—排气阀；9—安全阀

气压给水设备根据其输水压力稳定性的不同，可分为变压式和定压式；根据罐内气水接触方式的不同，可分为补气式和隔膜式。

1. 变压式气压给水设备

图 2-27 所示为单罐变压式气压给水设备。变压式气压给水设备的供水压力变化幅度较大，对给水附件的寿命产生了一定的影响，因此不适于用水量大和要求水压稳定的用水对象，使用受到一定限制，常用在中小型给水系统中。

2. 定压式气压给水设备

图 2-28 所示为定压式气压给水设备。目前常见的做法是在气水共罐的单罐变压式气压给水设备的供水管上，安装压力调节阀，应将出水压力控制在要求范围内，使供水压力相对稳定。也可在气与水不共罐的双罐变压式气压给水设备的压缩空气连通管上安装压力调节阀，将调节阀出口的气压控制在要求范围内，以使供水压力稳定。此种设备适用于管网压力稳定的给水系统。

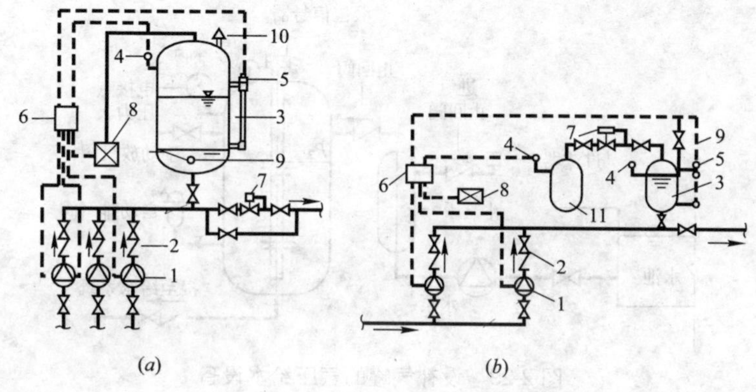

图 2-28　定压式气压给水设备

(a)单罐；(b)双罐

1—水泵；2—止回阀；3—气压罐；4—压力信号器；5—液位信号器；6—控制器；7—压力调节阀；8—补气装置；9—排气阀；10—安全阀；11—贮气罐

3. 补气式气压给水设备

气与水在气压水罐中直接接触，设备运行过程中，部分气体溶于水中，随着空气量的减少，罐内压力下降，不能满足供水需要。为了保证给水系统的设计工况，需设补气调压装置。

在允许停水的给水系统中，可采用开启罐顶进气阀，泄空罐内存水的简单补气法；在不允许停水的给水系统中，可采用空气压缩机补气，也可通过在水泵吸水管上安装补气阀，在水泵出水管上安装水射器或补气罐等方法补气。以上方法均属余量补气，多余的补气量需通过排气装置排出。有条件时，宜采用限量补气法，使补气量等于需气量，当气压水罐内气量达到需气量时，补气装置停止从外界吸气，自行达到平衡，并达到限量补气的目的，可省去排气装置。图 2-29 所示为设补气罐的气压给水设备。

4. 隔膜式气压给水设备

隔膜式气压给水设备在气压水罐中设置弹性隔膜，将水与气分离，不但水质不易被污染，气体也不会溶入水中，故不需设补气调压装置。隔膜主要有帽形和囊形两类。两类隔膜均固定在罐

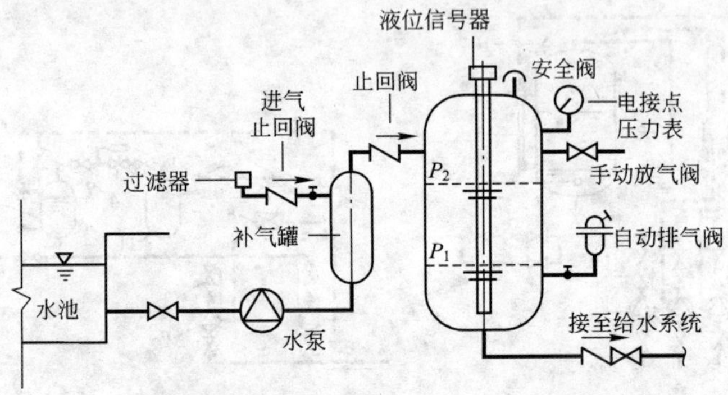

图 2-29　设补气罐的气压给水设备

体法兰盘上，如图 2-30 所示，囊形隔膜可缩小气压水罐固定隔膜的法兰，气体密闭性好，调节容积大，且隔膜受力合理，不易损坏，所以囊形隔膜比帽形隔膜好。

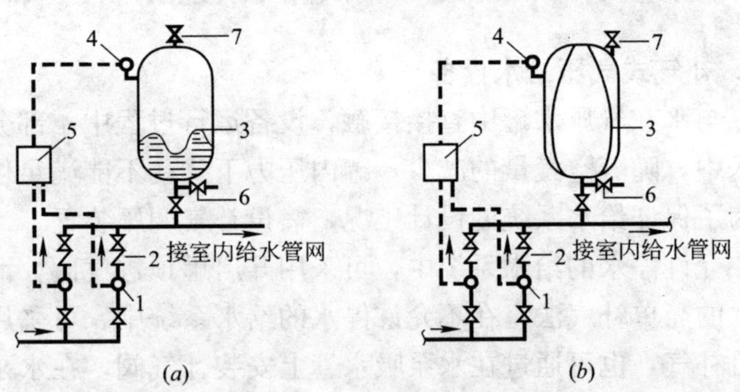

图 2-30　隔膜式气压给水设备

(*a*)帽形隔膜；(*b*)囊形隔膜

1—水泵；2—止回阀；3—隔膜式气压罐；4—压力信号器；

5—控制器；6—泄水阀；7—安全阀

细节：气压给水设备的选择方法

选择气压给水设备主要是确定气压水罐的总容积和确定配套水泵的流量和扬程。根据总容积和所需水压、流量和扬程查有关气压给水设备样本即可选定其型号。

1. 气压水罐的调节容积

气压水罐的调节容积按下式确定：

$$V_{q_2}=\frac{\alpha_0 q_b}{4n_q} \tag{2-3}$$

式中 V_{q_2}——气压水罐的调节容积，m^3；

q_b——水泵(或泵组)的出流量，m^3/h；

α_0——安全系数，宜取 1.0～1.3；

n_q——水泵在 1h 内启动次数，宜采用 6～8 次。

2. 气压水罐的总容积计算式

气压水罐的总容积按下式确定：

$$V_q=\frac{\beta V_{q_1}}{1-\alpha_b} \tag{2-4}$$

式中 V_q——气压水罐的总容积，m^3；

V_{q_1}——气压水罐的水容积(应等于或大于调节容量)，m^3；

α_b——气压水罐内的工作压力比(以绝对压力计)，宜采用 0.65～0.85；有特殊要求时，也可在 0.5～0.9 之间选用，气压水罐最小工作压力应以给水系统所需压力确定；

β——气压水罐的容积系数，补气卧式、立式气压罐和隔膜式气压罐分别采用 0.25、1.10、1.05。

3. 水泵的流量、扬程及选型

生活给水系统采用气压给水设备供水时，应符合下列规定：

(1) 气压水罐内的最低工作压力应满足管网最不利处的配水点所需水压。

(2) 气压水罐内的最高工作压力不得使管网最大水压处配水点的水压大于 0.55MPa。

(3) 水泵(或泵组)的流量(以气压水罐内的平均压力计，其对应的水泵扬程的流量)不应小于给水系统最大小时用水量的 1.2 倍。

气压给水设备的水泵选型应根据不同工况进行：对变压式气

压给水设备，应满足扬程为 P_{min} 时水泵出水量接近管网最大设计秒流量；扬程为 P_{max} 时，泵的出水量接近于管网最大小时流量；扬程为气压水罐内平均压力 $\left(P_{cp}=\frac{P_{max}+P_{min}}{2}\right)$ 时，水泵出水量不应小于管网最大小时流量的1.2倍。对定压式气压给水设备，水泵扬程可仅按 P_{min}、水泵出水量不小于管网最大设计秒流量选型。为使所选泵型运行在高效范围，在保证供水条件下可采用较小流量的多台同型泵并联运行。

4. 空气压缩机的选择

利用空气压缩机补气时，小型的气压给水设备可采用手摇式空气压缩机；大中型气压给水设备一般采用电动空气压缩机。空气压缩机的工作压力应略大于气压水罐的最大工作压力，一般可选用小型空气压缩机。压缩空气管道一般采用焊接钢管。

【禁　　忌】

禁忌：止回阀的阀型选择不符合要求

【分析】

建筑给水系统中选择止回阀阀型时要考虑众多综合因素：

(1) 止回阀的开启压力与止回阀关闭状态时的密封性能有关，关闭状态密封性好的，开启压力就大，反之则小。

(2) 开启压力一般大于开启后水流正常流动时的局部水头损失。

(3) 速闭消声止回阀和阻尼缓闭止回阀都有削弱停泵水锤的作用，但两者削弱停泵水锤的机理不同，速闭消声止回阀一般用于小口径水泵，阻尼缓闭止回阀一般用于大口径水泵。

(4) 在水流停止流动时，止回阀的阀瓣或阀芯应能在重力或弹簧力作用下自行关闭。一般来说，卧式升降式止回阀和阻尼缓闭止回阀及多功能阀只能安装在水平管上，除立式升降式止回阀外，其他止回阀均可安装在水平管上或水流方向自下而上的立管上。水流方向自上而下的立管，不应安装止回阀，其阀瓣不能自行关闭，起不到止回作用。

【措施】

止回阀的阀型选择应根据止回阀的安装部位、阀前水压、关闭后的密闭性能要求和关闭时引发的水锤大小等因素确定，应符合下列要求：

（1）阀前水压小的部位，宜选用旋启式、球式和梭式止回阀。

（2）关闭后密闭性能要求严密的部位，宜选用有关闭弹簧的止回阀。

（3）要求削弱关闭水锤的部位，宜选用速闭消声止回阀或有阻尼装置的缓闭止回阀。

（4）止回阀的阀瓣或阀芯应能在重力或弹簧力作用下自行关闭。

禁忌：不确定给水管道上设置止回阀的管段

【分析】

止回阀只是引导水流单向流曲的阀门，不是防止倒流污染的有效装置。管道倒流防止器具有止回阀的功能，而止回阀则不具备管道倒流防止器的功能，所以设有管道倒流防止器后，就不需再设止回阀。

当水箱、水塔进出水管为一条时，为防止底部进水，在底部出水的管段上应装止回阀，应注意此止回阀在水箱（塔）进水时，由于三通射流作用，使止回阀处于压力不稳定状态，会引起阀瓣（芯）振动，用此止回阀处应做隔振处理，且不宜选用振动大的旋启式或升降式止回阀。

【措施】

给水管道的下列管段上应设置止回阀：

（1）引入管上应设置止回阀。

（2）密闭的水加热器或用水设备的进水管上，应设置止回阀。

(3) 水泵出水管上，应设置止回阀。

(4) 进出水管合用一条管道的水箱、水塔、高地水池的出水管段上，应设置止回阀。

禁忌：给水管道上不安装防止倒流污染装置

【分析】

由于大多数城市通常只建一个给水管网，它除了主要供应生活用水外，还供应消防用水、工业用水、绿化用水等方面的非生活饮用水。因此，需要从生活饮用水管道接出非生活饮用水管道。然而，非生活饮用水管道由于长期不用或在使用过程中和环境接触受到污染，一旦产生倒流，生活饮用水管网就有可能被严重污染。生活饮用水管道上接出的非生活饮用水管道中，不论其中的水是否已被污染，只要倒流入生活饮用水管道，均称为倒流污染。基于上述原因，给水管道上必须安装防止倒流污染装置。

【措施】

从给水管道上直接接出下列用水管道时，应在这些用水管道上设置管道倒流防止器或其他有效防止倒流污染的装置：

(1) 单独接出消防用水管道时，在消防用水管道的起端应设置管道倒流防止器或其他有效防止倒流污染的装置。

(2) 由城市给水管直接向锅炉、热水机组、水加热器、气压水罐等有压容器或密闭容器注水的注水管上应设置管道倒流防止器或其他有效防止倒流污染的装置。

(3) 当游泳池、水上游乐池、按摩池、水景观赏池、循环冷却水集水池等的充水或补水管道出口与溢流水位之间的空气间隙小于出口管径 2.5 倍时，在充(补)水管上应设置管道倒流防止器或其他有效的防止倒流污染的装置。

(4) 绿地等自动喷灌系统，当喷头为地下式或自动升降式时，其管道起端应设置管道倒流防止器或其他有效的防止倒流污染的装置。

(5) 垃圾处理站、动物养殖场(含动物园的饲养展览区)的冲洗管道及动物饮水管道的起端应设置管道倒流防止器或其他有效防止倒流污染的装置。

(6) 从城市给水管道上直接吸水的水泵，其吸水管起端应设置管道倒流防止器或其他有效防止倒流污染的装置。

(7) 从城市给水环网的不同管段接出引入管向居住小区供水，且小区供水管与城市给水管形成环状管网时，其引入管上(一般在总水表后)应设置管道倒流防止器或其他有效防止倒流污染的装置。

空气间隙、倒流防止器和真空破坏器的选择，应根据回流性质、回流污染的危害程度按表 2-3 和表 2-4 的规定确定。

生活饮用水回流污染危害程度　　表 2-3

生活饮用水与之连接场所、管道、设备		回流污染危害程度		
		低	中	高
贮存有害有毒液体的罐区		—	—	√
化学液槽生产流水线		—	—	√
含放射性材料加工及核反应堆		—	—	√
加工或制造毒性化学物的车间		—	—	√
化学、病理、动物试验室		—	—	√
医疗机构医疗器械清洗间		—	—	√
尸体解剖、屠宰车间		—	—	√
其他有毒有害污染场所和设备		—	—	√
消防	消火栓系统	—	√	—
	湿式喷淋系统、水喷雾灭火系统	—	√	—
	简易喷淋系统	√	—	—
	泡沫灭火系统	—	—	√
	软管卷盘	—	√	—
	消防水箱(池)补水	—	√	—
	消防水泵直接吸水	—	√	—

续表

生活饮用水与之连接场所、管道、设备	回流污染危害程度		
	低	中	高
中水、雨水等再生水水箱(池)补水	—	√	—
生活饮用水水箱(池)补水	√	—	—
小区生活饮用水引入管	√	—	—
生活饮用水有温、有压容器	√	—	—
叠压供水	√	—	—
卫生器具、洗涤设备给水	—	√	—
游泳池补水、水上游乐池等	—	√	—
循环冷却水集水池等	—	—	√
水景补水	—	√	—
注入杀虫剂等药剂喷灌系统	—	—	√
无注入任何药剂喷灌系统	√	—	—
畜禽饮水系统	—	√	—
冲洗道路、汽车冲洗软管	√	—	—
垃圾中转站冲洗给水栓	—	—	√

防回流设施选择 **表 2-4**

防回流设施	回流污染危害程度					
	低		中		高	
	虹吸回流	背压回流	虹吸回流	背压回流	虹吸回流	背压回流
空气间隙	√	—	√	—	√	—
减压型倒流防止器	√	√	√	√	√	√
低阻力倒流防止器	√	√	√	√	—	—
双止回阀倒流防止器	—	√	—	—	—	—
压力型真空破坏器	√	—	√	—	√	—
大气型真空破坏器	√	—	—	—	—	—

禁忌：停泵时产生水锤

【分析】

水锤是一种瞬间发生的水击，对设备和管道具有很大的破坏力，按产生水锤的技术(边界)条件，水锤有关阀水锤和停泵水锤两种类型，但水锤波在管路中的传播、反射与相互作用等，则完全相同。

建筑给水系统通常都有二次加压，因水箱(水池)的调节容量有限，所以开停泵是频繁发生的，事故停泵(如突然断电、水泵发生机械事故等)也不可能完全避免，因而产生停泵水锤的机会很多，应采取防护措施。

【措施】

防止水泵停泵时产生水锤的方法有：安装自闭式水锤消除器、多功能水泵控制阀、缓闭式止回阀、消声止回阀、小型气压罐和快闭式止回阀等，建筑给水系统中常安装缓闭式止回阀、多功能水泵控制阀或消声止回阀。

禁忌：生活给水采用非自灌吸水水泵，加压系统可靠性降低

【分析】

非自灌吸水的水泵给自动控制带来困难，并使加压系统的可靠性差，应尽量避免采用。万一要采用时，应有可靠的自动灌水或引水措施。

【措施】

生活给水的加压水泵应采用自灌吸水，每台水泵应设置单独从水池吸水的吸水管。吸水管内的流速应采用1.0～1.2m/s；吸水管口应设置向下的喇叭口，喇叭口低于水池最低水位，不宜小于0.5m，达不到此要求时，应采取防止空气被吸入的措施。

吸水管喇叭口至池底的净距不应小于0.8倍的吸水管管径，且不应小于0.1m；吸水管喇叭口边缘与池壁的净距不应小于1.5倍的吸水管管径；吸水管与吸水管之间的净距不宜小于3.5倍的吸水管管径(管径以相邻两者的平均值计)。

当水池水位不能满足水泵自灌启动水位时，应有防止水泵启动的保护措施。

禁忌：给水系统的加压水泵选择不合理，水泵工作不稳定

【分析】

选择生活给水系统的加压水泵时，必须对水泵的流量-扬程特性曲线(Q-H)进行分析，应选择特性曲线为随流量增大其扬程逐渐下降的水泵，这样的泵工作稳定，并联使用时可靠。流量-扬程特性曲线(Q-H)存在有上升段。这种泵单泵工作，且工作点扬程低于零流量扬程时，水泵可稳定工作。若工作点在上升段范围内，水泵工作就不稳定。这种水泵并联时，先启动的水泵工作正常，后启动的水泵通常会出现有压无流的空转。

生活给水的加压用水泵是长期不停地工作的，水泵产品的效率对节约能耗、降低运行费用起着关键作用。因此，选泵时应选择效率高的泵型，且管网特性曲线所要求的水泵工作点，应位于水泵效率曲线的高效区内。

一般情况下，一个给水加压系统应由同一型号的水泵组合并联工作。最大流量时由2～3台水泵并联供水。若系统有持续较长的时段处于接近零流量状态时，可另配备小型泵用于此时段的供水。

现在的电气控制水平都能做到水泵自动切换交替运行，这样就可避免备用泵因长期不运行而泵内的水滞留变质或锈蚀卡死不转的问题。

【措施】

选择生活给水系统的加压水泵，应遵守下列一般规定：

(1) 水泵的流量-扬程特性曲线(Q-H)，应是随流量的增大扬程逐渐下降的曲线。对流量-扬程特性曲线(Q-H)存在有上升段的水泵，应分析在运行工况中不会出现不稳定工作时方可采用。

(2) 应根据管网水力计算进行选泵，水泵应在其高效区内运行。

(3) 生活加压给水系统的水泵机组应设备用泵，备用泵的供水能力不应小于最大一台运行水泵的供水能力。水泵应自动切换

交替运行。

2.3 给水系统设计计算

【细　节】

细节：建筑给水系统用水定额和水压

1. 居住小区用水定额

(1) 小区给水设计用水量应根据居民生活用水量、公共建筑用水量、绿化用水量、水景和娱乐设施用水量、道路和广场用水量、公用设施用水量、未预见用水量及管网漏失水量及消防用水量确定。其中，消防用水量仅用于校核管网计算，不计入正常用水量。

(2) 居住小区的居民生活用水量，应按小区人口和表 2-5 规定的住宅最高日生活用水定额经计算确定。

住宅最高日生活用水定额及小时变化系数　　表 2-5

住宅类别		卫生器具设置标准	用水定额［L/(人·d)］	小时变化系数 K_h
普通住宅	Ⅰ	有大便器、洗涤盆	85～150	3.0～2.5
	Ⅱ	有大便器、洗脸盆、洗涤盆、洗衣机、热水器和沐浴设备	130～300	2.8～2.3
	Ⅲ	有大便器、洗脸盆、洗涤盆、洗衣机、集中热水供应(或家用热水机组)和沐浴设备	180～320	2.5～2.0
别墅		有大便器、洗脸盆、洗涤盆、洗衣机、洒水栓，家用热水机组和沐浴设备	200～350	2.3～1.8

注：1. 当地主管部门对住宅生活用水定额有具体规定时，应按当地规定执行。
2. 别墅用水定额中含庭院绿化用水和汽车洗车用水。

（3）居住小区内的公共建筑用水量，应按其使用性质、规模采用表 2-6 中的用水定额经计算确定。

宿舍、旅馆和公共建筑生活用水定额及小时变化系数　　表 2-6

序号	建筑物名称	单位	最高日生活用水定额（L）	使用时数（h）	小时变化系数 K_h
1	宿舍 Ⅰ类、Ⅱ类 Ⅲ类、Ⅳ类	 每人每日 每人每日	 150～200 100～150	 24 24	 3.0～2.5 3.5～3.0
2	招待所、培训中心、普通旅馆 设公用盥洗室 设公用盥洗室、淋浴室 设公用盥洗室、淋浴室、洗衣室 设单独卫生间、公用洗衣室	 每人每日 每人每日 每人每日 每人每日	 50～100 80～130 100～150 120～300	24	3.0～2.5
3	酒店式公寓	每人每日	200～300	24	2.5～2.0
4	宾馆客房 旅客 员工	 每床位每日 每人每日	 250～400 80～100	24	2.5～2.0
5	医院住院部 设公用盥洗室 设公用盥洗室、淋浴室 设单独卫生间 医务人员 门诊部、诊疗所 疗养院、休养所住房部	 每床位每日 每床位每日 每床位每日 每人每班 每病人每次 每床位每日	 100～200 150～250 250～400 150～250 10～15 200～300	 24 24 24 8 8～12 24	 2.5～2.0 2.5～2.0 2.5～2.0 2.0～1.5 1.5～1.2 2.0～1.5
6	养老院、托老所 全托 日托	 每人每日 每人每日	 100～150 50～80	 24 10	 2.5～2.0 2.0
7	幼儿园、托儿所 有住宿 无住宿	 每儿童每日 每儿童每日	 50～100 30～50	 24 10	 3.0～2.5 2.0

续表

序号	建筑物名称	单位	最高日生活用水定额(L)	使用时数(h)	小时变化系数 K_h
8	公共浴室 淋浴 浴盆、淋浴 桑拿浴(淋浴、按摩池)	 每顾客每次 每顾客每次 每顾客每次	 100 120～150 150～200	 12 12 12	2.0～1.5
9	理发室、美容院	每顾客每次	40～100	12	2.0～1.5
10	洗衣房	每 kg 干衣	40～80	8	1.5～1.2
11	餐饮业 中餐酒楼 快餐店、职工及学生食堂 酒吧、咖啡馆、茶座、卡拉 OK 房	 每顾客每次 每顾客每次 每顾客每次	 40～60 20～25 5～15	 10～12 12～16 8～18	1.5～1.2
12	商场 员工及顾客	每 m^2 营业厅面积每日	5～8	12	1.5～1.2
13	图书馆	每人每次	5～10	8～10	1.5～1.2
14	书店	每 m^2 营业厅面积每日	3～6	8～12	1.5～1.2
15	办公楼	每人每班	30～50	8～10	1.5～1.2
16	教学、实验楼 中小学校 高等院校	 每学生每日 每学生每日	 20～40 40～50	 8～9 8～9	 1.5～1.2 1.5～1.2
17	电影院、剧院	每观众每场	3～5	3	1.5～1.2
18	会展中心(博物馆、展览馆)	每 m^2 展厅每日	3～6	8～16	1.5～1.2
19	健身中心	每人每次	30～50	8～12	1.5～1.2
20	体育场(馆) 运动员淋浴 观众	 每人每次 每人每场	 30～40 3	 4 4	 3.0～2.0 1.2
21	会议厅	每座位每次	6～8	4	1.5～1.2

续表

序号	建筑物名称	单位	最高日生活用水定额(L)	使用时数(h)	小时变化系数 K_h
22	航站楼、客运站旅客	每人次	3～6	8～16	1.5～1.2
23	菜市场地面冲洗及保鲜用水	每 m^2 每日	10～20	8～10	2.5～2.0
24	停车库地面冲洗水	每 m^2 每次	2～3	6～8	1.0

注：1. 除养老院、托儿所、幼儿园的用水定额中含食堂用水，其他均不含食堂用水。
2. 除注明外，均不含员工生活用水，员工用水定额为每人每班 40～60L。
3. 医疗建筑用水中已含医疗用水。
4. 空调用水应另计。

(4) 绿化浇灌用水定额应根据气候条件、植物种类、土壤理化性状、浇灌方式和管理制度等因素综合确定。当无相关资料时，小区绿化浇灌用水定额可按浇灌面积 1.0～3.0L/(m^2·d)计算，干旱地区可酌情增加。

(5) 小区道路、广场的浇洒用水定额可按浇洒面积 2.0～3.0L/(m^2·d)计算。

(6) 小区消防用水量和水压及火灾延续时间，应按现行国家标准《建筑设计防火规范》GB 50016—2006 及《高层民用建筑设计防火规范》GB 50045—1995 确定。

(7) 小区管网漏失水量和未预见水量之和可按最高日用水量的 10%～15%计。

(8) 居住小区内的公用设施用水量，应由该设施的管理部门提供用水量计算参数，当无重大公用设施时，不另计用水量。

(9) 住宅的最高日生活用水定额及小时变化系数，可根据住宅类别、建筑标准、卫生器具设置标准按表 2-5 确定。

(10) 宿舍、旅馆等公共建筑的生活用水定额及小时变化系数，根据卫生器具完善程度和区域条件，可按表 2-6 确定。

(11) 建筑物室内、外消防用水量、供水延续时间，供水水压等，应根据国家现行有关消防规范执行。

(12) 汽车冲洗用水定额，应根据采用的冲洗方式、车辆用途、道路路面等级和沾污程度等确定，按表 2-7 计算。

汽车冲洗用水定额 [L/(辆·次)]　　表 2-7

冲洗方式	高压水枪冲洗	循环用水冲洗补水	抹车、微水冲洗	蒸汽冲洗
轿车	40～60	20～30	10～15	3～5
公共汽车 载重汽车	80～120	40～60	15～30	—

注：当汽车冲洗设备用水定额有特殊要求时，其值应按产品要求确定。

(13) 卫生器具的给水额定流量、当量、连接管径和最低工作压力应按表 2-8 确定。

1) 卫生器具和配件应符合现行行业标准《节水型生活用水器具》CJ 164—2002 的有关规定。

2) 公共场所的卫生间洗手盆宜采用感应式水嘴或自闭式水嘴等限流节水装置。

3) 公共场所的卫生间的小便器宜采用感应式或延时自闭式冲洗阀。

卫生器具的给水额定流量、当量、连接管公称管径和最低工作压力　　表 2-8

序号	给水配件名称	额定流量 (L/s)	当量	连接管公称管径(mm)	最低工作压力(MPa)
1	洗涤盆、拖布盆、盥洗槽 单阀水嘴 单阀水嘴 混合水嘴	 0.15～0.20 0.30～0.40 0.15～0.20 (0.14)	 0.75～1.00 1.50～2.00 0.75～1.00 (0.70)	 15 20 15	0.050
2	洗脸盆 单阀水嘴 混合水嘴	 0.15 0.15(0.10)	 0.75 0.75(0.50)	 15 15	0.050

续表

序号	给水配件名称	额定流量（L/s）	当量	连接管公称管径（mm）	最低工作压力（MPa）
3	洗手盆				
	感应水嘴	0.10	0.75	15	0.050
	混合水嘴	0.15(0.10)	0.75(0.50)	15	
4	浴盆				
	单阀水嘴	0.20	1.00	15	0.050
	混合水嘴(含带淋浴转换器)	0.24(0.20)	1.20(1.00)	15	0.05～0.07
5	淋浴器				
	混合阀	0.15(0.10)	0.75(0.50)	15	0.05～0.07
6	大便器				
	冲洗水箱浮球阀	0.10	0.50	15	0.020
	延时自闭式冲洗阀	1.20	6.00	25	0.10～0.15
7	小便器				
	手动或自动自闭式冲洗阀	0.10	0.50	15	0.050
	自动冲洗水箱进水阀	0.10	0.50	15	0.020
8	小便槽穿孔冲洗管(每 m 长)	0.05	0.25	15～20	0.015
9	净身盆冲洗水嘴	0.10(0.07)	0.50(0.35)	15	0.050
10	医院倒便器	0.20	1.00	15	0.050
11	实验室化验水嘴(鹅颈)				
	单联	0.07	0.35	15	0.020
	双联	0.15	0.75	15	0.020
	三联	0.20	1.00	15	0.020
12	饮水器喷嘴	0.05	0.25	15	0.050
13	洒水栓	0.40	2.00	20	0.05～0.10
		0.70	3.50	25	0.05～0.10
14	室内地面冲洗水嘴	0.20	1.00	15	0.050
15	家用洗衣机水嘴	0.20	1.00	15	0.050

注：1. 表中括号内的数值系在有热水供应时，单独计算冷水或热水时使用。

2. 当浴盆上附设淋浴器时，或混合水嘴有淋浴器转换开关时，其额定流量和当量只计水嘴，不计淋浴器。但水压应按淋浴器计。

3. 家用燃气热水器所需水压按产品要求和热水供应系统最不利配水点所需工作压力确定。

4. 绿地的自动喷灌应按产品要求设计。

5. 当卫生器具给水配件所需额定流量和最低工作压力有特殊要求时，其值应按产品要求确定。

2. 生产用水定额

工业企业建筑，管理人员的生活用水定额可取 30～50L/(人·班)；车间工人的生活用水定额应根据车间性质确定，宜采用 30～50L/(人·班)；用水时间宜取 8h，小时变化系数宜取 2.5～1.5。

工业企业建筑淋浴用水定额，应根据现行国家标准《工业企业设计卫生标准》GBZ 1—2010 中车间的卫生特征分级确定，可采用 40～60L/(人·次)，延续供水时间宜取 1h。

细节：设计用水量的计算方法

设计总用水量计算时，应包括设计年限内该给水管网系统所供应的全部用水：居住区生活用水、工业企业生产用水和职工生活用水、公共建筑用水、消防用水、浇洒道路和绿地用水以及未预见水量和管网漏失水量，但不包括工业自备水源所需的水量。

设计用水量应先分项计算，最后进行汇总。由于消防用水量是偶然发生的，不累计到设计总用水量中，仅作为设计校核使用。

城市或居住区的最高日生活用水量(m^3/d)：

$$Q_1 = qNf \tag{2-5}$$

式中 q——最高日生活用水量标准，$m^3/(人·d)$；

N——设计年限内规划人口数；

f——自来水普及率，%。

整个城镇的最高日生活用水量标准应参照一般居住水平定出，如城市各区的房屋卫生设备类型不同，用水量标准应分别选定。一般城市计划人口数并不等于实际用水人数，所以应按实际情况考虑用水普及率，以便得出实际用水人数。

采用综合生活用水定额计算居民生活用水量时不必计算公共建筑用水量；若采用居民生活用水定额，则需计算大型公共建筑用水量。城市各区的用水量标准不同时，最高日用水量(m^3/d)应等于各区用水量的总和：

$$Q_1=\sum q_i N_i f_i \tag{2-6}$$

式中 q_i——各区的最高日生活用水量标准，m^3/(人·d)；

N_i——计划人口数；

f_i——用水普及率，%。

除居住区生活用水量外，还应考虑工业企业职工的生活用水和淋浴用水量 Q_2 以及居住区生活用水量中未计及的城镇内公共建筑、浇洒道路和大面积绿化所需的水量 Q_3。城镇管网同时供给工业企业用水时，工业生产用水量应由工艺提供，但设计者也可通过调查研究，参照同类工业企业用水资料合理确定工业生产用水量 Q_4。除了上述各种用水量外，再增加相当于最高日用水量15%～25%的未预见水量和管网漏水量。因此，设计年限内城市最高日的总用水量(m^3/d)为：

$$Q_d=(1.15\sim1.25)(Q_1+Q_2+Q_3+Q_4) \tag{2-7}$$

从最高日用水量可得最高时设计用水量(L/s)：

$$Q_h=\frac{1000\times K_h Q_d}{24\times3600}=\frac{K_h Q_d}{86.4} \tag{2-8}$$

式中 K_h——时变化系数；

Q_d——最高日设计用水量。

如上式中令 $K_h=1$，既得最高日平均时用水量。

细节：建筑内部设计秒流量的确定

设计秒流量的计算是管网水力计算的基础，是确定各管段管径、计算管道水头损失进而确定给水系统所需压力的主要依据。只有设计秒流量计算正确，才能保证整个系统的正常运行。设计秒流量计算偏大，就会导致管径偏大、水泵流量偏大，从而造成经济上的浪费；管网中的流速偏小，容易导致细菌繁殖，微粒沉积。如果设计秒流量过小，则会使所选管径过小，造成水头损失过高，浪费能量，严重时出现断流，不能保证用水可靠性。因此，选择一个正确的设计秒流量计算方法至关重要。

建筑内用水量随着建筑性质、卫生设备情况、生活习惯不同，用水变化也不同，用水人数越少，用水的不均匀性就越大。为保证最不利时刻的最大用水量，给水管道设计流量应为建筑内的最大瞬间用水量(设计秒流量)。计算建筑内部设计秒流量有概率法、平方根法和同时给水百分数法三种方法，分别适用于住宅、公共建筑和其他建筑。

1. 概率法

住宅建筑的生活给水管道的设计秒流量，应按下列步骤和方法计算：

(1) 根据住宅配置的卫生器具给水当量、使用人数、用水定额、使用时数及小时变化系数，可按下式计算出最大用水时卫生器具给水当量平均出流概率：

$$U_{\mathrm{o}}=\frac{100q_{\mathrm{L}}mK_{\mathrm{h}}}{0.2\cdot N_{\mathrm{g}}\cdot T\cdot 3600} \tag{2-9}$$

式中 U_{o}——生活给水管道的最大用水时卫生器具给水当量平均出流概率，%；

q_{L}——最高用水日的用水定额，按表 2-5 取用；

m——每户用水人数；

K_{h}——小时变化系数，按表 2-5 取用；

N_{g}——每户设置的卫生器具给水当量数；

T——用水时数，h；

0.2——一个卫生器具给水当量的额定流量，L/s。

(2) 根据计算管段上的卫生器具给水当量总数，可按下式计算得出该管段的卫生器具给水当量的同时出流概率：

$$U=100\frac{1+\alpha_{\mathrm{c}}(N_{\mathrm{g}}-1)^{0.49}}{\sqrt{N_{\mathrm{g}}}} \tag{2-10}$$

式中 U——计算管段的卫生器具给水当量同时出流概率，%；

α_{c}——对应于不同 U_{o} 的系数，可按表 2-9 取用；

N_{g}——计算管段的卫生器具给水当量总数。

U_o-α_c 值对应表 **表 2-9**

U_o	α_c	U_o	α_c
1.0	0.00323	4.0	0.02816
1.5	0.00697	4.5	0.03263
2.0	0.01097	5.0	0.03715
2.5	0.01512	6.0	0.04629
3.0	0.01939	7.0	0.05555
3.5	0.02374	8.0	0.06489

(3) 根据计算管段上的卫生器具给水当量同时出流概率，可按下式计算该管段的设计流量：

$$q_g = 0.2 \cdot U \cdot N_g \tag{2-11}$$

式中 q_g——计算管段的设计秒流量，L/s。

为了计算快速、方便，在计算出 U_o 后，即可根据计算管段的 N_g 值从附录 B 的计算表中直接查得给水设计秒流量 q_g，当计算管段的卫生器具给水当量总数超过表中的最大值时，其设计流量应取最大时用水量。

(4) 给水干管有两条或两条以上具有不同最大用水时卫生器具给水当量平均出流概率的给水支管时，该管段的最大用水时卫生器具给水当量平均出流概率应按下式计算：

$$\overline{U}_o = \frac{\sum U_{oi} N_{gi}}{\sum N_{gi}} \tag{2-12}$$

式中 $\overline{U}_o$——给水干管的卫生器具给水当量平均出流概率；

U_{oi}——支管的最大用水时卫生器具给水当量平均出流概率；

N_{gi}——相应支管的卫生器具给水当量总数。

2. 平方根法

宿舍（Ⅰ、Ⅱ类）、旅馆、宾馆、酒店式公寓、医院、疗养院、幼儿园、养老院、办公楼、商场、图书馆、书店、客运站、航站楼、会展中心、中小学教学楼、公共厕所等建筑的生活给水设计秒流量，应按下式计算：

$$q_g = 0.2\alpha\sqrt{N_g} \tag{2-13}$$

式中 q_g——计算管段的给水设计秒流量，L/s；

N_g——计算管段的卫生器具给水当量总数；

α——根据建筑物用途而定的系数，应按表 2-10 采用。

根据建筑物用途而定的系数值(α值) **表 2-10**

建筑物名称	α值
幼儿园、托儿所、养老院	1.2
门诊部、诊疗所	1.4
办公楼、商场	1.5
图书馆	1.6
书店	1.7
学校	1.8
医院、疗养院、休养所	2.0
酒店式公寓	2.2
宿舍(Ⅰ、Ⅱ类)、旅馆、招待所、宾馆	2.5
客运站、航站楼、会展中心、公共厕所	3.0

如计算值小于该管段上一个最大卫生器具给水额定流量时，应采用一个最大的卫生器具给水额定流量作为设计秒流量；如计算值大于该管段上按卫生器具给水额定流量累加所得流量值时，应按卫生器具给水额定流量累加所得流量值采用。

有大便器延时自闭冲洗阀的给水管段，大便器延时自闭冲洗阀的给水当量均以 0.5 计，计算得到的 q_g 附加 1.20L/s 的流量后，为该管段的给水设计秒流量。综合楼建筑的 α 值应按加权平均法计算。

3. 同时给水百分数法

宿舍(Ⅲ、Ⅳ类)、工业企业的生活间、公共浴室、职工食堂或营业餐馆的厨房、体育场馆、剧院、普通理化实验室等建筑的生活给水管道的设计秒流量，应按下式计算：

$$q_g = \sum q_o n_o b \tag{2-14}$$

式中 q_g——计算管段的给水设计秒流量，L/s；

q_o——同类型的一个卫生器具给水额定流量，L/s；

n_o——同类型卫生器具数；

b——同类型卫生器具的同时给水百分数，按表 2-11～表 2-13采用。

宿舍(Ⅲ类、Ⅳ类)、工业企业生活间、公共浴室、影剧院、体育场馆等卫生器具同时给水百分数(%)　　表 2-11

卫生器具名称	宿舍(Ⅲ类、Ⅳ类)	工业企业生活间	公共浴室	影剧院	体育场馆
洗涤盆(池)	—	33	15	15	15
洗手盆	—	50	50	50	70(50)
洗脸盆、盥洗槽水嘴	5～100	60～100	60～100	50	80
浴盆	—	—	50	—	—
无间隔淋浴器	20～100	100	100	—	100
有间隔淋浴器	5～80	80	60～80	(60～80)	(60～100)
大便器冲洗水箱	5～70	30	20	50(20)	70(20)
大便槽自动冲洗水箱	100	100	—	100	100
大便器自闭式冲洗阀	1～2	2	2	10(2)	5(2)
小便器自闭式冲洗阀	2～10	10	10	50(10)	70(10)
小便器(槽)自动冲洗水箱	—	100	100	100	100
净身盆	—	33	—	—	—
饮水器	—	30～60	30	30	30
小卖部洗涤盆	—	—	50	50	50

注：1. 表中括号内的数值系电影院、剧院的化妆间，体育场馆的运动员休息室使用。

2. 健身中心的卫生间，可采用本表体育场管运动员休息室的同时给水百分率。

职工食堂、营业餐馆厨房设备同时给水百分数(%)　　表 2-12

厨房设备名称	同时给水百分数	厨房设备名称	同时给水百分数
洗涤盆(池)	70	开水器	50
煮锅	60	蒸汽发生器	100
生产性洗涤机	40	灶台水嘴	30
器皿洗涤机	90		

注：职工或学生饭堂的洗碗台水嘴，按 100%同时给水，但不与厨房用水叠加。

实验室化验水嘴同时给水百分数(%)　　表 2-13

化验水嘴名称	同时给水百分数	
	科研教学实验室	生产实验室
单联化验水嘴	20	30
双联或三联化验水嘴	30	50

当计算值小于该管段上一个最大卫生器具给水额定流量时，应采用一个最大的卫生器具给水额定流量作为设计秒流量。大便器自闭式冲洗阀应单列计算，当单列计算值小于 1. 2L/s 时，以 1. 2L/s 计；大于 1. 2L/s 时，以计算值计。

细节：确定管道直径

管段的设计秒流量确定后，根据水力学公式 $q_g = F_v$ $\left(对圆管，q_g=\frac{\pi d^2}{4}v\right)$及流速控制范围可初步选定管径，即

$$d=\sqrt{\frac{4q_g}{\pi v}} \tag{2-15}$$

式中 q_g——计算管段的设计秒流量，m^3/s；

d——计算管段的管径，m；

v——管段中的流速，m/s。

当管段的流量确定后，流速的大小将直接影响到管道系统经济、技术的合理性。流速过大将引起水锤现象，产生噪声，损坏管道、附件，并将增加管道的水头损失，提高室内给水系统所需

的压力；流速过小又将造成管材的浪费。

考虑以上因素，室内给水系统的流速应符合下列规定：

(1) 生活给水管道的水流速度，宜按表 2-14 选用。

生活给水管道的水流速度 **表 2-14**

公称直径(mm)	15～20	25～40	50～70	≥80
水流速度(m/s)	≤1.0	≤1.2	≤1.5	≤1.8

(2) 生产给水管道内的水流速度不宜大于 2.0m/s；消火栓管道系统内水流速度不宜大于 2.5m/s；自动喷水灭火系统管道内水流速度不宜大于 5m/s，但配水支管的流速在个别情况下，不得大于 10m/s。

细节：给水管网水头损失计算

水头损失就是压头损失，输送流体的过程中需要经过很长的路程，比如：各管道、管件和阀件等，都会对流体流动产生阻力，造成压力损失。给水管道的水头损失包括沿程水头损失和局部水头损失。沿程水头损失是指由于内部摩擦阻力引起的并与流程长度成正比的水头损失；局部水头损失是指由局部边界急剧改变导致水流结构改变、流速分布改变并产生旋涡区而引起的水头损失。

1. 沿程水头损失

沿程水头损失按式(2-16)计算：

$$i=105C_{h}^{-1.85}d_{j}^{-4.87}q_{g}^{1.85} \tag{2-16}$$

式中 i——单位管长的沿程水头损失，kPa/m；

d_j——管道计算内径，m；

q_g——给水设计流量，m^3/s；

C_h——海澄-威廉系数。

各种塑料管、内衬(涂)塑管，$C_h=140$；铜管、不锈钢管，$C_h=130$；衬水泥、树脂的铸铁管，$C_h=130$；普通钢管、铸铁管，$C_h=100$。

2. 局部水头损失

(1) 生活给水管道的配水管的局部水头损失，宜按管道的连接方式，采用管(配)件当量长度法计算。当管道的管(配)件当量长度资料不足时，可根据下列管件的连接状况，按管网的沿程水头损失的百分数取值：

1）管(配)件内径与管道内径一致，采用三通分水时，取25%～30%；采用分水器分水时，取15%～20%。

2）管(配)件内径略大于管道内径，采用三通分水时，取50%～60%；采用分水器分水时，取30%～35%。

3）管(配)件内径略小于管道内径，管(配)件的插口插入管口内连接，采用三通分水时，取70%～80%；采用分水器分水时，取35%～40%。

阀门和螺纹管件的摩阻损失可按表2-15确定。

阀门和螺纹管件的摩阻损失的折算补偿长度　　表2-15

管件内径(mm)	各种管件的折算管道长度(m)						
	90°标准弯头	45°标准弯头	标准三通90°转角流	三通直向流	闸板阀	球阀	角阀
9.5	0.3	0.2	0.5	0.1	0.1	2.4	1.2
12.7	0.6	0.4	0.9	0.2	0.1	4.6	2.4
19.1	0.8	0.5	1.2	0.2	0.2	6.1	3.6
25.4	0.9	0.5	1.5	0.3	0.2	7.6	4.6
31.8	1.2	0.7	1.8	0.4	0.2	10.6	5.5
38.1	1.5	0.9	2.1	0.5	0.3	13.7	6.7
50.8	2.1	1.2	3.0	0.6	0.4	16.7	8.5
63.5	2.4	1.5	3.6	0.8	0.5	19.8	10.3
76.2	3.0	1.8	4.6	0.9	0.6	24.3	12.2
101.6	4.3	2.4	6.4	1.2	0.8	38.0	16.7
127.0	5.2	3.0	7.6	1.5	1.0	42.6	21.3
152.4	6.1	3.6	9.1	1.8	1.2	50.2	24.3

注：本表的螺纹接口是指管件无凹口的螺纹，即管件与管道在连接点内径有突变，管件内径大于管道内径。当管件为凹口螺纹，或管件与管道为等径焊接，其折算补偿长度取本表值的1/2。

(2) 配水附件水头损失。

1）水表的水头损失应按选用产品所给定的压力损失值计算。在未确定具体产品时，可按下列情况取用：

① 住宅的入户管上的水表，宜取 0.01MPa。

② 建筑物或小区引入管上的水表，在生活用水工况时，宜取 0.03MPa；在校核消防工况时，宜取 0.05MPa。

2）比例式减压阀的水头损失，阀后动水压宜按阀后静水压的 80%～90%取用。

3）管道过滤器的局部水头损失，宜取 0.01MPa。

4）倒流防止器、真空破坏器的局部水头损失，应按相应产品测试参数确定。

细节：建筑给水管道防护措施

为保证给水管道在较长年限内正常工作，除应加强维护管理外，还应在布置和敷设过程中采取以下防护措施：

1. 防腐

明设和暗设的金属管道都要采取防腐措施，防腐的通常做法是首先对管道除锈，使之露出金属光泽，然后在管外壁刷涂防腐涂料。明设的焊接钢管和铸铁管外刷防锈漆一道，银粉面漆两道；镀锌钢管外刷银粉面漆两道；暗设和埋地管道均刷沥青漆两道。防腐层应采用具有足够的耐压强度、良好的防水性、绝缘性和化学稳定性、能与被保护管道牢固黏结、无毒的材料。

2. 防冻、防露

对设在最低温度低于 0℃以下场所的给水管道和设备，应当在涂刷底漆后，对保温层进行保温防冻。保温层的外壳，应密封防渗。

在环境温度较高、空气湿度较大的房间(如厨房、洗衣房和某些生产车间)，当管道内水温低于环境温度时，管道及设备的外壁可能产生凝结水，会引起管道或设备腐蚀，影响使用及环境卫生，导致建筑装饰和室内物品受到损害，必须采取防结露措施，防结露保温层的计算和构造，按现行的《设备及管道绝热技术通则》GB/T 4272—2008 执行。

3. **防高温**

在室外明设的给水管道，应避免受阳光直接照射，塑料给水管还应有有效的保护措施；室内塑料给水管道不得与水加热器或热水炉直接连接，应有不小于 0.4m 的金属管段过渡；塑料给水管道不得布置在灶台上边缘，塑料给水立管距灶台边缘不得小于 0.4m，距燃气热水器边缘不宜小于 0.2m。

给水管道因水温变化而引起的伸缩，必须予以补偿。塑料管的线性膨胀系数是钢管的 7～10 倍，必须予以重视。伸缩补偿装置应按管段的直线长度、管材的线性膨胀系数、环境温度和水温的变化幅度、管道节点允许位移量等因素计算确定，但应尽量利用管道自身的折角补偿温度变形。

4. **防振**

当管道中水流速度过大时，启闭水龙头、阀门易出现水锤现象，引起管道、附件的振动，不但会损坏管道附件造成漏水，还会产生噪声。所以在设计时应控制管道的水流速度，在系统中应尽量减少使用电磁阀或速闭型水栓。在住宅建筑进户管的阀门后装设可曲挠橡胶接头进行隔振，并可在管道支架、管卡内衬垫减振材料，减少噪声的扩散。

【禁　忌】

禁忌：贮水池设计不合理，出现滞留、损坏等现象

【分析】

贮水池是贮存和调节水量的构筑物，用于调节生活(生产)用水量、储备消防用水量和生产事故备用水量，按照用途可分为(低位)生活用水贮水池(箱)和消防水池。贮水池一般设置在建筑物的地下室内，多临近水泵房布置。

如贮水池设计不合理，常会出现水体滞留和死角，引起水质

变坏；防渗漏性能较差，引起水体流失或被污染；设置位置不当，与建筑物的间距不合理，引起不均匀沉降，损坏贮水池等。因此，必须严格按照相关规定进行贮水池设计。

【措施】

（1）贮水池内应设吸水坑，吸水坑深度不宜小于 1.0m。

（2）贮水池宜布置在地下室或室外泵房附近。

（3）消防水池容积超过 500m³ 时，应分成两个，并能独立工作，分别泄空，以便清洗和维修。

（4）贮水池应有严格的防渗漏措施，以防贮水渗出或地下水渗入。

（5）贮水池的水位信号应能反映到泵房及消防控制室。

（6）穿越贮水池壁的管道应设防水套管。

（7）贮水池应设通气管。室外贮水池通气管的设置高度一般为 0.7～1.2m，通气管的直径一般为 200mm，通气管的位置及数量应与贮水池的规模、特点相适应。

（8）寒冷地区的贮水池应采取保温措施；室外贮水池的结构设计还应考虑池顶荷载和抗倾覆等因素。室外钢筋混凝土贮水池的设计，可参阅国家标准图集。

（9）贮水池与建筑物贴邻设置时，其间的穿越管路应采取防止因沉降不均而引起损坏的措施，如采用金属软管、橡胶接头等设施。

（10）生活或生产用水与消防用水合用水池时，应设有消防用水不被挪用的措施，如设置溢流墙或在非消防用水水泵的吸水管上，在消防水位处设置透气小孔，如图 2-31 所示。

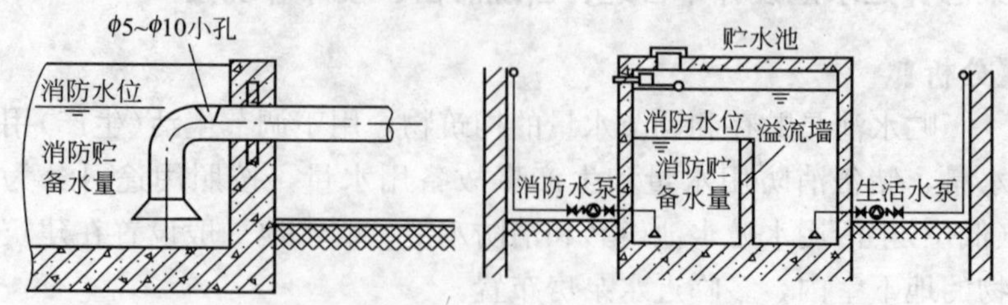

图 2-31 消防水不被挪用的技术措施

禁忌：给水管网压力过大，存在安全隐患

【分析】

当给水管网压力过大时，会对整个建筑给水系统带来安全隐患，因此，应该在给水管网上设置减压阀。减压阀的配置应符合相关规定，限制比例式减压阀的减压比和可调式减压阀的减压差，是为了防止阀内产生气蚀损坏减压阀和减少振动及噪声。应防止减压阀失效时阀后卫生器具受损坏。阀前水压稳定，阀后水压才能稳定。减压阀并联设置的作用只是为了当一个阀失效时，将其关闭检修，另一阀投入工作，使管路不需停水检修，并不是并联同时工作。减压阀若设旁通管，因旁通管上的阀门渗漏会导致减压阀减压作用失效，所以不允许设置旁通管。

【措施】

给水管网的压力高于配水点允许的最高使用压力时，应设置减压阀，减压阀的配置应符合下列要求：

(1) 比例式减压阀的减压比不应大于3∶1；可调式减压阀的阀前与阀后的最大压差不应大于0.4MPa，要求环境安静的场所不应大于0.3MPa。

(2) 阀后配水件处的最大压力应按减压阀失效情况下进行校核，其压力不应大于配水件的产品标准规定的水压试验压力。

当减压阀串联使用时，按其中一个失效情况下，计算阀后最高压力。配水件的试验压力一般按其工作压力的1.5倍计。

(3) 减压阀前的水压应保持稳定，阀前的管道不宜兼作配水管。

(4) 阀后压力允许波动时，应采用比例式减压阀；阀后压力要求稳定时，应采用可调式减压阀。

(5) 供水保证率要求高，停水会引起重大经济损失的给水管道上设置减压阀时，应采用两个减压阀并联设置，一用一备工

作，但不允许设置旁通管。

（6）减压阀的设置应符合下列要求：

1）减压阀节点处的前后应装设压力表。

2）设置减压阀的部位，应便于管道过滤器的排污和减压阀的检修，地面宜有排水设施。

3）减压阀的公称直径应与管道管径相一致。

4）比例式减压阀宜垂直安装，可调式减压阀宜水平安装。

5）减压阀前应设阀门和过滤器；需拆卸阀体才能检修的减压阀后，应设管道伸缩器；检修时阀后水会倒流时，阀后应设阀门。

禁忌：给水管道的布置不合理

【分析】

室内给水管道的布置与建筑物性质、结构情况、用水要求及用水点的位置等有关，受采暖、通风、空调和供电等其他建筑设备工程管线布置等因素的影响。

给水管道布置是否合理，直接关系到给水系统的工程投资、运行费用、供水可靠性、安装维护、操作使用，甚至会影响到生产和建筑物的使用。

【措施】

管道布置时，不仅需要与采暖、通风、燃气、电力及通信等其他管线的布置相互协调，还应重点考虑以下几个因素：

1. 经济合理

室内生活给水管道应布置成枝状管网，单向供水。为减少工程量，降低造价，缩短管网向最不利点输水的管道长度，减少管路水头损失，节省运行费用，给水管道布置时应力求长度最短，当建筑物内卫生器具布置不均匀时，引入管应从建筑物用水量最大处引入；当建筑物内卫生器具布置比较均匀时，引入管应从建筑物中部引入。给水干管、立管应尽量靠近用水量最大设备处，以减少管道转输流量，使大口径管道长度最短。

2. **供水可靠、运行安全**

当建筑物不允许间断供水时，引入管应设置两条或两条以上，并应由市政管网的不同侧引入，在室内将管道连成环状或贯通状双向供水。不方便时也可同侧引入，但两根引入管间距不得小于 15m，并应在接管点间设置阀门。如条件不可能满足，可采取设贮水池(箱)或增设第二水源等安全供水措施。给水干管应尽可能靠近不允许间断供水的用水点，以提高供水可靠性。

给水管道运行安全应考虑以下几点：

(1) 当管道埋地时，应当避免被重物压坏或被设备振坏。

(2) 管道不得穿越生产设备基础，在特殊情况下必须穿越时，应采取有效的保护措施。

(3) 为避免管道腐蚀，管道不允许布置在烟道、风道和排水沟内。

(4) 生活给水管道不宜与输送易燃、可燃或有害的液体或气体的管道同管廊(沟)敷设。

室内给水管道不宜穿过伸缩缝、沉降缝，必须穿过时，应采取保护措施。常用的措施如下：

(1) 软性接头法。用橡胶软管或金属波纹管连接沉降缝或伸缩缝两边的管道。

(2) 丝扣弯头法(见图 2-32)。在建筑沉降过程中，两边的沉降差由丝扣弯头的旋转来补偿，此法仅适用于小管径的管道。

(3) 活动支架法(见图 2-33)。在沉降缝两侧设支架，使管道只能垂直位移，以适应沉降和伸缩的应力。

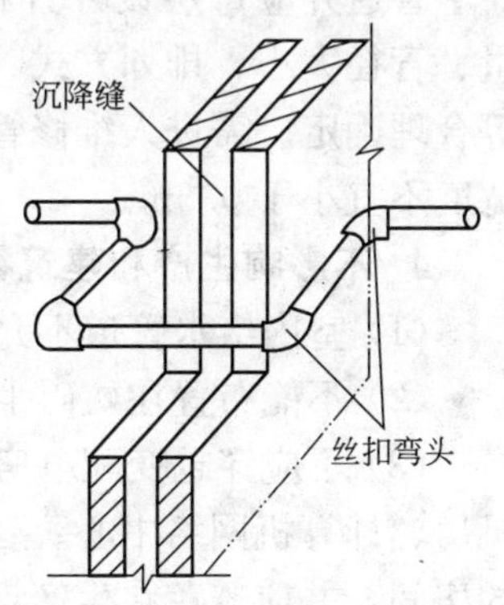

图 2-32 丝扣弯头法

3. **便于安装维修及操作使用**

布置给水管道时，其周围要留有一定的空间，以满足安装和维修的要求。室内给水立管与墙面的最小净距如表 2-16 所示。

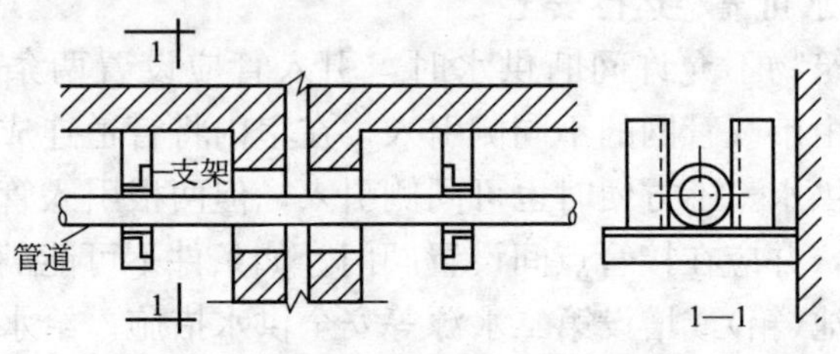

图 2-33　活动支架法

室内给水立管与墙面的最小净距　　表 2-16

立管管径(mm)	<32	32～50	70～100	125～150
与墙面净距(mm)	25	35	50	60

敷设在室外综合管廊(沟)内的给水管道，应布置在热水和热力管道下方，冷冻管和排水管的上方。给水管道与各种管道之间的净距应满足安装操作的需要，且不宜小于0.3m。

室内给水管道上的各种阀门，应装设在便于检修和操作的位置。室外给水管道上的阀门，应设置在阀门井或阀门套筒内。

管道井应每层设外开检修门，管道井的尺寸应根据管道数量、管径大小、排列方式、维修条件，结合建筑平面和结构形式等合理确定。需进人维修管道的管井，其维修人员的工作通道净宽度不宜小于0.6m。

4. 不影响生产和建筑物的使用

(1) 室内给水管道不允许穿过橱窗、壁柜、吊柜和装修处。

(2) 不能布置在妨碍生产操作和交通运输处。

(3) 不应穿越变配电房、电梯机房、通信机房、大中型计算机房、计算机网络中心、音像库房等遇水会损坏设备和引发事故的房间，并应避免在生产设备上方通过。

(4) 工厂车间内的给水管道不得布置在遇水会引起燃烧、爆炸的原料、产品和设备的上面。

(5) 给水管道应避免穿越人防地下室，必须穿越时应按人防工程要求设置防爆阀门。

第 3 章　建筑消防给水系统设计

3.1　建筑消防给水系统基础知识

【细　节】

细节：建筑消防给水系统分类

建筑消防给水可按以下不同方法进行分类：

(1) 按我国目前消防登高设备的工作高度以及消防车的供水能力分为低层建筑消防给水系统和高层建筑消防给水系统。

9 层及 9 层以下的住宅及建筑高度小于 24m 的低层民用建筑，属于低层建筑消防系统。室内消火栓系统主要是扑灭建筑物的初期火灾，后期火灾可依靠消防车扑救。10 层以及 10 层以上的住宅建筑(包括底层设有服务网点的住宅)和建筑高度在 24m 以上的其他民用和工业建筑，属于高层建筑消防系统。

(2) 按消防给水系统的救火方式分为自动喷水灭火系统和消火栓系统。

自动喷水灭火系统由喷头喷水灭火，其自动喷水并发出报警信号，控火、灭火成功率高，是当今世界上广泛采用的固定灭火设施，但因其工程造价高，目前我国主要用于建筑内火灾危险性大、消防要求高的场所。消火栓给水系统由水枪喷水灭火，工程造价低，系统简单，是目前我国各类建筑普遍采用的消防给水系统。

(3) 按消防给水压力分为临时高压、高压和低压消防给水系统。

(4) 按消防给水系统的供水范围分为区域集中消防给水系统和独立消防给水系统。

细节：民用建筑的耐火等级

(1) 民用建筑的耐火等级应分为一、二、三、四级。除另有规定外，不同耐火等级建筑物相应构件的燃烧性能和耐火极限不应低于表 3-1 中的规定。

(2) 二级耐火等级的建筑，当房间隔墙采用难燃烧体时，其耐火极限应提高 0.25h。

(3) 一、二级耐火等级建筑的上人平屋顶，其屋面板的耐火极限分别不应低于 1.50h 和 1.00h。

(4) 一、二级耐火等级建筑的屋面板应采用不燃烧材料，但其屋面防水层和绝热层可采用可燃材料。

建筑物构件的燃烧性能和耐火极限(h) **表 3-1**

名称构件		耐火等级			
		一级	二级	三级	四级
墙	防火墙	不燃烧体 3.00	不燃烧体 3.00	不燃烧体 3.00	不燃烧体 3.00
墙	承重墙	不燃烧体 3.00	不燃烧体 2.50	不燃烧体 2.00	难燃烧体 0.50
墙	非承重外墙	不燃烧体 1.00	不燃烧体 1.00	不燃烧体 0.50	燃烧体
墙	楼梯间的墙 电梯井的墙 住宅单元之间的墙 住宅分户墙	不燃烧体 2.00	不燃烧体 2.00	不燃烧体 1.50	难燃烧体 0.50
墙	疏散走道两侧的隔墙	不燃烧体 1.00	不燃烧体 1.00	不燃烧体 0.50	难燃烧体 0.25
墙	房间隔墙	不燃烧体 0.75	不燃烧体 0.50	不燃烧体 0.50	难燃烧体 0.25

续表

名称构件	耐火等级			
	四级	一级	二级	三级
柱	不燃烧体 3.00	不燃烧体 2.50	不燃烧体 2.00	难燃烧体 0.50
梁	不燃烧体 2.00	不燃烧体 1.50	不燃烧体 1.00	难燃烧体 0.50
楼板	不燃烧体 1.50	不燃烧体 1.00	不燃烧体 0.50	燃烧体
屋顶承重构件	不燃烧体 1.50	不燃烧体 1.00	燃烧体	燃烧体
疏散楼梯	不燃烧体 1.50	不燃烧体 1.00	不燃烧体 0.50	燃烧体
吊顶(包括吊顶搁栅)	不燃烧体 0.25	难燃烧体 0.25	难燃烧体 0.15	燃烧体

注：1. 除另有规定外，以木柱承重且以不燃烧材料作为墙体的建筑物，其耐火等级应按四级确定。

2. 二级耐火等级建筑的吊顶采用不燃烧体时，其耐火极限不限。

3. 在二级耐火等级的建筑中，面积不超过 100m² 的房间隔墙，如执行本表的规定确有困难时，可采用耐火极限不低于 0.3h 的不燃烧体。

4. 一、二级耐火等级建筑疏散走道两侧的隔墙，按本表规定执行确有困难时，可采用 0.75h 不燃烧体。

(5) 二级耐火等级住宅的楼板采用预应力钢筋混凝土楼板时，该楼板的耐火极限不应低于 0.75h。

(6) 三级耐火等级的下列建筑或部位的吊顶，应采用不燃烧体或耐火极限不低于 0.25h 的难燃烧体：

1) 医院、疗养院、中小学校、老年人建筑及托儿所、幼儿园的儿童用房和儿童游乐厅等儿童活动场所。

2) 3 层及 3 层以上建筑中的门厅、走道。

(7) 地下、半地下建筑(室)的耐火等级应为一级；重要公共建筑的耐火等级不应低于二级。

细节：消防水池设计要点

（1）有下列情况之一者应设消防水池：

1）当生产、生活用水量达到最大时，市政给水管道或区域进水管道或天然水源不能满足室内外消防用水量；

2）市政给水管道为树状或只有一条区域进水管，且消防用水量超过 25L/s。

（2）当室外给水管网可以保证室外消防用水量时，消防水池的有效容量应满足在火灾延续时间内室内消防用水量的要求；当室外给水管网不能保证室外消防用水量时，商业楼、展览楼、综合楼、重要的高层建筑群、档案楼消防水池的容量应按消防用水量最大的一幢高层建筑来计算。高层建筑的消防用水总量应按室内、外消防用水量之和来计算。一般情况下将室内消防水池与室外消防水池合并考虑。

1）消防水池的容积包括有效容积与无效容积。消防水池的有效容积应是火灾延续时间内，同时使用的各种灭火系统的消防用水量之和。当消防水池有两条独立的补水管时，其有效容积可以减去火灾延续时间内补充的水量，但消防水池的最小容量应该满足在火灾延续时间内室内外补充消防用水总量不足部分的要求。

消防水池的有效容积应该按消防流量与火灾持续时间的乘积计算。消防水池的有效容积为：

$$V_x = \sum_{i=1}^{n} Q_{pi} T_i - Q_b T_b \qquad (3\text{-}1)$$

式中 V_x——消防水池有效容积，m^3；

Q_{pi}——各种水消防灭火系统设计流量，m^3/h，室外给水管网能满足室外消防用水量的要求，可以只计室内消防用水量；

T_i——火灾延续时间，h；

Q_b——在火灾延续时间内，可连续补充的水量，m^3/h，城市市区给水管的补水速率不宜大于 $2.5m^3/s$；

T_b——各种水消防灭火的火灾延续时间的最大值，h。

当没有室外给水管网压力资料时，补水量可以按水池补水管(管径小的一条)管径在流速为1m/s时的流量来计算，当有室外管网压力资料时，可根据压力来计算补水量。

补水时间：当发生火灾时，在保证持续供水的条件下，计算消防水池容量时，可减去火灾延续时间内补充的水量。消防水池的补水时间不宜超过48h，缺水地区可以延长到96h。

2）消防水池总容量超过1000m^3时(高层民用建筑500m^3时)，应该分设成两个，并能独立供水。

3）供消防车取水的消防水池应该设取水口或取水井，其取水口与建筑物(水泵房除外)的距离不宜小于15m；与甲、乙、丙类液体储罐之间的距离不宜小于40m；与液化石油气储罐之间的距离不宜小于60m，若有防止辐射热的保护设施，距离可减为40m。与被保护高层建筑的外墙距离不宜小于5.00m，并不宜大于100m。

取水井有效容积要大于消防车上最大一台水泵3min的出水量，一般不宜小于3m^3。其水深应保证消防车的消防水泵吸水高度小于6.00m。

4）吸水池(井)有效容积要大于最大一台或多台同时工作水泵3min的出水量。对于小泵，吸水池(井)容积应该适当放大，宜按水泵出水量5～10min计算。

5）供消防车取水的消防水池，保护半径应小于150m，当保护半径大于150m时，可设置室外消防给水泵，或再增设室外消防水池。

6）消防水池一般与生活水池分开设置，当有保护水质的技术措施时，也可以合用。水质保证技术措施如下：

① 紫外线消毒；

② 投加消毒剂(O_3，Cl系消毒剂)；

③ 过滤和消毒。根据各供水水质的要求，消防水池和生产储水池可合用，合用时应有确保消防用水不作他用的技术设施。

7）两幢或两幢以上的高层建筑在相同时间内火灾次数为一次时，可共用消防水池，消防水池的容量应按消防用水量最大的一幢高层建筑计算。

8）消防水池应设有水位控制阀的进水管和出水管、通气管、泄水管、溢水管及水位指示器等附属装置。

9）消防水池可设在室内地下室或室外，也可与游泳池、水景喷水池等兼用。利用游泳池、循环冷却水池和水景喷水池等专用水池兼作消防水池时，除需满足上述要求外，还应保持全年有水、不得放空(包括冬季)。

10）在寒冷地区的室外消防水池应设有防冻措施，消防水池必须有盖板，盖板上需覆土保温；人孔和取水口设双层保温井盖。

11）溢流水位宜高出设计最高水位大约 0.1m，溢水管喇叭口应与溢流水位在相同水位上，溢水管比进水管大两号，溢水管上不应装有阀门。泄水管和溢水管不应与排水管直接连通。

12）吸水井中吸水管的布置应根据吸水管的数量、管材、管径、接口方式、安装、检修和水泵正常工作的要求确定。

细节：消防水泵设计要点

(1) 消防水泵设置中，对水泵吸水管和压水管的要求与低层消防给水系统的相同，但是在备用泵的设置上有所不同。高层建筑消火栓给水系统中必设备用泵，其工作能力不应小于其中最大一台消防泵。保证在扑灭火灾时，消防泵能不间断地供水。在选泵过程中注意水泵的 Q-H 性能曲线相对平缓，以防系统超压。选泵所用流量为水枪实际出流量。

(2) 消防水泵应采用自灌式吸水，以保证及时启动，及时供水，其吸水管应设阀门，供水管上应装设压力表和 65mm 的放水阀门。水泵的出水管上应装设试验和检查用的放水阀门。

(3) 消防水泵房内一组消防水泵，吸水管不应少于两条，当其中一条损坏或检修时，其余吸水管应仍能通过全部供水量。生产、生活和消防合用的泵房，当生活、生产用水量达到最大时，仍应能保证100%的消防用水量。泵站内设有两台或两台以上的消防泵与室内消防管网连接时，应采用直接连接法，不宜共用一条总的出水管与室内消防管网相连接。

当市政给水环形干管允许直接吸水时，消防水泵应直接从室外给水管网吸水。直接吸水时，水泵扬程计算应考虑室外给水管网的最低水压，并以室外给水管网的最高水压校核水泵的工作情况。

(4) 消防泵的动力机械应保证在火警后5min内能正式运转，并在火场断电时仍能正常运转。消防泵机组应有不少于两条供水管直接与环状管网连接，当其中一条维修或发生故障时，其余的供水管仍能供应全部消防用水量。其余供水管的管径按能通过全部用水量确定。在其供水管上应设检查用的压力表和试验放水阀。

(5) 高层建筑群可共用消防水泵房。消火栓给水泵与自动喷水消防给水泵通常分开设置。高层建筑内设置的消防水泵房，应采用耐火极限不低于3.0h的隔墙和耐火极限不低于2.0h的楼板与其他部位隔开，并应设甲级防火门。独立设置的消防水泵房，其耐火等级不低于二级。

(6) 为保证在火灾延续时间内人员的进出安全，消防水泵房设在底层时，出口应直通室外，设在其他楼层或地下室时出口应直通安全出口。另外，消防水泵房应设置排水设备和良好的通风、采光和防冻设施。

细节：水泵接合器设计要点

水泵接合器是应急备用设备，它是连接消防车向室内消防给水系统加压供水的装置。水泵接合器一端与室内消防给水管道连接，另一端可供消防车加压向室内管网供水。

(1) 超过6层的住宅和超过5层的其他民用建筑、超过4层的厂房和库房、高层工业建筑，其室内消防给水管网应设消防水泵接合器。水泵接合器应设在室外便于与消防车连接的地点，距室外消火栓或消防水池的距离宜为15～40m。

(2) 高层建筑消火栓给水系统并联分区时，各区管网各自独立，消防车允许供水范围内的每个分区应设置水泵接合器。采用串联供水时，只在下区设水泵接合器，供全楼使用。水泵接合器应与室内环网连接，连接点应尽量远离固定消防水泵的出水管与室内环网的接点。应按建筑外形、室外道路、市政消火栓位置对称布置，以利消防车分散扑救。

(3) 水泵接合器有地上式接合器、地下式接合器和墙壁式接合器三种。地上式适用于温暖地区，地下式适用于寒冷地区，墙壁式安装在建筑物的墙角处，不占地面位置，使用方便。

(4) 水泵接合器的数量应按室内消防用水量进行计算确定。每个水泵接合器的流量按10～15L/s计算，当计算的水泵接合器的数量少于两个时仍采用两个，以保证供水安全。

【禁 忌】

禁忌：消防给水系统设置不合理，延误灭火时间

【分析】

工业与民用建筑物，尽管其功能复杂程度、建筑物内可燃烧的材料和存放物品的数量、使用及人员的防火意识、居住人口密度和疏散难易等方面都存在差别，但都存在一定程度的火灾险情。为此，应采取多方面的灭火对策，以尽量减少火灾损失，保证人们生命财产安全。其中，设置建筑消防给水系统(如消火栓给水系统、自动喷水灭火系统和水喷雾系统)就是采取的常规对策。

火灾统计资料表明，绝大多数的火灾是用水扑灭的，在有成效扑灭火灾的案例中有93％的火场消防给水条件较好。而在失利的火灾案例中有81％是由于扑救初期失利，导致火灾蔓延范围扩大，造成严重损失，主要因素之一是火场缺水或没有完善的消防给水设施。因此，应提高消防给水系统的可靠性和完备功能。

【措施】

消防给水系统的设置原则如下：

（1）6 层以及 6 层以下的单元式住宅、5 层以及 5 层以下的一般民用建筑，室内可以不设消防给水系统。若发生火灾，主要由消防人员驾驶消防车赶赴火场进行扑救。这类建筑高度较低，消防队员可以借助消防云梯至 6 层，同时消防车从室外消火栓或消防水池中取水，经车上水泵加压，保证水枪有足够的水压和水量。

（2）耐火等级为一、二级的建筑物，室内可燃物较少的库房和厂房，以及耐火等级为三、四级，但体积不超过 3000m^2 的丁类厂房与体积不超过 5000m^3 的戊类厂房，也可以不设室内消防给水系统，由消防车扑救灭火。

（3）对于下列低层建筑物必须设置室内消防给水系统：

1）高度不超过 24m 的厂房、库房及科研楼(存有与水接触能引起燃烧爆炸或助长火势蔓延的物品除外)。

2）超过 800 个座位的电影院、剧院、俱乐部和超过 1200 个座位的礼堂、体育馆。

3）体积超过 5000m^3 的展览馆、商店、病房楼、门诊楼、教学楼、码头、车站、机场和图书馆等建筑物。

4）超过 7 层的单元式住宅，超过 6 层的通廊式住宅、塔式住宅、底层设有商业网点的单元式住宅。

5）体积超过 10000m^3 或超过 5 层的其他民用建筑。

6）国家级文物保护单位的重点木结构或砖木结构的古建筑。

7）人防工程中使用面积超过 300m^2 的医院、商场、旅馆、展览厅、旱冰场、体育场、舞厅和电子游艺场等；使用面积超过 450m^2 的餐厅，丙类以及丁类生产车间及物品库房、电影院、礼堂和消防电梯前室。

8）停车库和修车库。

为了有效地扑救和控制室内的初期火灾，上述低层建筑物内应设置室内消防给水系统。对于较大的火灾主要求助于城市消防车赶赴现场，使用室外消防给水系统取水加压进行扑救灭火。

（4）由于高层建筑超过消防车能够直接有效扑救火灾的高度，因此室内任何地点着火，都要依靠室内消防给水系统来完成扑救，原则上立足于自救。因为解放牌消防车通过水泵接合器的最大供水高度可达 50m，所以 24～50m 之间的高层建筑还可得到解放牌消防车的有效协助，从而加强室内消防给水系统的可靠性。

3.2 建筑室外消防给水系统

【细　节】

细节：建筑室外消防给水系统组成

1. 室外消火栓

室外消火栓是室外消防给水管网上的取水设施，有地下式和地上式两种。地下消火栓有直径为 100mm 和 65mm 的栓口各一个，地上消火栓有一个直径为 100mm 和两个直径为 65mm 的栓口。

2. 室外消防给水管网

室外消防给水系统由消防水源、取水构筑物、给水管网和消火栓等组成。

3. 净化水处理设施

净化水处理设施是将取到的原水进行净化处理，使之满足用水对象对水质的要求。由于用水对象不同，对水质的要求也不尽相同，城镇给水系统的水质应符合生活饮用水标准，而消防用水一般无特殊要求。因此，可根据水源地水质的污染情况，选取不同的净化水处理工艺，以生产出符合用水对象所要求水质的水。

4. 消防水池

消防水池是在室外给水管网不能满足消防用水量的情况下设置的蓄水设施，可与生活、生产合用，也可独立设置。

细节：室外消防给水系统类型

室外消防给水系统按管网内的水压一般可分为高压、临时高压和低压消防给水系统三种。按管网平面布置形式可分为环状管网消防给水系统和枝状管网消防给水系统。按用途可分为生产、生活与消防合用给水系统，生产与消防合用给水系统，生活与消防合用给水系统和独立的消防给水系统。

1. 高压消防给水系统

室外高压消防给水系统是指无论有无火警，系统管网内经常保持足够的水压和消防用水量，火场上不需使用消防车或其他移动式水泵等消防设备加压，直接从消火栓接出水带就可满足水枪出水灭火要求的给水系统。城市、居住区、企业事业单位，在有可能利用地势设置高地水池或设置集中高压水泵房时，可采用室外高压消防给水系统。

2. 临时高压消防给水系统

临时高压消防给水系统是指系统管网内平时水压不高，其水压不能满足最不利点消火栓的灭火需要，发生火灾时，临时启动泵站内的高压消防水泵，使管网内的供水压力达到高压消防给水管网的供水压力要求。

采用屋顶消防水池、消防水泵和稳压设施等组成的给水系统以及气压给水装置，采用变频调速水泵恒压供水的生活(生产)和消防合用给水系统均为临时高压消防给水系统。

城镇居住区、企业事业单位的室外消防给水管道在有可能利用地势设置高位水池或设置集中高压水泵房时，就有可能采用高压消防给水系统，一般情况下多采用临时高压消防给水系统。

3. 低压消防给水系统

室外低压消防给水系统是指系统管网内平时水压较低，一般只负担提供消防用水量，火场上水枪所需的压力由消防车或其他移动式消防水泵加压产生。城市、居住区、企事业单位的室外消防给水一般宜采用低压消防给水系统。

采用这种给水系统时，消防用水可与生产、生活给水管道合并，且其管网内的供水压力应保证生产、生活和消防用水量达到最大时，最不利点室外消火栓栓口处的水压从室外设计地面算起不应小于 0.1MPa，以满足消防车从室外消火栓取水的最低要求和消防时管网内卫生保护的需要。最不利点消火栓采用 0.1MPa 的水压对火场供水是不充裕的，在条件允许时宜适当提高。

4. 环状管网消防给水系统

在平面布置上，建筑室外消防给水管网干线管段彼此首尾相连，形成若干闭合环的管网系统，称为环状管网消防给水系统。由于环状管网的干线彼此相通，水流四通八达，供水安全可靠，并且在管径和水压相同的条件下，其供水能力比枝状管网供水能力大 1.5～2.0 倍。因此，为确保消防用水，凡是担负消防给水任务的给水系统管网均应布置成环状管网。

5. 枝状管网消防给水系统

枝状管网消防给水系统是指系统的管网在平面布置上，干线呈树枝状，分支后干线彼此无联系。由于枝状管网内水流从水源地向用水对象单一方向流动，当某段管网检修或损坏时，其后方就无水，将会造成火场供水中断。因此，建筑室外消防给水系统应限制枝状管网的使用范围。在建设初期输水干管要一次形成环状管网有困难时，允许采用枝状管网，但在消防安全重点保卫部位应设置消防水池，并应考虑今后有形成环状管网的可能。当室外消防用水量≤15L/s 时，为节约投资，可采用枝状给水管网。

6. 生产、生活与消防合用给水系统

城镇、工厂企业内以及建筑小区的给水系统基本上采用生产、生活与消防合用的给水系统形式。采用这种系统可以节省投资，且系统利用率高，特别是生活、生产用水量较大而消防用水量相对较小时，这种系统更为适宜。但也应该指出，目前我国许多城市缺水现象严重，消防用水量难以满足，存在着消火栓数量不够、水压不足的问题，针对这种情况，应采取相应的补救措施。

这类给水系统设计时，应满足当生产、生活用水量达到最大小时流量时(淋浴用水量可按15%计算，浇洒及洗刷用水量可不计算在内)，仍应保证消防用水量，其消防用水量按最大秒流量计算。

7. 生产与消防合用给水系统

设置生产与消防共用一个给水系统的形式要保证当生产用水量达到最大小时流量时，仍能保证全部的消防用水量，并且还应确保消防用水时不致引起生产事故、生产设备检修时不致引起消防用水的中断。

由于生产用水与消防用水的水压要求往往相差很大，在使用消防用水时可能影响生产用水，或由于水压提高，生产用水量增大而影响消防用水量，或生产用水和消防用水的水质要求不同影响供水成本。因此，在工业企业单位很少采用生产与消防合用给水系统，而较多采用生活与消防合用给水系统，并辅以独立的生产给水系统。

8. 生活与消防合用给水系统

生活与消防合用给水系统是将生活用水与消防用水统一由一个给水系统来提供。这种系统形式可以保持管网内的水经常处于流动状态，水质不易变坏，而且在投资上也比较经济，并便于日常检查和保养，消防给水较安全可靠。因此，在城镇、居住区和企事业单位内广泛采用生活与消防合用给水系统。

在系统设计时，应满足当生活用水达到最大小时用水量时，

仍应保证供给全部消防用水量。

9. 独立的消防给水系统

当工业企业内生产和生活用水量较小而消防用水量较大合并在一起不经济时，或者生产用水可能被易燃、可燃液体污染时，或者三种用水合并在一起技术上不可能时，常采用独立的消防给水系统。由于独立的消防给水系统只在灭火时才使用，投资较大，因此往往建成临时高压消防给水系统。

细节：室外消防给水水源

1. 市政消防管网为水源

居住区、城镇、企事业单位的室外消防给水，一般均采用低压给水系统，即消防时市政管网中最不利点的供水压力大于或等于0.1MPa。市政给水管网在满足建筑物内最大生活用水量的同时，还应该确保建筑所需的消防用水量(包括室内、室外消防用水量)。

2. 天然水源

当建筑物靠近江、河、泉水和湖泊等天然水源时，可采用其作为消防水源，但应采取必要的技术措施使消防车能靠近水源，最低水位也能正常吸水，为消防车往返和取水提供方便条件。天然水源的水量可靠性一般为25年一遇的保证几率。在寒冷地区，应该有可靠的防冻措施，使天然水源在冰冻期内仍能供水。

3. 消防水池

贮存有消防用水的水池均称为消防水池。生产用水、生活用水也需要贮备。因此，除独立设置的消防水池外，还可以和贮备其他用水合建。合建时，应有确保消防用水不作他用的技术措施。

细节：城市、居住区室外消防用水量

建筑消防用水量分为室外消防用水量与室内消防用水量，其中室外消防用水量即指室外消火栓用水量。城市、居住区的室外消防用水量应按同一时间内的火灾次数和一次灭火用水量确定。同一时间内的火灾次数和一次灭火用水量不应小于表 3-2 的规定。

城市、居住区同一时间内的火灾次数和一次灭火用水量　　表 3-2

人数 N(万人)	同一时间内的火灾次数(次)	一次灭火用水量(L/s)
$N \leqslant 1.0$	1	10
$1.0 < N \leqslant 2.5$	1	15
$2.5 < N \leqslant 5.0$	2	25
$5.0 < N \leqslant 10.0$	2	35
$10.0 < N \leqslant 20.0$	2	45
$20.0 < N \leqslant 30.0$	2	55
$30.0 < N \leqslant 40.0$	2	65
$40.0 < N \leqslant 50.0$	3	75
$50.0 < N \leqslant 60.0$	3	85
$60.0 < N \leqslant 70.0$	3	90
$70.0 < N \leqslant 80.0$	3	95
$80.0 < N \leqslant 100.0$	3	100

注：1. 城市的室外消防用水量应包括居住区、工厂、仓库、堆场、储罐(区)和民用建筑的室外消火栓用水量。

2. 当工厂、仓库和民用建筑的室外消火栓用水量按表 3-4 中规定计算，其值与按本表计算不一致时，应取较大值。

细节：工业和民用建筑室外消防用水量

工厂、仓库、堆场、储罐(区)和民用建筑的室外消防用水量，应按同一时间内的火灾次数和一次灭火用水量确定：

(1) 工厂、仓库、堆场、储罐(区)和民用建筑在同一时间内的火灾次数不应小于表 3-3 的规定。

工厂、仓库、堆场、储罐(区)和民用建筑在同一时间内的火灾次数 **表 3-3**

名称	基地面积(hm^2)	附有居住区人数(万人)	同一时间内的火灾次数(次)	备注
工厂	≤100	≤1.5	1	按需水量最大的一座建筑物(或堆场、储罐)计算
		>1.5	2	工厂、居住区各一次
	>100	不限	2	按需水量最大的两座建筑物(或堆场、储罐)之和计算
仓库、民用建筑	不限	不限	1	按需水量最大的一座建筑物(或堆场、储罐)计算

注：采矿、选矿等工业企业当各分散基地有单独的消防给水系统时，可分别计算。

(2) 工厂、仓库和民用建筑一次灭火的室外消火栓用水量不应小于表 3-4 中的规定。

工厂、仓库和民用建筑一次灭火的室外消火栓用水量(L/s) **表 3-4**

耐火等级	建筑物类别		建筑物体积 V(m^3)					
			$V\leqslant1500$	$1500<V\leqslant3000$	$3000<V\leqslant5000$	$5000<V\leqslant20000$	$20000<V\leqslant50000$	$V>50000$
一、二级	厂房	甲、乙类	10	15	20	25	30	35
		丙类	10	15	20	25	30	40
		丁、戊类	10	10	10	15	15	20
	仓库	甲、乙类	15	15	25	25	—	—
		丙类	15	15	25	25	35	45
		丁、戊类	10	10	10	15	15	20
	民用建筑		10	15	15	20	25	30

续表

耐火等级	建筑物类别		建筑物体积 V/m^3					
			$V \leqslant 1500$	$1500 < V \leqslant 3000$	$3000 < V \leqslant 5000$	$5000 < V \leqslant 20000$	$20000 < V \leqslant 50000$	$V > 50000$
三级	厂房（仓库）	乙、丙类	15	20	30	40	45	—
		丁、戊类	10	10	15	20	25	35
	民用建筑		10	15	20	25	30	—
四级	丁、戊类厂房（仓库）		10	15	20	25	—	—
	民用建筑		10	15	20	25	—	—

注：1. 室外消火栓用水量应按消防用水量最大的一座建筑物计算；成组布置的建筑物应按消防用水量较大的相邻两座计算。

2. 国家级文物保护单位的重点砖木或木结构的建筑物，其室外消火栓用水量应按三级耐火等级民用建筑的消防用水量确定。

3. 铁路车站、码头和机场的中转仓库其室外消火栓用水量可按丙类仓库确定。

（3）一个单位内有泡沫灭火设备、带架水枪、自动喷水灭火系统以及其他室外消防用水设备时，其室外消防用水量应按上述同时使用的设备所需的全部消防用水量加上表 3-4 规定的室外消火栓用水量的 50%计算确定，且不应小于表 3-4 的规定。

细节：独立消防给水系统水泵扬程的确定

独立消防给水系统水泵扬程可按下式进行计算，如图 3-1 所示。

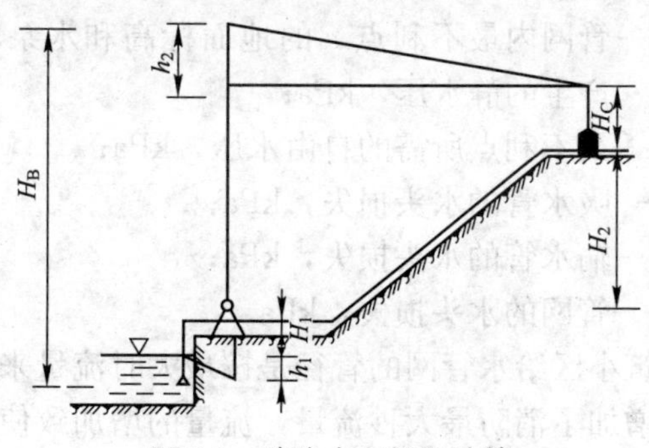

图 3-1　消防水泵扬程计算

$$H_B = 0.1(H_1 + H_2 + h_1 + h_2 + H_C) \tag{3-2}$$

式中　H_B——消防水泵的扬程，m；

H_1——水池最低水位至泵轴的静水压，kPa；

H_2——泵轴至最不利点灭火设备处的静水压，kPa；

h_1——消防水泵吸水管路的沿程和局部水头损失，kPa；

h_2——消防水泵输水管路的沿程和局部水头损失，kPa；

H_C——最不利点灭火设备所需的水压，kPa。

细节：无水塔的管网中水泵扬程的确定

在无水塔的管网中，泵站直接将水送给管网。在平时生产用水和生活用水达到最大时，如图 3-2 所示，泵站的水泵扬程为：

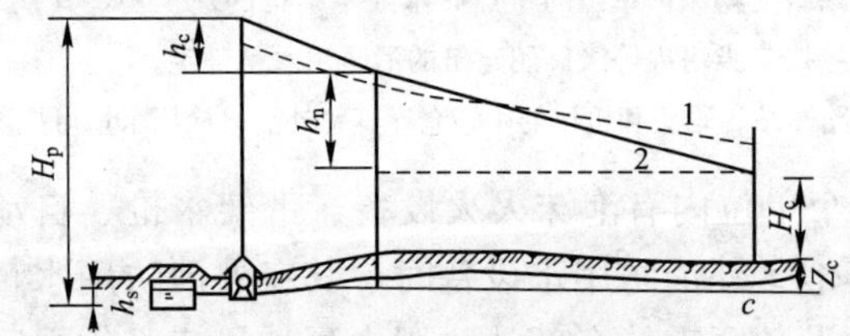

图 3-2　无水塔管网的水压线

1—最小用水时；2—最高用水时

$$H_p = 0.1(Z_c + H_c + h_s + h_c + h_n) \tag{3-3}$$

式中　H_p——水泵扬程，m；

Z_c——管网内最不利点 c 的地面标高和水泵轴的标高差产生的静水压，kPa；

H_c——最不利点所需的自由水压，kPa；

h_s——吸水管的水头损失，kPa；

h_c——输水管的水头损失，kPa；

h_n——管网的水头损失，kPa。

由于建筑小区给水管网的管径是按最大时流量来确定的，但在灭火时，增加了消防最大秒流量，流量的增加致使管网中的水头损失增加，这样无水塔管网的水泵扬程将大幅度提高是否满足需要还要进行校核，如图 3-3 所示。

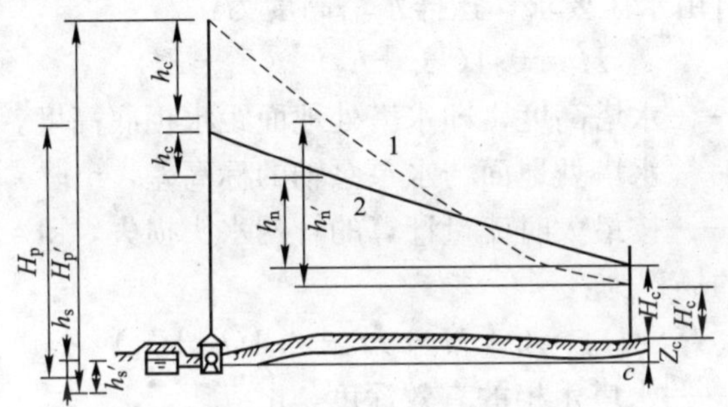

图 3-3　无水塔管网在消防时的水压线

1—消防时；2—最大用水时

消防时无水塔管网水泵扬程为：

$$H_p'=0.1(Z_c+H_c'+h_s'+h_c'+h_n') \tag{3-4}$$

式中　H_p'——消防时水泵扬程，m；

H_c'——最不利消火栓处所要求的水压，kPa；

h_s'，h_c'，h_n'——消防时水泵吸水管、输水管和管网的水头损失，kPa。

细节：网前水塔的管网中水泵扬程的确定

泵站送水到水塔，再由水塔到管网及用户。只要求出水塔的高度，即可求出泵站中水泵的扬程，如图 3-4 所示。

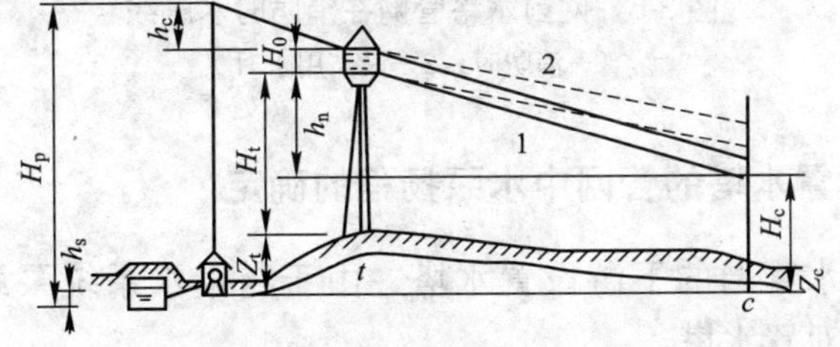

图 3-4　网前水塔管网的水压线

1—最高用水时；2—最小用水时

保证最高日最大时生产、生活用水流量时，管网中最不利点能够满足自由水压要求，这样水塔高度为：

$$H_t=0.1(H_c+h_n)-(Z_t-Z_c) \tag{3-5}$$

式中 H_t——水塔高度，即水塔处地面距水柜底高度，m；

Z_t——水塔处地面与水泵泵轴的标高差，m；

h_n——按最大时流量计算的管网水头损失，kPa。

水泵的扬程为：

$$H_p=Z_t+H_t+H_0+0.1(h_c+h_s) \tag{3-6}$$

式中 H_0——水塔水柜的有效深度，m。

其余符号意义同前。

网前水塔管网在消防时的水压线如图 3-5 所示，其水泵的扬程应满足下式要求：

$$H_p'=0.1(Z_c+H_f+h_s'+h_c'+h_n') \tag{3-7}$$

式中符号意义同前。

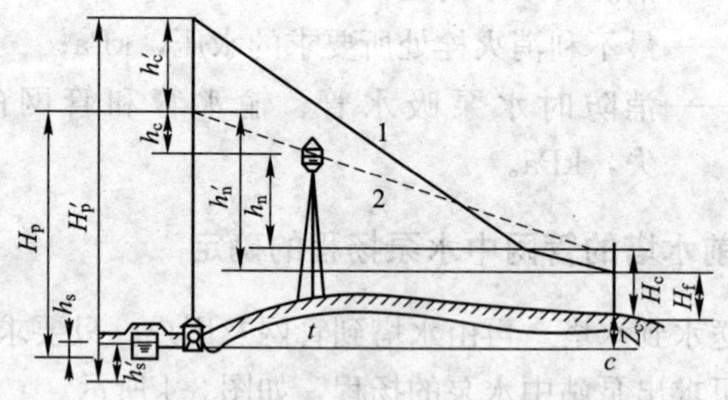

图 3-5 网前水塔管网在消防时水压线

1—消防时；2—最高用水时

细节：对置水塔的管网中水泵扬程的确定

在给水管网的下游设置水塔，由于与给水系统泵站遥遥相对，称为对置水塔。

设对置水塔的管网在最高用水量时，由泵站和水塔同时向管网供水，两者有各自的供水区。在供水区的分界线上，如图 3-6

中的 c 点，水压最低。

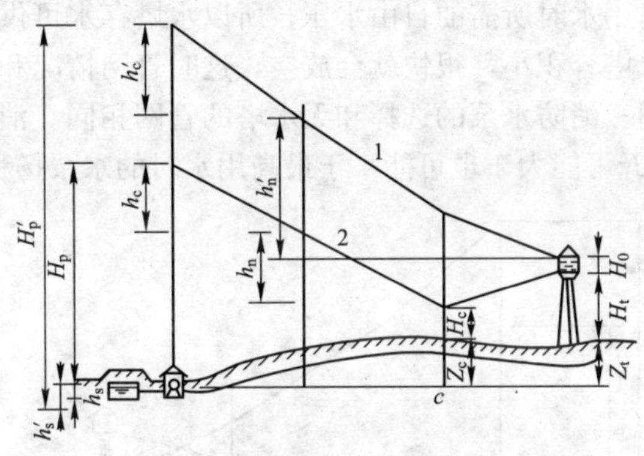

图 3-6　对置水塔管网的水压线

1—最大转输时；2—最高用水时

对置水塔的管网工作情况是在用水高峰时，水塔、泵站一起向管网供水，这样就以分界线为界分两部分，一部分是泵站到分界线上 c 点，在这范围内可看作是无水塔管网，所以水泵的扬程仍按式(3-3)计算；另一部分是从水塔到分界线上 c 点，这部分类似于网前水塔，水塔高度可按式(3-5)确定。

当泵站供水量大于用水量时，多余的水通过整个管网流入水塔，流入水塔的流量称为转输流量。因一天泵站供水量大于用水量的时间很多，转输流量一般按最大的 1h 流量进行计算(称最大转输时流量)，以保证安全供水。

最大转输流量时泵站的扬程为：

$$H_p' = Z_t + H_t + H_0 + 0.1(h_n' + h_c' + h_s') \tag{3-8}$$

式中　H_p'——最大转输流量时水泵的扬程，m；

h_n'——最大转输流量时管网的水头损失，kPa；

h_c'——最大转输流量时输水管的水头损失，kPa；

h_s'——最大转输流量时吸水管的水头损失，kPa。

其余符号意义同前。

对置水塔的管网在消防时的水压线如图 3-7 所示。着火点有时可能发生在最不利点(即水塔附近)，因为灭火时所需的自由水压低于最高用水时所需的自由水压，所以水塔存水可供消防时使用，但因水塔容积小，很快就会放空，这时管网情况和无水塔管网情况相同。消防水泵的选择和无水塔的管网相同。消防时所需水泵扬程 H_p' 可能大于也可能小于最高用水时的水泵扬程 H_p。

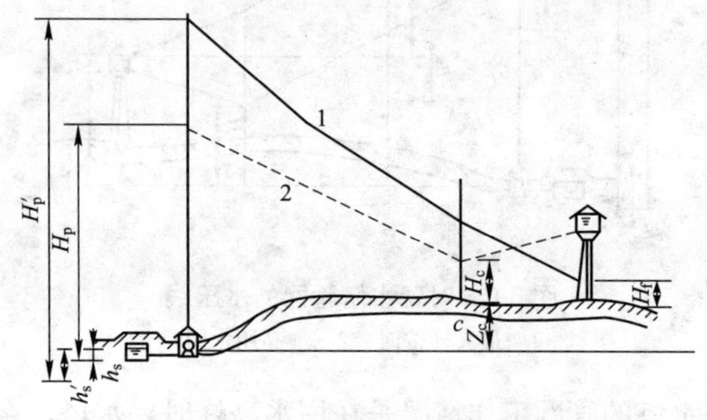

图 3-7 对置水塔的管网在消防时的水压线

1—消防时；2—最高用水时

细节：网中水塔的管网中水泵扬程的确定

水塔设置在管网中间，构成网中水塔的给水系统。根据网中水塔在管网中的位置，可有两种工作情况。水压分布如图 3-8 所示。

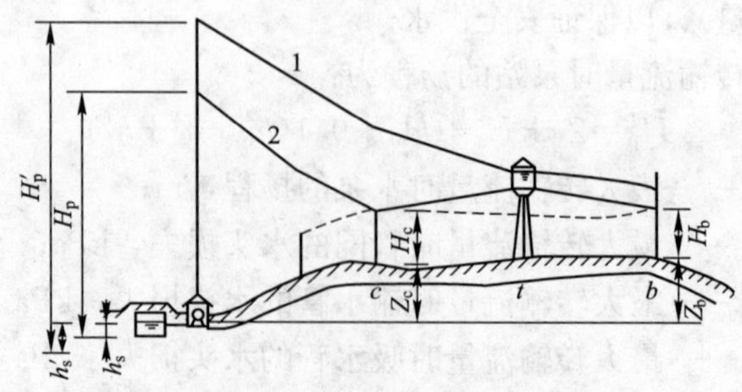

图 3-8 网中水塔管网的水压线

1—最大转输时；2—最高用水时

一种情况是水塔远离泵站，泵站供水量小于泵站和水塔之间的用户使用，必须由水塔供给一部分水量，这种情况类似于对置水塔会出现供水分界线，整个管网的控制点可能在网中的 c 点，也可能在网后的 b 点。其水泵扬程的确定可参照对置水塔的有关公式计算。

还有一种情况是水塔靠近泵站，并且泵站供水量大于泵站和水塔间用水量，该情况类似于网前水塔。因此，其水泵扬程的确定参照网前水塔的有关公式计算。

细节：室外消防给水管道的布置要求

室外消防给水管道是指从市政给水干管接往居住小区、工厂区和公共建筑物室外的消防给水管道。

（1）管网上应设消防分隔阀门。阀门应设在管道的三通、四通处的支管端下游一侧，三通处设 2 个，四通处设 3 个，当两阀门之间消火栓的数量超过 5 个时，在管网上应增设阀门，如图 3-9 所示。

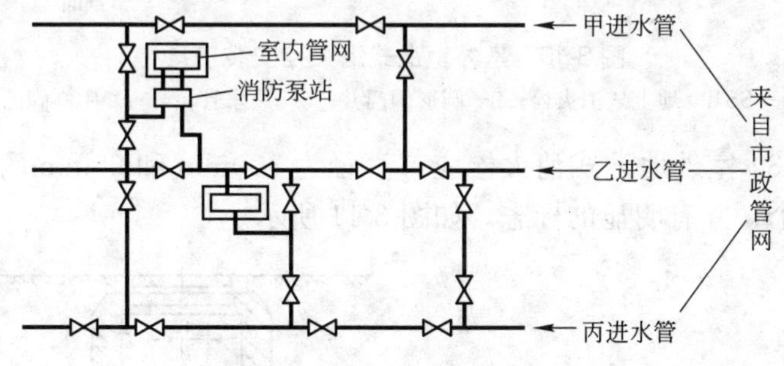

图 3-9　室外管网及消防阀门设置

（2）室外消防给水管网应布置成环状，以增加供水的可靠性能，在建设初期或室外消防水量不超过 15L/s 时，可布置成枝状，但高层建筑室外消防给水管道应布置成环状。

（3）环状管网的输水干管（环网中承担输水的主要管道）及向环状管网输水的输水管（市政管网管向小区环网的进水管）均不少于两条，输水管中一条发生故障后，其余输水管仍应保证供应

100%的生产、生活和消防用水量。

（4）室外消防给水管道的管径不应小于100mm。

细节：室外消火栓的布置要求

（1）室外消火栓的数量应按室外消防用水量计算确定，每个消火栓的用水量应按10～15L/s计算(每辆消防车用水量)。

（2）室外地上式消火栓应有一个直径为150mm或100mm和两个直径为65mm的栓口，如图3-10所示。

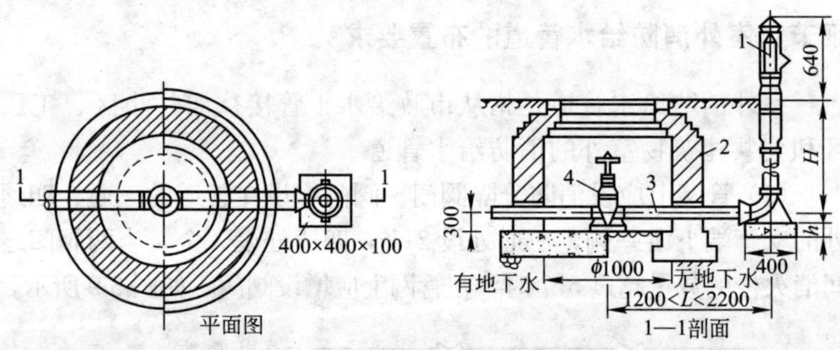

图3-10　室外地上式消火栓安装示意

1—SS100地上式消火栓；2—圆形阀门井；3—放水管；4—DN100阀门

（3）室外地下式消火栓应有直径为100mm和65mm的栓口各一个，并有明显的标志，如图3-11所示。

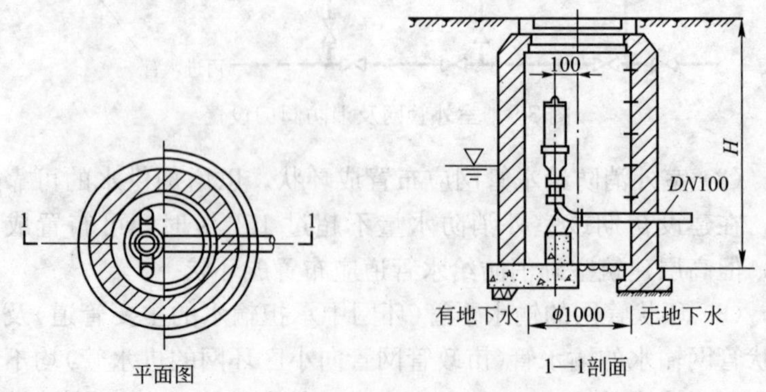

图3-11　室外地下式消火栓安装示意

(4) 室外消火栓的间距不应超过 120m，保护半径不应超过 150m，在市政消火栓保护半径 150m 以内，如消防用水量不超过 15L/s 时，可不设室外消火栓。

(5) 室外消火栓沿道路设置，当道路宽度超过 60m 时，宜在道路两边设置消火栓，并宜靠近十字路口，以方便消防车取水。

细节：消防水泵出水管的布置

(1) 消防水泵应有不少于 2 条的出水管直接与环状网连接，当其中一条出水管检修时，其余的水管应能够供给全部用水量。

(2) 应根据消防流量保证率的要求，合理地布置泵站内消防阀门。出水管上阀门布置如图 3-12 所示。

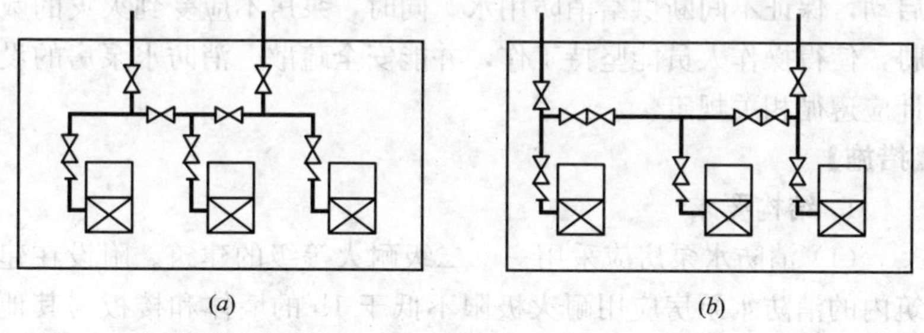

图 3-12 出水管上阀门布置
(a)保证一台泵工作时；(b)保证两台泵工作时

细节：消防水泵吸水管的布置

(1) 一组消防水泵(两台或两台以上)的吸水管不应少于两条。当其中一条损坏时，其余的吸水管仍能通过全部用水量。

(2) 高压或临时高压消防给水系统，其每台消防水泵应有独立的吸水管。若有两台及两台以上消防工作水泵时，备用泵与消防工作泵可共用一条吸水管。

(3) 消防水泵吸水管的直径不应小于消防水泵吸水口的直径。

(4) 当泵房内各台泵不是单独设吸水管时，要有连接管连接，并用阀门分隔。

(5) 消防水泵宜采用自灌式引水，如采用自灌式引水有困难时，应有可靠快速的充水设备，保证消防水泵在 5min 内启动供水。

【禁　　忌】

禁忌：消防水泵房设计不合理

【分析】

消防水泵房是消防给水系统的心脏，在火灾情况下应能及时启动，保证不间断供给消防用水。同时，泵房不应受到火灾的威胁，使得操作人员能坚持工作，并能安全疏散。消防水泵房的设计应遵循相关规定。

【措施】

1. 结构要求

(1) 消防水泵房应采用一、二级耐火等级的建筑。附设在建筑内的消防水泵房应用耐火极限不低于 1h 的墙体和楼板与其他部位隔开。

(2) 高层民用建筑内设置消防水泵时，应采用耐火极限不低于 3h 的隔墙和 2h 的楼板与其他部位隔开。

(3) 独立设置的消防水泵房，其耐火等级不应低于二级。

(4) 消防水泵房应设置直通室外的出口，设在楼层上的消防水泵房应靠近安全出口。

2. 设计要求

(1) 固定式消防水泵应设有备用泵，其工作能力不应小于 1 台主要泵。但室外消防用水量不超过 25L/s 的工厂、仓库、7～9 层的单元式住宅，可不设备用泵。

(2) 设有备用泵的消防泵站或泵房应设备用动力。若采用双电源或双回路供电有困难时，可采用内燃机作动力，且消防泵与动力机械应直接相连。

(3) 消防水泵房宜设有与本单位消防队直接联系的通信设备。

禁忌：覆土保护的地下油罐冷却供给强度小于 0.10L/(s·m^2)

【分析】

如果覆土保护的地下油罐其掩蔽室因油罐燃烧而塌落，则燃烧将会敞开，火焰扩散，威胁到消防灭火人员。为便于扑救火灾，除了考虑防护冷却用水外，还应要求其防护冷却用水量按最大着火罐罐顶的表面积(卧式罐按罐的投影面积)计算。如果冷却水的供给强度按不小于 0.1L/(s·m^2)考虑所计算出来的水量小于 15L/s 时，为满足两支喷雾水枪(或开花水枪)的水量要求，仍要求采用 15L/s。

【措施】

覆土保护的地下油罐冷却用水设施的冷却用水量应按最大着火罐罐顶的表面积(卧式罐按其投影面积)和冷却水供给强度等计算确定。冷却水的供给强度不应小于 0.10L/(s·m^2)。当计算水量小于 15L/s 时，仍应采用 15L/s。

禁忌：各类场所的火灾延续时间小于相关规定

【分析】

火灾延续时间为消防车到达火场开始出水时起，至火灾被基本扑灭时止的一段时间。

火灾延续时间是根据火灾统计资料、国民经济水平以及消防力量等情况综合权衡确定的。根据火灾统计，城市、居住区、工厂、丁戊类仓库的火灾延续时间较短，绝大部分在 2.0h 之内。

【措施】

不同建筑场所的火灾延续时间不应小于表 3-5 的规定。

不同场所的火灾延续时间(h)　　表 3-5

建筑类别	场所名称	火灾延续时间
仓库	甲、乙、丙类仓库	3.0
	丁、戊类仓库	2.0
厂房	甲、乙、丙类厂房	3.0
	丁、戊类厂房	2.0
民用建筑	公共建筑	2.0
	居住建筑	
灭火系统	自动喷水灭火系统	应按相应现行国家标准确定
	泡沫灭火系统	
	防火分隔水幕	

3.3　低层建筑室内消防给水系统

【细　　节】

细节：室内消火栓系统组成

建筑高度不超过 9 层的住宅以及高度小于 24m 的民用建筑物内设置的室内消火栓给水系统，称为低层建筑室内消火栓给水系统。其主要用于扑救建筑物内的初期火灾，特点是消防用水量少、水压低。

室内消火栓给水系统主要由室内消火栓、水龙带、水枪、消防卷盘(消防水喉设备)、水泵接合器，以及消防管道(进户管、干管、立管)、水箱、增压设备和水源等组成，如图 3-13 所示。

1. 室内消火栓

室内消火栓分为单阀和双阀两种。单阀消火栓又分为单出口、双出口和直角双出口三种。双阀消火栓为双出口。在低层建筑中，多采用单阀单出口消火栓，消火栓口直径有 *DN*50 和

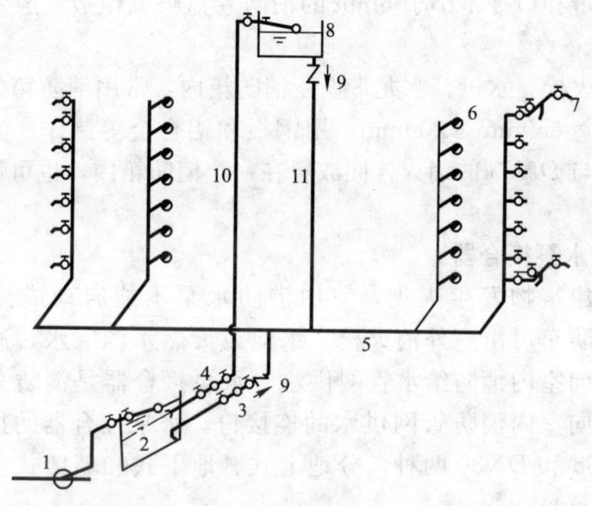

图 3-13 生活消防合用给水系统

1—室外给水管；2—贮水池；3—消防泵；4—生活水泵；5—室内管网；6—消火栓及消火立管；7—给水立管及支管；8—水箱；9—止回阀；10—进水管；11—出水管

*DN*65 两种。对应的水枪最小流量分别为 2.5L/s 和 5L/s。双出口消火栓直径为 *DN*65，用于每支水枪最小流量不小于 5L/s。

2. 水龙带

消防水龙带有麻质、棉织和衬胶水龙带。前两种水龙带抗折叠性能较好，后者水流阻力小，规格有 *DN*50 和 *DN*65 两种，长度有 15m、20m 和 25m 三种。

3. 水枪

室内一般采用直流式水枪，喷口直径有 13mm、16mm 和 19mm 三种。喷嘴口径为 13mm 的水枪配 *DN*50 接口；喷嘴口径为 16mm 的水枪配 *DN*50 或 *DN*65 接口；喷嘴口径为 19mm 的水枪配 *DN*65 接口。

4. 消防卷盘(消防水喉设备)

消防卷盘是由 *DN*25 的小口径消火栓、内径不小于 19mm 的橡胶胶带和口径不小于 6mm 的消防卷盘喷嘴组成，胶带缠绕在卷盘上。

消火栓、水枪、水龙带设于消防箱内，常用消防箱的规格有 800mm×650mm×200mm，用钢板和铝合金等制作。消防卷盘设备可与 $DN65$ 的消火栓同放置在一个消防箱内，也可设单独的消防箱。

5. 水泵接合器

当建筑物发生火灾，室内消防水泵不能启动或流量不足时，消防车可由室外消火栓、水池或天然水源取水，通过水泵接合器向室内消防给水管网供水。水泵接合器是消防车或移动式水泵向室内消防管网供水的连接口。水泵接合器的接口直径有 $DN65$ 和 $DN80$ 两种，分地上式、地下式和墙壁式三种类型（见图 3-14）。

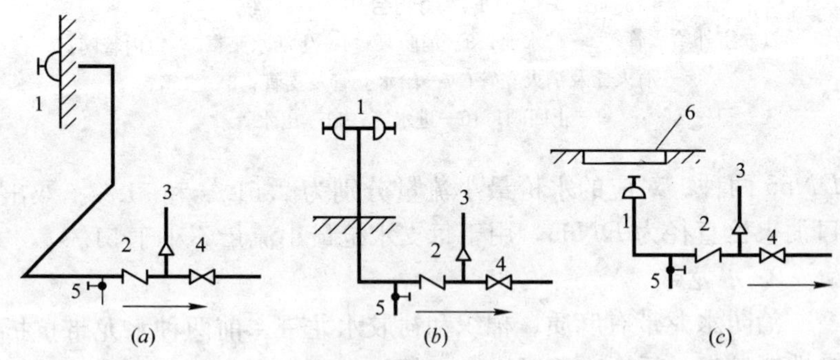

图 3-14　消防水泵接合器

(*a*)墙壁式；(*b*)地上式；(*c*)地下式

1—消防接口；2—止回阀；3—安全阀；4—阀门；5—放水阀；6—井盖

细节：室内消火栓系统给水方式

室内消火栓给水系统的给水方式由室外给水管网所能提供的水量、水压及室内消火栓给水系统所需水压和水量的要求来确定。

（1）无加压泵和水箱的室内消火栓给水系统如图 3-15 所示。当建筑物高度不大，而室外给水管网的压力和流量在任何时候均能够满足室内最不利点消火栓所需的设计流量和压力时，宜采用此种方式。

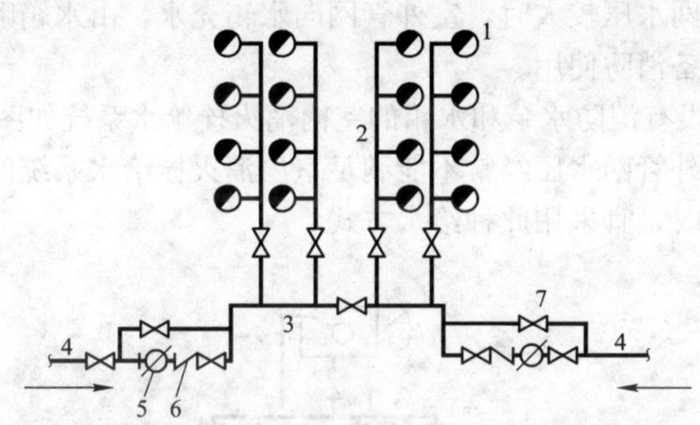

图 3-15　无加压泵和水箱的室内消火栓给水系统

1—室内消火栓；2—消防竖管；3—干管；4—进户管；5—水表；6—止回阀；7—闸门

（2）设有水箱的室内消火栓给水系统如图 3-16 所示。在室外

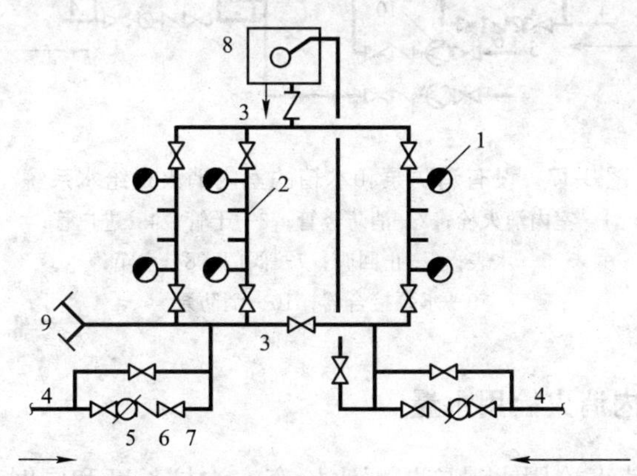

图 3-16　设有水箱的室内消火栓给水系统

1—室内消火栓；2—消防竖管；3—干管；4—进户管；5—水表；6—止回阀；7—阀门；8—水箱；9—水泵接合器

给水管网中水压变化较大的居住区和城市，当生产、生活用水量达到最大时，室外管网不能保证室内最不利点消火栓的流量和压力；而当生活、生产用水量较小时，室内管网的压力又能较高，昼夜内间断地满足室内需求，在这种情况下，宜采用此种方式。当室外管网水压较大时，室外管网向水箱充水，由水箱贮存一定水量，以备消防使用。

(3) 设有消防水泵和水箱的室内消火栓给水系统如图 3-17 所示。当室外管网水压经常不能满足室内消火栓给水系统的水量和水压要求时，宜采用此种给水方式。

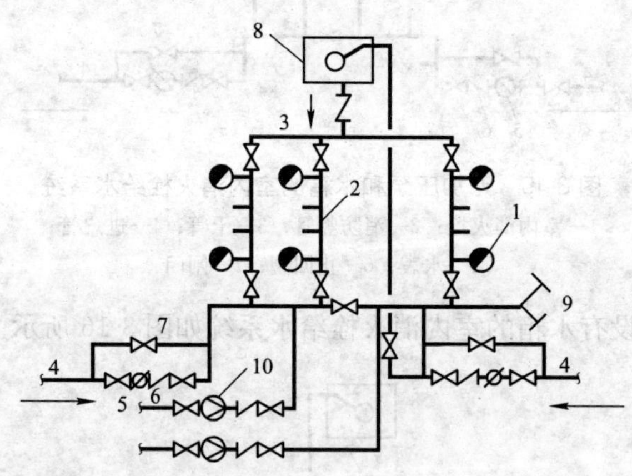

图 3-17　设有消防泵和水箱的室内消火栓给水系统

1—室内消火栓；2—消防竖管；3—干管；4—进户管；
5—水表；6—止回阀；7—阀门；8—水箱；
9—水泵接合器；10—消防泵

细节：室内消火栓用水量

室内消火栓用水量应根据水枪充实水柱长度和同时使用水枪数量经计算确定，且不应小于表 3-6 的规定。

室内消火栓用水量　　表 3-6

建筑物名称	高度 h(m)、层数、体积 V(m^3)或座位数 n(个)		消火栓用水量(L/s)	同时使用水枪数量(支)	每根竖管最小流量(L/s)
厂房	$h \leqslant 24$	$V \leqslant 10000$	5	2	5
		$V > 10000$	10	2	10
	$24 < h \leqslant 50$		25	5	15
	$h > 50$		30	6	15
仓库	$h \leqslant 24$	$V \leqslant 5000$	5	1	5
		$V > 5000$	10	2	10
	$24 < h \leqslant 50$		30	6	15
	$h > 50$		40	8	15
科研楼、试验楼	$h \leqslant 24$，$V \leqslant 10000$		10	2	10
	$h \leqslant 24$，$V > 10000$		15	3	10
车站、码头、机场的候车(船、机)楼和展览建筑等	$5000 < V \leqslant 25000$		10	2	10
	$25000 < V \leqslant 50000$		15	3	10
	$V > 50000$		20	4	15
剧院、电影院、会堂、礼堂、体育馆等	$800 < n \leqslant 1200$		10	2	10
	$1200 < n \leqslant 5000$		15	3	10
	$5000 < n \leqslant 10000$		20	4	15
	$n > 10000$		30	6	15
商店、旅馆等	$5000 < V \leqslant 10000$		10	2	10
	$10000 < V \leqslant 25000$		15	3	10
	$V > 25000$		20	4	15
病房楼、门诊楼等	$5000 < V \leqslant 10000$		5	2	5
	$10000 < V \leqslant 25000$		10	2	10
	$V > 25000$		15	3	10
办公楼、教学楼等其他民用建筑	层数≥5 层或 $V > 10000$		15	3	10
国家级文物保护单位的重点砖木或木结构的古建筑	$V \leqslant 10000$		20	4	10
	$V > 10000$		25	5	15
住宅	层数≥8		5	2	5

注：丁、戊类高层厂房(仓库)室内消火栓的用水量可按本表减少 10L/s，同时使用水枪数量可按本表减少 2 支。消防软管卷盘或轻便消防水龙及住宅楼梯间中的干式消防竖管上设置的消火栓，其消防用水量可不计入室内消防用水量。

细节：水枪的充实水柱长度

水枪的充实水柱指靠近水枪出口的一段密集不分散的射流。充实水柱长度指从喷嘴出口起到含有射流总量 90%的一段射流长度。充实水柱具有扑灭火灾的能力，充实水柱长度为直流水枪灭火时的有效射程，如图 3-18 所示。

为防止火焰热辐射烤伤消防队员和使消防水枪射出的水流能射及火源，水枪的充实水柱应具有一定的长度，如图 3-19 所示。

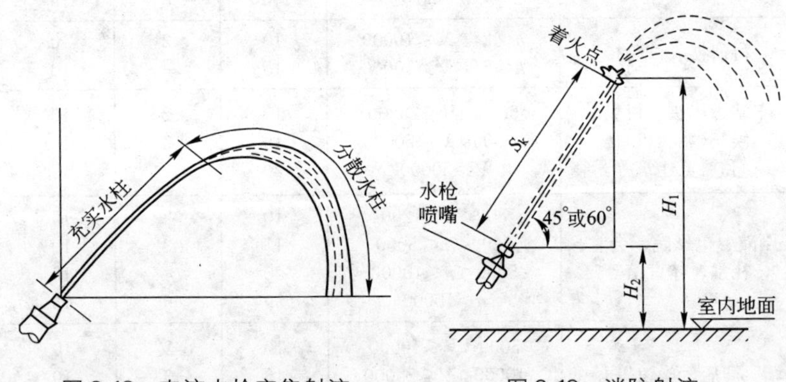

图 3-18　直流水枪密集射流　　　图 3-19　消防射流

建筑物灭火所需的充实水柱长度按下式计算：

$$S_k=\frac{H_1-H_2}{\sin\alpha} \tag{3-9}$$

式中　S_k——所需的水枪充实水柱长度，m；

H_1——室内最高着火点距室内地面的高度，m；

H_2——水枪喷嘴距地面的高度，一般取 1m；

α——射流的充实水柱与地面的夹角，一般取 45°或 60°。

水枪的充实水柱长度应按式(3-9)计算，但不应小于表 3-7 的规定。

各类建筑要求的水枪充实水柱长度 **表 3-7**

建筑物类别		充实水柱长度(m)
低层建筑	一般建筑	≥7
	甲、乙类厂房，大于 6 层民用建筑，大于 4 层厂、库房	≥10
	高架库房	≥13
高层建筑	民用建筑高度大于等于 100m	≥13
	民用建筑高度小于 100m	≥10
	高层工业建筑	≥13
人防工程内		≥10
停车库、修车库内		≥10

细节：同时使用水枪数量

同时使用水枪数量是指室内消火栓灭火系统在扑救火灾时需要同时打开灭火的水枪数量。

(1) 低层、高层建筑室内消火栓给水系统的消防用水量是扑救初期火灾的用水量。根据扑救初期火灾使用水枪数量与灭火效果统计，在火场出 1 支水枪时的灭火控制率为 40%，同时出 2 支水枪时的灭火控制率可达 65%，可见扑救初期火灾使用的水枪数不应少于 2 支。

(2) 考虑到仓库内平时一般无人，着火后人员进入仓库使用室内消火栓的可能性亦不很大。因此，对高度不大(小于 24m)、体积较小(小于 $5000m^3$)的仓库，可在仓库的门口处设置室内消火栓，故采用 1 支水枪的消防用水量。为发挥该水枪的灭火效能，规定水枪的用水量不应小于 5L/s。其他情况的仓库和厂房的消防用水量不应小于 2 支水枪的用水量。

(3) 高层工业建筑防火设计应立足于自救，应使其室内消火栓给水系统具有较大的灭火能力。根据灭火用水量统计，有成效地扑救较大火灾的平均用水量为 39.15L/s，扑救大火的平均用水量达 90L/s。根据室内可燃物的多少、建筑物高度及其体积，并考虑到火灾发生概率和发生火灾后的经济损失、人员伤亡等可能的火灾后果以及投资等因素，高层厂房的室内消火栓用水量采用 25～30L/s，高层仓库的室内消火栓用水量采用 30～40L/s。若高层工业建筑内可燃物较少且火灾不易迅速蔓延时，消防用水量可适当减少。因此，丁、戊类高层厂房和高层仓库(可燃包装材料较多时除外)的消火栓用水量可减少 10L/s，即同时使用水枪的数量可减少 2 支。

细节：消火栓的保护半径

消火栓的保护半径是指以消火栓为中心，一定规格的消火栓、水龙带、水枪配套后，消火栓能充分发挥灭火作用的圆形区域的半径，可按下式计算：

$$R=0.8L+S_k\cos\alpha \qquad (3\text{-}10)$$

式中 R——消火栓的保护半径，m；

L——水龙带长度，m；

S_k——充实水柱长度，m；

α——水枪射流倾角，一般取 45°～60°。

细节：室内消火栓布置间距

室内消火栓布置间距应由计算确定。

(1) 当要求有一股水柱到达室内任何部位，并且室内只有一排消火栓时，如图 3-20 所示，消火栓的间距按下式计算：

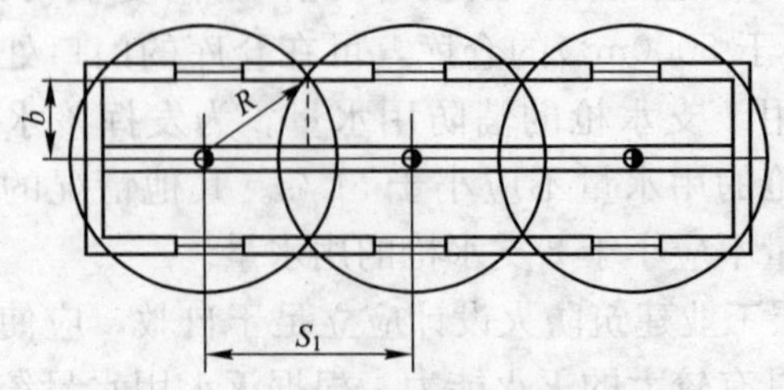

图 3-20　一股水柱时的消火栓布置间距

$$S_1=2\sqrt{R^2-b^2} \qquad (3\text{-}11)$$

式中 S_1——一股水柱时的消火栓间距，m；

b——消火栓的最大保护宽度，m。

(2) 当要求有两股水柱同时到达室内任何部位时，并且室内只有一排消火栓，如图 3-21 所示，消火栓间距按下式计算：

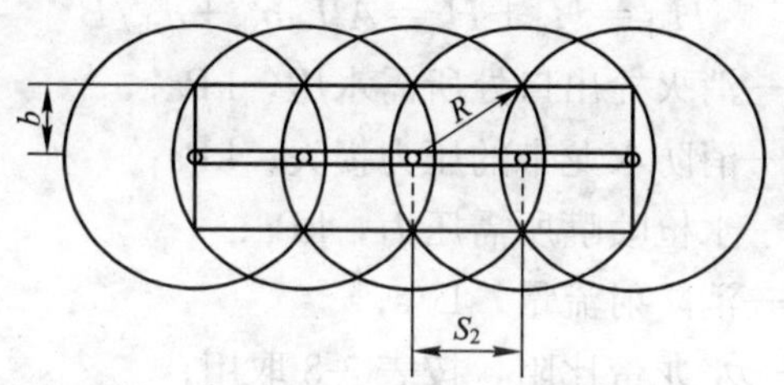

图 3-21　两股水柱时的消火栓布置间距

$$S_2=\sqrt{R^2-b^2} \tag{3-12}$$

式中　S_2——两股水柱时的消火栓间距，m。

(3) 当房间较宽，要求多股水柱到达室内任何部位，且需要布置多排消火栓时，消火栓间距按下式计算：

$$S_n=\sqrt{2}R=1.41R \tag{3-13}$$

式中　S_n——多排消火栓一股水柱时的消火栓间距，m。

(4) 当要求有一股水柱或两股水柱到达室内任何部位，并且室内需要布置多排消火栓时，可按图 3-22 进行布置。

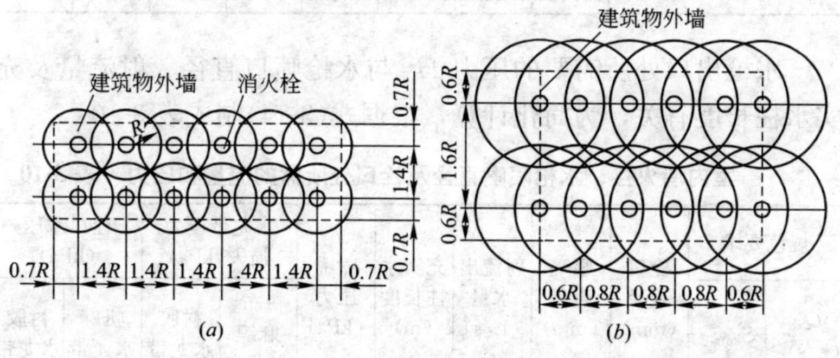

图 3-22　多排消火栓布置间距

(a)一股水柱时的消火栓布置间距；(b)两股水柱时的消火栓布置间距

细节：室内消火栓出口处所需水压

消火栓出口处所需水压按下式计算：

$$H_{xh}=H_d+H_q=A_zL_dq_{xh}^2+q_{xh}^2/B \tag{3-14}$$

式中 H_{xh}——消火栓出口处所需水压，kPa；

H_d——消防水龙带的压力损失，kPa；

H_q——水枪喷嘴所需压力，kPa；

q_{xh}——消防射流量，L/s；

A_z——水龙带比阻，按表 3-8 取用；

L_d——水龙带长度，m；

B——水流特性系数，与水枪喷嘴直径有关，按表 3-9 取用。

水龙带比阻 A_z 值　　表 3-8

水龙带口径(mm)	A_z 值	
	帆布、麻织水龙带	衬胶水龙带
50	0.1501	0.0677
65	0.0430	0.0172

水流特性系数 B 值　　表 3-9

喷嘴直径(mm)	6	7	8	9	13	16	19	22	25
B	0.0016	0.0029	0.0050	0.0079	0.0346	0.0793	0.1577	0.2834	0.4727

水枪出口处所需要的压力 H_q 与水枪喷口直径、射流量及充实水柱长度有关，为简化计算，根据式(3-14)制成表 3-10。

室内消火栓、水枪喷嘴直径及栓口处所需的流量和压力　　表 3-10

规范要求		栓口直径(mm)	喷嘴直径(mm)	射流出水量(L/s)	充实水柱长度(m)	喷嘴压力(kPa)	水龙带压力损失(kPa)		栓口水压(kPa)	
Q_{xh}(L/s)≥	S_{km}≥						帆布、麻织水龙带	衬胶水龙带	帆麻水龙带	衬胶水龙带
2.5	7.0	50	13	2.50	11.6	181.3	23.5	10.6	205	192
			16	2.72	7.0	93.1	27.8	12.5	121	106

续表

<table>
<tr><th colspan="2">规范要求</th><th rowspan="2">栓口直径(mm)</th><th rowspan="2">喷嘴直径(mm)</th><th rowspan="2">射流出水量(L/s)</th><th rowspan="2">充实水柱长度(m)</th><th rowspan="2">喷嘴压力(kPa)</th><th colspan="2">水龙带压力损失(kPa)</th><th colspan="2">栓口水压(kPa)</th></tr>
<tr><th>Q_{xh} (L/s)≥</th><th>S_{km}≥</th><th>帆布、麻织水龙带</th><th>衬胶水龙带</th><th>帆麻水龙带</th><th>衬胶水龙带</th></tr>
<tr><td rowspan="2">2.5</td><td rowspan="2">10.0</td><td>50</td><td>13</td><td>2.50</td><td>11.6</td><td>181.3</td><td>23.5</td><td>10.6</td><td>205</td><td>192</td></tr>
<tr><td>65</td><td>16</td><td>3.34</td><td>10.0</td><td>140.8</td><td>12.0</td><td>4.8</td><td>152</td><td>146</td></tr>
<tr><td>5.0</td><td>10.0</td><td>65</td><td>19</td><td>5.00</td><td>11.4</td><td>158.3</td><td>26.9</td><td>10.8</td><td>185</td><td>169</td></tr>
<tr><td>5.0</td><td>13.0</td><td>65</td><td>19</td><td>5.42</td><td>13.0</td><td>186.1</td><td>31.6</td><td>12.6</td><td>218</td><td>199</td></tr>
</table>

细节：室内消火栓给水系统的水力计算步骤

消火栓给水系统水力计算包括了流量和压力的计算。低层建筑室内消火栓给水系统的水力计算步骤如下：

(1) 从室内消防给水管道系统图上，确定出最不利点消火栓。当要求两个或有多个消火栓同时使用时，在单层建筑中以最高、最远的两个或多个消火栓作为最不利供水点。在多层建筑中按表 3-11 进行最不利消防竖管的流量分配。

最不利点计算流量分配 **表 3-11**

室内消防计算流量(L/s)	1×5	2×2.5	2×5	3×5	4×5	6×5
最不利消防主管出水枪数(支)	1	2	2	2	2	3
相邻消防主管出水枪数(支)	—	—	—	1	2	3

(2) 计算最不利消火栓出口处所需的水压。

(3) 确定最不利管路(计算管路)及计算最不利管路的沿程压力损失和局部压力损失，其方法与建筑内部给水系统水力计算方法相同。在流速不超过 2.5m/s 的条件下确定管径，消防管道的最小直径为 50mm。管道局部压力损失可按沿程压力损失的 10%计算。

(4) 计算室内消火栓给水系统所需的总压力，即

$$H=10H_0+H_{xh}+\sum h \quad (3\text{-}15)$$

式中 H——室内消火栓给水系统所需总压力，kPa；

H_0——最不利点消火栓与室外地坪的标高差，m；

H_{xh}——最不利点消火栓出口处所需水压，kPa；

$\sum h$——计算管路总压力损失，为沿程压力损失与局部压力损失之和，kPa。

(5) 核算室外给水管道水压，确定本系统所选用的给水方式。

如果市政给水管道的供水压力满足式(3-15)的条件，则可以选择无加压水泵的室内消火栓供水系统，否则应采用其他供水方式。

细节：室内消防给水管道设计要求

室内消防给水管道是室内消防给水系统的重要组成部分，为了有效保证消防用水，其设计应符合以下要求：

(1) 室内消防给水管道应用阀门分割成若干独立段，如某一管段损坏时，停止使用的消火栓在一层中不应超过 5 个。阀门应经常处于开启状态，并应有明显的启闭标志。

(2) 室内消火栓给水管网与自动喷水灭火设备的管网宜分开设置，如有困难，应在报警阀前分开设置。

(3) 超过 6 层的塔式(采用双出口消火栓者除外)和通廊式住宅、超过 5 层或体积超过 10000m^3 的其他民用建筑、超过 4 层的厂房和库房，如果室内消防竖管为 2 条或 2 条以上时，应至少每 2 根竖管连成环状。

(4) 7～9 层的单元住宅，室内消防给水管道可为枝状，进水管可采用 1 条。

(5) 当室内消火栓超过 10 个，并且室外消防用水量大于 15L/s 时，室内消防给水管道至少应有 2 条进水管与室外环状网相连接，并应将室内管道连接成环状或将进水管与室外管道连成环状。当环状管网的一条进水管发生故障时，其余的进水管仍能供应全部用水量。

(6) 当生产、生活用水量达到最大，并且市政给水管道仍能满足室内外消防用水量时，室内消防水泵的吸水管宜直接从市政管道吸水。

(7) 室内消防给水系统是单独设立还是与其他给水系统合并，应根据建筑物的性质和使用要求确定。高层建筑必须设独立的室内消防给水系统。

(8) 进水管上设置的计量设备不应降低进水管的过水能力。

细节：室内消火栓布置要求

(1) 设有室内消火栓的建筑物，每层(包括有可燃物的设备层)均应设置消火栓。如为平屋顶时，宜在平屋顶上设置试验和检查用的试验消火栓，用以检查消防系统的运行情况及保护建筑物免受邻近建筑火灾的波及。

(2) 建筑物任何部位着火，应保证有两支水枪的充实水柱同时到达着火部位(建筑高度小于或等于 24m，且体积小于或等于 $5000m^3$ 的库房可采用 1 支)。除建筑物最上一层外，其他部位都不应使用双出口消火栓，应采用单出口消火栓。

(3) 消火栓应设在建筑物内明显便于取用的地方。

(4) 消防电梯前室应设室内消火栓。冷库内的消火栓应设在常温穿堂或楼梯间内，以防冻结损坏。

(5) 同一建筑物内应采用同一规格的消火栓、水枪和水龙带，以便串用。每根水龙带的长度不宜超过 25m。

(6) 当消防水枪射流量小于 3L/s 时，应采用 *DN*50 的消火栓和水龙带，水枪喷嘴直径采用 13～16mm；当射流量大于 3L/s 时，宜采用 *DN*65 的消火栓和水龙带，水枪喷嘴直径采用 19mm。

(7) 室内消火栓的间距应由计算确定，高层工业建筑、高架库房、甲乙类厂房，室内消火栓的间距不应小于 30m，其他单层和多层建筑内消火栓的间距不应超过 50m。

（8）对于高层工业建筑或水箱设置高度不能满足最不利点消火栓和自动喷水灭火设备的水压及水量要求时，应在每个室内消火栓处设置远距离启动消防水泵的按钮，并应有保护设施，以防损坏或误启动。

【禁　　忌】

禁忌：室内消防水箱设计不符合要求

【分析】

消防水箱是指在灭火救援活动中为消防队提供水源的消防设施。消防水箱贮水，一方面使消防给水管道充满水，节省消防水泵开启后充满管道的时间，为扑灭火灾赢得时间；另一方面，设置的增压、稳压系统和水箱能保证消防水枪的充实水柱，对于扑灭初期火灾的成败有决定性作用。因此，必须按照规定进行消防水箱的设计。

【措施】

室内消防水箱的设置应根据室外管网的水压和水量及室内用水要求来确定，设有常高压和临时高压给水系统的建筑物可以不设消防水箱。

设置临时高压给水系统的建筑物，如设有消防水箱、气压水箱或水塔，应符合下列要求：

（1）应在建筑物的顶部(最高部位)设置重力自流水箱。

（2）室内消防水箱容积(气压水罐、水塔以及各分区的消防水箱)应贮存 10min 的消防用水量(扑救初期火灾的用水量)。当室内消防用水量不超过 25L/s，经计算水箱的消防贮水量超过 $12m^3$ 时，仍可采用 $12m^3$；当室内消防用水量超过 25L/s，经计算水箱消防贮水量超过 $18m^3$ 时，仍可采用 $18m^3$。

消防用水与其他用水合用一个水箱时，应有消防用水不作他用的技术设施，以保证消防用水安全，如图 3-23 所示。

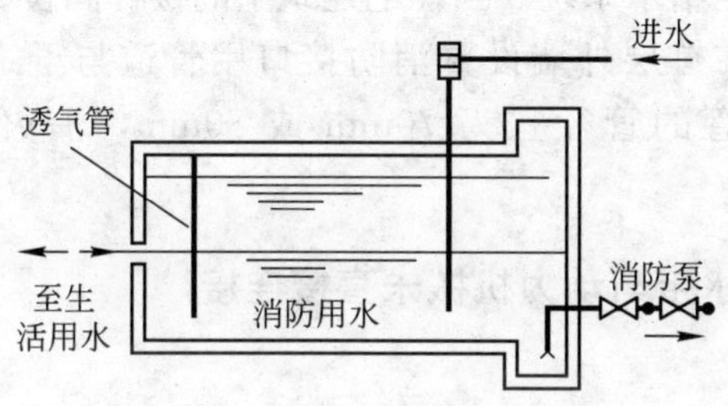

图 3-23　消防和生活合用水箱

由固定消防水泵供给的消防用水，不应进入消防水箱，以维持管网内的消防水压，可在与水箱相连的消防用水管道上设置止回阀。发生火灾后，消防水箱的补水应由生产或生活给水管道供应，严禁消防水箱采用消防泵补水，以防火灾时消防用水进入水箱。

室内消防水箱的设置高度，原则上应满足室内最不利点灭火设备所需的水量和水压，若有困难也可设置气压给水设备。

禁忌：超过 7 层的住宅未设置室内消火栓系统

【分析】

超过 7 层(不含 7 层)的各类住宅，如单元式、塔式、通廊式以及底部设有商业服务网点的住宅，均应设置室内消防给水设施。根据住宅建筑内消火栓系统的实际使用情况，对层数在 7 层或 7 层以下的建筑，主要采取加强被动防火措施和依靠外部扑救其火灾的途径解决。

【措施】

超过 7 层的住宅应设置室内消火栓系统。住宅建筑的室内消火栓可以根据地区气候、水源等情况设置干式消防竖管或湿式室内消火栓给水系统。干式消防竖管平时无水，火灾发生后由消防车通过首层外墙接口向室内干式消防竖管输水，消防队员自携水龙带驳接竖管的消火栓口投入扑救。有条件时，尽量考虑设置湿式室内消火栓给水系统。当住宅建筑中的楼梯间位置居中、不靠外墙时，应在首层外墙设置消防接口用管道与干式消防竖管连接。干式竖管的管径宜为 70mm 或 80mm，消火栓口径应采用 65mm。

禁忌：消防水带与动力机械未直接连接

【分析】

为保证消防水泵能发挥负荷运转，保证火场有必要的消防用水量和水压，消防水泵与动力机械应直接耦合。由于平带易打滑，影响消防水泵的供水能力，设计应避免采用平带；如采用 V 带，不应少于 4 条。

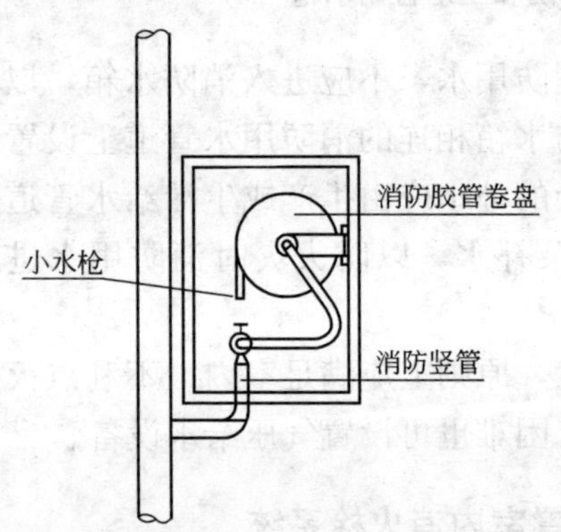

图 3-24　消防水泵与动力机械的连接方式

【措施】

消防水泵与动力机械应直接连接，如图 3-24 所示。

禁忌：消火栓处未设置减压孔板

【分析】

建筑层数较多时，高、低层消火栓所受水压不一样，实际出水量相差很大。为使消火栓的实际出水量接近设计出水量，保证消防给水系统均衡供水，所以在低层部分消火栓栓口前装减压孔板。当消火栓栓口的出水压力大于 0.5MPa 时，消火栓处应设减压孔板等减压装置。

【措施】

1. 设置要求

(1) 减压孔板应设置在直径大于 50mm 的水平管段上。

(2) 孔板应安装在水流转弯处下游一侧的直管段上，其孔板前水平直管段长度不应小于设置管段直径的5倍。

(3) 孔板直径不应小于设置管段直径的30%，且不应小于20mm。

2. 设计计算

减压孔板的设计需先确定灭火设备处的设计剩余水压。各层灭火设备处的设计剩余水压可按下式计算：

$$H=H_B-(Z+\sum h_w+H_0) \tag{3-16}$$

式中 H——计算层灭火设备处的设计剩余水压，MPa；

H_B——消防水泵的出口压力，MPa；

Z——计算层灭火设备与消防水池最低水位间的静水压，MPa；

$\sum h_w$——自消防水泵吸水管至该计算层管路的沿程和局部水头损失，MPa；

H_0——计算层灭火设备处所需的设计水压，MPa。对于室内消火栓给水系统，其值 H_0 为0.5MPa。

从式(3-16)计算出的剩余水压由减压孔板所形成的局部水头损失所消耗，即

$$H=H_k=\zeta\frac{v^2}{2g} \tag{3-17}$$

式中 H_k——水流通过减压孔板的局部水头损失，MPa；

ζ——孔板的局部阻力系数；

v——水流通过孔板后的流速，m/s；

g——重力加速度，m/s^2。

ζ 值可由下式求得：

$$\zeta=\left[1.75\frac{D^2(1.1-d^2/D^2)}{d^2(1.175-d^2/D^2)}-1\right]^2 \tag{3-18}$$

式中 D——给水管直径，mm；

d——孔板的孔径，mm。

3.4 高层建筑消防给水系统

【细　节】

细节：高层建筑消防用水量

高层建筑消防用水量与建筑物的类别、高度、使用性质、火灾危险性和扑救难度有关。高层民用建筑的分类如表 3-12 所示。

建 筑 分 类　　表 3-12

名称	一类	二类
居住建筑	19 层及 19 层以上的住宅	10～18 层的住宅
公共建筑	1. 医院； 2. 高级旅馆； 3. 建筑高度超过 50m 或 24m 以上部分的任一楼层的建筑面积超过 1000m^2 的商业楼、展览楼、综合楼、电信楼、财贸金融楼； 4. 建筑高度超过 50m 或 24m 以上部分的任一楼层的建筑面积超过 1500m^2 的商住楼； 5. 中央级和省级（含计划单列市）广播电视楼； 6. 网局级和省级（含计划单列市）电力调度楼； 7. 省级（含计划单列市）邮政楼、防灾指挥调度楼； 8. 藏书超过 100 万册的图书馆、书库； 9. 重要的办公楼、科研楼、档案楼； 10. 建筑高度超过 50m 的教学楼和普通的旅馆、办公楼、科研楼、档案楼等	1. 除一类建筑以外的商业楼、展览楼、综合楼、电信楼、财贸金融楼、商住楼、图书馆、书库； 2. 省级以下的邮政楼、防灾指挥调度楼、广播电视楼、电力调度楼； 3. 建筑高度不超过 50m 的教学楼和普通的旅馆、办公楼、科研楼、档案楼等

高层建筑消火栓用水量包括室内、室外两部分。室内用水量是供室内消火栓扑救建筑物初、中期火灾的，是保证建筑物消防

安全所必需的最小水量。而室外用水量是供消防车支援室内灭火的用水量，通过水泵接合器向室内消防给水系统供水。

(1) 高层建筑的消防用水总量应按室内、外消防用水量之和计算。

高层建筑内设有消火栓、自动喷水、水幕和泡沫等灭火系统时，其室内消防用水量应按需要同时开启的灭火系统用水量之和计算。

(2) 高层建筑室内、外消火栓给水系统的用水量不应小于表3-13的规定。

(3) 高层建筑室内自动喷水灭火系统的用水量，应按现行国家标准《自动喷水灭火系统设计规范》GB 50084—2001 的规定执行。

(4) 高级旅馆、重要办公楼、一类建筑的商业楼、展览馆、综合楼和建筑高度超过 100m 的其他高层建筑，应设消防卷盘，用水量可不计入消防总用水量。

消火栓给水系统的用水量 **表 3-13**

<table>
<tr><th rowspan="2">高层建筑类别</th><th rowspan="2">建筑高度(m)</th><th colspan="2">消火栓用水量(L/s)</th><th rowspan="2">每根竖管最小流量(L/s)</th><th rowspan="2">每支水枪水流量(L/s)</th></tr>
<tr><th>室外</th><th>室内</th></tr>
<tr><td rowspan="2">普通住宅</td><td>＜50</td><td>15</td><td>10</td><td>10</td><td>—</td></tr>
<tr><td>＞50</td><td>15</td><td>20</td><td>10</td><td>5</td></tr>
<tr><td rowspan="2">1. 高级住宅；
2. 医院；
3. 二类建筑的商业楼、展览楼、综合楼、财贸金融楼、电信楼、商住楼、图书馆、书库；
4. 省级以下的邮政楼、防灾指挥调度楼、广播电视楼、电力调度楼；
5. 建筑高度不超过50m的教学楼和普通的旅馆、办公楼、科研楼、档案楼等</td><td>＜50</td><td>20</td><td>20</td><td>10</td><td>5</td></tr>
<tr><td>＞50</td><td>20</td><td>30</td><td>15</td><td>5</td></tr>
</table>

续表

<table>
<tr><th rowspan="2">高层建筑类别</th><th rowspan="2">建筑高度
(m)</th><th colspan="2">消火栓用水量
(L/s)</th><th rowspan="2">每根竖管最小流量
(L/s)</th><th rowspan="2">每支水枪水流量
(L/s)</th></tr>
<tr><th>室外</th><th>室内</th></tr>
<tr><td rowspan="2">1. 高级旅馆；
2. 建筑高度不超过 50m 或每层建筑面积超过 1000m² 的商业楼、展览楼、综合楼、财贸金融楼、电信楼；
3. 建筑高度超过 50m 或每层建筑面积超过 1500m² 的商住楼；
4. 中央和省级(含计划单列市)广播电视楼；
5. 网局级和省级(含计划单列市)电力调度楼；
6. 省级(含计划单列市)邮政楼、防灾指挥调度楼；
7. 藏书超过 100 万册的图书馆、书库；
8. 重要的办公楼、科研楼、档案楼；
9. 建筑高度超过 50m 的教学楼和普通的旅馆、办公楼、科研楼、档案楼等</td><td><50</td><td>30</td><td>30</td><td>15</td><td>5</td></tr>
<tr><td>>50</td><td>30</td><td>40</td><td>15</td><td>3</td></tr>
</table>

注：建筑高度不超过 50m，室内消火栓用水量超过 20L/s，且设有自动喷水灭火系统的建筑物，室内、外消防用水量可按本表减少 5L/s。

细节：不分区室内消火栓给水系统

建筑高度小于 50m 或建筑内最低消火栓处静水压力不超过 0.8MPa 时，整个建筑物组成的消防给水系统，称为不分区室内消火栓给水系统。发生火灾时，消防队使用消防车，从消防水池和室外消火栓取水，通过水泵接合器向室内管网供水，协助室内扑灭火灾。解放牌消防车供水高度接近 50m 水柱，黄河牌等大功率消防车配高强度水龙带，供水高度可达 70～80m 水柱。可根据具体条件确定分区高度，并配备一组高压消防水泵向管网系统供水灭火，如图 3-25 所示。

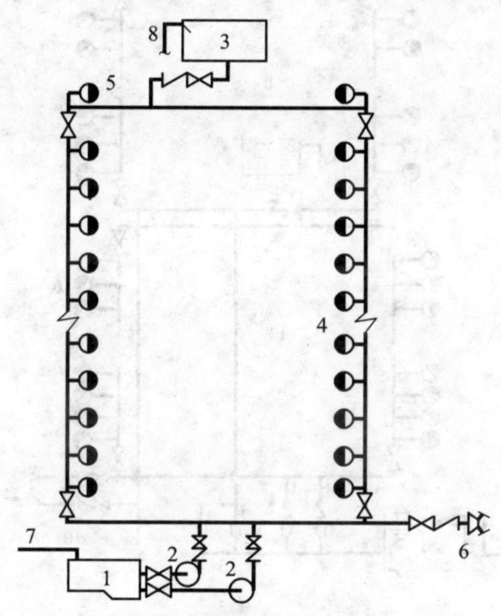

图 3-25 不分区室内消火栓给水系统

1—贮水池；2—水泵；3—水箱；4—消火栓；5—试验消火栓；6—水泵接合器；7、8—进水管

细节：分区并联消火栓给水系统

建筑高度超过 50m 的高层建筑或消火栓处静水压力大于 0.8MPa 时，宜采用室内消火栓给水系统。但因其难于得到一般消防车的供水支援，为加强供水安全和保证火场灭火用水，宜采用分区给水系统。

并联分区供水的室内消火栓给水系统如图 3-26 所示，其特点是水泵集中布置，便于管理，适用于建筑高度不超过 100m 的情况。

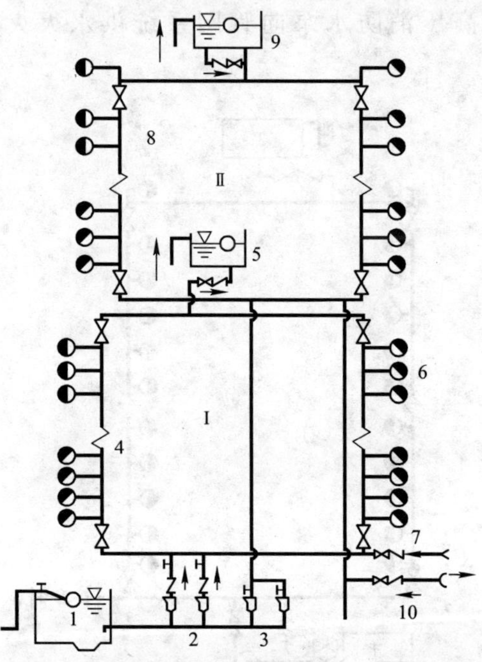

图 3-26　并联分区供水的室内消火栓给水系统

1—贮水池；2—Ⅰ区消防泵；3—Ⅱ区消防泵；4—Ⅰ区管网；5—Ⅰ区水箱；6—消火栓；7—Ⅰ区水泵接合器；8—Ⅱ区管网；9—Ⅱ区水箱；10—Ⅱ区水泵接合器

细节：分区串联消火栓给水系统

串联分区供水的室内消火栓给水系统如图 3-27 所示，其特点是系统内设中转水箱(池)，中转水箱的蓄水由生活给水提供。消防时当生活给水补给流量不能满足消防要求，水箱水位会随之降低，形成的信号使下一区的消防水泵自动开泵补给。

细节：消火栓给水系统流量计算

根据建筑物的性质、高度，按《高层民用建筑设计防火规范》GB 50045—1995 确定室内消防系统每根立管最小流量及每支水枪最小流量。

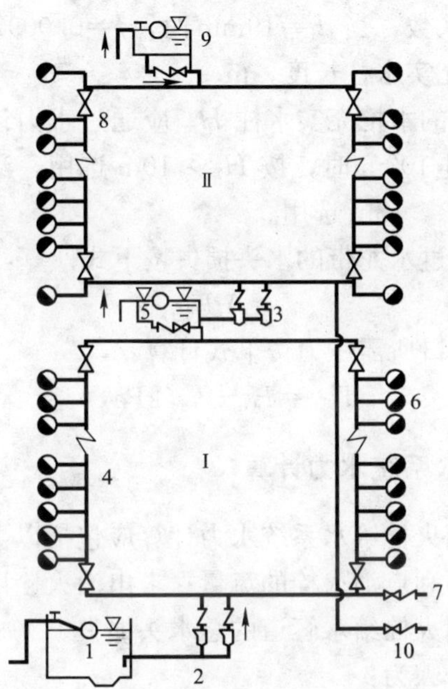

图 3-27 串联分区供水的室内消火栓给水系统

1—贮水池；2—Ⅰ区消防泵；3—Ⅱ区消防泵；4—Ⅰ区管网；5—Ⅰ区水箱；6—消火栓；7—Ⅰ区水泵接合器；8—Ⅱ区管网；9—Ⅱ区水箱；10—Ⅱ区水泵接合器

（1）水枪喷嘴的射流量。水枪喷嘴的射流量按下式计算：

$$q_{xh}=\sqrt{BH_q} \tag{3-19}$$

式中 q_{xh}——水枪喷嘴的射流量，L/s；

B——水流特性系数，和水枪喷嘴直径有关，当 $d_f=19$mm 时，$B=0.1577$；

H_q——水枪喷嘴达到规定充实水柱所需的压力，kPa。

（2）消火栓所需压力。消火栓所需压力与水枪喷口压力和射流量有关。高层建筑选 $DN65$ 消火栓，$d_f=19$mm 喷口的直径，当充实水柱 $H_m\geqslant10mH_2O$ 时，水枪喷口压力按下式计算：

$$H_q=\frac{H_m}{1-\phi H_m} \tag{3-20}$$

式中 H_q——水枪喷口压力，kPa；

ϕ——系数，当 $d_f=19$mm 时，$\phi=0.0097$；

H_m——充实水柱长度，m。

(3) 消火栓的水枪充实水柱 H_m 应通过水力计算确定，当建筑物高度不超过 100m 时，按 $H_m \geqslant 10$m 选用，当建筑高度超过 100m 时，按 $H_m \geqslant 13$m 选用。

(4) 水流通过水龙带的水头损失按下式计算：

$$h_d = A_z L_d q_{xh} \tag{3-21}$$

(5) 消火栓口所需压力按下式计算：

$$H_{xh} = H_q + h_d (\text{kPa}) \tag{3-22}$$

细节：消防给水系统水力计算

高层建筑消火栓给水系统水力计算应包括以下内容：确定竖管的管径及最不利点消火栓的流量；求出消火栓出口所需水压力及流量；计算消火栓给水管道的总水头损失。

水力计算步骤为：

(1) 系统总水头损失按下式计算为：

$$h = 1.1 iL/1000 \tag{3-23}$$

式中 h——计算管段的水头损失，mH_2O；

i——单位长度水头损失，mm/m；

L——计算管路的长度，m；

1.1——局部水头损失按沿程损失的 10%计。

(2) 消防水箱容积及设置高度。

消防水箱容积：一类公共建筑不应小于 18m^3；二类公共建筑和一类居住建筑不应小于 12m^3；二类居住建筑不应小于 6m^3。

消防水箱设置高度应保证最不利点消火栓静水压力。当建筑高度小于 100m 时，不应低于 0.07MPa；当建筑高度大于 100m 时，不应低于 0.15MPa；当不能满足上述要求时应设增压设施。

(3) 消火栓泵扬程和流量的确定。

消火栓泵扬程应满足最不利点消火栓口所需压力要求，水泵扬程按下式计算：

$$H_b = H_{xh} + H_z + h \tag{3-24}$$

式中 H_b——消火栓泵的扬程，m；

H_{xh}——最不利点消火栓口所需水压，m；

H_z——消防水池最低水位与最不利点消火栓之间高差，m；

h——消防水泵吸水口至最不利点消火栓之间管道的水头损失，m。

消防泵流量应按室内消火栓消防用水量选定。室内消火栓给水系统的竖管流量应按规定的最大可关闭竖管数，确定最不利的一组剩余竖管，按规定的并由这一组竖管平均分摊消火栓用水量，但每根竖管的流量应不小于规定的竖管最小流量。横干管流量应为消化栓用水量。

消火栓管网水头损失计算与给水管网水头损失计算方法相同。局部水头损失可按沿程水头损失的 20%计，也可采用当量长度计算法来计算。室内消火栓所需水压为自室外至该层消火栓处的消防管道沿程水头损失与局部水头损失之和。当计算出剩余水压后，若其值大于 0.50MPa，可用减压孔板消除剩余水头，也可采用减压稳压消火栓。

细节：消火栓栓口动压的减压计算

消火栓栓口出水压力大于 0.50MPa 时，消火栓处应设减压装置，通常采用减压稳压消火栓或减压孔板，消除消火栓栓口处的剩余水头。

减压孔板的水头损失可按下式计算：

$$H_{sk} = 1.06\left[\frac{1.75\beta^2(1.1-\beta^2)}{1.175-\beta^2} - 1\right]^2 \frac{v^2}{2g} \tag{3-25}$$

式中 H_{sk}——消火栓与孔板组合水头损失(10m)；

β——相对孔径，$\beta = d/D$；

d——孔板孔径，mm；

D——消火栓管内径（DN50mm 的管内径为 53mm，DN65mm 的管内径为 68mm)，mm；

v——管内流速，m/s，$v=4q_x/\pi D^2\times10^{-3}$；

q_x——水流通过孔板后流量，L/s。

减压稳压消火栓应采用栓后压力稳定并且不堵塞的减压消火栓。减压孔板或减压稳压消火栓栓口处的压力不宜小于0.40MPa，并采用屋顶消防水箱的供水压力复核。

细节：室内消防给水管道设置

（1）泵站内设有两台或两台以上的消防泵与室内消防管网连接时，应采用单独直接连接法，不宜共用一条总的出水管与室内消防管网相连接。

（2）为提高可靠性，室内消火栓给水管网与自动喷水灭火系统应分开设置。若分开设置有困难时，可合用消防泵，但在自动喷水灭火系统的报警阀前(沿水流方向)必须分开设置，避免互相影响。

（3）室内消防给水管道应布置成环状，室内环网有水平环网、垂直环网和立体环网。可根据建筑类型、消防给水管道和消火栓布置确定，但必须保证供水干管和每个消防竖管都能双向供水。

（4）室内管道的引入管应不少于两条，当其中一条发生故障时，其余引入管仍能保障消防用水量和水压的要求，以提高管网供水的可靠性。

（5）消防管道管材宜采用非镀锌钢管。

（6）室内消防给水管道应该用阀门将室内环状管网分成若干个独立段。阀门的布置应保证检修管道时关闭停用的竖管不超过一条，但当竖管超过四条及以上时，当检修管道时可以关闭不相邻的两条竖管。阀门处应有明显启闭标志，阀门应处于正常开启状态。节点处按 n-1 原则确定设置阀门的个数(n 为每个节点处连接的管段数)。

（7）消防竖管的布置应确保同层相邻两个消火栓水枪的充实水柱同时到达室内任何部位。竖管的直径应根据流量计算确定，但不应小于100mm，以保证消防车通过水泵接合器向室内管网顺利供水。

对于建筑高度不超过 18 层及 18 层以下、每层不超过 8 户且面积不超过 650m^2 的普通塔式住宅，如果设两条竖管有困难时，可设一条，但必须采用双阀双出口的消火栓。

(8) 高层建筑室内消防给水系统是独立的高压(或临时高压)给水系统或区域集中的室内高压(或临时高压)消防给水系统，高层建筑室内消防给水系统不能与其他给水系统合并。

细节：消火栓位置

高层建筑和裙房的室内消火栓应设置在明显易于取用的位置，一般设在走道、楼梯附近，有采光顶的共享空间的每一个走廊的出口和回廊的出口，或者外部共享空间进入室内的入口处。大房间或大空间消火栓应首先考虑设置在疏散门的附近，通常不应设置在死角位置。汽车库内消火栓的设置应不影响汽车的通行和车位的设置。有明显的红色标志。栓口离地面高度为 1.1m，其出水方向宜向下，或与设置消火栓的墙面成 90°角。

细节：消火栓间距

消火栓的间距应保证有两支水枪的充实水柱同时到达室内任何部位，消火栓的间距根据消火栓的保护半径计算。为保证消火栓有效灭火，消火栓的间距应由计算确定。同时，高层建筑消火栓的间距不应大于 30m，与高层建筑直接相连的裙房不应大于 50m。当相邻一个消火栓受到火灾威胁而不能使用时，该消火栓和不能使用的消火栓相邻的一个消火栓协同仍能保护任何部位。

对于高层工业建筑、高架库房及甲乙类厂房、人防工程、高层汽车库和地下汽车库室内消火栓的间距不应大于 30m。消火栓的保护半径计算公式为：

$$R=L_d+L_s \tag{3-26}$$

式中 R——消火栓保护半径，m；

L_d——水带敷设长度，m，每根水带长度不应超过 25m，应乘以水带的转弯曲折系数 0.8～0.9；

L_s——水枪充实水柱在平面上的投影长度，$L_s = s \cdot \cos\alpha$，对于一般建筑(层高为 3～3.5m)取 L_s = 3.0m。设计时可参照表 3-14。

水带长度与消火栓作用半径　　表 3-14

水带长度 L_d(m)	水枪充实长度 S_k(m)	消火栓作用半径 R(m)	水带长度 L_d(m)	水枪充实长度 S_k(m)	消火栓作用半径 R(m)
20	7	25	25	7	30
	10	27		10	32
	13	29		13	34

【禁　　忌】

禁忌：消火栓的选用不符合规定

【分析】

消火栓有单阀和双阀之分，单阀消火栓又分为单出口消火栓和双出口消火栓，双阀消火栓为双出口。在一般情况下，使用单阀单出口消火栓，不使用单阀双出口消火栓。

【措施】

在高层建筑中，双阀双出口消火栓除用于塔式住宅外一般不宜采用。双出口消火栓直径为 65mm，单出口消火栓直径有两种：50mm 用于每支水枪最小流量为 2.5～5.0L/s，65mm 用于每支水枪的最小流量为>5.0L/s；高层建筑中不得采用单阀双出口消火栓。

在一幢建筑物内，包括主体建筑和与其相连的附属建筑的消火栓应选用同一型号规格。高层建筑室内消火栓栓口直径应采用 65mm、配备的水带长度不应超过 25m，水枪喷嘴口径不应小于 19mm。

禁忌：消火栓栓口的静压力过大

【分析】

高层建筑消防给水系统设计中，消火栓栓口的静压过大时，消火栓的阀口和水龙带容易损坏，同时造成消火栓使用困难。

【措施】

高层建筑消防给水系统消火栓栓口静压力不应大于0.8MPa，当大于0.8MPa时，应采取分区系统。消火栓栓口的出水压力大于0.5MPa时，消火栓处应设减压装置或减压孔板。

禁忌：系统顶部未设试验用消火栓和压力表

【分析】

高层建筑消防给水系统顶部未设试验用消火栓和压力表，不方便消火栓系统的日常检查和试验，造成系统故障隐患。

【措施】

高层建筑消防给水系统屋顶必须设置试验用消火栓，并需在消火栓管上加压力表，以供消防验收时使用。如消火栓设在室外时，室内要加阀门，阀门与消火栓之间要加泄水，防止冬季冻坏消火栓，消防验收前要进行喷水试验，达到规范要求的喷水水柱高度(当建筑高度不超过100m时，水枪充实水柱的高度为10m；当建筑高度超过100m时为13m)。

3.5 自动喷水灭火系统设计

【细　节】

细节：自动喷水灭火系统

自动喷水灭火系统是能在发生火灾时发出火警信号，并同时自动喷水灭火的灭火系统，它是应用最广泛的自动灭火系统，也是当今世界上公认的最有效的自救灭火设施。其具有工作性能稳定、安全可靠、适应范围广、控火灭火成功率高、维护简便等优点。

自动喷水灭火系统可用于各种建筑物中允许用水灭火的场所和保护对象，根据被保护建筑物的使用性质、环境条件和火灾发展、发生特性的不同，自动喷水灭火系统可以有多种不同类型，工程中通常根据系统中喷头开闭形式的不同，将其分为开式和闭式自动喷水灭火系统两大类。

属于闭式自动喷水灭火系统的有湿式系统、干式系统、预作用系统、重复启闭预作用系统、自动喷水-泡沫联用灭火系统。属于开式自动喷水灭火系统的有水幕系统、雨淋系统和水雾系统。

细节：湿式自动喷水灭火系统

湿式自动喷水灭火系统(见图 3-28)由管道系统、闭式喷头、湿式报警阀、水流指示器、报警装置和供水设施等组成。火灾发生时，在火场温度作用下，闭式喷头的感温元件温度达到指定的动作温度后，喷头开启喷水灭火，阀后压力下降，湿式阀瓣打开，

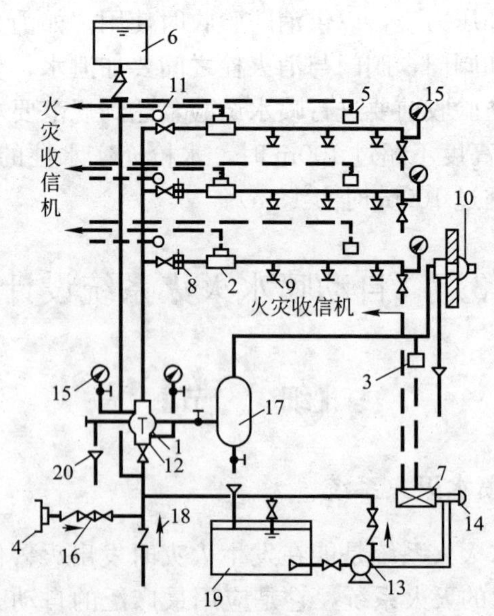

图 3-28　湿式自动喷水灭火系统

1—湿式报警阀；2—水流指示器；3—压力继电器；4—水泵接合器；5—感烟探测器；6—水箱；7—控制箱，8—减压孔板；9—喷头；10—水力警铃；11—报警装置；12—闸阀；13—水泵；14—按钮；15—压力表；16—安全阀；17—延迟器；18—止回阀；19—贮水池；20—排水漏斗

水经延时器后通向水力警铃，发出声响报警信号，与此同时，水流指示器及压力开关也将信号传送至消防控制中心，经系统判断确认火警后启动消防水泵向管网加压供水，实现持续自动喷水灭火。

湿式自动喷水灭火系统具有施工和管理维护方便、结构简单、使用可靠、灭火速度快、控火效率高及建设投资少等优点。但其管路在喷头中始终充满水，因此一旦发生渗漏会损坏建筑装饰，应用受环境温度的限制，适合安装在温度不高于 70℃，不低于 4℃且能用水灭火的建(构)筑物内。

细节：干式自动喷水灭火系统

干式自动喷水灭火系统(见图 3-29)由管道系统、闭式喷头、

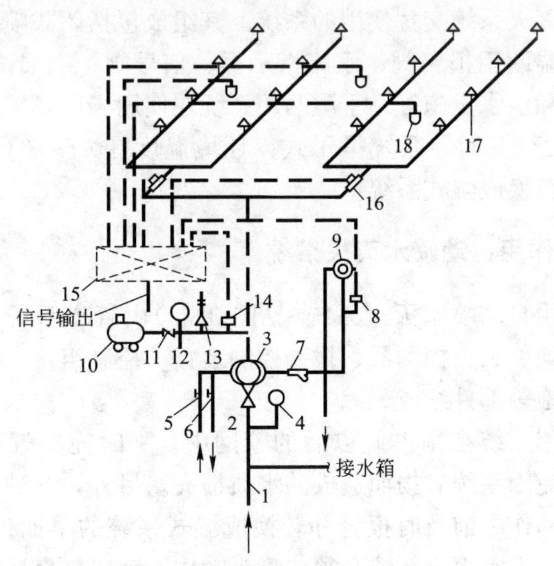

图 3-29　干式自动喷水灭火系统

1—供水管；2—闸阀；3—干式报警阀；4—压力表；5，6—截止阀；7—过滤器；8、14—压力开关；9—水力警铃；10—空压机；11—止回阀；12—压力表；13—安全阀；15—火灾报警控制箱；16—水流指示器；17—闭式喷头；18—火灾探测器

干式报警阀、水流指示器、报警装置、充气设备、排气设备和供水设备等组成。

干式喷水灭火系统由于报警阀后的管路中无水，不怕环境温度高，不怕冻结，因而适用于环境温度低于4℃或高于70℃的建筑物和场所。

干式自动喷水灭火系统与湿式自动喷水灭火系统相比，增加了一套充气设备，管网内的气压要经常保持在一定范围内，因而管理比较复杂，投资较大。喷水前需排放管内气体，灭火速度不如湿式自动喷水灭火系统快。

细节：干湿式自动喷水灭火系统

干湿两用自动喷水灭火系统是干式自动喷水灭火系统与湿式自动喷水灭火系统交替使用的系统。其组成包括闭式喷头、管网系统、干湿两用报警阀、水流指示器、信号阀、末端试水装置、充气设备和供水设施等。干湿两用系统在使用场所环境温度高于70℃或低于4℃时，系统呈干式；环境温度在4～70℃之间时，可将系统转换成湿式系统。

细节：预作用自动喷水灭火系统

预作用自动喷水灭火系统（见图3-30）由管道系统、闭式喷头、雨淋阀、火灾探测器、报警控制装置、控制组件、充气设备和供水设施等部件组成。

预作用系统在雨淋阀以后的管网中，平时充氮气或低压空气，可避免因系统破损而造成的水渍损失。另外，这种系统具有能在喷头动作之前及时报警并转换成湿式系统的早期报警装置，克服了干式喷水灭火系统必须待喷头动作，完成排气后才能喷水灭火，从而延迟喷水时间的缺点。但预作用系统比干式系统或湿式系统多一套自动探测报警和自动控制系统，建设投资大，构造比较复杂。对于要求系统处于准工作状态时严禁管道漏水、严禁系统误喷、替代干式系统等场所，应采用预作用系统。

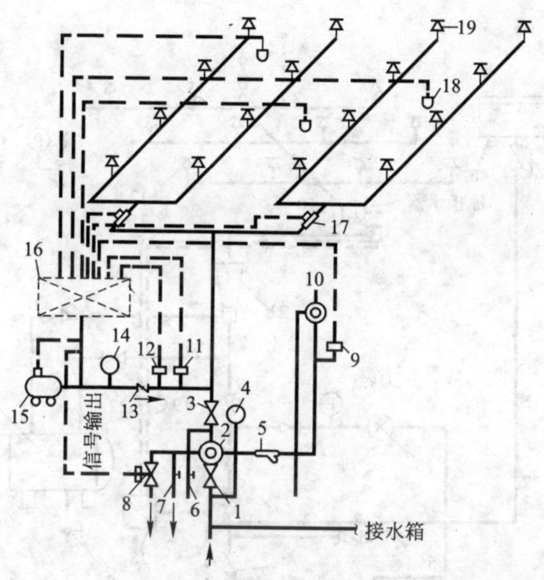

图 3-30 预作用自动喷水灭火系统

1—总控制阀；2—预作用阀；3—检修闸阀；4、14—压力表；5—过滤器；6—截止阀；7—手动开启阀；8—电磁阀；9、11—压力开关；10—水力警铃；12—低气压报警压力开关；13—止回阀；15—空压机；16—报警控制箱；17—水流指示器；18—火灾探测器；19—闭式喷头

细节：自动喷水-泡沫联用灭火系统

在普通湿式自动喷水灭火系统中并联一个钢制带橡胶囊的泡沫罐，橡胶囊内装轻水泡沫浓缩液，在系统中配上控制阀及比例混合器就成了自动喷水-泡沫联用灭火系统，如图 3-31 所示。

该系统的特点是闭式系统采用泡沫灭火剂，强化了自动喷水灭火系统的灭火性能。当采用先喷水后喷泡沫的联用方式时，前期喷水起控火作用，后期喷泡沫可强化灭火效果；当采用先喷泡沫后喷水的联用方式时，前期喷泡沫起灭火作用，后期喷水可起冷却及防止复燃效果。

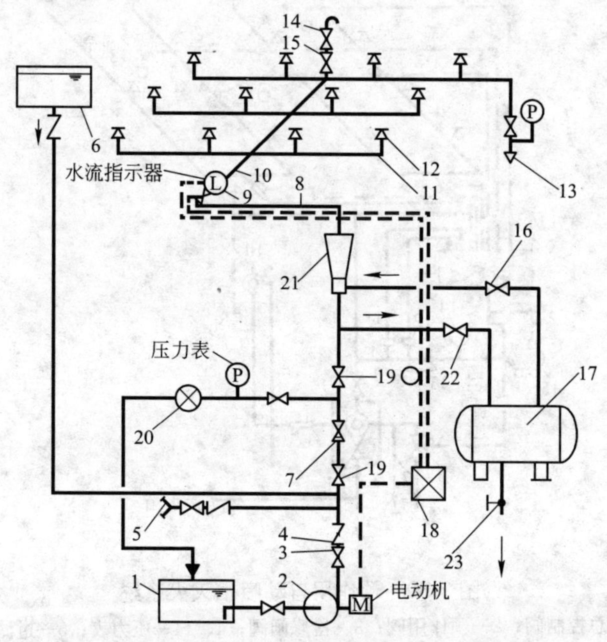

图 3-31　自动喷水-泡沫联用灭火系统

1—水池；2—水泵；3—闸阀；4—止回阀；5—水泵接合器；6—消防水箱；
7—预作用报警阀组；8—配水干管；9—水流指示器；10—配水管；
11—配水支管；12—闭式喷头；13—末端试水装置；
14—快速排气阀；15—电动阀；16—进液阀；
17—泡沫罐；18—报警控制器；19—控制阀；
20—流量计；21—比例混合器；
22—进水阀；23—排水阀

该系统流量系数大，水滴穿透力强，可有效地用于高堆货垛和高架仓库、柴油发动机房、燃油锅炉房和停车库等场所。

细节：重复启闭预作用系统

重复启闭预作用系统是在预作用系统的基础上发展起来的。该系统不但能自动喷水灭火，而且能在火灾扑灭后自动关闭系统。重复启闭预作用系统的工作原理和组成与预作用系统相似，不同之处是重复启闭预作用系统采用了一种既可在环境恢复常温时输出关停信号，又可输出火警信号的感温探测器。当感温探测器感应到环境的温度超出预定值时，报警并打开具有复位功能的雨淋阀和开启供水泵，为配水管道充水，并在喷头动作后喷水灭火。喷水的情况下，当火场温度恢复至常温时，探测器发出关停系统的信号，在按设定条件延迟喷水一段时间后停止喷水，关闭雨淋阀。若火灾复燃、温度再次升高，系统则再次启动，直至彻底灭火。

重复启闭预作用系统优于其他喷水灭火系统，但造价高，一般只适用于灭火后必须及时停止喷水，要求减少不必要水渍的建筑，如集控室计算机房、电缆间，配电间和电缆隧道等。

细节：雨淋喷水灭火系统

雨淋系统采用开式洒水喷头，由雨淋阀控制喷水范围，利用配套的火灾自动报警系统或传动管系统监测火灾并自动启动系统灭火。发生火灾时，火灾探测器将信号送至火灾报警控制器，压力开关、水力警铃一起报警，控制器输出信号打开雨淋阀，同时启动水泵连续供水，使整个保护区内的开式喷头喷水灭火。雨淋系统可由电气控制启动、传动管控制启动或手动控制。传动管控制启动包括湿式和干式两种方法，如图 3-32 所示。雨淋系统具有出水量大、灭火及时的优点。

发生火灾时，湿(干)式导管上的喷头受热爆破，喷头出水(排气)，雨淋阀控制膜室压力下降，雨淋阀打开，压力开关动作，启动水泵向系统供水。电气控制系统如图 3-33 所示，保护区内的火灾自动报警系统探测到火灾后发出信号，打开控制雨淋阀的电磁阀，雨淋阀控制膜室压力下降，雨淋阀开启，压力开关动作，启动水泵向系统供水。

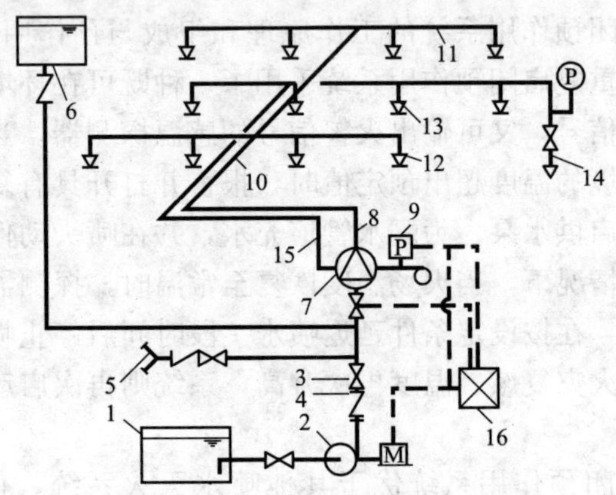

图 3-32　传动管启动雨淋系统

1—水池；2—水泵；3—闸阀；4—止回阀；5—水泵接合器；6—消防水箱；
7—雨淋报警阀组；8—配水干管；9—压力开关；10—配水管；
11—配水支管；12—开式洒水喷头；13—闭式喷头；
14—末端试水装置；15—传动管；16—报警控制器

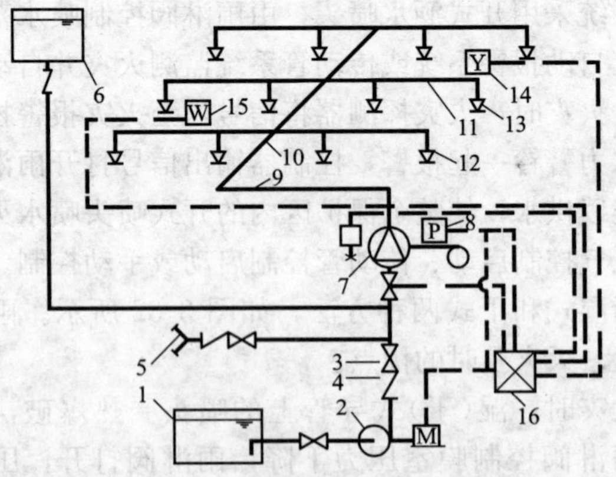

图 3-33　电动启动雨淋系统

1—水池；2—水泵；3—闸阀；4—止回阀；5—水泵接合器；6—消防水箱；
7—雨淋报警阀组；8—压力开关；9—配水干管；10—配水管；
11—配水支管；12—开式洒水喷头；13—闭式喷头；
14—烟感探测器；15—温感探测器；16—报警控制器

细节：水幕消防给水系统

水幕消防给水系统主要由开式喷头、水幕系统控制设备及探测报警装置、供水设备和管网等组成，如图 3-34 所示。

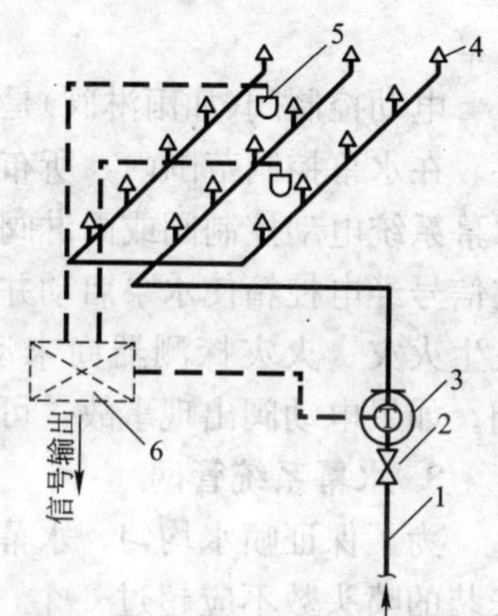

图 3-34　水幕消防系统
1—供水管；2—总闸阀；3—控制阀；4—水幕喷头；5—火灾探测器；6—火灾报警控制器

1. 水幕喷头

水幕喷头为开式喷头，按其构造和用途分为幕帘式、窗口式和檐口式三种（见图 3-35），其中幕帘式水幕喷头又分为单隙式和双隙式，其口径有 6mm、8mm、10mm、12mm、16mm 和 19mm 六种。

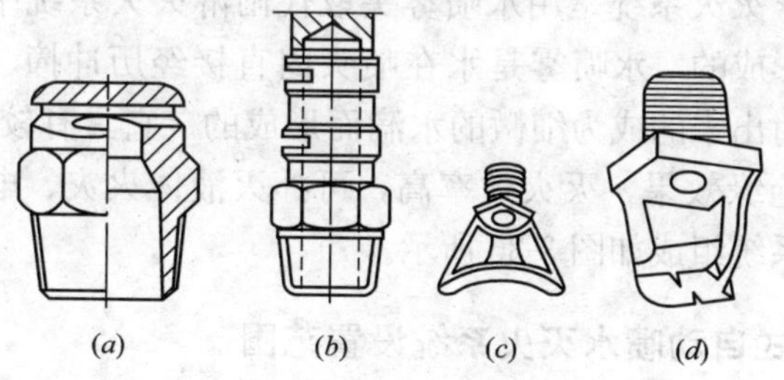

图 3-35　水幕喷头
(a)单隙式水幕喷头；(b)双隙式水幕喷头；(c)窗口水幕喷头；(d)檐口水幕喷头

2. 水幕系统控制设备

水幕系统的控制阀可采用自动控制，也可采用手动控制，如手动球阀或手动蝶阀。在无人看管的场所应采用自动控制。当采用自动阀门时，还应设手动控制阀，以备自动控制失灵时，可用手动阀开启水幕。手动控制阀应尽量采用快开阀门，并应设在人员便于接近的地方。当不能在墙内开启水幕时，可在墙外开启水幕。

电动控制阀(如雨淋阀)是水幕等开式系统自动开启的重要组件。在水幕控制范围内，所布置的温感或烟感等火灾探测器，与水幕系统电动控制阀或雨淋阀连锁而自动开启。火灾探测器将火灾信号经电控箱使水泵启动并打开电动阀，同时电铃报警。如果发生火灾，火灾探测器尚未动作时，可按电钮启动水泵和电动阀。如果电动阀出现事故，可打开手动阀。

3. 水幕系统管网

为了保证喷水均匀，水幕系统管道应对称布置。配水支管上安装的喷头数不应超过 6 个，整组水幕系统不超过 72 个。管道在控制阀之后可布置成枝状，也可以布置成环状。支管最小管径不得小于 25mm。

细节：水喷雾灭火系统

水喷雾灭火系统是用水喷雾头取代雨淋灭火系统中的干式洒水喷头而形成的。水喷雾是水在喷头内直接经历冲撞、回转和搅拌后再喷射出来的成为细微的水滴而形成的。它具有较好的冷却、窒息与电绝缘效果，灭火效率高，可扑灭液体火灾、电气设备火灾等，其系统组成如图 3-36 所示。

细节：闭式自动喷水灭火系统设置范围

自动喷水灭火系统应在人员密集、不易疏散、外部增援灭火和救生困难等性质重要或火灾危险性较大的场所设置。闭式喷水灭火系统(湿式、干式、预作用式)的设置范围应符合下列规定：

(1) 省级邮政楼的邮袋库；

(2) 飞机发动机试验台的准备部分；

(3) 国家级文物保护单位的重点木结构或砖木结构建筑；

(4) 建筑面积超过 $500m^2$ 的地下商店；

(5) 每层面积超过 $3000m^2$ 或建筑面积超过 $9000m^2$ 的百货楼、展览大厅；

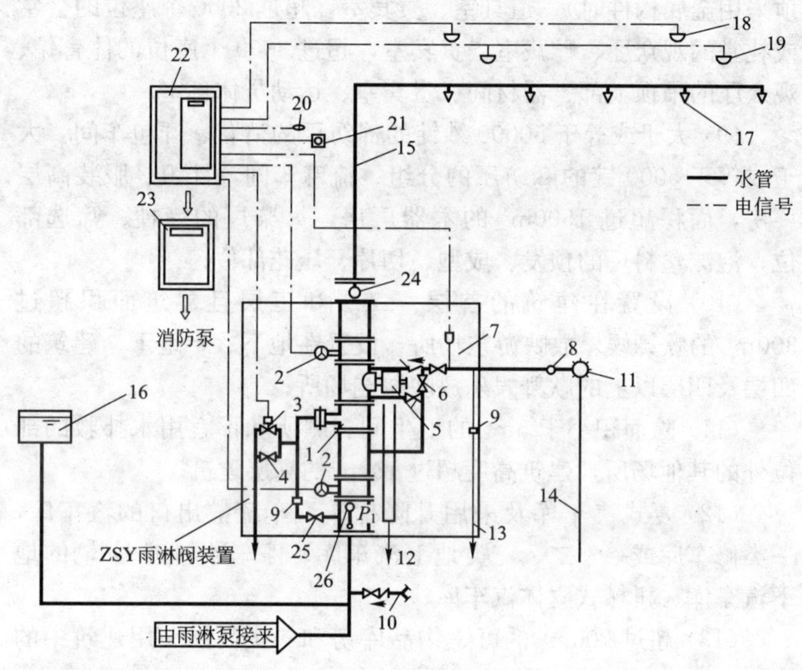

图 3-36　自动水喷雾灭火系统

1—雨淋阀；2—蝶阀；3—电磁阀；4—应急球阀；5—泄放试验阀；6—报警试验阀；7—报警止回阀；8—过滤器；9—节流孔；10—水泵接合器；11—墙内外水力警铃；12—泄放检查管排水；13—漏斗排水；14—水力警铃排水；15—配水干管（平时通大气）；16—水塔；17—中速水雾接头或高速喷射器；18—定温探测器；19—差温探测器；20—现场声报警；21—防爆遥控现场电启动器；22—报警控制器；23—联动箱；24—挠曲橡胶接头；25—截止阀；26—水压力表

(6) 综合办公楼内的走道和设有空气调节系统的旅馆、办公室、餐厅、商店、库房和无楼层服务台的客房；

(7) 高层建筑中经常有人停留或可燃物较多的地下室房间、歌舞娱乐放映游艺场所等；

(8) 超过 1500 个座位的剧院观众厅、化妆室、舞台上部(屋顶采用金属构件时）、道具室、贵宾室，超过2000个座位的会堂或礼堂的观众厅、贮藏室、贵宾室，超过3000个座位的体育馆、观众厅的吊顶上部、器材间、贵宾室、运动员休息室；

（9）大于或等于50000纱锭的棉纺厂的清花、开包车间，大于或等于5000锭的麻纺厂的分组、梳麻车间，针织、服装高层厂房，面积超过1500m^{2}的木器厂房，火柴厂的烤梗、筛选部位，泡沫塑料厂的预发、成型、切片、压花部位；

（10）设置在建筑的首层、二层和三层且建筑面积超过300m^{2}的歌舞娱乐放映游艺场所，设置在地下、半地下、建筑的四层及四层以上的歌舞娱乐放映游艺场所；

（11）除面积小于5m^{2}的卫生间、厕所和不宜用水扑救的部位外的其他场所，建筑高度超过100m的高层建筑；

（12）复式汽车库及采用升降梯作汽车疏散出口的汽车库，一类修车库或一、二、三类地上汽车库、停车数超过10辆的地下汽车库、机械式立体汽车库；

（13）超过200m^{2}的可燃物品库房和二类高层民用建筑中的商场营业厅、展览厅等公共活动用房；

（14）每座占地面积超过1000m^{2}的棉、麻、毛、丝、毛皮、化纤及其制品库房，每座建筑面积超过500m^{2}的可燃物品地下库房，占地面积超过600m^{2}的火柴库房，省级以上或藏书超过100万册图书馆的书库，可燃、难燃物品的高架库房和高层库房（冷库、高层卷烟成品库房除外）；

（15）公共活动用房，走道、办公室和旅馆的客房，可燃物品库房，高级住宅的居住用房，自动扶梯底部和垃圾道顶部；建筑高度不超过100m的一类高层建筑及裙房的相关部位；

（16）人防工程的下列部位：超过800个座位的电影院、礼堂的观众厅，且吊顶下表面至观众席地面的高度小于等于8m时，舞台面积超过200m^{2}时；使用面积超过1000m^{2}的商场、医院、旅馆、餐厅、展览厅、舞厅、旱冰场、体育场、电子游艺场、丙类生产车间、丙类和丁类物品库房等。

细节：开式自动喷水灭火系统设置范围

1. 雨淋喷水灭火系统

(1) 乒乓球厂的切片、轧坯、磨球、分球检验部位；

(2) 建筑面积超过 $400m^2$ 的演播室，建筑面积超过 $500m^2$ 的电影摄影棚；

(3) 日装瓶数量超过 3000 瓶的液化石油储配站的灌瓶间、实瓶库；

(4) 超过 1500 个座位的剧院和超过 2000 个座位的会堂舞台的葡萄架下部；

(5) 建筑面积超过 $60m^2$ 或贮存量超过 2t 的喷漆棉、硝化棉、赛璐珞胶片、硝化纤维的库房；

(6) 火柴厂的氯酸钾压碾厂房，建筑面积大于 $100m^2$ 的生产、使用硝化棉、喷漆棉、火胶棉、赛璐珞胶片和硝化纤维的厂房。

2. 水幕系统

(1) 防火卷帘或防火幕的上部；

(2) 应设防火墙等防火分隔物但是无法设置的开口部位；

(3) 高层民用建筑物内超过 800 个座位的剧院、礼堂的舞台口；

(4) 超过 1500 个座位的剧院和超过 2000 个座位的礼堂、会堂的舞台口，以及与舞台相连的侧台、后台的门窗洞口。

3. 水喷雾灭火系统

(1) 飞机发动机试验台的试车部分；

(2) 单台容量在 40MW 及以上的厂矿企业可燃油浸电力变压器、单台容量在 90MW 及以上可燃油浸电厂电力变压器或单台容量在 125MW 及以上的独立变电所可燃油浸电力变压器；

(3) 高层建筑内的燃油、燃气锅炉房，可燃油电力变压器室，充可燃油的高压电容器和多油开关室，需自备发电机房。

细节：闭式自动喷水灭火系统设计基本参数

民用建筑和工业厂房的系统设计基本参数不应低于表 3-15 的规定。作用面积是指一次火灾中系统按喷水强度保护的最大面积。

仅在走道设置单排喷头的闭式系统，其作用面积应按最大疏散距离所对应的走道面积确定。装设网格、栅板类通透性吊顶的场所，系统的喷水强度应按表 3-15 规定值的 1.3 倍确定；干式系统的作用面积应按表 3-15 规定值的 1.3 倍确定。

民用建筑和工业厂房的系统设计基本参数　　表 3-15

<table>
<tr><th colspan="2">火灾危险等级</th><th>喷水强度
[L/(min・m²)]</th><th>作用面积(m²)</th><th>喷头工作压力
(MPa)</th></tr>
<tr><td colspan="2">轻危险级</td><td>4</td><td rowspan="3">160</td><td rowspan="5">0.10</td></tr>
<tr><td rowspan="2">中危险级</td><td>Ⅰ</td><td>6</td></tr>
<tr><td>Ⅱ</td><td>8</td></tr>
<tr><td rowspan="2">严重危险级</td><td>Ⅰ</td><td>12</td><td rowspan="2">260</td></tr>
<tr><td>Ⅱ</td><td>16</td></tr>
</table>

仓库的系统设计基本参数不应低于表 3-16 的规定，采用快速响应早期抑制喷头的系统设计参数不应低于表 3-17 的规定。

当货架储物仓库的最大净空高度或货品最大堆积高度超过表 3-16 和表 3-17 的规定时，应设货架内喷头。货架内喷头应自地面起每 4m 高度处布置一层，并按表 3-16 确定喷水强度和开放 4 只喷头确定用水量。

仓库的系统设计基本参数　　表 3-16

<table>
<tr><th>火灾危险等级</th><th>最大净空高度
(m)</th><th>货品最大堆积
高度(m)</th><th>喷水强度［L/
(min・m²)］</th><th>作用面积
(m²)</th><th>喷头工作压
力(MPa)</th></tr>
<tr><td>仓库危险Ⅰ级</td><td rowspan="2">9.0</td><td rowspan="2">4.5</td><td>12</td><td>200</td><td rowspan="3">0.10</td></tr>
<tr><td>仓库危险Ⅱ级</td><td>16</td><td>300</td></tr>
<tr><td>仓库危险Ⅲ级</td><td>6.5</td><td>3.5</td><td>20</td><td>260</td></tr>
</table>

注：系统最不利点处喷头工作压力不应低于 0.05MPa。

仓库采用快速响应早期抑制喷头的系统设计基本参数　　表 3-17

火灾危险等级	最大净空高度(m)	货品最大堆积高度(m)	配水支管上喷头或配水支管的间距(m)	作用面积内开放的喷头数(只)	喷头最低工作压力(MPa)
仓库危险级Ⅰ级、Ⅱ级	9.0	7.5	3.7	12	0.34
仓库危险级Ⅲ级(非发泡类)	9.0	7.5	3.3	12	0.34
仓库危险级Ⅰ级、Ⅱ级、Ⅲ级(非发泡类)	12.0	10.5	3.0	12	0.50
仓库危险级Ⅲ级(发泡类)	9.0	7.5	3.0	12	0.68

注：本表中的数据仅适用于 $K=200$ 的快速响应早期抑制喷头。

在轻危险级、中危险级场所，配水管两侧每根配水支管控制的标准喷头数不应超过 8 只，同时在吊顶上下安装喷头的配水支管，上下侧均不应超过 8 只。严重危险级及仓库危险级场所均不应超过 6 只。轻危险级、中危险级场所中配水支管、配水管控制的标准喷头数，不应超过表 3-18 中的规定。

轻危险级、中危险级场所中配水支管、配水管控制的标准喷头数　　表 3-18

公称管径(mm)		25	32	40	50	65	80	100
控制的标准喷头数(只)	轻危险级	1	3	5	10	18	48	—
	中危险级	1	3	4	8	12	32	64

配水管道的工作压力不应大于 1.20MPa，并不应设置其他用水设施。管道的直径应经水力计算确定，短立管及末端试水装置的连接管，其管径不应小于 25mm。配水管道的布置应使配水管入口的压力均衡。轻危险级、中危险级场所中各配水管入口的

压力均不宜大于 0.40MPa。

干式系统配水管道的充水时间不宜大于 1min，预作用系统与雨淋系统配水管道的充水时间不宜大于 2min。利用有压气体作为系统启动介质的干式系统、预作用系统，其配水管道内的气压值应根据报警阀的技术性能确定。利用有压气体检测管道是否严密的预作用系统，配水管道内的气压值不宜小于 0.03MPa，且不宜大于 0.05MPa。干式系统、预作用系统的供气管道采用钢管时，管径不宜小于 15mm；采用铜管时，管径不宜小于 10mm。

细节：开式自动喷水灭火系统设计基本参数

雨淋系统的设计基本参数与闭式自动喷水灭火系统相同，每个雨淋阀控制的喷水面积不宜大于表 3-15 中的作用面积。

水幕系统的设计基本参数应符合表 3-19 的规定。

水幕系统的设计基本参数 **表 3-19**

水幕类别	喷水点高度(m)	喷水强度[L/(s·m)]	喷头工作压力(MPa)
防火分隔水幕	≤12	2	0.1
防护冷却水幕	≤4	0.5	

注：防护冷却水幕的喷水点高度每增加 1m，喷水强度应增加 0.1L/(s·m)。但超过 9m 时喷水强度仍采用 1L/(s·m)。

水喷雾灭火系统的设计基本参数应根据防护目的和保护对象确定，设计喷雾强度和持续喷雾时间不应小于表 3-20 的规定。

水雾喷头的工作压力，用于灭火时不应小于 0.35MPa，用于防护冷却时不应小于 0.2MPa。水喷雾灭火系统的响应时间，用于灭火时不应大于 45s，用于液化气生产、贮存装置或装卸设施防护冷却时不应大于 60s，用于其他设施防护冷却时不应大于 300s。

水喷雾灭火系统的设计基本参数 **表 3-20**

防护目的	保护对象		设计喷雾强度[L/(min·m²)]	持续喷雾时间(h)
灭火	固体火灾		15	1
	液体火灾	闪点为60～120℃的液体	20	0.5
		闪点高于120℃的液体	13	
	电气火灾	油浸式电力变压器、油开关	20	0.4
		油浸式电力变压器的集油坑	6	
		电力电缆	13	
防护冷却	甲、乙、丙类液体生产、储存、装卸设施		6	4
	甲、乙、丙类液体储罐	直径在20m以下	6	4
		直径在20m以上		6
	可燃气体生产、输送、装卸、储存设施和灌瓶间、瓶库		9	6

水喷雾灭火系统保护对象的保护面积应按其外表面面积确定，当保护对象外形不规则时，应按包容保护对象最小规则形体的外表面面积确定。变压器的保护面积除应按扣除底面面积以外的变压器外表面面积确定外，还应包括油枕、冷却器的外表面面积和集油坑的投影面积。分层敷设的电缆保护面积按整体包容最小规则形体的外表面面积确定。可燃气体和甲、乙、丙类液体的灌装间、装卸台、泵房、压缩机房等的保护面积按使用面积确定。输送机皮带的保护面积按上行皮带的上表面面积确定。开口容器的保护面积按液面面积确定。

细节：自动喷水灭火系统喷头出水量

喷头的流量与喷头处的压力和喷头本身的水力特性、结构有关，一般情况下是以不同条件下的喷头特性系数来反映喷头的结构及喷头直径对流量的影响。

（1）闭式喷头的出水量可按下式计算：

$$q=K_{B}\sqrt{P} \tag{3-27}$$

式中 q——闭式喷头出水量，L/s；

K_B——闭式喷头特性系数，当喷头的公称直径为15mm时：喷口直径为11mm，$K_B=0.135$；喷口直径为12.7mm，$K_B=0.138$；

P——喷头的工作压力，kPa。

（2）开式喷头的出水量计算公式为：

$$q=K_{K}\sqrt{H} \tag{3-28}$$

式中 q——开式喷头出水量，L/s；

H——喷头的工作压力，kPa；

K_K——开式喷头特性系数，当喷头公称直径为15mm时：喷口直径为12.7mm，$K_K=0.125$。

（3）水幕喷头的出水量计算公式为：

$$q=\sqrt{BH} \tag{3-29}$$

式中 q——水幕喷头的出水量，L/s；

H——喷头的工作压力，kPa；

B——水幕喷头的特性系数，见表3-21。

水幕喷头的特性系数 *B* **表3-21**

喷口直径(mm)	6	8	10	12.7	16	19
B	0.00145	0.0045	0.011	0.029	0.073	0.145

细节：自动喷水灭火系统设计流量

自动喷水灭火系统的设计流量可按下式计算：

$$Q_{s}=\frac{1}{60}\sum_{i=1}^{n}q_{i} \tag{3-30}$$

式中　Q_s——系统设计流量，L/s；

q_i——最不利点处作用面积内各喷头节点的流量，L/min；

n——最不利点处作用面积内的喷头数。

自动喷水灭火系统的设计流量应根据最不利点处作用面积内喷头同时喷水的总流量确定，同时遵循以下规定：

(1) 当原有系统延伸管道、扩展保护范围时，应对增设喷头后的系统重新进行水力计算。

(2) 建筑内设有不同类型的系统或有不同危险等级的场所时，应按其设计流量的最大值确定系统的设计流量。

(3) 设置货架内置喷头的仓库，货架内喷头与顶板下喷头应分别计算设计流量，并应按其设计流量之和确定系统的设计流量。

(4) 雨淋系统和水幕系统的设计流量，应按雨淋阀控制喷头的流量之和确定。对于多个雨淋阀并联的雨淋系统，系统的设计流量应按同时启用雨淋阀的流量之和的最大值确定。

(5) 当建筑物内同时设有水幕系统和自动喷水灭火系统时，系统的设计流量，应按同时启用的自动喷水灭火系统和水幕系统的用水量计算，并根据两者之和中的最大值确定。

细节：自动喷水灭火系统管径

管径应根据管道的设计流量和流速确定。采用钢管时，管内的允许流速一般不大于 5m/s，配水支管为了达到减压的目的，允许大于 5m/s 的流速，但不宜超过 10m/s。可采用流速系数法进行校核计算，计算公式为：

$$v=K_cQ \tag{3-31}$$

式中　v——计算管段流速，m/s；

K_c——流速系数，m/L，见表 3-22；

Q——计算管段流量，L/s。

K_c 值 **表 3-22**

管径(mm)	管材		管径(mm)	管材	
	钢管	铸铁管		钢管	铸铁管
15	5.5	—	80	0.204	—
20	3.105	—	100	0.115	0.1273
25	1.883	—	125	0.075	0.0814
32	1.05	—	150	0.053	0.0566
40	0.80	—	200	—	0.0318
50	0.47	—	250	—	0.021
70	0.283	—			

注：K_cQ 大于允许流速值时需调整管径。

细节：管道水头损失计算

(1) 沿程水头损失计算公式为：

$$h_1 = ALQ^2 \tag{3-32}$$

式中 h_1——沿程水头损失，10kPa、mH_2O；

L——计算管段长度，m；

A——管道的比阻值，s^2/L^2，见表 3-23；

Q——计算管段流量，L/s。

管道的比阻值 **表 3-23**

焊接钢管		铸铁管	
公称直径(mm)	$A(s^2/L^2)$	公称直径(mm)	$A(s^2/L^2)$
15	8.809	75	0.001709
20	1.643	100	0.0003653
25	0.4367	150	0.00004185
32	0.09386	200	0.000009029
40	0.04453	250	0.000002752
50	0.01108	300	0.000001025
70	0.02893		
80	0.001168		
100	0.002674		
125	0.00008623		
150	0.00003395		

注：使用本表计算水头损失值的单位为 mH_2O 或 10kPa。

(2) 局部水头损失计算式为：

$$h_2 = \varepsilon \frac{v^2}{2g} \tag{3-33}$$

式中 h_2——局部水头损失，kPa；

ε——局部阻力系数；

v——流速，m/s；

g——重力加速度，m/s^2。

管道的局部水头损失可按管网沿程水头损失值的20%估算。

(3) 系统报警阀的局部水头损失为：

$$h_k = \beta_r Q^2 \tag{3-34}$$

式中 h_k——报警阀的水头损失，kPa；

β_r——报警阀的比阻，见表3-24；

Q——设计秒流量，L/s。

报警阀的比阻 **表3-24**

名称	公称直径 DN(mm)	β_r
湿式报警阀	100	0.0296
湿式报警阀	150	0.00852
干湿两用报警阀	100	0.0711
干湿两用报警阀	150	0.0204
干式报警阀	150	0.0157

(4) 配水干管的减压计算。减压孔板、节流管和减压阀的设计应参照相关规定进行计算。近年来，在实际工程设计中采用减压阀作为减压措施的已经较为普遍。减压阀应满足以下规定：

1) 减压阀入口前应设过滤器，防止堵塞。

2) 当垂直安装时，要求按水流方向向下安装，这是为了利于减压阀稳定正常工作。

3) 对于与并联安装的报警阀连接的减压阀，为检修时不关停系统，要求设有备用的减压阀。

细节：系统所需总压力计算

自动喷水灭火系统所需总压力可按下式计算：

$$H=\sum h+h_0+h_r+Z \quad (3\text{-}35)$$

式中 H——给水管或消防水泵的计算压力，kPa；

$\sum h$——自动喷水灭火系统管道沿程水头损失和局部水头损失之和，kPa；

h_0——最不利喷头的工作压力，kPa；

h_r——报警阀的局部水头损失，kPa；

Z——最不利点处喷头与给水管或消防水泵的中心线之间的静压力，kPa。

细节：水幕消防给水系统设计要求

（1）水幕喷头的布置应根据规定的喷水强度的原则均匀分布，而不应出现空白点。喷头布置间距与其流量和喷水强度有关，通常不应大于 2.5m。

（2）当水幕作为保护使用时，喷头成单排布置，并喷向被保护对象。舞台口及面积大于 $3m^2$ 的洞口部位应布置双排水幕喷头，如图 3-37 所示。

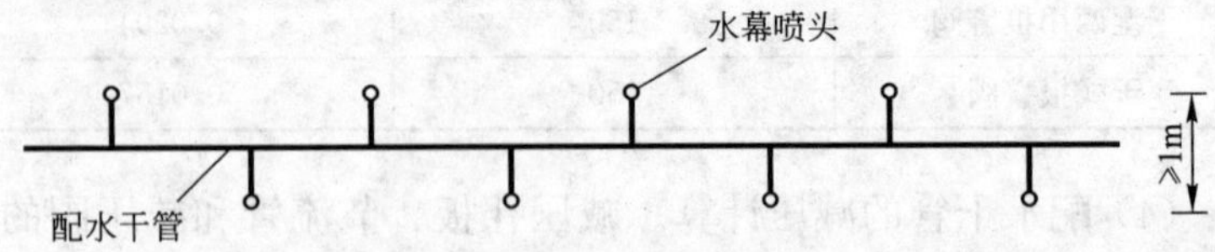

图 3-37 双排水幕喷头

（3）在同一配水支管上应布置相同口径的喷头。

（4）水幕系统火灾延续时间按 1h 计算。

（5）为了确保水幕的阻火作用，水幕管网最不利点喷头压力一般不应小于 0.05MPa。

（6）在同一系统中，处于下面的管道必要时应采取减压措施。

(7) 水幕系统应按同一组中所有喷头全部开放计算。当建筑物中设有多组水幕系统时，应根据具体情况确定同时使用的组数。

(8) 控制阀后配水管网中流速不应大于2.5m/s；控制阀前输水管道流速不宜大于5m/s。

细节：自动喷水灭火系统喷头布置

(1) 喷头应布置在顶板或吊顶下易于接触到火灾热气流并有利于均匀布水的位置。当喷头附近有障碍物时，应符合相关规定或增设补偿喷水强度的喷头。

(2) 直立型、下垂型喷头的布置，包括同一根配水支管上喷头的间距及相邻配水支管的间距，应根据系统的喷水强度、喷头的流量系数和工作压力确定，并不应大于表3-25的规定，且不宜小于2.4m。

同一根配水支管上喷头的间距及相邻配水支管的间距　表3-25

喷水强度[L/(min·m²)]	正方形布置的边长(m)	矩形或平行四边形布置的长边边长(m)	一只喷头的最大保护面积(m^2)	喷头与端墙的最大距离(m)
4	4.4	4.5	20.0	2.2
6	3.6	4.0	12.5	1.8
8	3.4	3.6	11.5	1.7
≥12	3.0	3.6	9.0	1.5

注：1. 仅在走道设置单排喷头的闭式系统，其喷头间距应按走道地面不留漏喷空白点确定。

2. 喷水强度大于8L/(min·m²)时，宜采用流量系数$K>80$的喷头。

3. 货架内置喷头的间距均不应小于2m，并不应大于3m。

(3) 除吊顶型喷头及吊顶下安装的喷头外，直立型、下垂型标准喷头，其溅水盘与顶板的距离，不应小于75mm，且不应大于150mm。

1）当在梁或其他障碍物底面下方的平面上布置喷头时，溅水盘与顶板的距离不应大于300mm，同时溅水盘与梁等障碍物底面的垂直距离不应小于25mm，不应大于100mm。

2）当在梁间布置喷头时，应符合《自动喷水灭火系统设计规范》GB 50084—2001的相关规定。确有困难时，溅水盘与顶板的距离不应大于550mm。

梁间布置的喷头，喷头溅水盘与顶板的距离达到550mm仍不能符合规定时，应在梁底面的下方增设喷头。

3）密肋梁板下方的喷头，溅水盘与密肋梁板底面的垂直距离，不应小于25mm，且不应大于100mm。

4）净空高度不超过8m的场所中，间距不超过4m×4m布置的十字梁，可在梁间布置1只喷头。

（4）早期抑制快速响应喷头的溅水盘与顶板的距离，应符合表3-26的规定。

早期抑制快速响应喷头的溅水盘与顶板的距离　　表3-26

喷头安装方式	直立型		下垂型	
	不应小于	不应大于	不应小于	不应大于
溅水盘与顶板的距离(mm)	100	150	150	360

（5）图书馆、档案馆、商场、仓库中的通道上方宜设有喷头。喷头与被保护对象的水平距离，不应小于0.3m；喷头溅水盘与保护对象的最小垂直距离不应小于表3-27的规定。

喷头溅水盘与保护对象的最小垂直距离　　表3-27

喷头类型	标准喷头	其他喷头
最小垂直距离(m)	0.45	0.90

（6）货架内置喷头宜与顶板下喷头交错布置，其溅水盘与上方层板的距离，应符合第(3)条的规定，与其下方货品顶面的垂直距离不应小于150mm。

（7）货架内喷头上方的货架层板，应为封闭层板。货架内喷头上方如有孔洞、缝隙，应在喷头的上方设置集热挡水板。集热挡水板应为正方形或圆形金属板，其平面面积不宜小于 0.12m^2，周围弯边的下沿，宜与喷头的溅水盘平齐。

(8) 净空高度大于 800mm 的闷顶和技术夹层内有可燃物时，应设置喷头。

(9) 当局部场所设置自动喷水灭火系统时，与相邻不设自动喷水灭火系统场所连通的走道或连通门窗的外侧，应设喷头。

(10) 装设通透性吊顶的场所，喷头应布置在顶板下。

(11) 顶板或吊顶为斜面时，喷头应垂直于斜面，并应按斜面距离确定喷头间距。

尖屋顶的屋脊处应设一排喷头。喷头溅水盘至屋脊的垂直距离，屋顶坡度≥1/3 时，不应大于 0.8m；屋顶坡度<1/3 时，不应大于 0.6m。

(12) 边墙型标准喷头的最大保护跨度与间距，应符合表 3-28 的规定：

边墙型标准喷头的最大保护跨度与间距　　表 3-28

设置场所火灾危险等级	轻危险级	中危险级Ⅰ级
配水支管上喷头的最大间距(m)	3.6	3.0
单排喷头的最大保护跨度(m)	3.6	3.0
两排相对喷头的最大保护跨度(m)	7.2	6.0

注：1. 两排相对喷头应交错布置。
2. 室内跨度大于两排相对喷头的最大保护跨度时，应在两排相对喷头中间增设一排喷头。

(13) 边墙型扩展覆盖喷头的最大保护跨度、配水支管上的喷头间距、喷头与两侧端墙的距离，应按喷头工作压力下能够喷湿对面墙和邻近端墙距溅水盘 1.2m 高度以下的墙面确定，且保护面积内的喷水强度应符合表 3-15 的规定。

(14) 直立式边墙型喷头，其溅水盘与顶板的距离不应小于 100mm，且不宜大于 150mm，与背墙的距离不应小于 50mm，并不应大于 100mm。

水平式边墙型喷头溅水盘与顶板的距离不应小于 150mm，且不应大于 300mm。

(15) 防火分隔水幕的喷头布置，应保证水幕的宽度不小于 6m。采用水幕喷头时，喷头不应少于 3 排；采用开式洒水喷头时喷头不应少于 2 排。防护冷却水幕的喷头宜布置成单排。

【禁　忌】

禁忌：自动喷水灭火系统选型不当

【分析】

自动喷水灭火系统与保护对象不相适应，将不能起到应有的灭火效果，甚至不能及时控制火势，而且还有可能产生水渍危害。

【措施】

系统选型应符合以下要求：

(1) 环境温度不低于 4℃，且不高于 70℃的场所应采用湿式系统。

(2) 环境温度低于 4℃，或高于 70℃的场所应采用干式系统。

(3) 具有下列要求之一的场所应采用预作用系统：系统处于准工作状态时，严禁管道漏水；严禁系统误喷；替代干式系统。

(4) 灭火后必须及时停止喷水的场所，应采用重复启闭预作用系统。

(5) 具有下列条件之一的场所，应采用雨淋系统：火灾的水平蔓延速度快、闭式喷头的开放不能及时使喷水有效覆盖着火区域；室内净空高度超过《自动喷水灭火系统设计规范》GB 50084—2001 的相关规定，且必须迅速扑救初期火灾；严重危险级Ⅱ级。

(6) 下列场所应采用设置快速响应早期抑制喷头的自动喷水

灭火系统：货品堆积高度大于或等于 4.5m 的仓库危险级Ⅰ级、Ⅱ级仓库；货品堆积高度大于或等于 3.5m 的仓库危险级Ⅲ级仓库；贮存发泡类塑料与橡胶的仓库危险级Ⅲ级仓库。

（7）存在较多易燃液体的场所，宜按下列方式之一采用自动喷水-泡沫联用系统：采用泡沫灭火剂强化闭式系统性能；雨淋系统前期喷水控火，后期喷泡沫强化灭火效能；雨淋系统前期喷泡沫灭火，后期喷水冷却防止复燃。

禁忌：自动喷水灭火系统喷头与障碍物的距离过小

【分析】

喷头与障碍物的距离过小，将会导致喷头的洒水受到障碍物的影响，出现喷不到水的空白点，对快速灭火有着很大的影响。

【措施】

自动喷水灭火系统布置喷头时，喷头与障碍物的距离应符合以下要求：

（1）直立型、下垂型喷头与梁、通风管道的距离宜符合表 3-29 的规定，如图 3-38 所示。

喷头与梁、通风管道的距离(m)　　表 3-29

喷头溅水盘与梁或通风管道的底面的最大垂直距离 b		喷头与梁、通风管道的水平距离 a
标准喷头	其他喷头	
0	0	$a<0.3$
0.06	0.04	$0.3\leqslant a<0.6$
0.14	0.14	$0.6\leqslant a<0.9$
0.24	0.25	$0.9\leqslant a<1.2$
0.35	0.38	$1.2\leqslant a<1.5$
0.45	0.55	$1.5\leqslant a<1.8$
>0.45	>0.55	$a=1.8$

（2）直立型、下垂型标准喷头的溅水盘以下 0.45m、其他直立型、下垂型喷头的溅水盘以下 0.9m 范围内，如有屋架等间断障

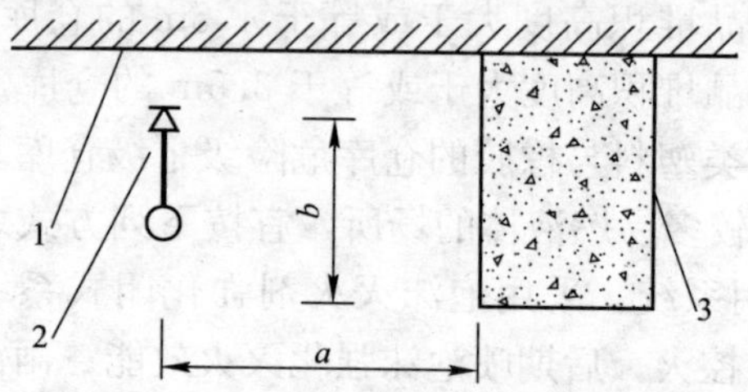

图 3-38　喷头与梁、通风管道的距离

1—顶板；2—直立型喷头；3—梁(或通风管道)

碍物或管道时，喷头与邻近障碍物的最小水平距离宜符合表 3-30 的规定，如图 3-39 所示。

喷头与邻近障碍物的最小水平距离(m)　　表 3-30

c、e 或 d	≤0.2	>0.2
最小水平距离 a	3c 或 3e(c 与 e 取大值)或 3d	0.6

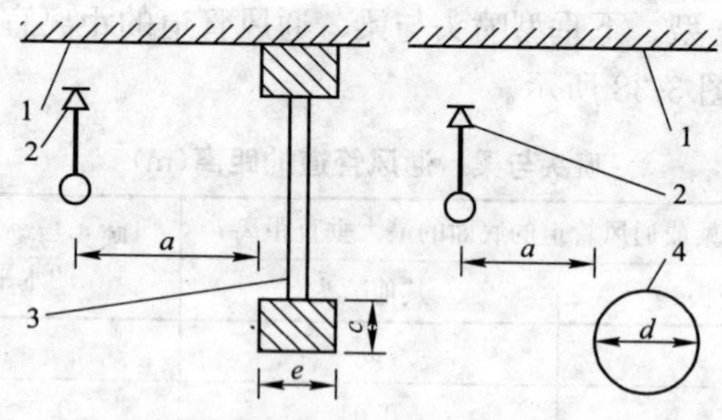

图 3-39　喷头与邻近障碍物的最小水平距离

1—顶板；2—直立型喷头；3—屋架等间断障碍物；4—管道

(3) 当梁、通风管道、成排布置的管道、桥架等障碍物的宽度大于 1.2m 时，其下方应增设喷头，如图 3-40 所示。增设喷头的上方有缝隙时应设集热板。

(4) 直立型、下垂型喷头与不到顶隔墙的水平距离，不得大于喷头溅水盘与不到顶隔墙顶面垂直距离的 2 倍，如图 3-41 所示。

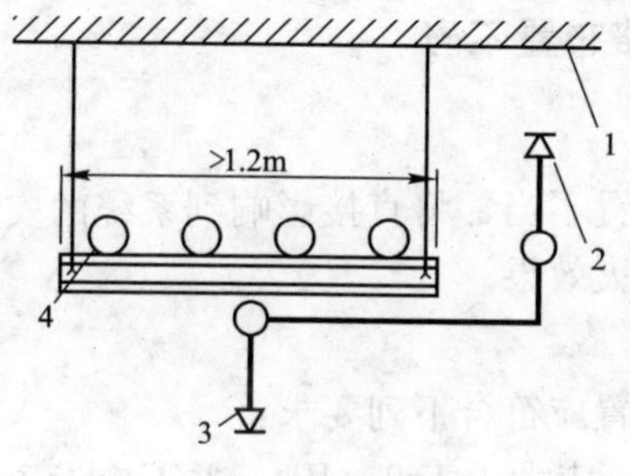

图 3-40　障碍物下方增设喷头

1—顶板；2—直立型喷头；3—下垂型喷头；4—排管（或梁、通风管道、桥架等）

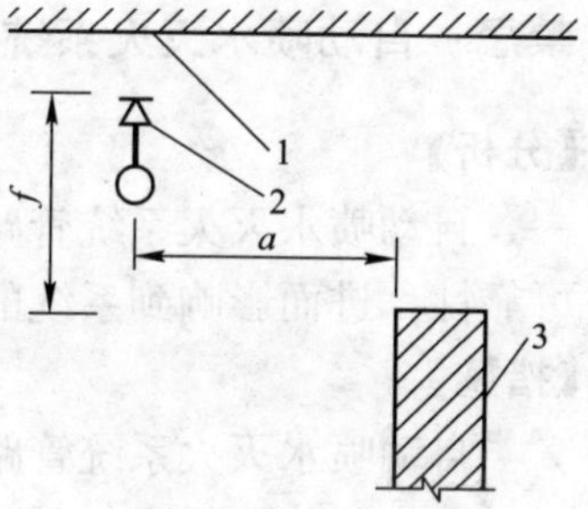

图 3-41　喷头与不到顶隔墙的水平距离

1—顶板；2—直立型喷头；3—不到顶隔墙

(5) 直立型、下垂型喷头与靠墙障碍物的距离，应符合下列规定（见图 3-42）：

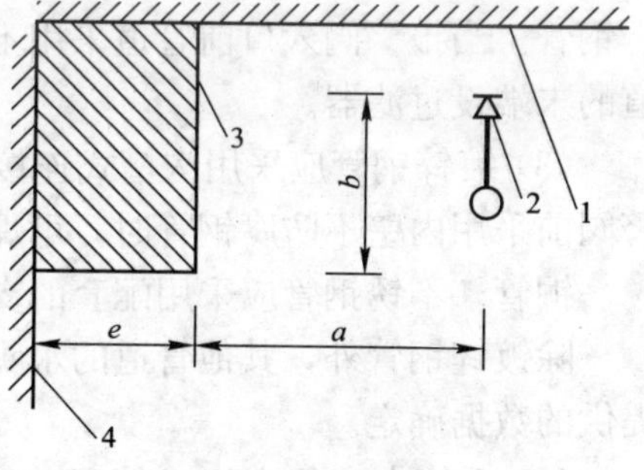

图 3-42　喷头与靠墙障碍物的距离

1—顶板；2—直立型喷头；3—靠墙障碍物；4—墙面

1) 障碍物横截面边长小于 750mm 时，喷头与障碍物的距离应按下式确定：

$$a \geqslant (e-200)+b \tag{3-36}$$

式中　a——喷头与障碍物的水平距离，mm；

b——喷头溅水盘与障碍物底面的垂直距离，mm；

e——障碍物横截面的边长，mm，$e<750$。

2) 障碍物横截面边长大于或等于 750mm 时，应在靠墙障碍物下增设喷头。

(6) 边墙型喷头的两侧 1m 及正前方 2m 范围内，顶板或吊顶下不应有阻挡喷水的障碍物。

禁忌：自动喷水灭火系统管路布置不当

【分析】

自动喷水灭火系统管路布置不当，将直接影响到系统的安全可靠性，进而影响到系统的灭火效果。

【措施】

自动喷水灭火系统管路布置应符合下列要求：

(1) 配水管道的工作压力不应大于 1.20MPa，并不应设置其他用水设施。

(2) 配水管道应采用内外壁热镀锌钢管或符合现行国家或行业标准，并同时符合《自动喷水灭火系统设计规范》GB 50084—2001 第 1.0.4 条规定的涂覆其他防腐材料的钢管以及铜管、不锈钢管。当报警阀入口前管道采用不防腐的钢管时，应在该段管道的末端设过滤器。

(3) 镀锌钢管应采用沟槽式连接件(卡箍)、丝扣或法兰连报警阀前采用内壁不防腐钢管时，可焊接连接。

铜管、不锈钢管应采用配套的支架、吊架。

除镀锌钢管外，其他管道的水头损失取值应按检测或生产厂提供的数据确定。

(4) 系统中直径大于或等于 100mm 的管道，应分段采用法兰或沟槽式连接件(卡箍)连接。水平管道上法兰间的管道长度不宜大于 20m；立管上法兰间的距离，不应跨越 3 个及以上楼层。净空高度大于 8m 的场所内，立管上应有法兰。

(5) 管道的直径应经水力计算确定。配水管道的布置，应使配水管入口的压力均衡。轻危险级、中危险级场所中各配水管入口的压力均不宜大于 0.40MPa。

(6) 配水管两侧每根配水支管控制的标准喷头数，轻危险级、中危险级场所不应超过 8 只，同时在吊顶上下安装喷头的配水支管，上下侧均不应超过 8 只。严重危险级及仓库危险级场所均不应超过 6 只。

(7) 轻危险级、中危险级场所中配水支管、配水管控制的喷头数，不应超过表 3-18 的规定。

(8) 短立管及末端试水装置的连接管，其管径不应小于 25mm。

(9) 干式系统的配水管道充水时间，不宜大于 1min；预作用系统与雨淋系统的配水管道充水时间，不宜大于 2min。

(10) 干式系统、预作用系统的供气管道，采用钢管时，管径不宜小于 15mm；采用铜管时，管径不宜小于 10mm。

(11) 水平安装的管道宜有坡度，并应坡向泄水阀。充水管道的坡度不宜小于 2‰，准工作状态不充水管道的坡度不宜小于 4‰。

第 4 章 建筑排水系统设计

4.1 建筑内部排水系统

【细 节】

细节：排水系统的分类

建筑内部排水系统是将建筑内部人们在日常生活和工业生产中使用过的水收集起来，及时排到室外。根据系统接纳的污废水类型的不同，可将建筑内部排水系统分为生活排水系统、工业废水排水系统和屋面雨水排出系统。

1. 生活排水系统

生活排水系统主要排除居住建筑、公共建筑及工厂生活间的污废水。有时由于污废水处理、卫生条件或杂用水水源的需要，把生活排水系统又进一步分为排除冲洗便器的生活污水排水系统和排除盥洗、洗涤废水的生活废水排水系统。民用建筑内部生活排水的分类、来源及特点如表 4-1 所示。

民用建筑内部生活排水的分类、来源及特点　　表 4-1

序号	名称	来　源	特　点
1	冷却水	空调机房冷却循环水排放的部分废水	水温较高，污染较轻
2	淋浴排水	淋浴和浴盆排放的废水	有机物、悬浮物浓度较低，但皂液含量高
3	盥洗排水	洗脸盆、洗手盆和盥洗槽排放的废水	有机物浓度较低，悬浮物浓度较高

续表

序号	名称	来　源	特　点
4	洗衣排水	洗衣房、洗衣机排水	洗涤剂含量高，其余同上
5	厨房排水	厨房、食堂、餐厅等排放的废水	有机物浓度高，浊度高，油脂含量高
6	厕所排水	大便器、小便器排水	有机物浓度、悬浮物浓度和细菌含量高

2. 工业废水排水系统

工业废水排水系统主要用于排除生产过程中产生的工业废水。为便于污废水的处理和综合利用，根据污染程度的不同，又可将其分为生产污水排水系统和生产废水排水系统。生产污水是指严重污染的工业废水，需要经过处理，达到排放标准后排放。生产废水是指轻度污染的工业废水，可作为杂用水水源，也可经过简单处理后(如降温)回用或排入水体。

3. 屋面雨水排除系统

屋面雨水排除系统用于收集和排除降落到多跨工业厂房、大屋面建筑和高层建筑屋面上的雨、雪水。

细节：建筑内部排水管道系统组成

建筑内部排水系统的基本组成包括卫生器具和生产设备的受水器、排水管道、清通设备和通气管道，如图 4-1 所示。在有些排水系统中，根据需要还设有污废水的提升设备和局部处理设备。

1. 卫生器具或生产设备受水器

卫生器具或生产设备受水器是建筑内部给水终端，也是排水系统的起点，除大便器外，其他卫生器具均应在排水口处设置栏栅。

2. 器具存水弯

器具排水管连接卫生器具和排水横支管之间的短管，除坐式

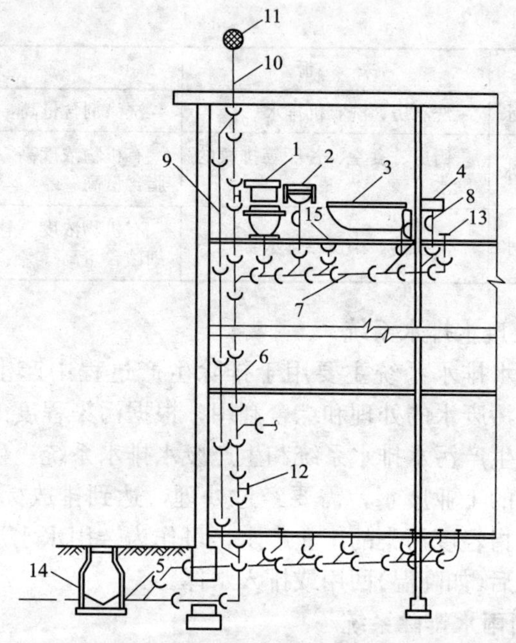

图 4-1　多层住宅排水系统示意图

1—坐便器冲洗水箱；2—洗脸盆；3—浴盆；4—厨房洗盆；
5—排水出户管；6—排水立管；7—排水横支管；8—排水支管；
9—专用通气管；10—伸顶通气管；11—通风帽；12—检查口；
13—清通口；14—排水检查井；15—地漏

大便器等自带水封装置的卫生器具外，均应设水封装置，用来防止排水管内腐臭、有害气体、虫类等通过排水管进入室内，一般设在卫生器具的排水口下方，但也可直接设在卫生器具内部。

3. 排水管道系统

排水管道系统由器具横支管、排水横支管、立管和排出管组成。

（1）器具排水管。器具排水管是连接卫生器具与横支管之间的短管。

（2）横支管。排水横支管将器具排水管送来的污水转输到立管中去，横支管应具有一定的坡度。

(3) 立管。排水立管用来收集其上所接的各横支管排来的污水，然后再把这些污水送入排出管。为了保证污水畅通，立管管径不得小于 50mm，也不应小于任何一根接入的横支管的管径。污水立管的最大排水能力如表 4-2 所示。

污水立管最大排水能力 **表 4-2**

污水立管管径(mm)		50	75	100	150
排水能力(L/s)	无专用通气立管	1.0	2.5	4.5	10.0
	有专用通气立管或主通气立管	—	5	9	25

(4) 排出管(出户管)。排出管是室内排水立管与室外排水检查井之间的连接管段，它接受一根或几根立管的污水并排至室外排水管网。排出管管径不得小于与其连接的最大立管的管径，连接几根立管的排出管的管径应由水力计算确定。

4. 通气系统

通气管有共用通气管和专用通气管两种。通气管的作用是向排水系统补给空气，使管道内水流畅通，减少排水管道内气压变化幅度，防止卫生器具水封破坏，保证水流畅通；它可以将管道内产生的有害气体排往室外，以免影响室内的环境卫生，减少管道锈蚀的危险。

5. 清通设备

清通设备可以疏通排水管道，保障排水畅通。横支管上应设清扫口或带清通口的弯头或三通；在立管上设检查口(住宅宜每层设置)；在室内埋地横干管上设检查井，井内管道上设带检查口的短管。

6. 局部处理构筑物

当污水未经处理不能直接排入市政下水道或天然水体时，需设污水局部处理构筑物，如化粪池、隔油池和降温池等。

7. 提升设备

一些民用和公共建筑的地下室以及人防建筑、工业建筑内部标高低于室外地坪的车间和其他用水设备的房间，其污水一般难以自流排至室外，需要提升排泄。常见的提升设备有水泵、空气扬水器和水射器等。

细节：建筑内部排水体制及选择

1. 排水体制

污水(生活污水、工业废水、雨水等)的收集、输送和处置的系统方式称为排水体制，可分为分流制和合流制两种。

(1) 分流制。在建筑物内分别设置工业废水、生活污水及雨水管道系统，按质分流排出建筑物。

(2) 合流制。合流制为污(废)水和雨水合一的系统，此系统造价低、施工容易，但不利于污水处理和系统管理。

2. 排水体制的选择

建筑内部排水系统体制的选择应根据污(废)水性质、污染程度、室外排水体制、水处理要求及综合利用的可能性等确定。

(1) 下列情况宜采用分流制：

1) 当建筑物设有中水系统时，生活废水与生活污水宜分流排出；

2) 当冷却废水量较大且需循环或重复使用时，宜将其设置成单独的排水系统；

3) 当城市无污水处理厂时，生活污水一般与生活废水分流排出；

4) 在无生活排水管道时，生活污水与生活废水分流排出，洗浴水可排入工业废水管道；

5) 当室外为合流制，而室内生活污水必须经局部处理(化粪池)后才能排入室外合流制排水管道时，应尽量将生活废水与生活污水分流排出；餐饮业、公共食堂、厨房洗涤污水在除油前应与生活污水分流排出。

(2) 下列建筑的排水应单独排至水处理或回收构筑物，经处理后才可排至建筑物外的排水系统。

1）含有大量机油的汽车修理间洗车台冲洗水；

2）水温超过40℃的锅炉、水加热器等加热设备的排水；

3）公共饮食业厨房含有大量油脂的洗涤废水；

4）可作中水水源的生活排水；

5）含酸碱、有毒、有害物质的工业排水；

6）含有大量致病菌或放射性元素超过排放标准的医院污水；

7）建筑物雨水管道应单独设置，在缺水或严重缺水地区，宜设置雨水储存池。

建筑内部排水体制的选择应为室外污水处理及综合利用提供便利条件，尽量做到清、污分流，减少含有害物质和有用物质污水的排放量，保证污水处理构筑物的处理效果以及有用物质的综合利用和回收。

细节：污水排入城市管道的条件

建筑工业废水和生活污水排入城市管道应符合相应的标准：高温污水应降温到40～50℃以下；排入的污水基本呈中性（pH为6～9）；不阻塞管道；不致产生易燃、爆炸和有毒气体；不伤害养护工作人员；不影响污水的利用、处理和排放；对伤寒、痢疾、炭疽、结核、肝炎等病原体，必须严格消毒处理；放射性物质，应严格按照相应的标准执行。

工业废水和生活污水排入排水系统的污水水质，其最高允许浓度必须符合表4-3的规定。

污水排入城市下水道水质标准　　表4-3

序号	项目名称	单位	最高允许浓度	序号	项目名称	单位	最高允许浓度
1	pH值	—	6.0～9.0	5	矿物油类	ml/L	20.0
2	悬浮物	ml/L	150(400)	6	苯系物	ml/L	2.5
3	易沉固体	ml/(L·15min)	10	7	氰化物	ml/L	0.5
				8	硫化物	ml/L	1.0
4	油脂	ml/L	100	9	挥发性酚	ml/L	1.0

续表

序号	项目名称	单位	最高允许浓度	序号	项目名称	单位	最高允许浓度
10	温度	℃	35	24	总铁	ml/L	10.0
11	生化需氧量 (BOD_5)	ml/L	100(300)	25	总锑	ml/L	1.0
				26	六价铬	ml/L	0.5
12	化学需氧量 (CODcr)	ml/L	150(500)	27	总铬	ml/L	1.5
				28	总硒	ml/L	2.0
13	溶解性固体	ml/L	2000	29	总砷	ml/L	0.5
14	有机磷	ml/L	0.5	30	磷酸盐 (以P计)	ml/L	1.0(8.0)
15	苯胺	ml/L	5.0				
16	氟化物	ml/L	20.0	31	硫酸盐	ml/L	600
17	总汞	ml/L	0.05	32	硝基苯类	ml/L	5.0
18	总镉	ml/L	0.1	33	阴离子表面活性剂 (LAS)	ml/L	10.0 (20.0)
19	总铅	ml/L	1.0				
20	总铜	ml/L	2.0				
21	总锌	ml/L	5.0	34	氨氮	ml/L	25.0 (35.0)
22	总镍	ml/L	1.0				
23	总锰	ml/L	2.0(5.0)	35	色度	倍	80

注：括号内数值适用于有城市污水处理厂的城市下水道系统。

细节：排水系统常用管材

1. 排水铸铁管

排水铸铁管具有强度高、使用寿命长、价格便宜、耐腐蚀性能强、耐磨和耐高温等优点。

(1) 柔性接口排水铸铁管及管件。高层建筑及地震区建筑排水铸铁管宜采用柔性接口，使其在内水压下具有良好的曲挠性和伸缩性，以适应建筑楼层间变位导致的横向曲挠变形和轴向位移，防止管道裂缝和折断。接口采用法兰压盖和螺栓将橡胶密封圈压紧。柔性接口排水铸铁管件有立管检查口、45°弯头、90°弯头、三通、四通、P形和S形存水弯。

(2) 卡箍式排水铸铁管及管件。卡箍式排水铸铁管采用水平旋转离心式铸造工艺制成。与传统承插式排水铸铁管相比，具有质量轻、壁厚均匀、柔性接口抗震性能好、安装施工方便、外形美观(不带承口)的优点。卡箍式排水铸铁管的规格如表4-4所示。

卡箍式排水铸铁管的规格 **表4-4**

<table>
<tr><th>公称直径
DN(mm)</th><th>外径
D(mm)</th><th>外径公差
(mm)</th><th>公称直径
DN(mm)</th><th>外径
D(mm)</th><th>外径公差
(mm)</th></tr>
<tr><td rowspan="2">50</td><td rowspan="2">58</td><td rowspan="2">+2
−1</td><td>100</td><td>110</td><td>±2</td></tr>
<tr><td>125</td><td>135</td><td>±2</td></tr>
<tr><td rowspan="2">70</td><td rowspan="2">78</td><td rowspan="2">+2
−1</td><td>150</td><td>160</td><td>±2</td></tr>
<tr><td>200</td><td>210</td><td>±2.5</td></tr>
<tr><td rowspan="2">75</td><td rowspan="2">83</td><td rowspan="2">+2
−1</td><td>250</td><td>274</td><td>±2.5</td></tr>
<tr><td>300</td><td>326</td><td>±2.5</td></tr>
</table>

2. 塑料管

塑料管具有耐腐蚀、外表美观、质轻、水流阻力小、价格低廉和施工安装方便等优点。采用排水塑料管时，应注意以下问题：

(1) 污水连续排放时，水温不大于40℃，瞬时排放温度不大于60℃。

(2) 受环境温度和污水温度变化而引起长度的伸缩，为了消除管道受温度影响而产生的胀缩，通常采用设伸缩节的方法。

近几年在国内建筑排水工程中得到普遍认可并应用的塑料管有硬聚氯乙烯管(UPVC)、聚丙烯管(PP)、聚丁烯管(PB)和工程塑料管(ABS)。

在排水管材中，最常用的是硬聚氯乙烯管(UPVC)，管道配件齐全，硬聚氯乙烯直管的规格如表4-5所示。排水塑料管道连接方法有粘接、螺纹连接和橡胶圈连接等。

硬聚氯乙烯直管的规格 **表 4-5**

<table>
<tr><th rowspan="3">公称外径 D(mm)</th><th rowspan="3">平均外径极限偏差(mm)</th><th colspan="4">直管</th><th colspan="3">粘接承口</th></tr>
<tr><th colspan="2">壁厚 e(mm)</th><th colspan="2">长度 L(mm)</th><th colspan="2">承口内径 d_3(mm)</th><th rowspan="2">承口深度最小长度(mm)</th></tr>
<tr><th>基本尺寸</th><th>极限偏差</th><th>基本尺寸</th><th>极限偏差</th><th>最小</th><th>最大</th></tr>
<tr><td>40</td><td>+0.30</td><td>20</td><td>+0.40</td><td rowspan="7">4000
或
6000</td><td rowspan="7">±10</td><td>40.1</td><td>40.4</td><td>25</td></tr>
<tr><td>50</td><td>+0.30</td><td>20</td><td>+0.40</td><td>50.1</td><td>50.4</td><td>25</td></tr>
<tr><td>75</td><td>+0.30</td><td>23</td><td>+0.40</td><td>75.1</td><td>75.5</td><td>40</td></tr>
<tr><td>90</td><td>+0.30</td><td>32</td><td>+0.60</td><td>90.1</td><td>90.5</td><td>46</td></tr>
<tr><td>110</td><td>+0.40</td><td>32</td><td>+0.60</td><td>110.2</td><td>110.6</td><td>48</td></tr>
<tr><td>125</td><td>+0.40</td><td>32</td><td>+0.60</td><td>125.2</td><td>125.6</td><td>51</td></tr>
<tr><td>160</td><td>+0.50</td><td>40</td><td>+0.60</td><td>160.2</td><td>160.7</td><td>58</td></tr>
</table>

细节：排水铸铁管管件

排水铸铁管管件用于无压力自流管道，其连接形式采用承插式。这种管件种类较多，常用的有弯管、弯曲形污水管、T 形管、十字管、扫除口、管箍、地漏、存水弯和异径管等，常用规格为 $DN50 \sim DN200$，如图 4-2 所示。

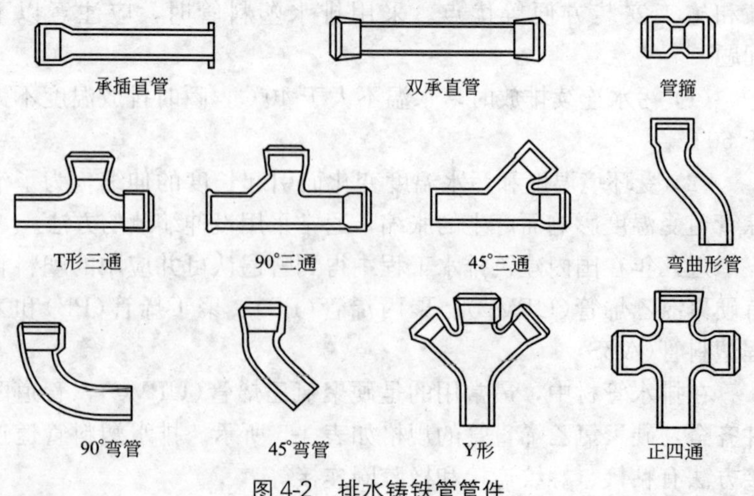

图 4-2 排水铸铁管管件

细节：存水弯的形式

存水弯是设在卫生器具排水支管上或卫生器具内部的有一定高度的水柱。存水弯内一定高度的水柱称为水封，用来防止排水管道系统中的气体窜入室内。根据构造的不同，可将存水弯分为管式存水弯、瓶式存水弯、筒式存水弯和钟罩式存水弯。

1. 管式存水弯

管式存水弯是利用排水管道几何形状的变化形成的存水弯，其类型有S形、P形和U形三种。管式存水弯如表4-6所示。

管式存水弯 **表4-6**

名称		示意图	优缺点	适用条件
管式存水弯	P形		小型； 污物不易停留； 在存水弯上设置通气管是理想、安全的存水弯装置	适用于所接的排水横管标高较高的位置
	S形		小型； 污物不易停留； 在冲洗时容易引起虹吸而破坏水封	适用于所接的排水横管标高较低的位置
	U形		有碍横支管的水流； 污物容易停留，一般在U形两侧设置清扫口	适用于水平横支管

2. 瓶式存水弯

瓶式存水弯如图4-3(*a*)所示，存水弯本身也是由管体组成，但排水管不连续，其特点是易于清通，外形较美观，一般用于洗脸盆或洗涤盆等卫生器具的排出管上。

3. 筒式存水弯

筒式存水弯如图4-3(*b*)所示，与管式存水弯相比，水封部分

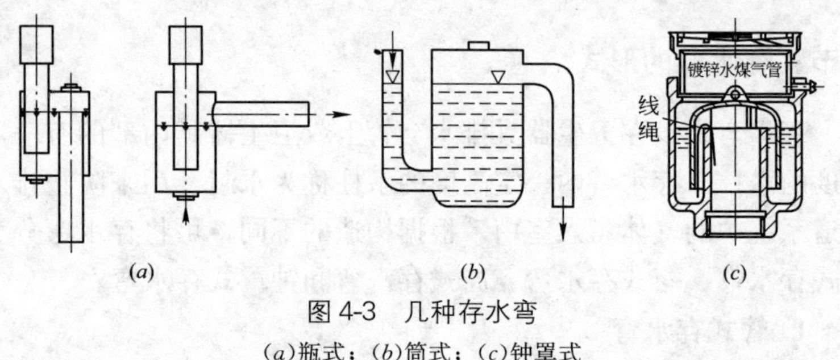

图 4-3　几种存水弯

（a）瓶式；（b）筒式；（c）钟罩式

的水量较多，水封不易被破坏，但筒式存水弯内的沉积物不易清除。圆筒形存水弯的筒内径约为排水管管径的 2.5 倍。

4. 钟罩式存水弯

钟罩式存水弯即常用的地漏，如图 4-3（c）所示，其特点是拿下钟罩可代替清扫口，但钟罩内、外侧由于粘附肥皂及污泥形成的膜状物而易堵塞，需定期清扫。若活动的钟罩被拿掉，地漏就失去水封作用，管内空气进入室内，危害人们的身心健康。

细节：清扫口

清扫口的构造如图 4-4 所示。

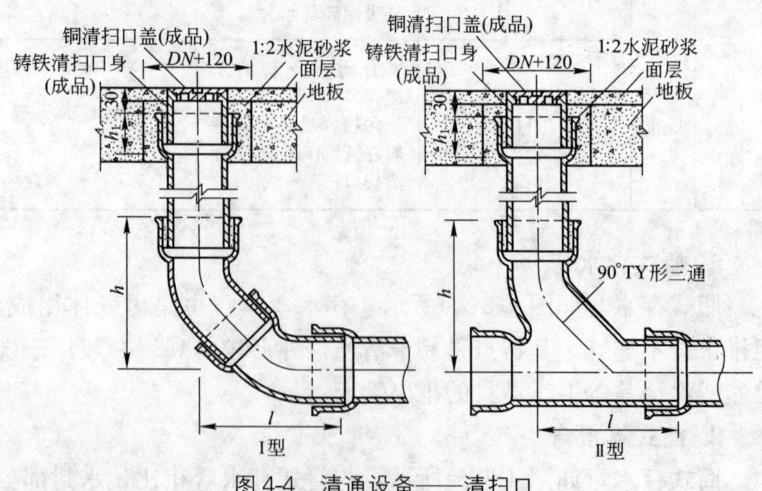

图 4-4　清通设备——清扫口

清扫口的设置应符合以下要求：

（1）在排水横管直线管段上的一定距离处，应设清扫口，其最大间距规定如表 4-7 所示。

污水横管直线段上清扫口（检查口）的最大距离　　表 4-7

直径（mm）	生产废水（m）	生活污水或与生活污水成分接近的生产污水（m）	含有大量悬浮物和沉淀物的生产污水（m）	清扫设备的种类
50～75	15	12	10	检查口
50～75	10	8	6	清扫口
100～150	20	15	12	检查口
100～150	15	10	8	清扫口
200	25	20	15	检查口

（2）当排水横管连接卫生器具数量较多时，在横管起端处应设置清扫口。连接两个及两个以上大便器的排水横管或连接三个及三个以上卫生器具的排水横管，都应设清扫口，也可采用螺栓盖板的弯头、带堵头的三通配件作清扫口。

（3）在水流转角小于 135°的污水横管上，应设清扫口。

（4）管径小于 100mm 的排水管道上，设置清扫口的尺寸应与管径相同；管径大于或等于 100mm 的排水管道上设置清扫口，其尺寸应采用 100mm。

（5）清扫口必须与地面相平，不能高出地面。污水横管起端的清扫口与墙面的距离不得小于 0.15m。当采用管堵代替清扫口时，为了便于清通和拆装，清扫口与墙面的净距不得小于 0.4m。

（6）排水立管或排出管上的清扫口至室外排水检查井中心的最大长度，应按表 4-8 确定。

排水立管或排出管上的清扫口至室外排水检查井中心的最大长度　　表 4-8

管径（mm）	50	75	100	≥100
最大长度（m）	10	12	15	20

细节：检查口

检查口设在排水立管及较长的水平管段上，检查口是一个带盖板的开口短管，清通时将盖板打开，其构造如图 4-5 所示。

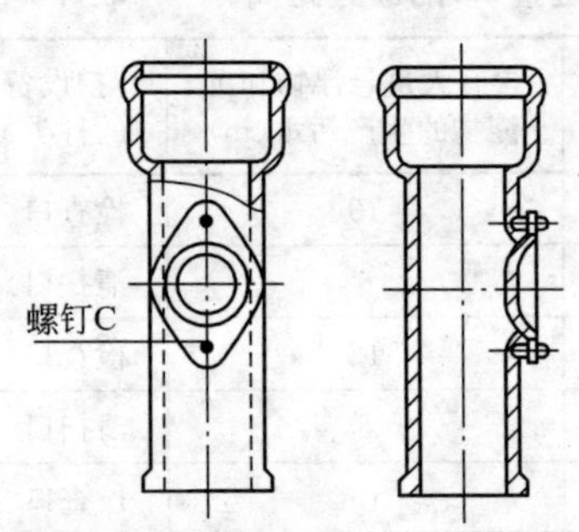

图 4-5　清通设备——检查口

排水管上设置检查口应符合下列规定：

(1) 立管上设置检查口，应在地(楼)面以上 1.0m，并应高于该层卫生器具上边缘 0.15m。

(2) 埋地横管上设置检查口时，检查口应设置在砖砌的井内。

(3) 地下室立管上设置检查口时，检查口应设置在立管底部之上。

(4) 立管上检查口的检查盖应面向便于检查清扫的方位；横干管上的检查口应垂直向上。

在生活排水管道上，应根据下列规定设置检查口：

(1) 铸铁排水立管上检查口之间的距离不宜大于 10m。

(2) 塑料排水立管应每 6 层设置一个检查口。

(3) 在建筑物最低层和设有卫生器具的 2 层以上建筑物的最高层，应设置检查口。

(4) 当立管水平拐弯或有乙字管时，在该层立管拐弯处和乙字管的上部应设检查口。

细节：检查井

为了便于清通操作，埋地管道上应设检查井，其构造如图 4-6 所示。

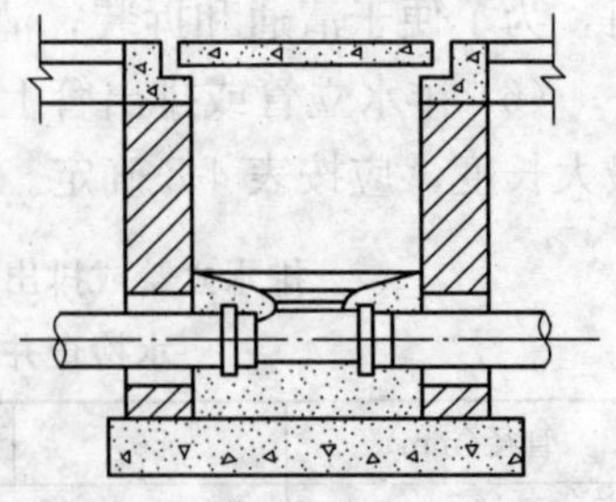

图 4-6　清通设备——检查井

检查井的设置应符合以下要求：

(1) 生活污水排水管道，在建筑物内不宜设检查井。

(2) 对于不散发大量蒸汽或有

害气体的工业废水排水管道，可在建筑物内设检查井。

1）在管道管径及坡度改变处；

2）在管道转弯或连接支管处；

3）在直线管段上每隔一定距离处（生产废水不宜大于 30m，生产污水不宜大于 20m）。

（3）检查井直径不得小于 0.7m。

细节：地漏的形式

1. 普通地漏

普通地漏水封较浅，高度一般为 25～30mm，易发生水封被破坏、水面蒸发造成水封干燥等现象，目前这种地漏已被新结构形式的地漏所代替。

2. 高水封地漏

高水封地漏的水封高度不小于 50mm，地漏盖为盒状，并设有防水翼环，可随着不同地面做法所需要的安装高度进行调节。施工时将翼环放在结构板面，板面以上的厚度可按建筑所要求的面层做法来调整地漏盖面标高。高水封地漏还附有单侧通道和双侧通道，可按实际情况选用，如图 4-7(*a*)所示。

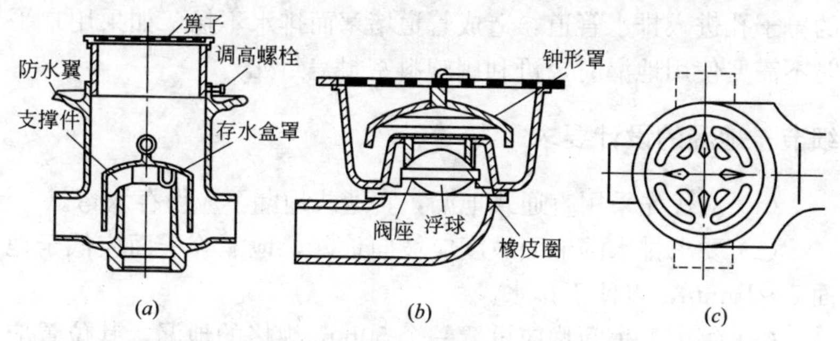

图 4-7　高水封地漏和防回流地漏

(*a*)高水封地漏；(*b*)防回流地漏；(*c*)三通道地漏

3. 防回流地漏

防回流地漏适用于地下室或深层地面排水，如用于电梯井排水或地下通道排水等，此种地漏内应设防回流装置，可防止污水干浅、排水不畅、水位升高而发生的污水倒流。一般附有浮球的钟罩形地漏或附塑料球的单通道地漏，也可采用一般地漏附回流止回阀，如图 4-7(*b*)所示。

4. 多用地漏

多用地漏一般被埋设在楼板的面层内，高度为 110mm，有单通道、双通道、三通道等多种形式，水封高度为 50mm，一般内装塑料球以防回流。

三通道地漏［见图 4-7(*c*)］使用用途很广泛，地漏盖除能排泄地面水外，还可连接洗衣机或洗脸盆的排出水。其侧向通道可连接浴盆的排水，为防止浴盆放水时洗浴废水可能从地漏盖面溢出，所以设有塑料球来封住通向地面的通道，其缺点是所连接的排水横支管均为暗设，一旦损坏，维修比较麻烦。

5. 双箅杯式水封地漏

双箅杯式水封地漏的内部水封盒采用塑料材质，形如杯子，水封高度为 50mm，便于清洗，比较卫生，地漏盖的排水分布合理，排水快，排泄量大，采用双箅有利于阻截污物。此地漏另附塑料密封盖装置，施工时可利用此密封盖防止水泥砂石等物从盖的箅子孔进入排水管道，造成管道堵塞而排水不畅。如果用户平时不需要使用地漏时，可利用塑料密封盖封死。

细节：地漏的设计要求

(1) 应优先采用直通式地漏，直通式地漏下应设存水弯。

(2) 要求排水的地面坡度应坡向地漏，地漏箅子面应低于地面 5～10mm，以便于排水。

(3) 每个卫生间均应设置一个 50mm 规格的地漏，其位置应设在易溅水的卫生器具(如浴盆、洗脸盆和洗涤盆等)附近，小便槽或落地式拖布池内也需设置地漏。

(4) 卫生标准要求高或非经常使用地漏排水的场所，应设置密闭地漏。厨房、食堂和公共浴室等宜设置网框式地漏。

（5）为防止排水系统中气体通过地漏进入室内，地漏均应具有不低于50mm高度的水封。选用何种构造地漏，应根据卫生器具种类、布置情况、建筑构造及排水横管布置情况确定，其数量和管径可参考表4-9。

地漏设置数量 **表4-9**

设置地漏的建筑类别	卫生器具数量或地漏地面集水半径	应选用地漏的公称直径(mm)	备注
厕所、盥洗室、住宅、厨房	≥3个卫生器具（不包括淋浴器）	$DN50$	对公厕、公共建筑盥洗间等卫生器具较多，应按其排水横管选同直径地漏
食堂、餐厅、泵房管道设备技术层等有地面排水建筑	以地漏为圆心的地面集水半径 $R=6m$ $R=12m$	$DN50(R=6m)$ $DN100(R=12m)$	—
淋浴间	1～2个 3个 4～5个	$DN50$ $DN75$ $DN100$	选用地沟排水时每8个淋浴器设地漏一个

细节：伸顶通气管的设置条件与要求

污水立管顶端延伸出屋面的管段称为伸顶通气管，它是排水管系最简单、最基本的通气方式。我国规定不设伸顶通气管的首要条件是：这幢建筑物至少有一根污水立管延伸至屋面以上进行通气，借此排除聚集在排水管道中的有害气体。其他污水立管是否考虑通气，主要取决于卫生器具的设置数量和立管工作高度。

设置伸顶通气管不但可以排除室外排水管道中污浊的有害气体至大气中，而且可以平衡管道内正负压，保护卫生器具的水封。

伸顶通气管设置条件与要求如下：

（1）生活污水管道或散发有害气体的生产污水管道均应设置

伸顶通气管。当无条件设置伸顶通气管时，可设置不通气立管。不通气的生活排水立管的最大排水能力不能超过表4-10的规定。

不通气的生活排水立管最大排水能力　　表4-10

立管工作高度 H(m)	排水能力(L/s)				
	立管管径(mm)				
	50	75	100	125	150
≤2(底层单独排水时)	1.00	1.70	3.80	5.00	7.00
3	0.64	1.35	2.40	3.40	5.00
4	0.50	0.92	1.76	2.70	3.50
5	0.40	0.70	1.36	1.90	2.80
6	0.40	0.50	1.00	1.50	2.20
7	0.40	0.50	0.76	1.20	2.00
≥8	0.40	0.50	0.64	1.00	1.40

注：1. 排水立管工作高度，按最高排水横支管和立管连接处距排出管中心线间的距离计算。
2. 如排水立管工作高度在表中列出的两个高度值之间时，可用内插法求得排水立管的最大排水能力数值。
3. 排水管径为100mm塑料管外径为110mm，排水管管径为150mm的塑料管外径为160mm。

(2) 通气管应高出屋面0.3m以上，并大于最大积雪厚度。通气管顶端应装设风帽或网罩，在冬季采暖温度高于－15℃的地区，可采用铅丝球。

(3) 在通气管周围4m内有门窗时，通气管口应高出窗顶0.6m或引向无门窗一侧。在上人屋面上，通气管口应高出屋面2.0m以上，并应根据防雷要求，考虑设置防雷装置。

(4) 通气管管径一般与排水立管的管径相同或比排水管管径小一级，在最冷月平均气温低于－13℃的地区，应自室内平顶或顶下0.30m处安装管径较排水立管大50mm的通气管，以免管中结霜而缩小或阻塞管道断面。

(5) 通气管出口不宜设在建筑物挑出部分(如檐口、阳台、雨篷等)的下面。

(6) 通气管不得与建筑物的通风道或烟道连接。

细节：卫生器具布置要求

卫生器具的布置应根据卫生间和公共厕所的平面尺寸、所选用的卫生器具类型和尺寸的情况确定。既要考虑使用方便，又要考虑管线短，排水通畅，便于维护管理。图 4-8 所示为卫生间和公共厕所卫生器具的平面布置图。

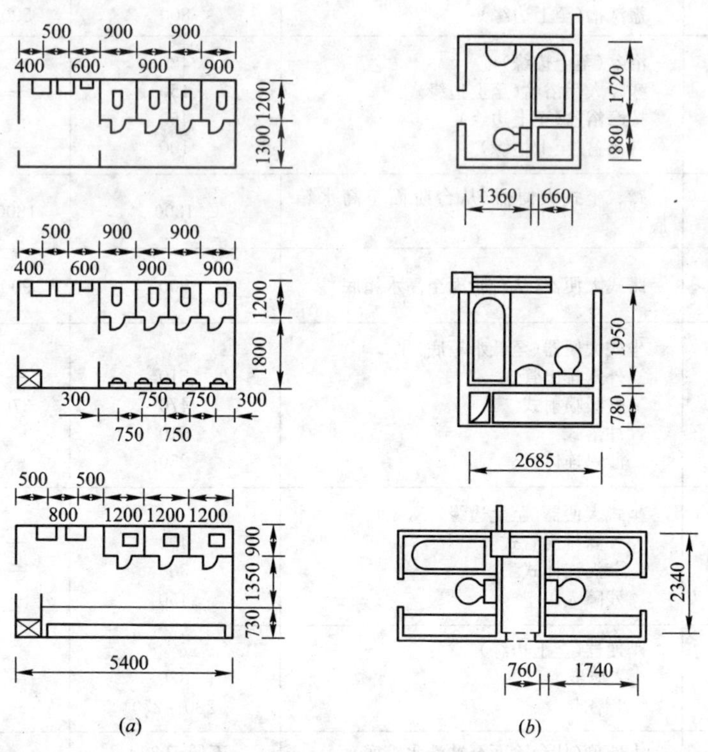

图 4-8 卫生器具平面布置图

为使卫生器具使用方便，使其功能正常发挥，卫生器具的安装高度应满足表 4-11 的要求。

卫生器具的安装高度　　　　表 4-11

序号	卫生器具名称	卫生器具边缘离地高度(mm)	
		居住和公共建筑	幼儿园
1	架空式污水盆(池)(至上边缘)	800	800
2	落地式污水盆(池)(至上边缘)	500	500
3	洗涤盆(池)(至上边缘)	800	800
4	洗手盆(至上边缘)	800	500
5	洗脸盆(至上边缘)	800	500
6	盥洗槽(至上边缘)	800	500
7	浴盆(至上边缘) 残障人用浴盆(至上边缘) 按摩浴盆(至上边缘) 淋浴盆(至上边缘)	480 450 450 100	— — — —
8	蹲、坐式大便器(从台阶面至高水箱底)	1800	1800
9	蹲式大便器(从台阶面至高水箱底)	900	900
10	坐式大便器(至低水箱底) 外露排出管式 虹吸喷射式 冲落式 漩涡连体式	 510 470 510 250	 — 370 — —
11	坐式大便器(至上边缘) 外露排出管式 漩涡连体式 残障人用	 400 360 450	 — — —
12	蹲便器(至上边缘) 2 踏步 1 踏步	 320 200～270	 — —
13	大便槽(从台阶面至冲洗水箱底)	不低于 2000	—
14	立式小便器(至受水部分上边缘)	100	—
15	挂式小便器(至受水部分上边缘)	600	450
16	小便槽(至台阶面)	200	150

续表

序号	卫生器具名称	卫生器具边缘离地高度(mm)	
		居住和公共建筑	幼儿园
17	化验盆(至上边缘)	800	—
18	净身器(至上边缘)	360	—
19	饮水器(至上边缘)	1000	—

细节：排水横支管布置要求

(1) 横支管不得穿过沉降缝、伸缩缝、变形缝、烟道、风道。

(2) 横支管距楼板和墙应有一定的距离，便于安装和维修。

(3) 高层建筑中，管径大于或等于 110mm 的明敷塑料排水横支管接入管道井时，在穿越管道井处应设置阻火装置，阻火装置一般采用防火套管或阻火圈。

(4) 横支管不得布置在遇水易引起燃烧、爆炸或损坏的原料、产品和设备上面，也不得布置在食堂、饮食业的主副食操作烹调的上方。

(5) 排水横支管不宜太长，尽量少转弯，1 根支管连接的卫生器具不宜太多。

(6) 当横支管悬吊在楼板下，接有 2 个及 2 个以上大便器或 3 个及 3 个以上卫生器具的铸铁排水横管上，或接有 4 个及 4 个以上的大便器的塑料排水横管上，宜设置清扫口。

(7) 横支管不得穿过有特殊卫生要求的生产厂房、食品及贵重商品仓库、通风室和变电室。

细节：排水立管布置要求

(1) 立管宜靠近外墙，以减少埋地管长度，便于清通和维修。

(2) 立管不得穿过卧室、病房，也不宜靠近与卧室相邻的内墙。

(3) 塑料排水立管与家用灶具边净距不得小于 0.4m。

(4) 立管应设检查口，铸铁排水立管上检查口之间的距离不宜大于 10m，塑料排水立管宜每 6 层设置一个检查口。但在建筑物最底层和设有卫生器具的 2 层以上建筑物的最高层，应设置检查口，当立管水平拐弯或有乙字管时，在该层立管拐弯处和乙字管的上部应设检查口。

(5) 立管应靠近排水量大，水中杂质多，最脏的排水点处。

(6) 高层建筑中，塑料排水立管明设且其管径大于或等于 110mm 时，在立管穿越楼层处应设置阻火装置。

(7) 靠近排水立管底部的排水支管连接，应符合下列要求：

1) 排水立管最低排水横支管与立管连接处距排水立管管底垂直距离不得小于表 4-12 的规定。

最低横支管与立管连接处至立管管底的最小垂直距离　　表 4-12

立管连接卫生器具的层数(层)	垂直距离(m)	
	仅设伸顶通气	设通气立管
≤4	0.45	按配件最小安装尺寸确定
5～6	0.75	
7～12	1.20	
13～19	3.00	0.75
≥20	3.00	1.20

注：单根排水立管的排出管宜与排水立管相同管径。

2) 排水支管连接在排出管或排水横干管上时，连接点距立管底部下游水平距离不得小于 1.5m。

3) 横支管接入横干管竖直转向管段时，连接点距转向处以下不得小于 0.6m。

4) 下列情况下底层排水支管应单独排至室外检查井或采取有效的防反压措施：

① 当靠近排水立管底部的排水支管的连接不能满足第 1)、2)条的要求时。

② 在距排水立管底部 1.5m 距离之内的排出管、排水横管有 90°水平转弯管段时。

细节：横干管及排出管布置要求

(1) 埋地管不得布置在可能受重物压坏处或穿越生产设备基础。

(2) 建筑层数较多时，应按表 4-13 确定底部横管是否单独排出。

最低横支管与立管连接处至立管管底的垂直距离　　表 4-13

立管连接卫生器具层数(层)	≤4	5～6	7～12	13～19	≥20
垂直距离(m)	0.45	0.75	1.20	3.00	6.00

(3) 湿陷性黄土地区的排出管应设在地沟内，并应设检漏井。

(4) 埋地管穿越承重墙或基础处，应预留洞口，且管顶上部净空不得小于建筑物的沉降量，一般不宜小于 0.15m。

(5) 排出管以最短的距离排出室外，尽量避免在室内转弯。

(6) 距离较长的直线管段上应设检查口或清扫口，其最大间距如表 4-14 所示。

排水横管直线管段上检查口或清扫口之间的量大距离　表 4-14

管道管径(mm)	清扫设备种类	距离(m)	
		生活废水	生活污水
50～75	检查口	15	12
	清扫口	10	8
100～150	检查口	20	15
	清扫口	15	10
200	检查口	25	20

(7) 当排出管穿过地下室或地下构筑物的外墙处时，应采取防水措施，如在管道穿越处预埋刚性或柔性防水管等。

(8) 塑料排水横干管不宜穿越防火分区隔墙和防火墙；当确需穿越时，应在管道穿越墙体处的两侧设置阻火装置。

(9) 排出管与室外排水管连接处应设检查井，检查井中心到建筑物外墙的距离宜大于 3m。检查井至排水立管或排出管上清扫口的距离不大于表 4-15 中的数值。

排水立管或排出管上清扫口至室外检查井中心的最大长度　　表 4-15

管径(mm)	50	75	100	100
最大长度(m)	10	12	15	20

细节：排水定额

建筑内部排水定额有两个：一是以每人每日为标准；二是以卫生器具为标准。

每人每日排放的污水量和时变化系数与气候、建筑物内卫生设备完善程度有关。因建筑内部给水量散失较少，所以生活排水定额和时变化系数与生活给水相同。生活排水平均时排水量和最大时排水量的计算方法与建筑内部的生活给水量计算方法相同，计算结果主要用来设计污水泵和化粪池等。

卫生器具排水定额是经过实测得来的。主要用来计算建筑内部各管段的排水设计秒流量，进而确定各管段的管径。某管段的设计流量与其接纳的卫生器具类型、数量及使用频率有关。为了便于累加计算，与建筑内部给水一样，以污水盆排水量 0.33L/s 为一个排水当量，将其他卫生器具的排水量与 0.33L/s 的比值，作为该种卫生器具的排水当量。由于卫生器具排水具有突然、迅速、流速大的特点，所以，一个排水当量的排水流量是一个给水当量额定流量的 1.65 倍。各种卫生器具的排水流量和当量和排水管的管径如表 4-16 所示。

卫生器具排水的流量、当量和排水管的管径　　表 4-16

序号	卫生器具名称	排水流量(L/s)	当量	排水管管径(mm)
1	洗涤盆、污水盆(池)	0.33	1.00	50
2	餐厅、厨房洗菜盆(池) 单格洗涤盆(池) 双格洗涤盆(池)	 0.67 1.00	 2.00 3.00	 50 50
3	盥洗槽(每个水嘴)	0.33	1.00	50～75
4	洗手盆	0.10	0.30	32～50
5	洗脸盆	0.25	0.75	32～50
6	浴盆	1.00	3.00	50
7	淋浴器	0.15	0.45	50
8	大便器 冲洗水箱 自闭式冲洗阀	 1.50 1.20	 4.50 3.60	 100 100
9	医用倒便器	1.50	4.50	100
10	小便槽 自闭式冲洗阀 感应式冲洗阀	 0.10 0.10	 0.30 0.30	 40～50 40～50
11	大便槽 ≤4 个蹲位 >4 个蹲位	 2.50 3.00	 7.50 9.00	 100 150
12	小便槽(每米长) 自动冲洗水箱	 0.17	 0.50	 —
13	化验盆(无塞)	0.20	0.60	40～50
14	净身器	0.10	0.30	40～50
15	饮水器	0.05	0.15	25～50
16	家用洗衣机	0.50	1.50	50

注：家用洗衣机下排水软管直径为 30mm，上排水软管内径为 19mm。

细节：排水设计秒流量

建筑内部排水管道的设计流量是确定各管段管径的依据，因此，排水设计流量的确定应符合建筑内部排水规律。建筑内部排水流量与卫生器具的排水特点和同时排水的卫生器具数量有关，具有历时短、瞬时流量大、两次排水时间间隔长的特点。建筑内部每昼夜、每小时的排水量都是不均匀的。与给水相同，为保证最不利时刻的最大排水量能迅速、安全排放，排水设计流量应为建筑内部的最大排水瞬时流量，又称设计秒流量。

建筑内部排水设计秒流量的计算方法有经验法、平方根法和概率法三种。

住宅、宿舍(Ⅰ、Ⅱ类)、旅馆、宾馆、酒店式公寓、医院、疗养院、幼儿园、养老院、办公楼、商场、图书馆、书店、客运中心、航站楼、会展中心、中小学教学楼、食堂或营业餐厅等建筑生活排水管道设计秒流量，应按下式计算：

$$q_{p}=0.12\alpha\sqrt{N_{p}}+q_{max} \tag{4-1}$$

式中 q_p——计算管段排水设计秒流量，L/s；

N_p——计算管段的卫生器具排水当量总数；

α——根据建筑物用途而定的系数，按表4-17确定；

q_{max}——计算管段上最大一个卫生器具的排水流量，L/s。

根据建筑物用途而定的系数 α 值　　表4-17

建筑物名称	宿舍(Ⅰ、Ⅱ类)、住宅、宾馆、酒店式公寓、医院、疗养院、幼儿园、养老院的卫生间	旅馆和其他公共建筑的盥洗室和厕所间
α 值	1.5	2.0～2.5

注：当计算所得流量值大于该管段上按卫生器具排水流量累加值时，应按卫生器具排水流量累加值计。

宿舍(Ⅲ、Ⅳ类)、工业企业生活间、公共浴室、洗衣房、职工食堂或营业餐厅的厨房、实验室、影剧院、体育场馆和候车(机、船)等建筑的卫生设备使用集中，排水时间集中，同时排水百分数高，其排水设计秒流量计算公式为：

$$q_{p}=\sum q_{0}n_{0}b \tag{4-2}$$

式中 q_p——计算管段排水设计秒流量，L/s；

q_0——同类型的一个卫生器具排水流量，L/s；

n_0——同类卫生器具数；

b——卫生器具同时排水百分数，冲洗水箱大便器按12％，其他卫生器具同给水。

对于有大便器接入的排水管网起端，因卫生器具较少，大便器的同时排水百分数定得较小(如冲洗水箱大便器仅定为12％)，按式(4-2)计算的排水设计秒流量可能会小于一个大便器的排水量，这时应按一个大便器的排水量作为该管段的设计秒流量。

细节：排水横管水力计算一般规定

为保证管道系统有良好的水力条件，稳定管内气压，防止水封破坏，保证良好的室内环境卫生，在横干管和横支管的设计计算中，需满足下列规定：

1. 坡度、充满度

管道充满度指管道内水深与管径的比值。在重力流的排水管中，污水为非满流，管道上部未充满水流的空间用于排走污废水中的有害气体或容纳超负荷流量。

(1) 建筑物内生活排水铸铁管道的坡度和设计充满度，宜按表4-18确定。

建筑物内生活排水铸铁管道的最小坡度和最大设计充满度　表4-18

管径(mm)	通用坡度	最小坡度	最大设计充满度
50	0.035	0.025	0.5
75	0.025	0.015	
100	0.020	0.012	
125	0.015	0.010	
150	0.010	0.007	0.6
200	0.008	0.005	

(2) 建筑排水塑料管粘接、熔接连接的排水横支管的标准坡度应为0.026。胶圈密封连接排水横管的坡度和设计充满度可按

表 4-19 进行调整。

建筑排水塑料管排水横管胶的最小坡度和最大设计充满度 **表 4-19**

外径(mm)	通用坡度	最小坡度	最大设计充满度
50	0.025	0.0120	0.5
75	0.015	0.0070	
110	0.012	0.0040	
125	0.010	0.0035	
160	0.007	0.0030	0.6
200	0.005	0.0030	
250	0.005	0.0030	
315	0.005	0.0030	

2. 管道流速

为使污水中的悬浮杂质不致沉淀在管底，并且使水流能及时冲刷管壁上的污物，管道流速有一个最小允许流速，如表 4-20 所示。为防止管壁因受污水中坚硬杂质高速流动的摩擦和防止过大的水流冲击而损坏，排水管应有最大允许流速，如表 4-21 所示。

排水管道的最小允许流速 **表 4-20**

管渠类别	生活污水管道			明渠	雨水道及工业废水、雨水
	$d<150$mm	$d=150$mm	$d=200$mm		
最小流速(m/s)	0.60	0.65	0.70	0.40	0.75

排水管道最大允许流速值 **表 4-21**

管道材料	金属管	陶土及陶瓷管	混凝土及石棉水泥管
生活污水(m/s)	7.0	5.0	4.0
含有杂质的工业废水、雨水(m/s)	10.0	7.0	7.0

3. 最小管径

不同场所设置排水横管时，管径应符合以下要求：

建筑底层排水管单独排出时，排水横支管管径可按表 4-10 中立管工作高度不大于 2m 的数值确定。

公共食堂厨房排水管的选用管径应比计算管径大一号，且干管管径不小于 100mm，支管管径不小于 75mm。

医院洗涤盆和污水盆内通常有一些棉花球、纱布、玻璃渣和竹签等杂物，为防止管道堵塞，管径不小于 75mm。

小便槽和连接 3 个及 3 个以上小便器的排水支管管径不小于 75mm。大便器的排水管最小管径为 100mm。

浴室泄水管的管径宜为 100mm。

建筑物排出管的最小管径为 50mm。

细节：排水横管的水力计算

建筑内部排水横管的水力计算应按下列公式计算：

$$q_p = A \cdot v \tag{4-3}$$

$$v = \frac{1}{n} R^{2/3} I^{1/2} \tag{4-4}$$

式中 A——管道在设计充满度的过水断面面积，m^2；

v——速度，m/s；

R——水力半径，m；

I——水力坡度，采用排水管的坡度；

n——粗糙系数。铸铁管为 0.013；混凝土管、钢筋混凝土管为 0.013～0.014；钢管为 0.012；塑料管为 0.009。

为便于设计计算，根据式(4-3)和式(4-4)及相关规定，编制了建筑内部塑料排水管水力计算表和铸铁排水管水力计算表(见附录 D)，供设计时使用。

细节：排水立管水力计算

排水立管的通水能力与管径、通气与否、通气的方式和管材有关，立管管径不得小于所连接的横支管管径。不同管径、不同通气方式、不同管材的排水立管的最大排水流量按表 4-22～表 4-24

确定，且多层住宅厨房间的排水立管管径不宜小于75mm。

设有通气管系的铸铁排水立管最大排水能力　　表4-22

排水立管管径(mm)	排水能力(L/s)	
	仅设伸顶通气管	有专用通气立管或主通气立管
50	1.0	—
75	2.5	5
100	4.5	9
125	7.0	14
150	10.0	25

设有通气管系的塑料排水立管最大排水能力　　表4-23

排水立管管径(mm)	排水能力(L/s)	
	仅设伸顶通气管	有专用通气立管或主通气立管
50	1.2	—
75	3.0	—
90	3.8	—
110	5.4	10.0
125	7.5	16.0
160	12.0	28.0

单立管排水系统的立管最大排水能力　　表4-24

排水立管管径(mm)	排水能力(L/s)		
	混合器	塑料螺旋管	旋流器
75	—	3.0	—
100	6.0	6.0	7.0
125	9.0	—	10.0
150	13.0	13.0	15.0

生活排水立管的最大设计排水能力应按表4-25确定，立管管径不得小于所连接的横支管管径。

生活排水立管的最大设计排水能力　　　　表 4-25

<table>
<tr><th colspan="4" rowspan="3">排水立管系统类型</th><th colspan="5">最大设计排水能力(L/s)</th></tr>
<tr><th colspan="5">排水立管管径(mm)</th></tr>
<tr><th>50</th><th>75</th><th>100</th><th>125</th><th>150(160)</th></tr>
<tr><td rowspan="2">伸顶通气</td><td rowspan="2">立管与横支管连接配件</td><td colspan="2">90°顺水三通</td><td>0.8</td><td>1.3</td><td>3.2</td><td>4.0</td><td>5.7</td></tr>
<tr><td colspan="2">45°斜三通</td><td>1.0</td><td>1.7</td><td>4.0</td><td>5.2</td><td>7.4</td></tr>
<tr><td rowspan="4">专用通气</td><td rowspan="2">专用通气管 75mm</td><td colspan="2">结合通气管每层连接</td><td>—</td><td>—</td><td>5.5</td><td>—</td><td>—</td></tr>
<tr><td colspan="2">结合通气管隔层连接</td><td>—</td><td>3.0</td><td>4.4</td><td>—</td><td>—</td></tr>
<tr><td rowspan="2">专用通气管 100mm</td><td colspan="2">结合通气管每层连接</td><td>—</td><td>—</td><td>8.8</td><td>—</td><td>—</td></tr>
<tr><td colspan="2">结合通气管隔层连接</td><td>—</td><td>—</td><td>4.8</td><td>—</td><td>—</td></tr>
<tr><td colspan="4">主、副通气管＋环形通气管</td><td>—</td><td>—</td><td>11.5</td><td>—</td><td>—</td></tr>
<tr><td rowspan="2">自循环通气</td><td colspan="3">专用通气形式</td><td>—</td><td>—</td><td>4.4</td><td>—</td><td>—</td></tr>
<tr><td colspan="3">环形通气形式</td><td>—</td><td>—</td><td>5.9</td><td>—</td><td>—</td></tr>
<tr><td rowspan="3">特殊单立管</td><td colspan="3">混合器</td><td>—</td><td>—</td><td>4.5</td><td>—</td><td>—</td></tr>
<tr><td colspan="2" rowspan="2">内螺旋管＋旋流器</td><td>普通型</td><td>—</td><td>1.7</td><td>—</td><td>—</td><td>8.0</td></tr>
<tr><td>加强型</td><td>—</td><td>—</td><td>6.3</td><td>—</td><td>—</td></tr>
</table>

注：排水层数在 15 层以上时，宜乘 0.9 系数。

细节：通气管管径计算

通气管的管径应根据排水能力、管道长度来确定，应与排水立管同径或小 1～2 号，但一般不宜小于排水管管径的 1/2，如表 4-26 所示。

通气管最小管径　　　　表 4-26

通气管名称	排水管管径(mm)						
	32	40	50	75	100	125	150
器具通气管	32	32	32	—	50	50	—
环形通气管	—	—	32	40	50	50	—
通气立管	—	—	40	50	75	100	100

单立管排水系统的伸顶通气管管径可与污水管相同，但在最冷月平均气温低于－13℃的地区，为防止伸顶通气管管口结霜，减小通气管断面，应在室内平顶或吊顶以下 0.3m 处将管径放大一级。

双立管排水系统中，当通气立管长度≤50m 时，通气立管最小管径可比排水管管径小 1 号；当通气立管长度大于 50m 时，通气立管管径应与排水立管相同。

通气立管长度不大于 50m 的三立管排水系统中，通气立管可比最大一根排水立管管径小 1 号，且通气立管的管径不小于其余任何一根排水立管管径。

结合通气管管径不宜小于通气立管管径。

汇合通气管和总伸顶通气管的断面积应不小于最大一根通气立管断面积与 0.25 倍的其余通气立管断面积之和，可按下式计算：

$$d_e \geqslant \sqrt{d_{max}^2 + 0.25\sum d_i^2} \tag{4-5}$$

式中 d_e——汇合通气管和总伸顶通气管管径，mm；

d_{max}——最大一根通气立管管径，mm；

d_i——其余通气立管管径，mm。

【禁　　忌】

禁忌：卫生器具的选择未满足产品标准的规定

【分析】

随着人们生活水平和卫生标准的不断提高以及建筑业的迅速发展，卫生洁具的材质、功能及造型等方面更加趋于功能完善、造型美观、消声节水、色彩丰富、使用舒适和材质优良的方向发展，已成为衡量建筑物级别的重要标准。

卫生器具是建筑内部排水系统的主要组成部分，供人们日常生活使用并收集和排除使用过的污、废水，主要用来满足生活和生产过程中的卫生要求。卫生器具及附件，在材质和技术方面，均应符合现行的有关产品标准规定。

【措施】

卫生器具应符合如下规定：

(1) 便于安装和维修。

(2) 当卫生器具内设有存水弯时，存水弯内应保持规定的水封深度。

(3) 卫生器具的材质应耐腐蚀、耐摩擦、耐老化、耐冷热，具有一定强度，不含对人体有害的成分，一般采用陶瓷、搪瓷、铸铁、塑料、水磨石和复合材料等制作。

(4) 在完成卫生器具冲洗功能的基础上，节约用水，减少噪声。

(5) 设备表面光滑、不易积污纳垢、易清洗、使用方便。

禁忌：水封设计不当受到破坏

【分析】

水封破坏是指存水弯内水柱高度减小(水量损失)，不足以抵抗排水管道内压力波动，使管道内有害气体进入室内的现象。

水封破坏的原因有静态和动态两种。

(1) 静态原因有蒸发和毛细管作用。蒸发是指卫生器具或受水器长时间未被使用，致使存水弯内水量蒸发减少致水封破坏。毛细管作用是卫生器具或受水器在使用过程中，在存水弯出口端积存有较长纤维和毛发，从而产生毛细作用，使水量损失，水柱高度降低，水封遭到破坏。

(2) 水封破坏的动态原因有以下4种物理现象：

1) 自虹吸。卫生器具排水时，存水弯内充满水，形成虹吸排水，当排水结束后存水弯内的水封高度发生变化，特别是在卫生器具底盘坡度较大呈漏斗状连接S形存水弯或较长排水横管上连接P形存水弯时，易发生自虹吸现象。

2) 负压抽吸。当排水管道系统中卫生器具大量排水时，系统内压力变化较大，当管中水流流过横支管断面时形成抽吸现象，使水封被破坏，该现象通常发生在立管中上部分。

3）正压喷溅。排水管道系统中卫生器具大量排水时，立管水流高速下落，落体下端的空气受压，当立管水流进入排水横干管时，随着落体势能与动能转化，立管下部正压明显增大，使存水弯内水从卫生器具喷溅出，水封被破坏。

4）惯性晃动。排水管道内气压波动即使在正常范围内，存水弯内的水由于惯性也会上下波动，使水量损失，损失量的多少与存水弯的形状有关。

【措施】

（1）静态水量损失属于正常现象。为防止蒸发可增大水封高度，如地漏水封高度由 25mm 提高到 50mm，地漏箅子上增加盖板，使用时把盖板打开，不用时把盖板盖上，可减小水的蒸发速度。卫生器具下水口处设滤网截污，并经常清理可减轻毛细管作用。

（2）动态水量损失的防止方法有减小立管水流下落速度；保证立管、横管空气畅通；改进存水弯，以达到保护水封的目的；也可在排水横管处加装止回阀，以克服立管压力波动对横管的影响。

禁忌：塑料排水管穿越楼层时未设置阻火装置，造成火灾蔓延

【分析】

为防止火灾蔓延，建筑塑料排水管穿越楼层应设置阻火装置。它是根据我国模拟火灾试验和塑料管道贯穿孔洞的防火封堵耐火试验成果确定的，其设置条件如下：

（1）高层建筑立管穿越楼层时，应安装阻火装置。

（2）管径。外径大于或等于 110mm 时，应安装阻火装置。

（3）设置条件。立管明设，或立管虽暗设但管道井内是隔层防火封隔。

（4）横管穿越防火墙时，应安装阻火装置。

（5）设置位置。明设立管穿越楼板处的下方，支管接入立管

穿越管道井壁处，横管穿越防火墙的两侧。

如管道井内每层楼板有防火分隔，则可不必设置。管窿的楼层分隔若是楼板也可不装阻火装置。

【措施】

建筑塑料排水管穿越楼层、防火墙和管道井井壁时，应根据建筑物性质、管径和设置条件，以及穿越部件防火等级等要求设置阻火装置。

禁忌：专用通气管系统设置不符合相关要求

【分析】

专用通气管指仅与排水主管连接，为污水主管内空气流通而设置的垂直通气管道，用于立管总负荷超过允许排水负荷时，起平衡立管内的正负压作用。实践证明，这种做法对于高层民用建筑的排水支管承接少量卫生器具时，能起保护水封的作用，采用专用通气立管后，污水立管排水能力可增加一倍。如果专用通气管设置不符合要求，不仅对立管起不到正负压平衡的作用，还将因压力相差过大，对通气管道造成损坏，影响整个排水系统。

【措施】

专用通气管设置条件与要求如下：

(1) 当排水立管的排水流量超过表 4-22 和表 4-23 中设普通伸顶通气的立管最大排水能力时，应设置专用通气立管。建筑标准要求较高的多层住宅和公共建筑、10 层及 10 层以上高层建筑的生活污水立管宜设置专用通气立管。

(2) 专用通气立管每隔 2 层，主通气立管每隔 8～10 层，应设结合通气管与排水立管连接。结合通气管下端宜在排水横支管以下与排水立管以斜三通连接，上端可在卫生器具上边缘以上不小于 0.15m 处与通气立管以斜三通连接。

(3) 专用通气立管和主通气立管的上端可在最高层卫生器具上边缘或检查口以上与排水立管通气部分以斜三通连接。下端应在最低排水横支管以下与排水立管以斜三通连接。通气立管不得接纳污水、废水和雨水，不得与风道和烟道连接。

禁忌：用吸气阀代替通气管，造成安全隐患

【分析】

通气管不但可以使污水管道中的有毒有害气体通过通气管排至屋顶释放，还可平衡室内排水管道中的压力波动。

当卫生器具排水时，污水在立管下落时形成水团。在水团的上游形成负压，在水团的下游形成正压，在管道中的正负压的作用下卫生器具的水封产生波动，当其值超过水封深度的压力值时水封即被破坏。通气管的作用起到了保护水封的作用，在室内设置吸气阀也只能平衡负压，而不能消除正压。更不能将管道中的有害气体释放至室外大气中，故吸气阀是不能替代通气管的。而吸气阀由于其密封材料采用软塑料、橡胶之类材质，年久老化失灵又无法察觉，将会导致排水管道中的有害气体串入室内，危及人身安全，后患无穷。

【措施】

在建筑物内不得使用吸气阀替代通气管。

为了排除污水管道的有毒气体，平衡室内排水管道的正负压力波动，在排水管道中必须设置通气管。

禁忌：住宅卫生间的卫生器具管道穿越楼板敷设

【分析】

住宅排水管道同层布置设计既要求卫生器具排水管不穿楼层，又要满足重力流排水和排水通畅的要求。所以这种卫生器具不穿越楼板的管道敷设方法是可取的。

地漏设置是同层排水的关键问题。按《建筑给水排水设计规范》GB 50015—2009 的相关原则，住宅卫生间、厨房内一般不经常从地面排水，即便有少量溅水完全可以用抹布一抹了之。一些不经常从地面排水的地方设置了地漏，由于没有地面排水，造成水封得不到补充而导致水封丧失，有害气体窜入室内。

不降低楼板、将排水管道布置在楼板结构层中的做法不可取。

(1) 破坏了结构层，给房屋结构安全带来隐患。

(2) 排水管道采用平坡排水或压力排水，水力条件差，违背了排水管道设计的基本原则，即应有 0.026 的坡度和最大充满度 0.5 的要求。

(3) 减少水封深度，地漏需人工操作清理等，这种牺牲安全卫生条件达到“同层”排水是不可取的。

【措施】

住宅卫生间的卫生器具排水管不宜穿越楼板进入其他住户。

为了避免水患，应从给水安全方面考虑：

(1) 卫生器具都应有溢流口。

(2) 给水管道附件(管道配件阀门、卫生设备软管等)均应符合现行行业标准的要求，避免爆管、脱节而造成水患。同层排水如需设置地漏，拟将卫生间的整体或局部楼板降低 300mm，管道在填层中敷设。

此种做法关键在于面层的防水要做好，否则楼板降低部分变成一个污水池，破坏了建筑和环境卫生。因此，同层排水必须由建筑、结构、给水排水、设计和施工密切配合，才能做到完善。

禁忌：医院污水经消毒处理后仍达不到标准，排放后污染水源

【分析】

医院污水处理包括医院污水消毒处理、放射性污水处理、重金属污水处理、废弃药物污水处理和污泥处理。其中消毒处理是最基本的处理，也是最低要求的处理。

需要消毒处理的医院污水是指医院(包括综合医院、传染病医院、专科医院和疗养病院)和医疗卫生的教学及科研机构排放的被病毒、病菌、螺旋体和原虫等病原体污染了的水。这些水如不进行消毒处理，排入水体后会污染水源，导致传染病流行，危害很大。

【措施】

医院污水经消毒处理后，应达到下列标准才可排放：

(1) 连续三次各取样 500mL，不得检出肠道致病菌和结核杆菌。

(2) 总大肠杆菌数每升污水不得大于 500 个。

(3) 当采用氯消毒时，接触时间和总余氯量应满足表 4-27 的要求。

接触时间和总余氯量　　表 4-27

污水类别	接触时间(h)	总余氯量(mg/L)
综合医院污水及含肠道致病菌污水	≥1	4～5
含结核杆菌污水	≥1.5	6～8

(4) 污泥需进行无害化处理，使污泥中蛔虫卵死亡率大于 95％，粪大肠菌值不小于 10^{-2}；每 10g 污泥中不得检出肠道致病菌和结核杆菌。

(5) 当污泥采用高温堆肥法进行无害化处理时，堆肥的温度必须大于 50℃，并持续 5d 以上。

4.2　建筑雨水排水系统

【细　　节】

细节：建筑屋面雨水排水系统分类

建筑屋面雨水排水系统按建筑物内部有无雨水管道分为雨水外排水系统、雨水内排水系统和混合式排水系统。实际设计时，应根据建筑物的类型、建筑结构形式、屋面面积大小、当地气候条件及生产生活的要求，经过技术经济比较来选择排水系统。通常情况下，应尽量采用外排水系统或将两种排水系统综合考虑。

细节：雨水外排水系统分类

雨水外排水系统是指屋面不设雨水斗，建筑内部没有雨水管道的雨水排放方式。按屋面有无天沟，雨水外排水系统分为檐沟外排水和天沟外排水两种方式。

1. 檐沟外排水系统

檐沟外排水系统由檐沟和雨落管组成，如图 4-9 所示。降落到屋面的雨水沿屋面集流到檐沟，然后流入到沿外墙设置的雨落管排至地面或雨水口。根据经验，雨落管管径分为 75mm 和 100mm 两种规格，民用建筑雨落管间距为 8～12m，工业建筑为 18～24m。檐沟外排水系统适用于普通住宅、小型单跨厂房和一般公共建筑。

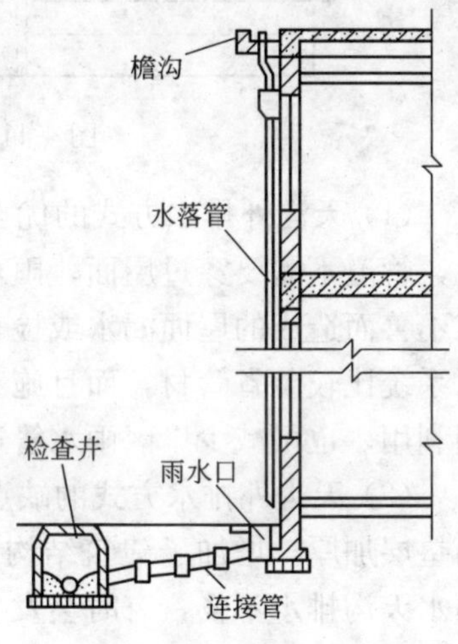

图 4-9　檐沟外排水系统

2. 天沟外排水系统

天沟外排水系统由天沟、雨水斗和排水立管组成，如图 4-10 所示。天沟设置在两跨中间并坡向端墙，雨水斗沿外墙布置，如图 4-11 所示。降落到屋面上的雨水沿坡向天沟的屋面汇集至天沟，沿天沟流至建筑物两端（山墙、女儿墙），入雨水斗，经立管排至雨水井或地面。

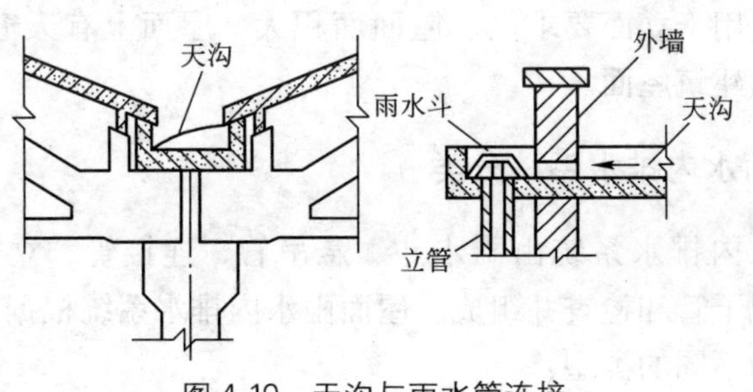

图 4-10　天沟与雨水管连接

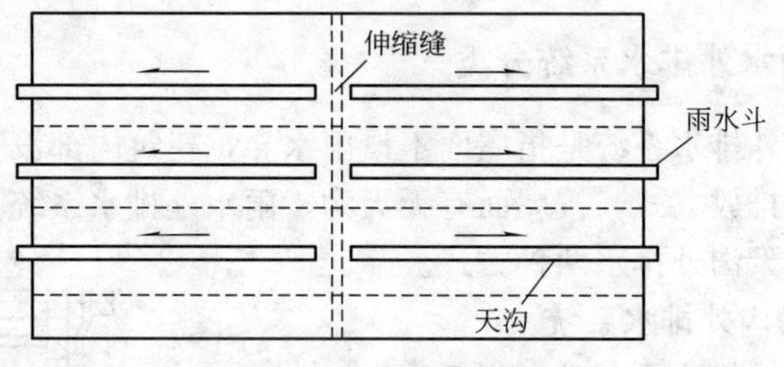

图 4-11　天沟布置

（1）天沟外排水方式的优点：不需要在屋面设置雨水斗，因此，管道不需要穿过屋面，雨水的排放安全可靠，不会出现因施工不善而造成的屋面漏水或检查井冒水的现象。另外，天沟外排水系统比较节省管材，而且施工简单、方便，有利于厂房内的空间利用，也可减少厂区雨水管道的埋深。

（2）天沟外排水方式的缺点：由于天沟排水所需的坡度使屋面垫层加厚，增加了建筑结构的负荷。而晴天屋面堆积灰尘多，雨水天沟排水不畅，有时会发生天沟渗漏的问题，寒冷地区排水立管可能会冻裂等。

细节：雨水内排水系统组成

雨水内排水系统由雨水斗、连接管、悬吊管、排出管、埋地干管、立管和检查井组成，如图 4-12 所示，降落到屋面上的雨水沿屋面流入雨水斗，经连接管、悬吊管进入排水立管，再经排出管流入雨水检查井或经埋地干管排至室外雨水管道。雨水内排水系统适用于立面要求高、屋面面积大、屋面上有天窗、多跨、锯齿形的建筑屋面。

细节：雨水内排水系统分类

雨水内排水系统由雨水斗、悬吊管、连接管、立管、排出管、埋地干管和检查井组成。屋面雨水内排水系统根据以下形式可以分为不同的类型：

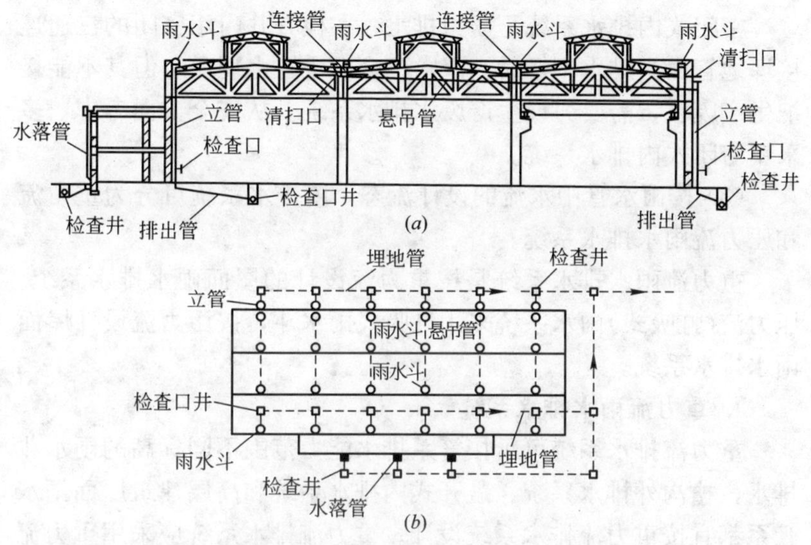

图 4-12　雨水内排水系统

(a)剖面图；(b)平面图

(1) 按每根立管接纳的雨水斗的个数，内排水系统可以分为单斗和多斗雨水排水系统两类。

单斗系统一般不设悬吊管。多斗系统中悬吊管上连接一个以上雨水斗(一般不多于 4 个)，悬吊管将雨水斗和排水立管连接起来。从安全角度考虑，在雨水排水系统设计中宜采用单斗雨水排水系统。

(2) 根据雨水排水系统是否与大气相通，内排水系统可分为敞开式和密闭式内排水系统。

敞开式内排水系统是重力排水，雨水经排出管流进设置在室内的检查井。敞开式内排水系统可接纳生产废水，无需设置生产废水埋地管。若设计和施工不善，当发生暴雨时，检查井会出现冒水现象，雨水外溢。但是，如果在室内仅设悬吊管，敞开式内排水系统的埋地管和检查井均应设置在室外，则可避免室内冒水现象，但其管材耗量大且悬吊管外壁易结露。

密闭式内排水系统是压力排水，在检查井内用密闭的三通连接埋地管。当排水不畅时，室内不会发生冒水现象。但其不能接纳生产废水，需要另设生产废水排水系统。从安全方面考虑，多采用密闭式内排水系统。

(3) 按雨水管中水流的设计流态，内排水系统可分为重力流和压力流雨水排水系统。

重力流雨水排水系统是按重力流设计的屋面雨水排水系统。压力流(虹吸式)雨水系统采用虹吸式雨水斗，按压力流设计屋面雨水排水系统。

1. 重力流雨水排水系统

重力流排水系统可承接管系排水能力范围不同标高的雨水斗排水，檐沟外排水系统、敞开式内排水系统和高层建筑屋面雨水管系都宜按重力流排水系统设计。重力流排水系统应采用重力流排水型雨水斗，其排水负荷和状态应符合表 4-28 的要求。

重力流排水型雨水斗应具备的排水负荷和状态　　表 4-28

DN(mm)	75		100		150
进口形状	平箅型	柱球型	平箅型	柱球型	
排水负荷(L/s)	2	6	3.5	12	26
排水状态	自由堰流				

2. 压力流雨水排水系统

压力流排水系统，同一系统的雨水斗应在同一水平面上，长天沟外排水系统宜按单斗压力流设计；密闭式内排水系统宜按压力流排水系统设计；单斗压力流系统应采用 65 型和 79 型雨水斗，多斗压力流排水系统应采用多斗压力流排水型雨水斗，其排水负荷和状态应符合表 4-29 的要求。

多斗压力流排水型雨水斗应具备的排水负荷和状态　表 4-29

DN(mm)	50	75	排水状态
排水负荷(L/s)	6	12	雨水斗淹没泄流的斗前水位不应大于 4cm

细节：建筑雨水排水系统选择原则及次序

1. 选用原则

(1) 选择的雨水排水系统应尽量及时、迅速地将屋面雨水排至室外地面或灌渠。屋面雨水是指把小于建筑物设计使用年限确定为重现期的降雨。

(2) 本着既安全又经济的原则选择系统。安全即室内地面不冒水、屋面溢水频率低、管道不漏水冒水。经济即在满足安全的前提下，系统造价低、寿命长。

(3) 选择雨水系统时不宜轻易增加溢水频率。

2. 选用次序

(1) 根据安全性大小，各雨水系统的先后排列次序为：密闭式系统→敞开式系统；外排水系统→内排水系统；重力流系统→压力流系统。

(2) 根据经济性优劣，各雨水系统的先后排列次序为：压力流系统→重力流系统。

细节：雨水内排水管道系统布置

1. 雨水斗

雨水斗的设置位置应根据屋面汇水情况并结合建筑结构承载、管系敷设等因素确定。接入同一立管的雨水斗，其安装高度宜在同一标高层。用多斗雨水排水系统时，雨水斗宜相对立管对称布置，其排水连接管应接至悬吊管上，不得在立管顶端设置雨水斗。不同排水特征、设计流态的屋面雨水排水系统应选用相应的雨水斗。屋面雨水管道如根据压力流设计时，同一系统的雨水斗宜在同一水平面上。雨水斗的设计排水负荷应根据各种雨水斗的特征，并结合屋面排水条件等情况综合设计确定。

2. 连接管

重力流雨水排水系统中，连接管的管径不得小于雨水斗短管的管径，且不宜小于100mm。

3. **悬吊管**

重力流雨水排水系统中，一般采用单斗悬吊管系统。

在条件允许时，一根悬吊管最多可连接4个雨水斗。为了增大起端雨水斗的泄流量，限制靠近立管雨水斗过大的泄水能力和过多的带气量，可将近立管雨水斗的直径缩小1号；长度大于15m的雨水悬吊管，应设检查口，其间距不宜大于20m，且应布置在便于维修操作处；悬吊管管径不得小于其连接管管径，沿屋架悬吊时，其管径不宜大于300mm，悬吊管的敷设坡度不得小于0.005。

4. **立管**

重力流雨水排水系统的每根雨水立管连接的悬吊管根数不得多于2根，立管管径不得小于悬吊管管径，同时也不宜大于300mm，否则应减少接入悬吊管上的雨水斗数目。不同高低跨度的悬吊管，宜采用各自单独的雨水立管。

5. **排出管**

排出管为压力排水，其上不应接入其他废水管道。

6. **埋地管**

重力流雨水排水系统的埋地管最小管径不得小于200mm，管道坡度应不小于0.003。埋地管不得穿越基础设备及其他地下构筑物。埋地管压力排水时，不得排入生产废水或其他废水。有埋地排出管的屋面雨水排出管道，立管底部应设置清扫口。

7. **检查井**

雨水检查井的最大间距可按表4-30确定。

雨水检查井的最大间距　　表4-30

管径(mm)	最大间距(m)	管径(mm)	最大间距(m)
150(160)	20	400(400)	40
200～300(210～315)	30	≥500	50

注：括号内数据为塑料管外径。

细节：檐沟外排水系统水落管的选择及设计要求

水落管一般采用镀锌铁皮管、铸铁管、石棉水泥管、UPVC管和玻璃管，管径约为75～100mm。目前镀锌铁皮管或铸铁管使用得比较多，镀锌铁皮管为方形，断面尺寸一般为80～100mm或80～120mm；铸铁管管径为75mm或100mm。

在设计中，首先根据地区的降雨量和设计管道的通水能力确定每根水落管的服务面积，再根据屋面的形状和面积确定布置水落管的间距。由经验可知，民用建筑水落管的间距为8～12m，工业建筑为18～24m，汇水面积不超过250m^2。

细节：天沟的构造要求

在设计天沟外排水系统时，对天沟的构造要求主要有以下几点：

(1) 天沟的排水断面形式根据屋面的情况而定。为了增大天沟泄流量，天沟断面形式多采用水力半径大、湿周小的宽而浅的矩形或梯形。天沟断面具体尺寸根据排水量和天沟的汇水面积计算确定。

(2) 对于粉尘较多的厂房，考虑到积灰占去部分容积，应适当增大天沟断面，以保证天沟排水畅通。

(3) 天沟坡度一般在0.003～0.006之间，不宜太大，以免天沟起端屋顶垫层过厚而增加结构的荷重。也不宜太小，坡度过小可能在天沟抹面时局部出现倒坡，雨水在天沟中积水，造成屋顶漏水。

(4) 为防止天沟通过伸缩缝或沉降缝漏水，按照屋面的构造一般应将建筑物伸缩缝或沉降缝作为屋面天沟分水线，在分水线两侧分别设置。

(5) 天沟流水长度应根据地区暴雨强度、建筑物跨度(即汇水面积)、天沟断面形式和屋面结构形式等进行水力计算确定，一般单坡的排泄长度不要超过50m。

(6) 为了排水安全可靠，防止天沟末端积水太深，在天沟顶端设置溢流口，溢流口比天沟上檐低 50～100mm，天沟起点水深不小于 80mm。

细节：雨水斗的组成及构造

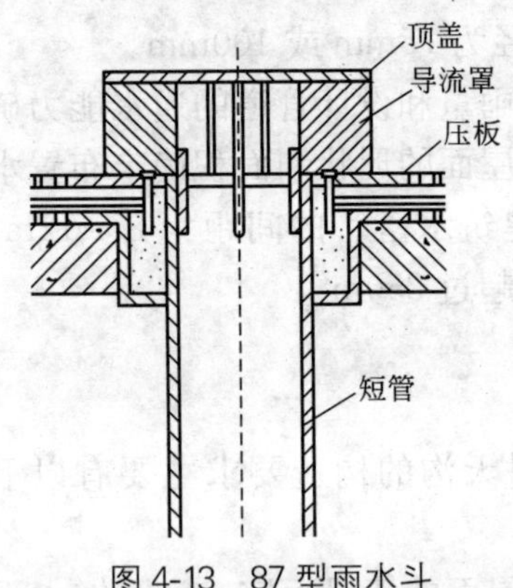

图 4-13　87 型雨水斗

雨水斗是将建筑物屋面的雨水导入雨水立管的专用装置，设在屋面。雨水斗的功能是最大限度地迅速排除屋面的雨雪水，最小限度地掺气，并能拦截粗大杂物。雨水斗有 65 型、79 型和 87 型，有 75mm、100mm、150mm 和 200mm 四种规格。87 型雨水斗由曲顶盖、导流罩压板和短管组成，其构造如图 4-13 所示。

雨水斗的构造特点是设有整流格栅装置，格栅的进水孔有效面积是与雨水斗相连的连接管面积的 2～2.5 倍，能够迅速排除屋面雨水。格栅还具有整流作用，避免形成过大的漩涡，稳定管前水位，减少掺气，最大限度地排除屋面雨水，并拦隔树叶等杂物。整流格栅可以拆卸，以便清理格栅上的杂物。

细节：雨水斗的布置

在设计雨水斗时，应考虑屋面汇水情况、屋面坡向和建筑物内部墙、梁、柱的位置，以及建筑结构承载和管系敷设等多种因素，合理布置。

布置雨水斗时，除了按水力计算确定雨水斗的间距和个数外，还应考虑建筑结构特点使立管沿墙柱布置，以固定立管。接入同一立管的雨水斗，安装高度宜在同一标高层。当两个雨水斗连接在同一根悬吊管上时，应将靠近立管的雨水斗口径减少

1 级。

内排水系统布置雨水斗应尽量以伸缩缝、沉降缝或伸出屋面的防火墙为分水线，否则应在伸缩缝、沉降缝或防火墙的两侧各设一个雨水斗。伸缩缝和沉降缝两侧的雨水斗如接在一根立管或悬吊管上，应采用伸缩接头并保证密封，但防火墙两侧雨水斗，不必考虑设伸缩接头和固定支点。

当采用多斗排水系统时，雨水斗的布置应注意以下几点：

(1) 雨水斗不能设在立管顶端。

(2) 雨水斗宜在立管两侧作对称布置，尽量减少雨水斗泄水时的互相干扰程度，以免减少总泄流量。

(3) 1 根悬吊管上连接的雨水斗不得多于 4 个。

(4) 1 根悬吊管设两个雨水斗时，近立管雨水斗应尽量靠近立管，以增大系统泄水量。同时，雨水斗间距不宜过大。

细节：设计雨水量计算

1. 屋面雨水流量计算

屋面雨水排水系统应迅速、及时地将屋面雨水排至室外雨水管渠或地面。屋面雨水水量的大小是设计雨水排水系统的依据，其值与该地暴雨强度 q_j、汇水面积 F_w 以及径流系统数 ψ 有关。设计雨水流量应按下式计算：

$$q_y = \frac{q_j \psi F_w}{10000} \tag{4-6}$$

式中 q_y——设计雨水流量，L/s；

q_j——设计暴雨强度，L/(s·hm²)；

ψ——径流系数；

F_w——汇水面积，m²；

当采用天沟集水且沟檐溢水会流入室内时，设计暴雨强度应乘以 1.5 的系数。

各种屋面、地面的雨水径流系数可按表 4-31 采用。

径　流　系　数　　表 4-31

屋面、地面种类	ψ	屋面、地面种类	ψ
屋面	0.90～1.00	干砖及碎石路面	0.40
混凝土和沥青路面	0.90	非铺砌地面	0.30
块石路面	0.60	公园绿地	0.15
级配碎石路面	0.45		

注：各种汇水面积的综合径流系数应加权平均计算。

2. 暴雨强度

如无各地暴雨强度公式或不能满足要求时，则可根据当地雨量记录进行推算或借用邻近地区的各地暴雨强度公式进行计算：

$$q_j=\frac{1.67A(1+C\lg P)}{(t+b)^{n}} \tag{4-7}$$

式中　q_j——设计暴雨强度，L/(s·100m²)；

P——设计重现期，年；

t——降雨历时，min，屋面雨水排水管道设计降雨历时应按 5min 计算；

A，b，C，n——当地降雨参数。

小区雨水管道设计降雨历时应按下式计算：

$$t=t_1+Mt_2 \tag{4-8}$$

式中　t——降雨历时，min；

t_1——地面集水时间，min，视距离长短、地形坡度和地面铺盖情况而定，可选用 5～10min；

M——折减系数，小区支管和接户管：$M=1$；小区干管：暗管 $M=2$，明沟 $M=1.2$；

t_2——排水管内雨水流行时间，min。

屋面雨水排水管道的排水设计重现期应根据建筑物的重要程度、汇水区域性质、地形特点和气象特征等因素确定，各种汇水区域的设计重现期不宜小于表 4-32 的规定值。

各种汇水区域的设计重现期量 **表 4-32**

汇水区域名称		设计重现期(年)
室外场地	小区	1～3
	车站、码头、机场的基地	2～5
	下沉式广场、地下车库坡道出入口	5～50
屋面	一般性建筑物屋面	2～5
	重要公共建筑屋面	≥10

注：1. 工业厂房屋面雨水排水设计重现期应根据生产工艺、重要程度等因素确定。

2. 下沉式广场设计重现期应根据广场的构造、重要程度、短期积水即能引起较严重后果等因素确定。

3. 汇水面积

(1) 建筑屋面都有一定坡度，汇水面积按屋面的水平投影面积进行设计计算，而不是按屋顶的实际面积进行设计计算，其计量单位通常以"m^2"表示。

(2) 对于高出屋面的侧墙，考虑到大风作用下雨水倾斜下落的影响，其计算方法为：

1) 若有一面侧墙高出屋面，应将其墙面积的 1/2 计入屋面汇水面积。

2) 若高出屋面两侧为侧墙时，两面墙相邻则按将两面墙面积的平方和的平方根$\sqrt{S_1^2+S_2^2}$的 1/2 计入汇水面积；两面墙相对且高度不同则按两侧端头联线面积的 1/2 计入汇水面积；两面墙相对且高度相同则可不计汇水面积。

3) 若三侧有侧墙时，也只按两侧计算，其中墙面积的取值应为最低墙顶以下的中间墙面积的 1/2，再加上最低墙顶以上的墙面面积的值。

4) 若四侧有侧墙时，也只按两侧或三侧计算，其中墙面积的取值按最低墙顶以上的墙面积计算，最低墙顶以下的面积不计入。

(3) 若有高出屋面的窗井，应附加其高出部分的最大一面侧墙面积的 1/2，进而计算。

（4）高层建筑群房屋面排水汇水面积的计算与高层建筑屋面排水汇水面积的计算方法相同。

细节：重力流屋面和压力流屋面系统设计要求

1. 重力流屋面雨水排水系统设计要求

（1）重力流屋面雨水排水管系的悬吊管应按非满流设计，其充满度不宜大于 0.8，管内流速不宜小于 0.75m/s。

（2）重力流屋面雨水排水管系的埋地管可按满流排水设计，管内流速不宜小于 0.75m/s。

（3）重力流屋面雨水排水立管的最大设计泄流量，应按表 4-33 确定。

重力流屋面雨水排水立管的泄流量　　表 4-33

<table>
<tr><th colspan="2">铸铁管</th><th colspan="2">塑料管</th><th colspan="2">钢管</th></tr>
<tr><th>公称直径（mm）</th><th>最大泄流量（L/s）</th><th>公称外径×壁厚（mm）</th><th>最大泄流量（L/s）</th><th>公称外径×壁厚（mm）</th><th>最大泄流量（L/s）</th></tr>
<tr><td>75</td><td>4.30</td><td>75×2.3</td><td>4.50</td><td>108×4</td><td>9.40</td></tr>
<tr><td rowspan="2">100</td><td rowspan="2">9.50</td><td>90×3.2</td><td>7.40</td><td rowspan="2">133×4</td><td rowspan="2">17.10</td></tr>
<tr><td>110×3.2</td><td>12.80</td></tr>
<tr><td rowspan="2">125</td><td rowspan="2">17.00</td><td>125×3.2</td><td>18.30</td><td>159×4.5</td><td>27.80</td></tr>
<tr><td>125×3.7</td><td>18.00</td><td>168×6</td><td>30.80</td></tr>
<tr><td rowspan="2">150</td><td rowspan="2">27.80</td><td>160×4.0</td><td>35.50</td><td rowspan="2">219×6</td><td rowspan="2">65.50</td></tr>
<tr><td>160×4.7</td><td>34.70</td></tr>
<tr><td rowspan="2">200</td><td rowspan="2">60.00</td><td>200×4.9</td><td>64.60</td><td rowspan="2">245×6</td><td rowspan="2">89.80</td></tr>
<tr><td>200×5.9</td><td>62.80</td></tr>
<tr><td rowspan="2">250</td><td rowspan="2">108.00</td><td>250×6.2</td><td>117.00</td><td rowspan="2">273×7</td><td rowspan="2">119.10</td></tr>
<tr><td>250×7.3</td><td>114.10</td></tr>
<tr><td>300</td><td>176.00</td><td>315×7.7</td><td>217.00</td><td>325×7</td><td>194.00</td></tr>
<tr><td>—</td><td>—</td><td>315×9.2</td><td>211.00</td><td>—</td><td>—</td></tr>
</table>

2. 满管压力流屋面雨水排水系统设计要求

(1) 悬吊管水头损失不得大于 80kPa。

(2) 悬吊管设计流速不宜小于 1m/s，立管设计流速不宜大于 10m/s。

(3) 满管压力流排水管系各节点的上游不同支路的计算水头损失之差，在管径小于或等于 *DN*75 时，不应大于 10kPa；在管径大于或等于 *DN*100 时，不应大于 5kPa。

(4) 悬吊管中心线与雨水斗出口的高差宜大于 1.0m。

(5) 雨水排水管道总水头损失与流出水头之和不得大于雨水管进、出口的几何高差。

(6) 满管压力流排水管系出口应放大管径，其出口水流速度不宜大于 1.8m/s，当其出口水流速度大于 1.8m/s 时，应采取消能措施。

细节：溢流口的孔口尺寸计算

溢流口的功能主要是(雨水系统)超量雨水和事故排水的排除。按最不利情况考虑，溢流口的排水能力应不小于 50 年重现期的雨水量。

溢流口的孔口尺寸可按下式近似计算：

$$Q=385b\sqrt{2gh}^{1/3} \tag{4-9}$$

式中 Q——溢流口服务面积内的最大降雨量，L/s；

b——溢流口宽度，m；

h——溢流孔口高度，m；

g——重力加速度，m/s^2，取 9.81。

细节：建筑内排水系统设计计算

内排水系统的设计计算包括选择布置雨水斗，布置连接管、悬吊管、立管、排出管和埋地管并计算确定其管径。

排入敞开式雨水排水系统的生产废水量，如果大于 5%的雨水设计流量时，应以雨水量和生产废水量之和来确定雨水管管径，这时可将生产废水量 Q 换算成当量汇水面积 F。

雨水斗在设计时，应根据屋面坡向和建筑物内部墙、梁、柱的位置，合理布置雨水斗，计算每个雨水斗的汇水面积，根据当地的 5min 降雨厚度 h_s，查表确定雨水斗的直径。

雨水斗可承担的汇水面积，与雨水斗的泄流能力有关，其计算公式为：

$$F=\frac{3600}{h_s}\frac{Q}{k_1} \tag{4-10}$$

令 $N=3600/h_s$，简化为：

$$F=N\frac{Q}{k_1} \tag{4-11}$$

式中 F——最大允许汇水面积，m^2；

k_1——渲泄能力系数；

Q——最大允许泄流量，L/s；

N——取决于小时降雨厚度的系数，取值见表 4-34。

降雨强度 h_s 与系数 N 的关系表 **表 4-34**

h_s(mm/h)	50	60	70	80	90	100	110	120	140	160	180	200
N	72	60	51.4	45	40	36	32.7	30	25.7	22.5	20	18

雨水斗的渲泄流量与雨水斗前水位有很大的关系，斗前水位越大，则泄流量越大。

屋面雨水斗的最大泄流量如表 4-35 所示。

屋面雨水斗的最大泄流量(L/s) **表 4-35**

雨水斗规格(mm)		50	75	100	125	150
重力流排水系统	重力流雨水斗泄流量	—	5.6	10.0	—	23.0
	87 型雨水斗泄流量	—	8.0	12.0	—	26.0
满管压力流排水系统	雨水斗泄流量	6.0～18.0	12.0～32.0	25.0～70.0	60.0～120.0	100.0～140.0

注：满管压力流雨水斗应根据不同型号的具体产品确定其最大泄流量。

单斗系统的雨水斗、悬吊管、立管和排水横管的口径均相同，系统的设计秒流量不应超过表 4-36 中的数值。

单斗系统的最大设计排水能力　　表 4-36

口径(mm)	75	100	150	200
排水能力(L/s)	8	16	32	52

对于悬吊管上具有一个以上雨水斗的多斗系统，雨水斗的设计流量根据表 4-37 取值，最远端雨水斗的设计流量不得超过表中数值。在实际设计中，建议以最远斗为基准，其他各斗的设计流量依次比上游斗递增 10％，但到第 5 个斗时，设计流量不再增加。

87 型和 65 型雨水斗的设计流量　　表 4-37

口径(mm)	75	100	150	200
排水能力(L/s)	8	12	26	40

细节：普通外排水系统设计计算

(1) 根据屋面坡向和建筑物立面要求等情况，按经验布置立管。立管设置间距应根据降雨量、每根立管的服务面积和管道能力而定，一般为 15～20m。

(2) 划分并计算每根立管的汇水面积，一般汇水面积不超过 $250m^2$。

(3) 确定重现期，计算暴雨强度 q_s。

(4) 按雨水计算公式(4-12)或公式(4-13)来计算每根立管需排泄的雨水量 Q。

$$Q=k_1\frac{Fq_s}{10000} \tag{4-12}$$

$$Q=k_1\frac{Fh_s}{3600} \tag{4-13}$$

式中　Q——屋面雨水设计流量，L/s；

q_s——当地降雨历时为 5min 时设计降雨强度，L/(s·hm²)；

F——汇水面积，m²；

k_1——设计重现期为 1 年时的屋面渲泄能力系数；

h_s——当地降雨历时为 5min 时的小时降雨强度，mm/h。

（5）根据设计雨水量 Q，查表 4-38，使设计雨水量不大于表 4-38 中最大设计泄流量，确定雨水立管管径。

雨水立管最大设计泄流量　　表 4-38

管径(mm)	75	100	125	150	200
最大设计泄流量(L/s)	9	19	29	42	75

【禁　忌】

禁忌：雨水排水管材选用不符合有关规定

【分析】

屋面设计排水能力是相对的，屋面溢流工程不能将超设计重现期的雨水及时排除时，重力流排水管系一定会转为压力流。因此，高层建筑屋面雨水排水管宜采用承压塑料管和金属管。

悬吊管是屋面雨水压力流排水的瓶颈，其排水动力为立管泄流产生的有限负压和雨水斗底与悬吊管的高差之和，选择内壁光滑的承压管，有利于提高排水管系的排水能力。

压力流排水系统抗负压的要求，具体如下：

高密度聚乙烯管　$b \geqslant 0.039D$　（b——壁厚，D——管外径）

聚丙烯管　$b > 0.035D$

ABS 管　$b \geqslant 0.032D$

聚氯乙烯管　$b \geqslant 0.026D$

【措施】

雨水排水管材选用应符合下列规定：

（1）重力流排水系统中，多层建筑宜采用建筑排水塑料管，高层建筑宜采用耐腐蚀的金属管和承压塑料管。

(2) 满管压力流排水系统宜采用内壁较光滑的带内衬的承压排水铸铁管、承压塑料管和钢塑复合管等，其管材工作压力应大于建筑物净高度产生的静水压。用于满管压力流排水的塑料管，其管材抗环变形外压力应大于0.15MPa。

(3) 小区雨水排水系统可选用埋地塑料管、混凝土管或钢筋混凝土管和铸铁管等。

禁忌：不了解建筑屋面雨水管道设计流态

【分析】

屋面雨水进入雨水斗时，会挟带一部分空气进入雨水管道，所以，雨水管道中是水、气两相流。雨水从雨水斗到室外雨水井或地面的过程中无能量输入，所以为重力流动。进入雨水管道系统的空气量直接影响管道内的压力波动和水流状态，随着雨水斗斗前的水面深度 h 的不断增加，管道中会出现重力无压流、重力半有压流和压力流(虹吸流)三种流态。

檐沟排水常用于多层住宅或建筑体量与之相似的一般民用建筑，其屋顶面积较小，建筑四周排水出路多，立管设置要服从建筑美观的要求，故宜采用重力流排水。

长天沟外排水常用于工业厂房，汇水面积大，排水立管设置数量少，只有采用压力流排水，才能利用管系通水能力大的特点，将具有一定重现期的屋面雨水排除。

高层建筑，汇水面积较小，采用重力流排水，增加一根立管，便有可能成倍提高屋面的排水重现期，增大雨水管系的渲泄能力。因此，建议采用重力排水，以便降低对管材的承压能力的要求。

工业厂房、库房及公共建筑的汇水面积较大，可敷设立管的地方却较少，只有充分发挥每根立管的作用，才能较好地排除屋面雨水，因此，应积极采用压力流排水。

【措施】

建筑屋面雨水管道设计流态宜符合下列规定：

(1) 檐沟外排水宜按重力流设计。

(2) 长天沟外排水宜按压力流设计。

(3) 高层建筑屋面雨水排水宜按重力流设计。

(4) 工业厂房、库房、公共建筑的大型屋面雨水排水宜按压力流设计。

禁忌：阳台排水系统与屋面排水系统共用

【分析】

为杜绝屋面雨水从阳台溢出，阳台排水管系应单独设置。住宅屋面雨水排水立管虽都按重力流设计，但当遇超重现期的暴雨时，其立管上端会产生较大负压，可将与其连接的存水弯水封抽吸掉，其立管下端会产生较大正压，雨水可从阳台地漏中溢出。只有在雨水立管每层设置雨水漏斗，阳台雨水排入漏斗，雨水立管底部自由出流的情况下，才可考虑屋面雨水与阳台雨水合流，但这样可能会产生雨水排水噪声的弊端。

【措施】

高层建筑阳台排水系统应单独设置，多层建筑阳台雨水宜单独设置。阳台雨水立管底部应间接排水。

禁忌：满管压力流屋面雨水排水悬吊管中心线与雨水斗出口同高

【分析】

一场暴雨的降雨过程是由小到大，再由大到小，即使是满管压力流屋面雨水排水系统，在降雨初期仍是重力流，靠雨水斗出口到悬吊管中心线高差的水力坡降排水，故悬吊管中心线与雨水斗出口应有一定的高差，并应进行计算复核，避免造成屋面积水溢流，甚至发生屋面坍塌事故。

【措施】

满管压力流屋面雨水排水悬吊管中心线与雨水斗出口应有一定的高差，高差宜大于 1.0m。

禁忌：雨水排水系统中未设置沉泥槽

【分析】

沉泥槽是雨水口(进水井)或检查井底部加深的部分，用于沉积管道中的泥沙等。设置沉泥槽的目的是为了便于将养护时从管道内清除的污泥，从检查井中用工具清除。如果在整个排水系统中未设置沉泥槽，将会造成淤泥沉积无法清掏，堵塞整个系统。

【措施】

应根据各地情况，在排水管道每隔适当距离的检查井内和泵站前一检查井内设沉泥槽，深度宜为0.3～0.5m，对管径小于600mm的管道，距离可适当缩短。

4.3 居住小区排水系统

【细　节】

细节：居住小区排水系统组成

居住区排水系统是由排水管道、检查井、雨水口和污废水处理构筑物组成的。

(1) 排水管道。集流小区的各种污废水和雨水。

(2) 检查井和雨水口。雨水排水管道系统中设有雨水井、雨水口，用于收集屋面地面上的雨水。其他生活污水、工业污废水排水管道系统上设有检查井，用于管道变径、变向、坡度变化和管道清洗检查。

(3) 污废水处理构筑物。居住区排水系统污废水处理构筑物有：与城镇排水连接处有化粪池，锅炉排污管处有降温池，食堂排出管处有隔油池等简单处理构筑物。若污水回用，根据水质采用相应中水处理设备设施构筑物等。

细节：居住小区排水管道布置要求

（1）排水管道布置应根据小区总体规划、道路和建筑的布置、污水雨水去向和地形标高等按管线短、埋深小，尽量自流排出的原则确定。

（2）排水管道宜沿道路和建筑物的周边呈平行布置，减少转弯，路线最短，并尽量减少与其他管线、河流的交叉。干管应靠近主要排水建筑物，并布置在连接支管较多的一侧。管道应尽量布置在道路外侧的草地或人行道的下面。不允许平行布置在乔木的下面。与其他管道和构筑物、建筑物的净距离，应符合相关规定。

（3）排水管道在车行道下最小覆土深度不宜小于 0.7m，如小于 0.7m 时应采取保护管道防止受压破损的技术措施。生活排水管道最小覆土深度不宜小于 0.3m。生活排水管道管底可埋设在土壤冰冻线以上 0.15m，且埋深应考虑两方面因素：一方面要使建筑小区的污水管能顺利排入市政污水管道；另一方面要使建筑物的排出管能排入小区的污水管。

（4）在排水管道连接支管处、转弯处、管径或坡度的改变处、跌水处、直线管道上每隔一定距离处，需设置排水检查井，排水检查井起管道的清通和连接作用。

建筑小区内的直线管段上检查井间的最大间距如表 4-39 所示。

检查井间的最大间距　　表 4-39

管径(mm)	最大间距(m)	
	合流管道	排水管道
150	20	20
200～300	30	30
400	30	40
≥500	—	50

检查井可采用圆形或矩形，井盖宜采用圆形。检查井井深小于或等于 1.0m 时，可采用井径(方形检查井的内径指内边长)不

小于 600mm 的检查井；井深大于 1.0m 时，井径不宜小于 700mm。排水检查井井底应设导流槽。

（5）排水管道在检查井处的衔接方法，通常有水面平接和管顶平接两种，如图 4-14 所示。

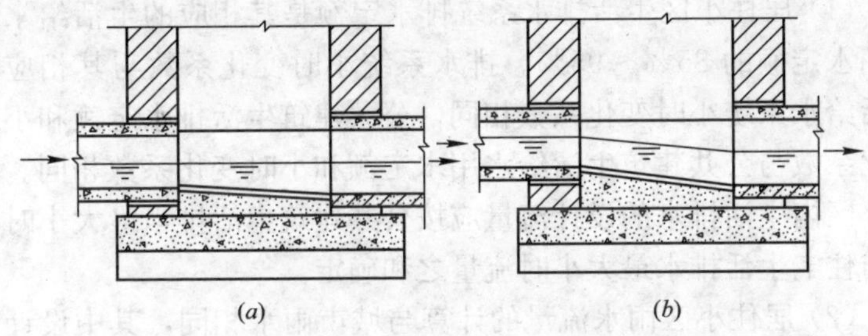

图 4-14　污水管道的衔接图

(a)水面平接；(b)管顶平接

水面平接是指上游管段终端和下游管段起端的水面相平。管顶平接是指上游管段终端和下游管段起端的管顶标高相同。不管采用哪种衔接方法，下游管段起端的水面和管底标高都不得高于上游管段终端的水面和管底标高。

（6）当生活污水管道上下游跌水水头大于 0.5m 时，为防止水流下跌时对排水检查井的冲刷，应设置跌水井，跌水井构造如图 4-15 所示。跌水井的跌水高度规定为：进水管管径不超过 200mm 时，一次跌水水头高度不得大于 6.0m；管径为 250～

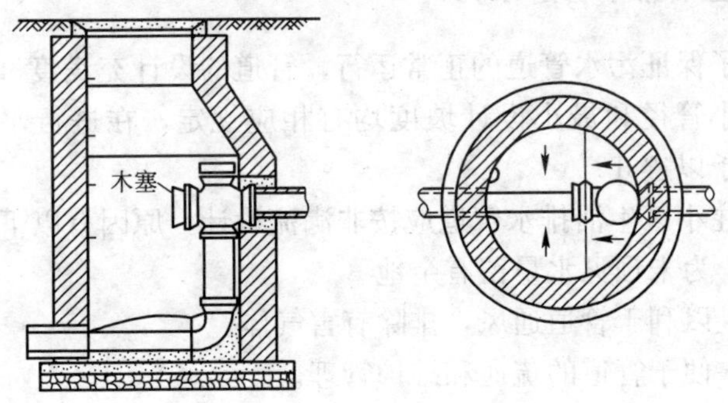

图 4-15　竖管式跌水井

400mm 时，一次跌水水头高度不得大于 4.0m。在跌水井内不得接入支管，管道转弯处也不得设置跌水井。

细节：居住小区排水量计算

(1) 居住小区生活排水系统排水定额是其相应的生活给水系统用水定额的 85%～95%。排水系统小时变化系数与其相应的生活给水系统小时变化系数相同，公共建筑生活排水定额和小时变化系数与公共建筑生活给水用水定额和小时变化系数相同。居住小区内生活排水的设计流量应按公共建筑生活排水最大小时流量与住宅生活排水最大小时流量之和确定。

(2) 居住小区雨水流量的计算与城市雨水相同，其中设计重现期应根据气象特点和地形条件等因素综合确定，一般宜选用 0.5～1.0 年；小区综合径流系数可根据建筑稠密程度在 0.5～0.8 内选用；地面集水时间根据距离长短，地面坡度和地面覆盖情况确定，一般取 5～10min；小区支管和接户管的折减系数 m 取 1，小区雨水干管的取值为：暗管 $m=2$，明渠 $m=1.2$。

(3) 居住小区排水系统采用合流制时，设计流量为生活污水流量与雨水流量之和。生活污水流量可取平均日污水流量。雨水流量计算时，设计重现期宜高于同一情况下分流制雨水排水系统的设计重现期。

细节：生活排水管道水力计算

为了保证污水管道的正常运行，管道的设计充满度、设计流速、最小管径和最小设计坡度均有相应规定，在进行水力计算时，应予以遵守。

居住小区生活排水管道应按非满流设计，原因有以下三点：

(1) 为未预见水量留有余地。

(2) 以利于管道通风，排除有害气体。

(3) 便于管道的疏通和维护管理。

居住小区室外排水管道中最小管径的最大设计充满度按表 4-40

选用，管径大于 300mm 的管道最大设计充满度如表 4-41 所示。

居住小区室外生活排水管道设计参数　　表 4-40

管别	管材	最小管径(mm)	最小设计坡度	最大设计充满度
接户管	埋地塑料管	160	0.005	0.5
	混凝土管	150	0.007	
支管	埋地塑料管	160	0.005	
	混凝土管	200	0.004	0.55
干管	埋地塑料管	200	0.004	
	混凝土管	300	0.003	

注：接户管管径不得小于建筑物排出管管径。

污水管道的最大设计充满度　　表 4-41

管径(mm)	350～450	500～900	≥1000
最大设计充满度	0.65	0.70	0.75

为保证污水管道不发生淤积，生活排水管道最小流速为 0.6m/s。为防止流速过大冲刷损害管道，金属管道的最大流速为 10m/s，非金属管道的最大流速为 5m/s，设计流速应在最小流速和最大流速范围内。

在设计生活污水接户管和居住组团的排水支管时，设计流量很小，在满足自净流速和最大设计充满度的情况下，查水力计算图或水力计算表确定的管径偏小，容易发生管道堵塞。这时，按最小管径和最小坡度进行设计。

居住小区污水不能自流排入市政污水管道时，应设置污水泵房。污水泵房应建成单独构筑物，并应有卫生防护隔离带。泵房设计应按现行的《室外排水设计规范》GB 50014—2006 执行。污水泵的流量应按小区最大小时生活排水流量选定，扬程按提升高度、管路系统水头损失，另附加 2～3m 流出水头计算。

细节：集水池和雨水泵设置

对于下沉式的花园、广场等低洼处积水无法重力排除时，应设集水池和雨水泵排除雨水。

1. 雨水集水池

集水池的有效容积 V 为：

$$V=QT \tag{4-14}$$

式中 Q——雨水流量，按公式 $Q=q\cdot\varphi\cdot F$ 计算，其中降雨强度的设计重现期根据雨水溢进室内带来的危害程度确定，一般不低于10年；

T——时间，宜采用5min。

集水池的深度(从建筑的地面起)主要由超高、有效水深(与有效容积对应)和水泵吸水最低水位高度三部分叠加而定。

2. 雨水泵

雨水泵流量根据 Q 选取，扬程 H(m)根据下列公式计算：

$$H=Z+iL+2 \tag{4-15}$$

式中 Z——压力雨水管出口的标高与集水池最低水位的标高差，m；

i——水力坡降，按给水管道计算方法确定；

L——雨水管的计算长度，包括管长和局部配件的当量长度，m；

2——出水口的自由水头，m。

【禁　　忌】

禁忌：生活污水处理设施设置不符合环保要求，造成多重污染

【分析】

如果生活污水处理构筑物设置不符合要求，可能会产生空气污染、噪声污染，甚至污水渗透污染地下水池。

【措施】

生活污水处理设施的设置应符合下列要求：

(1) 处理站如布置在建筑地下室时，应有专用隔间。

(2) 处理站与给水泵站及清水池水平距离不得小于10m。

(3) 处理站宜设置在绿地、停车坪及室外空地的地下。

(4) 生活污水处理设施的设置宜靠近接入市政管道的排放点。

(5) 居住小区处理站的位置宜在常年最小频率的上风向，且应用绿化带与建筑物隔开。

设置生活污水处理设施的房间或地下室应有良好的通风系统，当处理构筑物为敞开式时，换气次数不宜小于 $15h^{-1}$，当处理设施有盖板时，换气次数不宜小于 $5h^{-1}$。

由于生活污水处理设施置于地下室或建筑物邻近的绿地之下，为了保护周围环境的卫生，应设置除臭系统，目前多采用以下方法：

(1) 设置排风机和排风管，排放口位置应避免对周围人、畜、植物造成危害和影响。最好将臭气引至屋顶以上高空排放。

(2) 将臭气引至土壤层进行吸附除臭。

禁忌：集水池的设计不符合规定，造成空气污染

【分析】

集水池只起污水量贮存调节作用。集水池容积不宜小于最大一台污水泵 5min 的出水量，一般设计时应比此值要大。集水池容积还要以水泵自动启闭次数不宜大于 6 次来校核。水泵启动过于频繁，影响电机的使用寿命。

集水池中污水散发大量臭气等有害气体应及时排至高空。强制排风装置不可以对空气造成污染。冲洗管应利用污水泵出口的压力，返回集水池内进行冲洗，不得用生活饮用水管道接入集水池进行冲洗，否则容易造成污水回流污染饮用水水质。

【措施】

集水池设计应符合下列规定：

(1) 集水池有效容积不宜小于最大一台污水泵 5min 的出水量，且污水泵每小时启动次数不宜超过 6 次。

(2) 集水池除满足有效容积外，还应满足水泵设置、水位控制器和格栅等安装、检查要求。

(3) 集水池设计最低水位应满足水泵吸水要求。

(4) 当集水池设置在室内地下室时，池盖应密封，并设通气管系；室内有敞开的集水池时，应设强制通风装置。

(5) 集水池底应有不小于 0.05 坡度坡向泵位。集水坑的深度及其平面尺寸应按水泵类型而定。

(6) 集水池底宜设置自冲管、设置水位指示装置，必要时应设置超警戒水位报警装置，将信号引至物业管理中心。

禁忌：化粪池的构造不符合要求，有毒气体无法排出

【分析】

化粪池的构造尺寸理论上与平流式沉淀池一样，根据水流速度、沉降速度通过水力计算就可以确定沉淀部分的空间，再考虑污泥积存的数量确定污泥占有空间，最终选择长、宽、高的比例。从水力沉降效果来说，化粪池浅些、狭长些沉淀效果更好，但这对施工不便，且化粪池单位空间材料耗量大。对于某些建筑物污水量少，算出的化粪池尺寸很小，无法施工。实际上污水在化粪池中的水流状态并非按常规沉淀池的沉淀曲线运行，水流非常复杂。

化粪池入口处设置导流装置，格与格之间设置拦截污泥浮渣的措施，目的是保护污泥浮渣层隔氧功能不被破坏，保证污泥在缺氧的条件下腐化发酵，一般采用三通管件和乙字弯管件。化粪池的通气很重要，因为化粪池内有机物在腐化发酵过程中分解出各种有害气体和可燃性气体，如硫化氢和甲烷等，及时将这些气体通过管道排至室外大气中去，避免发生爆炸、燃烧、中毒和污染环境的事故。因此，化粪池格与格之间应设通气孔洞，而且在化粪池与连接井之间也应设置通气孔洞。

【措施】

化粪池的构造应符合下列要求：

(1) 化粪池的长度与深度、宽度的比例应按污水中悬浮物的沉降条件和积存数量，经水力计算确定，但深度(水面至池底)不得小于 1.3m，宽度不得小于 0.75m，长度不得小于 1.0m，圆形化粪池直径不得小于 1.0m。

（2）双格化粪池第一格的容量宜为计算总容量的 75%，三格化粪池第一格的容量宜为总容量的 60%，第二格和第三格各宜为总容量的 20%，如图 4-16 所示。

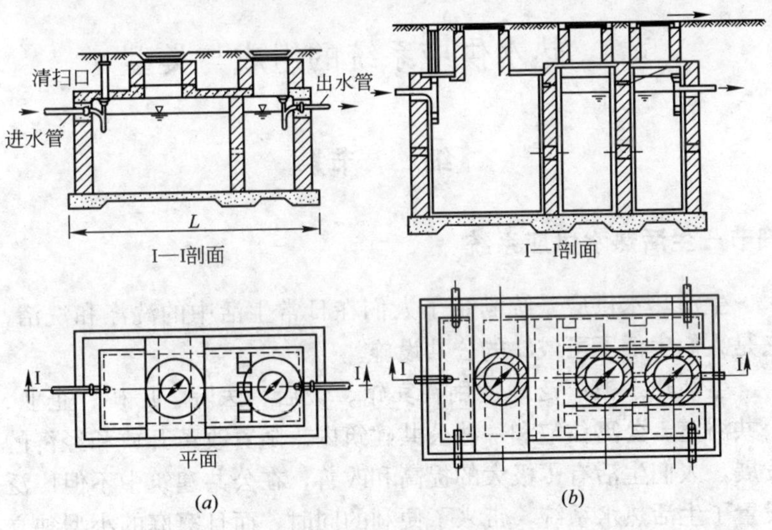

图 4-16　化粪池构造图

(a)双格化粪池；(b)三格化粪池

（3）化粪池顶上应设有人孔和盖板。

（4）化粪池池壁和池底，应防止渗漏。

（5）化粪池进水管口应设导流装置，出水口处及格与格之间应设拦截污泥浮渣的设施。

（6）化粪池进水口、出水口应设置连接井与进水管、出水管相接。

（7）化粪池格与格、池与连接井之间应设通气孔洞。

第 5 章　建筑热水供应系统设计

5.1　热水供应系统的组成与类型

【细　　节】

细节：生活热水供应系统

生活热水供应系统满足了人们在日常生活中的洗涤和洗浴，它是人们生活不可或缺的公共设施。

生活热水被广泛地使用在宾馆、饭店、医院、厂矿、企业、公共浴室、公寓住宅和一些公共建筑内。随着改革开放和经济的发展，人们生活有了极大的提高和改善，在公共建筑中不但广泛设置了生活热水系统，带来了便利的同时，而且家庭的小型独立的热水供应更是改善了人们的生活质量及舒适程度。在满足人们洗浴要求的同时，热水供应系统还可满足人们开水供应的需要。

细节：热水供应系统组成

热水供应系统主要由热媒系统、热水供水系统和附件三部分组成。图 5-1 所示为典型的集中热水供应系统。

1. 热媒系统(第一循环系统)

热媒系统由热源、水加热器和热媒管网组成。由锅炉生产的蒸汽(或高温热水)经热媒管网输送到水加热器加热冷水，经过热交换蒸汽变成冷凝水，靠余压经疏水器流到冷凝水池，冷凝水和新补充的软化水经冷凝循环泵送回锅炉生产蒸汽，如此循环完成热量的传递。对于区域性热水系统不需设置锅炉。

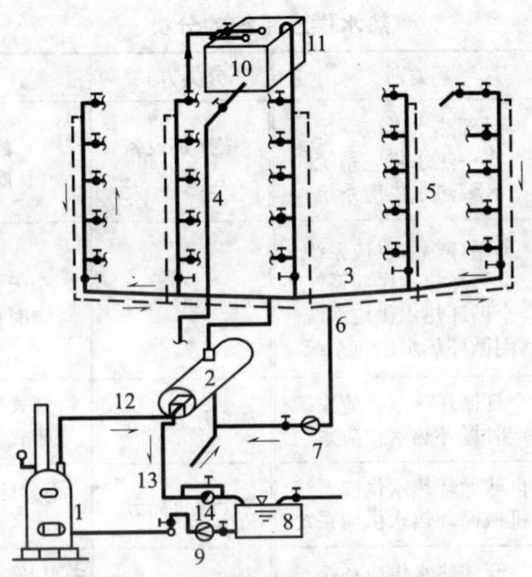

图 5-1 热媒为蒸汽的集中热水系统

1—锅炉；2—水加热器；3—配水干管；4—配水立管；5—回水立管；6—回水干管；7—循环泵；8—凝结水池；9—凝结水泵；10—给水水箱；11—透气管；12—热媒蒸汽管；13—凝水管；14—疏水器

2. 热水供水系统(第二循环系统)

热水供水系统由热水配水管网和回水管网组成。被加热到一定温度的热水，从水加热器流出经配水管网输送至各个热水配水点，而水加热器的冷水由高位水箱或给水管网补给。为保证各用水点随时都有规定水温的热水，在立管和水平干管甚至支管上设置回水管，使一定量的热水经过循环水泵流回水加热器以补充管网所散失的热量。

3. 附件

附件包括蒸汽、热水的控制附件及管道的连接附件，如温度自动调节器、疏水器、自动排气阀、膨胀罐(管)、减压阀、安全阀、膨胀水箱、管道补偿器、阀门和止回阀等。

细节：热水供应系统分类

热水供应系统的分类如表 5-1 所示。

热水供应系统的分类　　表 5-1

分类方式	类别	分类方式	类别
按热水供应范围分类	局部热水供应系统 集中热水供应系统 区域热水供应系统	按换热设备位置分类	下置式供水方式 上置式供水方式
按热水管网循环方式分类	不循环热水供应系统 半循环热水供应系统 全循环热水供应系统 倒循环热水供应系统	按供水时间分类	全天供热供水方式 定时供热供水方式
按热水管网运行方式分类	全日循环热水供应系统 定时循环热水供应系统	按压力工况分类	开式热水供水方式 闭式热水供水方式
按热水管网循环动力分类	自然循环热水供应系统 机械循环热水供应系统	按管网布局分类	不分区热水供水方式 分区热水供水方式
按热水供应系统是否敞开分类	开式热水供应系统 闭式热水供应系统	按减压方式分类	中间水箱减压热水供水方式 减压阀减压热水供水方式
按热水配水管网干管位置分类	上行下给式热水供应系统 下行上给式热水供应系统 分区供水式热水供应系统	按循环管道走向分类	同程式热水供水系统 异程式热水供水系统
按热媒分类	蒸汽供热热水供应方式 高温水供热热水供应方式	按水温调节功能分类	单管式热水供水系统 双管式热水供水系统
按加热方式分类	直接加热方式 间接加热方式		

细节：局部热水供应系统

局部热水供应系统采用小型加热器在用水场所就地加热，供局部范围内一个或几个配水点。如采用小型燃气热水器、太阳能热水器、电热水器等，供给单个厨房、浴室和生活间等用水。对于大型建筑，同样也可以采用很多局部热水供应系统分别对各个用水场所供应热水。

局部热水供应系统的特点是：热水输送管道短，热损失小；系统、设备简单，造价低；安装及维护管理方便、灵活；改建、增设较容易；小型加热器热效率低，制水成本较高；使用不如集中供热方便、舒适；每个用水场所均需设置加热装置；热媒系统设施投资较高，占用建筑总面积较大。

局部热水供应系统适用于热水用量较小且较分散的建筑，如一般单元式居住建筑、小型饮食店、理发馆、诊所、医院等。

细节：集中热水供应系统

在锅炉房、热交换站或加热间将水集中加热后，通过热水管网输送到整幢或几幢建筑的热水系统称集中热水供应系统。

集中热水供应系统的优点是：加热设备与其他设备集中设置，便于集中维护和管理；加热设备热效率较高，热水成本较低；卫生器具的同时使用率较低，设备总容量较小，各热水使用场所无需设置加热装置，占用总建筑面积较少；使用较为方便、舒适。

集中热水供应系统的缺点是：设备、系统较复杂，建筑投资较大；需要有专门的维护管理人员；管网较长，热损失较大；一旦建成后，改建、扩建较困难。

集中热水供应系统适用于热水用量较大、用水点比较集中的建筑，如较高级居住建筑、旅馆、公共浴室、疗养院、医院、体育馆、游泳池、大型饭店等公共建筑，布置较集中的工业企业建筑等。

细节：不循环热水供应系统

不循环管网就是不设回水管道的热水管网。

不循环管网(见图 5-2)适用于热水供应系统较小、使用要求不高的定时供应系统连续用水的建筑，如公共浴室、某些工业企业的生活和生产用热水等。

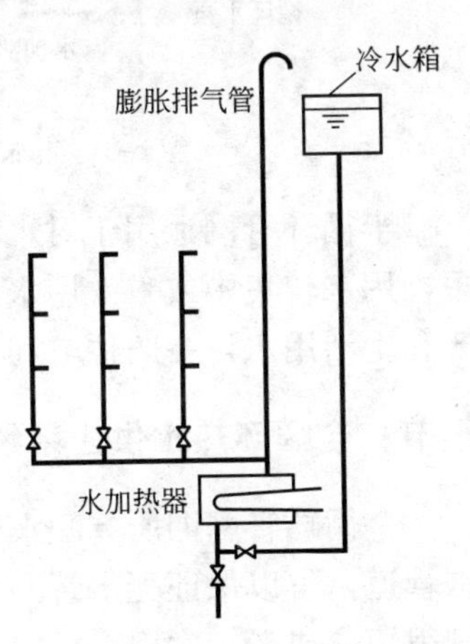

图 5-2　热水系统循环方式-不循环

细节：半循环热水供应系统

半循环供水方式有立管循环和干管循环之分。立管循环热水供水方式是指热水立管和热水干管内均保持有热水的循环，打开配水龙头时只需放掉热水支管中少量的存水，就能获得规定水温的热水。干管循环热水供水方式(见图 5-3)是指仅保持热水干管内的热水循环。在热水供应前，先用循环泵把干管中已冷却的存水循环加热，当打开配水龙头时只需放掉立管和支管内的冷水就可得到符合要求的热水。

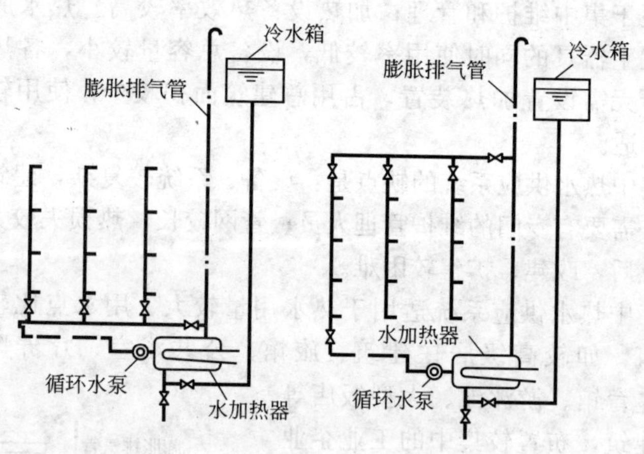

图 5-3　热水系统循环方式-干管循环

半循环管网适用于对水温要求不是很严格，支管、分支管较短，用水较集中或一次用水量较大的建筑，如某些工业企业的生产和生活用水，一般住宅和集体宿舍等。

细节：全循环热水供应系统

全循环管网即所有配水干管、立管和分支管都设有相应的回水管道，可以保证配水管网任意点水温的热水管网。在配水分支管很短，或者一次用水量较大的器具(如浴盆等)，或对水温没有特殊要求时，分支管也可不设回水管道。

全循环管网适用于要求能随时获得设计温度热水的建筑，如高层民用建筑、旅馆、医院、疗养院和托儿所等，如图 5-4 所示。

细节：倒循环热水供应系统

倒循环热水供应方式水加热器承受的水压力小，冷水进水管道较短，水头损失小，可降低冷水水箱设置高度，膨胀排气管短，高出冷水水箱水面的高度小。但它必须设置循环水泵，减振消声处理要求高，一般仅适用于高层建筑，如图 5-5 所示。

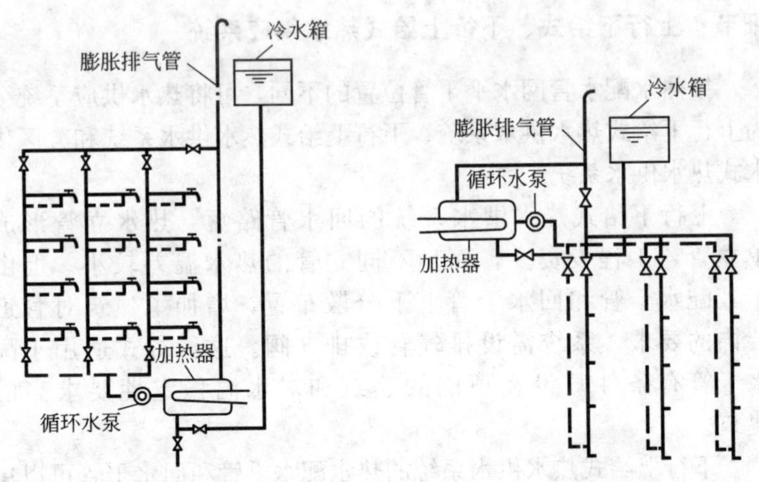

图 5-4 热水系统循环方式-全循环　　图 5-5 热水系统循环方式-倒循环

细节：自然循环、机械循环热水供应系统

按热水管网循环动力的不同，可将热水供应系统分为自然循环热水供应系统和机械循环热水供应系统。

(1) 自然循环方式。自然循环方式即利用热水管网中配水管和回水管内的温度差所形成的自然循环作用水头(自然压力)，使管网内维持一定的循环流量，以补偿热量损失，保持一定的供水温度。自然循环要求水平间距短，且系统简单，绝大部分建筑的集中热水供应系统满足不了自然循环的要求，而且一般配水管与回水管内的水温差仅为 5～10℃，循环水头太小，供水过程中又因结垢管径在不断减小，循环管路系统的阻力在逐渐增加，很难实现同程循环，循环效果差，达不到节水节能的目的。所以现实中使用自然循环方式的很少，尤其对于大、中型建筑采用自然循环有一定的困难。

(2) 机械循环方式。机械循环方式即利用水泵强制水在热水管网内循环，生成一定的循环流量，以补偿管网热损失，维持一定的水温。目前热水供应系统多采用机械循环方式。

细节：上行下给式、下行上给式热水供应系统

按热水配水管网水平干管位置的不同，可将热水供应系统分为上行下给式热水供水系统、下行上给式热水供水系统和分区供水式热水供水系统。

上行下给式热水供水系统的回水管路短，热水立管形成单立管，工程投资少，而且不同立管的热水温差较小。但由于其配水干管和回水干管上下分散布置，增加了建筑对管道装饰的要求，系统需设排气管或排气阀。这种方式适用于配水干管有条件敷设在顶层的建筑和对水温稳定性要求高的建筑。

下行上给式热水供水系统的热水配水干管和回水干管可以集中敷设，利用最高配水龙头排气，可不设排气阀。但其回水管路长，热水立管形成双立管，管材用量多，造价较高，布置安装复杂。这种方式适用于配、回水管有条件布置在底层或地下室内的建筑。

细节：开式热水供应系统

开式热水供水方式是在所有配水点关闭后，系统内的水仍与

大气相通，如图 5-6 所示。该方式中一般在管网顶部设有高位冷水箱和膨胀管或高位开式加热水箱，系统内的水压仅取决于水箱的设置高度，而不受室外给水管网水压及水加热设备阻力变化等的影响，可保证系统水压稳定和供水安全可靠。但高位水箱占用建筑空间，并且开式水箱易受外界污染。该方式适用于用户要求水压稳定，且允许设高位水箱的热水系统。

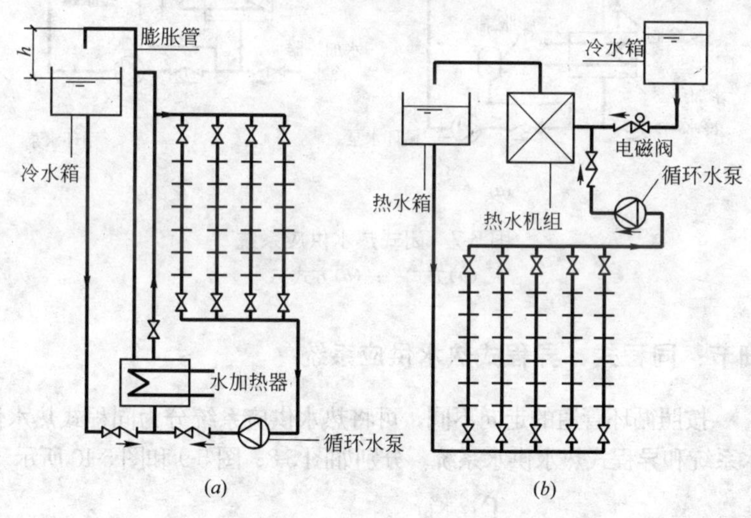

图 5-6　开式热水供水方式
(*a*)方式一；(*b*)方式二

细节：闭式热水供应系统

闭式热水供水方式是在所有配水点关闭后，整个系统与大气隔绝，形成密闭系统。该方式中应采用设有安全阀的承压水加热器，为了提高系统的安全可靠性，还应设置压力膨胀罐，如图 5-7 所示。闭式热水供水方式具有管路简单、水质不易受外界污染的优点，但供水水压稳定性较差，安全可靠性较差，适用于不宜设置水箱的热水供应系统。

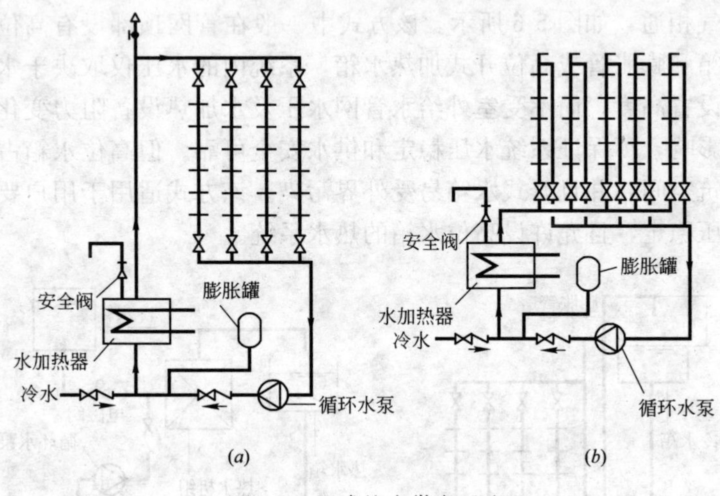

图 5-7　闭式热水供应系统

(*a*)方式一；(*b*)方式二

细节：同程式、异程式热水供应系统

按照循环管道的走向不同，可将热水供应系统分为同程式热水供水系统和异程式热水供水系统，分别如图 5-8、图 5-9 和图 5-10 所示。

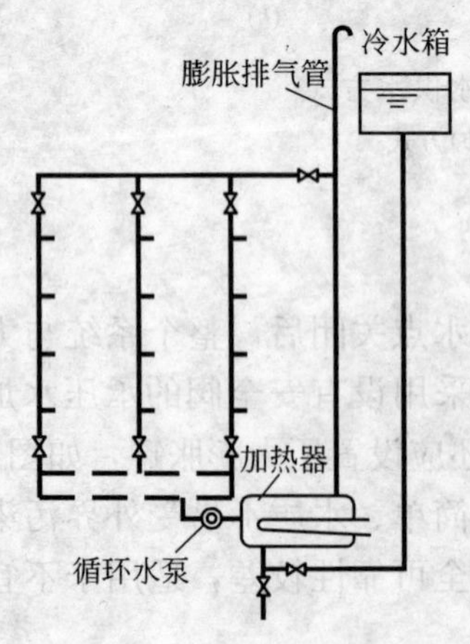

图 5-8　上行下给式同程热水供水系统

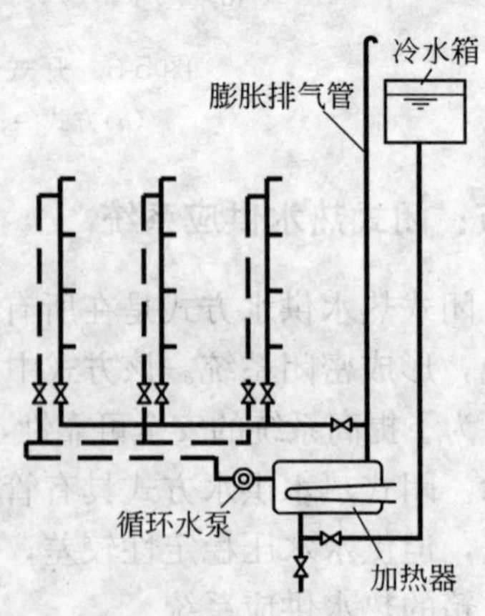

图 5-9　下行上给式同程热水供水系统

1. **同程式热水供水系统**

同程式热水供水系统的每一个热水循环环路长度均相等，虽然回水管道长度增加，循环水泵扬程增大和增加一次投资，但各环路阻力损失接近，对于防止系统中热水短路循环，保证整个系统的循环效果。各用水点能随时获取所需温度的热水，对节能、节水起着重要的作用，并能减少调节维护工作量，使用舒适。

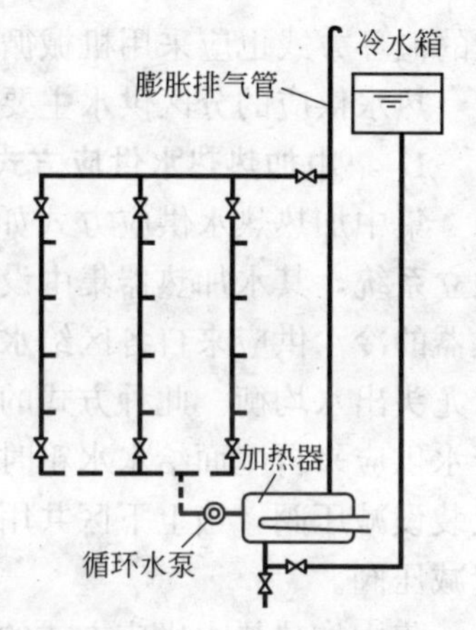

图 5-10　上行下给式异程热水供水

2. **异程式热水供水系统**

异程式热水供水系统的每一个热水循环环路长度各不相等。

细节：单管式、双管式热水供应系统

按照水温调节功能的不同，可将热水供应系统，分为单管式热水供水系统和双管式热水供水系统。

（1）单管式热水供水系统在配水点只有一根水管，供可直接使用的热水。单管热水供应系统的优点是用水节约，使用方便。但由于使用时在卫生器具给水配件处热水不再与冷水混合，因此，热水水温应控制在使用范围内，要求热水水温稳定性较高。适用于工业企业生活间和学校的淋浴室。

（2）双管式热水供水系统有一根热水管和一根冷水管，出水温度可以根据使用者的习惯自行调节。适用于淋浴时间较长的公共浴室。

细节：高层建筑热水供应方式

高层建筑的热水供应系统的设计计算方法基本与多层建筑的相同，但由于建筑高度的增加，高层建筑的热水供应也有自己的特点，主要表现在热水供应系统采取分区供水方式，热水供应系统的循环方式也应采用机械循环系统等。

热水供应的分区供水主要有以下两种方式：

1. 集中加热热水供应方式

集中加热热水供应方式如图 5-11 所示，各区热水管网自成独立系统，其水加热器集中设置在建筑物的底层或地下室，水加热器的冷水供应来自各区给水水箱，这样可使卫生器具的冷热水水龙头出水均衡。此种方式的管网多采用上行下给方式，当下区冷水供应来自屋面给水水箱时，需在下区水加热器的冷水进水管上装设减压阀，当上下区共用水加热器时，应在下区各支管上设置减压阀。

集中加热热水供应方式的设备集中、管理维护方便，但高区的水加热器承受压力大，因此，此种方式适用于建筑高度在 100m 以内的建筑。

2. 分散加热热水供应方式

分散加热热水供应方式如图 5-12 所示，水加热器和循环水泵分别设置在各区技术层，根据建筑物具体情况，水加热器可放在本区管网的上部或下部。此种方式的特点是容积式水加热器承压小、制造要求低、造价低，但设备设置分散，管理维修不便，热媒管道长。此种方式适用于建筑高度在 100m 以上的高层建筑。

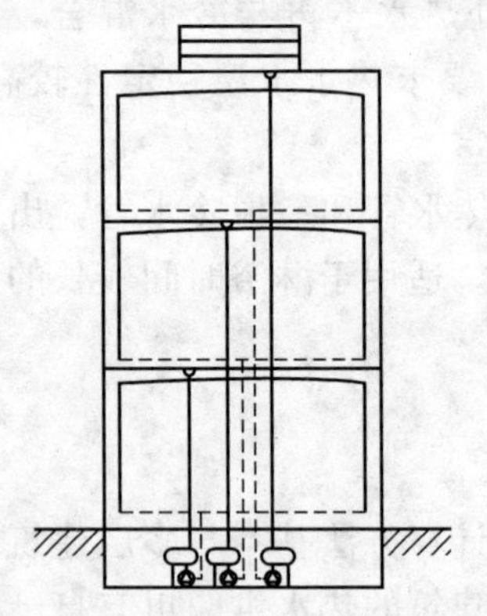

图 5-11　集中加热热水供应方式

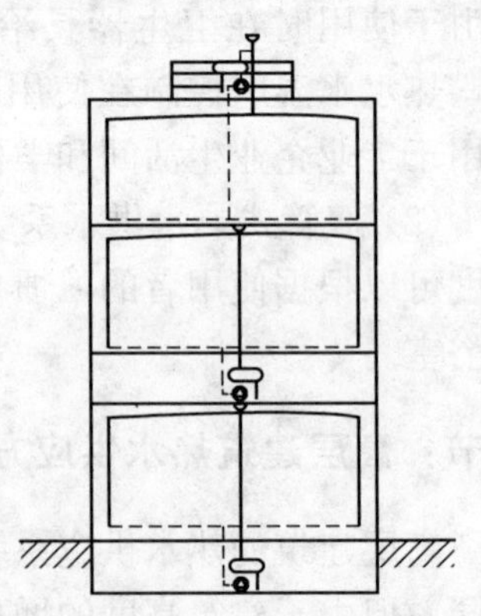

图 5-12　分散加热热水供应方式

对于高层建筑底层的洗衣房、厨房等大用水量设备，由于工作制度与客房有差异，应设单独的热水供应系统供水，以便于维护管理。

高层建筑的热水供应系统应与冷水系统采用相同的竖向分区，供水范围也应相同。这样可以使冷、热水压力平衡，方便用水。高层建筑热水用水要求较高，为了保证供水效果，一般多采用机械循环系统。

细节：热水供应系统的选择原则

(1) 采用蒸汽直接加热方式应符合的条件：不回收凝结水，在经济上比较合理，蒸汽中不含油质和有害物质，加热时应采用消声加热混合器。

(2) 热水循环管网的设置原则：一般的热水供应系统应保证干管和立管的热水循环。有特殊要求的建筑物，还应保证支管中的热水循环，当支管循环难以实现时，可采用自控调温电加热等措施保持支管中热水的温度。

(3) 在设有集中热水供应系统的建筑内，对用水量较大的公共浴室、洗衣房、厨房等用户，宜设单独的热水管网，以避免对其他用水点造成大的水量水压波动。如热水为定时供水，个别用水对热水供应有特殊要求时(如供水时间、水温等)，宜对个别用水点采用局部热水供水方式。局部热水供应系统的热源宜采用热媒水、蒸汽、燃气、燃油、电和太阳能。

(4) 当条件允许时，集中热水供应系统的热源应利用工业余热、废热、地热和太阳能，优先采用能保证全年供热能力的热力管网作为热源，当无上述可利用的热源时，才考虑设置专用锅炉房。

(5) 热水供应系统应根据使用对象、建筑物的特点、用水规律、热水用水量、用水点分布、热源类型、水加热设备及操作管理条件等因素，经技术经济比较后综合确定合适的供水方式。

(6) 设计小时耗热量不超过 293100kJ/h(约折合 4 个淋浴器的耗热量)时，或热水用水点分散且耗热量不大的建筑(如只为洗手盆设热水供应的办公楼)，或采用集中热水供应不合理的地方，宜采用局部热水供水的方式。热水用水量大时(耗热量超过293100kJ/h),宜采用集中热水供应系统。

(7) 热水循环宜采用机械循环的方式，自然循环只适用于系统小、管路简单、干管水平方向很短、竖向高的系统及对水温要求不严的个别场合。

(8) 循环管道应采用同程布置方式，如图 5-13 所示，以保证热水系统的有效循环。

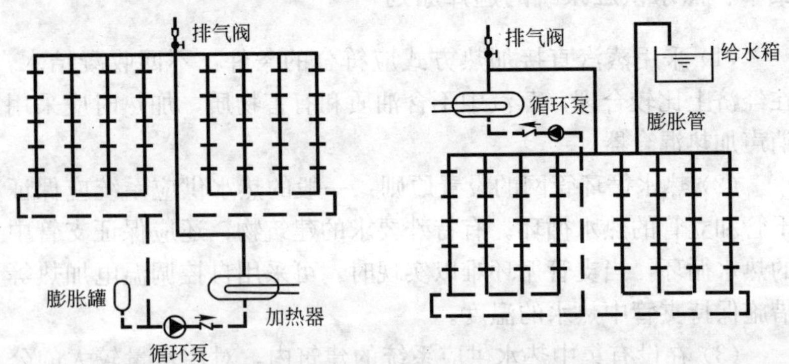

图 5-13 热水循环管道同程布置方式

(9) 住宅小区设统一的集中热水供应系统时，宜在每栋建筑的热水回水干管上分设循环泵，如图 5-14 所示。

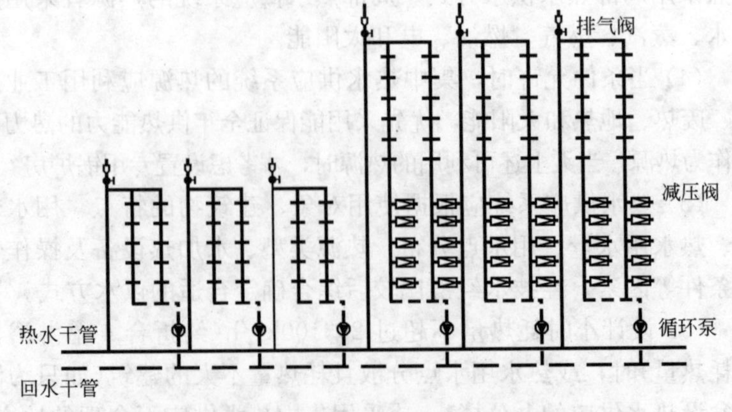

图 5-14 小区集中热水供应每栋回水干管循环泵设置

（10）当给水管道的水压变化较大，且用水点要求水压稳定时，宜采用开式热水供应系统。

【禁　　忌】

禁忌：局部热水供应设备选择不合理

【分析】

选择局部加热设备时，首先要因地制宜地按太阳能、电能和燃气等热源来选择，另外，还要结合建筑物的性质、使用对象、操作管理条件、安装位置、采用燃气与电加热时的安全装置等因素综合考虑。

当局部水加热器供给多个用水器具同时使用时，宜带有贮热调节容积，以减少热源的瞬时负荷。尤其是电加热器，如果完全按即热即用、没有一点贮热容积作用调节时，则供一个 $q=0.15L/s$ 的标准淋浴器的电热水器其功率约为 18kW，显然作为局部热水器供多个器具同时用，没有调贮容积是不行的。

当以太阳能作热源时，为保证没有太阳的时候不断热水，应有辅助热源，而以用电热来辅热最为简便可行。

【措施】

选用局部热水供应设备时，应符合以下要求：

（1）需同时供给多个卫生器具或设备热水时，宜选用带贮热容积的加热设备。

（2）当地太阳能资源充足时，宜选用太阳能热水器或太阳能辅以电加热的热水器。

（3）选用设备应综合考虑热源条件、建筑物性质、安装位置、安全要求及设备性能特点等因素。

禁忌：高层建筑热水系统未采取分区设置

【分析】

生活热水主要用于盥洗和淋浴，而这二者均是通过冷、热水混合后调到所需使用温度。因此，热水供水系统应与冷水系统竖向分区一致，保证系统内冷、热水的压力平衡，达到节水、节能、用水舒适的目的。

【措施】

高层建筑热水系统应采取竖向分区设置，并应符合以下原则：

（1）高层建筑热水系统应与给水系统的分区一致，各区水加热器、贮水罐的进水均应由同区的给水系统专管供应，以保证热水系统压力的相对稳定。当不能满足时（如有的单幢高层住宅的集中热水供应系统，只能采用一个或一组水加热器供整幢楼热水），可相应地采用质量可靠的减压阀等管道附件来解决系统冷热水压力平衡的问题。

（2）当采用减压阀分区时，除应满足以下设置要求外，还应保证各分区热水的循环。

1）减压阀的公称直径宜与管道管径相一致。

2）减压阀前应设阀门和过滤器；需拆卸阀体才能检修的减压阀后，应设管道伸缩器；检修时阀后水会倒流时，阀后应设阀门。减压阀节点处的前后应装设压力表。

3）比例式减压阀宜垂直安装，可调式减压阀宜水平安装。

4）设置减压阀的部位，应便于管道过滤器的排污和减压阀的检修，地面宜有排水设施。

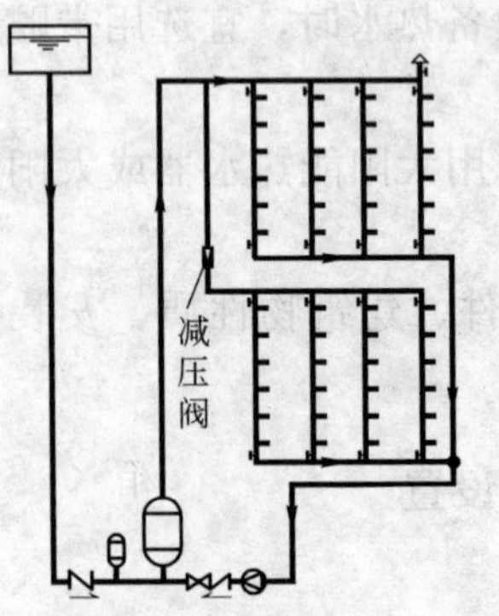

图 5-15　减压阀设置(一)

减压阀大量应用在给水热水系统上，对简化给水热水系统起了很大作用。当减压阀用于热水系统分区时，其密封部分材质应按热水温度要求选择，尤其要注意保证各区热水的循环效果。

如图 5-15～图 5-17 所示分别为减压阀安装在热水系统的三个不同图式。

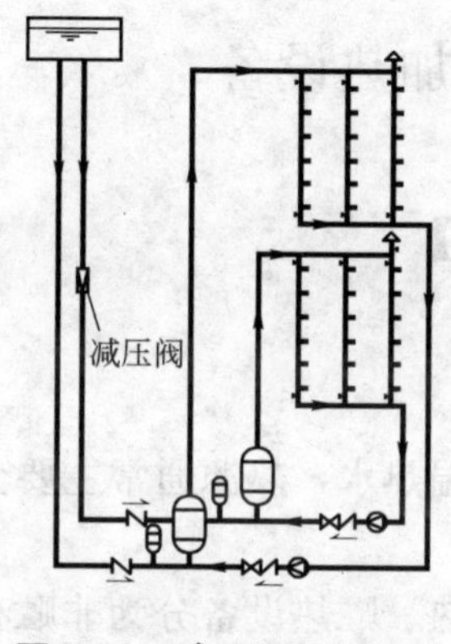

图 5-16　减压阀设置(二)

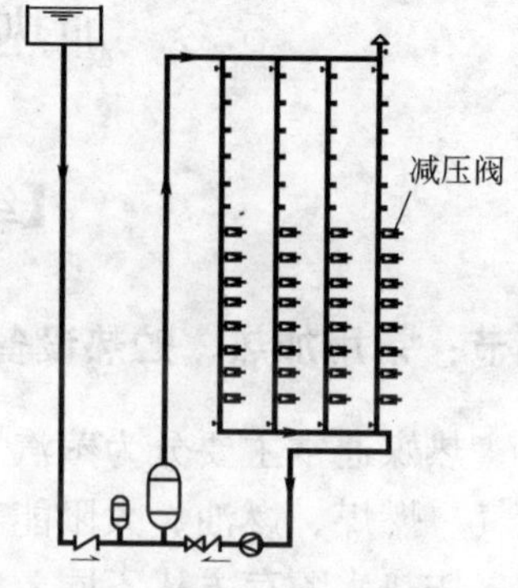

图 5-17　减压阀设置(三)

禁忌：闭式热水供应系统中未设置膨胀罐和泄压阀，存在安全隐患

【分析】

由于近年来集中生活热水系统的大幅度普及，为了提高系统的安全可靠性，并尽量减少系统因膨胀引起的排泄水量，节水节能，因此，需要在热水供应系统中设置压力式膨胀罐和泄压阀。

【措施】

在闭式热水供应系统中，应设置压力式膨胀罐和泄压阀，并符合下列要求：

(1) 对于日用热水量小于 $30m^3$ 的热水供应系统，因其系统较小，系统因膨胀产生的泄水量也较少，可通过采用泄压阀辅助设备上的安全阀超压放水的方式来解决膨胀问题。

(2) 日用热水量大于 $30m^3$ 的热水供应系统应设置压力式膨胀罐。

(3) 为了保护罐内的橡胶胶囊或隔膜，尽量使其不位于热水供水的高温端，延长其使用寿命，可以将膨胀罐放在冷水进水管上或热水回水管上。

5.2 加热方式与加热设备

【细　　节】

细节：常用加热、贮热设备

热媒通常主要分为蒸汽，高、低温热水，热源通常主要分为燃气、燃煤、燃油、太阳能和电能等。

按热水贮存方式不同，常用的加热、贮热设备分为非贮存型和贮存型。非贮存型即为没有贮存容量，如快速加热、半即热式等加热器；贮存型即加热器有一定的贮存热水容量，如水箱、容积式加热器等。

按加热方式不同，常用的加热、贮热设备分为直接加热型（如汽水混合器、水箱内直接加热和电加热器）和间接加热型（如快速、半即热式和容积式加热器）。

细节：燃油、燃煤热水锅炉加热方式

燃油、燃煤热水锅炉加热如图 5-18 所示。燃油、燃煤热水锅炉加热系统的设备和管道简单，热效率较高、运行费用较低，运行安全、稳定、噪声低、维修管理简单。但当给水水质较差时，结垢（或腐蚀）较严重，当煤质较差时炉膛腐蚀较严重，而且劳动强度较大，运行卫生条件较差，若不设热水箱则供水温度波动较大。

这种加热方式适用于用水较均匀，耗热量不大（一般小于 380kW，即小于 20 个淋浴器的耗热量）的单层和多层建筑，常用于小型浴室、理发馆和饮食店等。

细节：燃气加热器加热方式

燃气加热器加热如图 5-19 所示。燃气加热器的设备、管道简单，使用方便，不需专人管理；热效率较高、噪声低；烟尘少、无炉灰，清洁卫生。但如果安全措施使用不当或不完善，宜发生烫伤和煤气中毒事故；当水质较差时，易产生结垢(或腐蚀)；若没有自动调节装置，则出水温度波动较大。

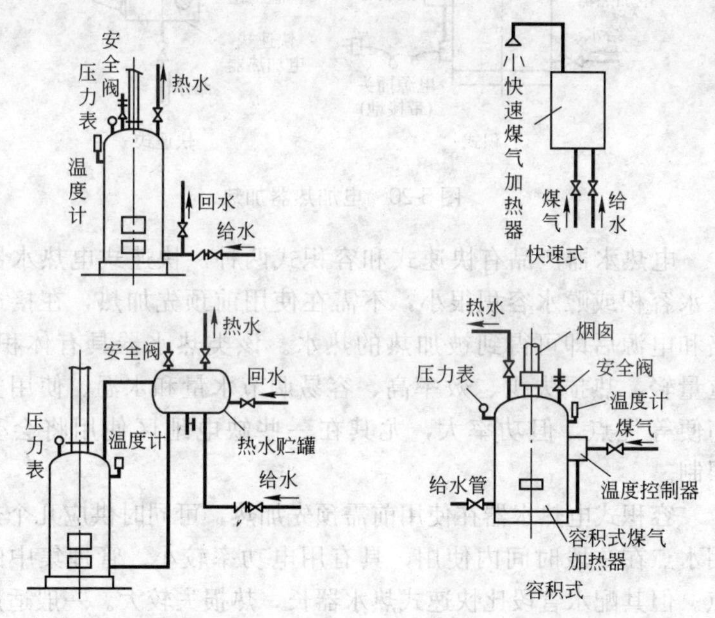

图 5-18　燃油、燃煤热水锅炉加热　　图 5-19　燃气加热器加热

燃气加热器适用于耗热量较小(一般小于 76kW，即小于 4 个淋浴器的耗热量)的用户，常用于居住建筑、办公楼、饮食店和理发馆等。

细节：电加热器加热方式

电加热器加热如图 5-20 所示。这种加热方式使用方便、安全、卫生，不产生二次污染，但由于电力的单价较高和供应不富余，因此只用在特殊情况下，如其他热源和燃料供应困难而电力有富余的地区、不允许产生烟气的地方等。

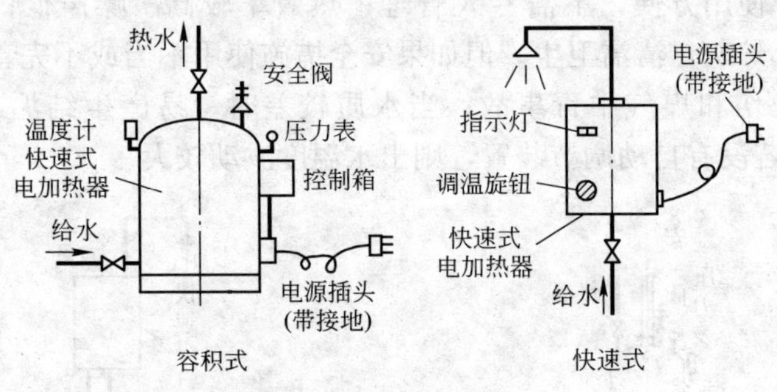

图 5-20　电加热器加热

电热水器产品有快速式和容积式两种。快速式电热水器无贮水容积或贮水容积很小，不需在使用前预先加热，在接通水路和电源后即可得到被加热的热水。该类热水器具有体积小、重量轻、热损失少、效率高、容易调节水量和水温、使用安装简便等优点，但功率大，尤其在一些缺电地区使用将会受到限制。

容积式电热水器在使用前需预先加热，可同时供应几个热水用水点在一段时间内使用，具有用电功率较小、管理集中的优点。但其配水管段比快速式热水器长，热损失较大。一般适用于局部供水和管网供水系统。

细节：太阳能加热器加热方式

太阳能加热器加热运行经济、节省能源消耗；不存在二次污染问题；设备、管道简单，维护运行简单、安全。但其基建投资较大，钢材耗量较多；集热面积大，受天气影响。日照条件较好、燃料供应困难或价格较贵的地区适合推广应用。一般常用于公共浴室、理发室、小型饮食行业、住宅和其他特殊情况下。

太阳能热水器按热水循环系统分为自然循环和机械循环两种。自然循环太阳能热水器是靠水温差产生的热虹吸作用进行水的循环加热，该种热水器运行安全可靠、不需用电和专人管理，但贮热水箱必须装在集热器上面，同时使用的热水会受到时间和天气的影响，如图 5-21 所示。

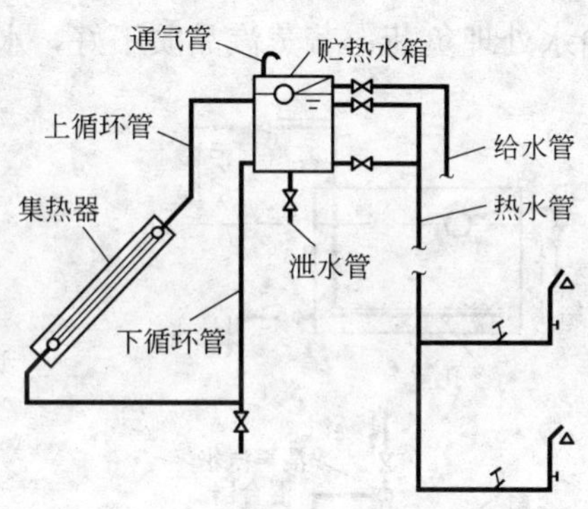

图 5-21 自然循环太阳能热水器

机械循环太阳能热水器是利用水泵强制水进行循环的系统。该种热水器贮热水箱和水泵可放置在任何部位，系统制备热水效率高，产水量大。为克服天气对热水加热的影响，可增加辅助加热设备。间接加热机械循环太阳能热水器如图 5-22 所示。

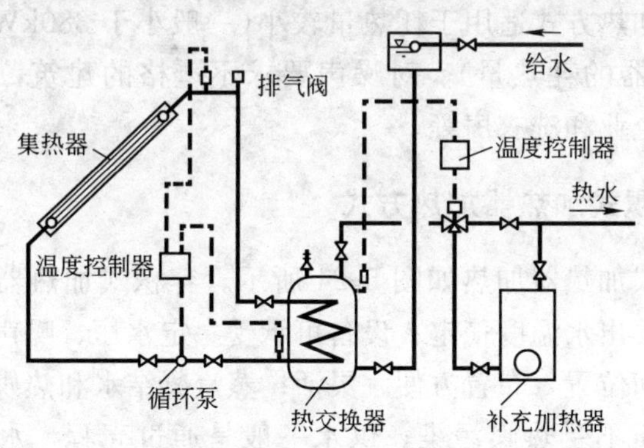

图 5-22 间接加热机械循环太阳能热水器

细节：汽-水混合加热方式

汽-水混合加热如图 5-23 所示。汽-水混合加热设备、管道简单，投资省；热效率较高，加热设备不易结垢，使用方便。若不采取有效措施，则噪声较大；如果采用低噪声混合器，一般可将噪声降低到 70dB 以下。但其凝结水不能回收，增加了蒸汽锅炉给水处理负荷；若蒸汽品质不好，水质会受蒸汽的污染。

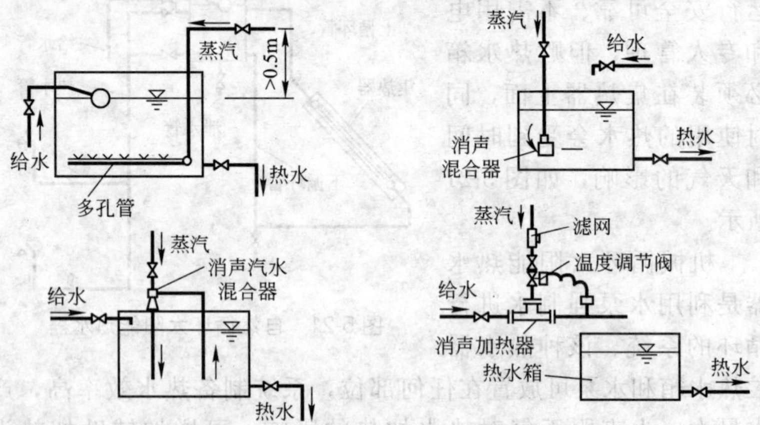

图 5-23　汽-水混合加热的四种方式

这种加热方式适用于耗热量较小(一般小于 380kW，即小于 20 个淋浴器的耗热量)、对噪声要求不严格的建筑，如公共浴室、工业企业和洗衣房等。

细节：容积式加热器加热方式

容积式加热器加热如图 5-24 所示。容积式加热器具有一定贮存容积，出水温度稳定；设备可承受一定水压、噪声低，因此可设在任何位置，布置方便、灵活；蒸汽凝结水和热媒热水可以回收，水质不受热媒污染；供水一般是通过壳程，水头损失较少。但其热效率低，传热系数较小，占地面积大，体积大；设备、管道较复杂，投资较高，维修管理较麻烦。

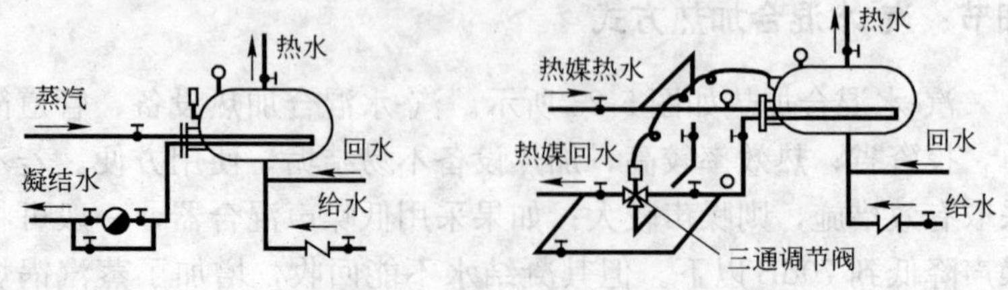

图 5-24　容积式加热器加热

容积式加热器的适用条件如下：

(1) 要求供水温度稳定，噪声低的建筑，如旅馆、医院、住宅和办公楼等。

(2) 耗热量较大(一般大于 380kW)的工业企业、公共浴室和洗衣房等。

(3) 在有市政热力网的热水或蒸汽作热媒时，各类建筑均可采用。

细节：快速式加热器加热方式

快速加热器加热如图 5-25 所示。快速加热器加热方式热效率较高、传热系数较大、结构紧凑、占地面积小；热媒可回收，可减少锅炉给水处理的负担，且水质不受热媒的污染。但在水质较差时，加热器结垢较严重；而且用水不均匀或热媒压力不稳定时，水温不易调节；一般是通过管程，水头损失较大；设备、管道较复杂，投资较高，维修管理较麻烦。

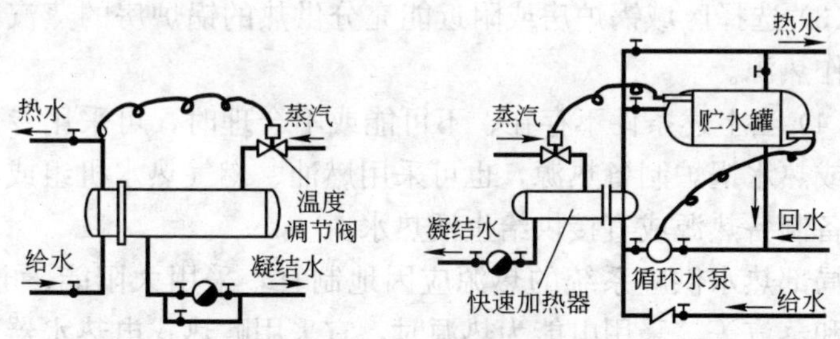

图 5-25　快速加热器加热

快速加热器适用于以下情况及场所：

(1) 热水用水量加大且较均匀的工业企业和大型公共建筑。

(2) 热力网容量较大，可充分保证热媒供应的建筑。

(3) 水质较好，加热器结垢不严重时。

细节：热水供应系统热源的选择

集中热水供应系统的热源可按下列顺序进行选择：

(1) 当条件许可时，宜首先利用工业余热、废热、地热和太阳能作热源。

1) 利用烟气、废气作热源时，烟气、废气的温度不宜低于400℃。

2) 以太阳能为热源的集中热水供应系统，宜附设一套电热或其他热源的辅助加热装置。

3) 地热水资源丰富的地方应充分利用，可用其作热源，也可直接采用地热水作为生活热水。但地热水按其形成条件不同，其水温、水质、水量和水压有很大差别，设计中应采取相应的升温、降温、去除有害物质、选用合适的设备及管材、设置储存调节容器、加压提升等技术措施，以保证地热水的安全合理利用。

(2) 选择能保证全年供热的热力管网为热源。如热力管网仅采暖期运行，应经比较后确定。采用热力管网为热源时，宜设热网检修期用的备用热源。

(3) 选择区域锅炉房或附近能充分供热的锅炉房的蒸汽或高温水作热源。

(4) 当上述条件不存在、不可能或不合理时，可采用专用的蒸汽或热水锅炉制备热源，也可采用燃油、燃气热水机组或电蓄热设备制备热源或直接供给生活热水。

局部热水供应系统的热源应因地制宜，采用太阳能、电能、燃气和蒸汽等。采用电能为热源时，宜采用贮热式电热水器以降低耗电功率。

细节：锅炉的选择

在较大的集中热水系统中，锅炉一般由采暖、供热专业设计人员结合整个建筑的采暖、空调和食堂用蒸汽等，综合考虑，统一设计选择。给水排水专业人员提供出设计小时耗热量即可。

对于小型建筑物的热水系统可单独选择锅炉，锅炉小时供热量一般按下式计算：

$$Q_g = (1.1 \sim 1.2)Q \tag{5-1}$$

式中 Q_g——锅炉小时供热量，W；

Q——设计小时耗热量，W；

1.1～1.2——热水系统的热损失附加系数。

然后，从锅炉样本中查出锅炉发热量 Q_k，应保证 $Q_k \geqslant Q_g$，具体富余量应根据今后发展和一些零星用热等因素确定。

【禁　忌】

禁忌：利用废热作为热媒时未采取相应措施，造成设备损坏

【分析】

在利用烟气、废汽时(如在烟道内设置水加热器和在烟囱周围设置水套等)，为了避免烟气中的 SO_2 结露而腐蚀加热设备，加热设备应采取防腐措施。同时，为了便于检修和提高加热设备的效率，加热设备的构造应便于清除水垢和烟尘。

由于汽锤等用汽设备排出的废汽，具有很大的压力和温度波动，冲击着加热设备的受热面，并挟带有汽缸润滑油、蒸汽或颗粒会降低加热设备的传热效果，因此，应采取相应的措施后才能用于热水供应系统。

【措施】

利用废热(废气、烟气、高温无毒废液等)作为热媒时，应采取下列措施：

(1) 加热设备应防腐，其构造便于清理水垢和杂物。

(2) 防止热媒管道渗漏而污染水质。

(3) 消除废气压力波动和除油。

禁忌：热水供水温度过低，引起细菌繁殖

【分析】

热水供水温度是指热水供应设备(如热水锅炉和水加热器)的

出口温度。加热设备的供水温度过高或过低都是不合适的。采用较高的供水温度虽然可以增加储热量，减少热水箱的容积，但也会增大加热设备和管道的热损失，耗费能源，而且也易引发烫伤事故，并加速加热设备和管道的结垢和腐蚀。而供水温度过低，将为“军团菌”等有害人体健康的病菌提供生存、繁殖的条件与环境。

【措施】

生活用热水锅炉或加热器出口的最高水温和配水点的最低水温可按表 5-2 确定。

最高水温和配水点的最低水温　　表 5-2

水质处理情况	热水锅炉和加热器出口最高温度(℃)	配水点最低水温(℃)
原水水质无需软化，原水水质需软化且有软化处理	75	50
原水水质需软化处理但未进行软化处理	60	50

注：1. 当热水供应系统只供洗浴和盥洗用水，不供洗涤盆洗涤用水时，热水锅炉和加热器出口的最高温度可以降低，但配水点最低水温不应低于 40℃。
2. 局部热水供应系统和以热力管网热水作热媒的热水供应系统，配水点最低水温为 50℃。
3. 从安全、卫生、节能、防垢等考虑，适宜的热水供水温度为 55～60℃。
4. 医院的水加热温度不宜低于 60℃

禁忌：冷水加热设备选择不合理

【分析】

近年来国内冷水加热设备技术发展很快，涌现了不少新产品，对于发展国内热水供应技术起了一定的推动作用。但市场上流通的产品良莠不齐，有的甚至违背了一些基本的热工原理和使用要求，给用户使用留下隐患。

生活用热水大部分用于沐浴与盥洗。而沐浴与盥洗都是通过冷热水混合器或混合龙头来实施的。有不少工程因采用不合适的水加热设备出现过系统冷热水压力波动大的问题，耗水耗能，使用不舒适。个别工程出现了顶层热水上不去的问题。

生活热水的源水一般是不经处理的自来水，具有一定硬度，近年来虽有各种物理的、化学的简易稳定处理方法，但均不能保证其真正的使用效果。某设备自称能自动除垢，既缺乏理论依据，又得不到实践的验证。而目前市场上一些水加热设备安装就位后，已很难有检修的余地，更有甚者，有的水加热设备的换热盘管根本无法拆卸更换，这些都将给使用者带来极大的麻烦。

【措施】

加热设备应根据使用特点、耗热量、热源、维护管理及卫生防菌等因素选择，并应符合下列要求：

(1) 热效率高、换热效果好、节能、节省设备用房。具体来说，对于热水机组，其燃烧效率一般应在85%以上，烟气出口温度一般应在200℃左右，烟气黑度等应满足消烟除尘的有关要求。

(2) 水加热设备被加热水侧的阻力损失宜≤0.01MPa。生活热水侧阻力损失小，有利于整个系统冷、热水压力的平衡。

(3) 安全可靠、构造简单、操作维修方便。

禁忌：医院热水供应系统加热器数量少于2台

【分析】

由于医院手术室、产房和器械洗涤等部门要求经常有热水供应，不能有意外的中断，否则将会影响正常的工作，而其他如盥洗、淋浴和门诊等部门的热水用水时间都比较集中，而且是有规律的，有的是早、中、晚；有的是在白天8h工作时间内。若只选用一台锅炉或加热器，当发生故障时，就无法供应热水。如选用两台锅炉或加热器，当其中一台不能供应热水时，另一台仍能继续工作，保证个别有特殊要求的部门不致中断热水供应。

【措施】

医院热水供应系统的锅炉或水加热器不得少于两台，其他建筑的热水供应系统的水加热设备不宜少于两台，一台检修时，其余各台的总供热能力不得小于设计小时耗热量的50%。

禁忌：医院热水供应系统采用有滞水区的容积式水加热器

【分析】

因为医院是各种致病细菌滋生繁殖最适宜的地方，带有滞水区的容积式水加热器，其滞水区的水温一般在20～30℃之间，是细菌繁殖生长最适宜的环境。

【措施】

医院建筑不得采用有滞水区的容积式水加热器。

5.3 用水定额、水温和水质

【细　节】

细节：热水用水定额

热水用水定额根据卫生器具完善程度和地区条件应按表5-3确定。

热水用水定额　　**表5-3**

序号	建筑物名称	单位	最高日用水定额(L)	使用时间(h)
1	住宅 有自备热水供应和沐浴设备 有集中热水供应和沐浴设备	 每人每日 每人每日	 40～80 60～100	 24 24
2	别墅	每人每日	70～110	24
3	酒店式公寓	每人每日	80～100	24

续表

序号	建筑物名称	单位	最高日用水定额(L)	使用时间(h)
4	宿舍 Ⅰ类、Ⅱ类 Ⅲ类、Ⅳ类	 每人每日 每人每日	 70～100 40～80	24 或定时供应
5	招待所、培训中心、普通旅馆 设公用盥洗室 设公用盥洗室、淋浴室、 设公用盥洗室、淋浴室、洗衣室 设单独卫生间、公用洗衣室	 每人每日 每人每日 每人每日 每人每日	 25～40 40～60 50～80 60～100	24 或定时供应
6	宾馆、客房 旅客 员工	 每床位每日 每人每日	 120～160 40～50	24
7	医院住院部 设公用盥洗室 设公用盥洗室、淋浴室 设单独卫生间	 每床位每日 每床位每日 每床位每日	 60～100 70～130 110～200	24
	医务人员	每人每班	70～130	8
	门诊部、诊疗所	每病人每次	7～13	
	疗养院、休养所住房部	每床位每日	100～160	24
8	养老院	每床位每日	50～70	24
9	幼儿园、托儿所 有住宿 无住宿	 每儿童每日 每儿童每日	 20～40 10～15	 24 10
10	公共浴室 淋浴 淋浴、浴盆 桑拿浴(淋浴、按摩池)	 每顾客每次 每顾客每次 每顾客每次	 40～60 60～80 70～100	12
11	理发室、美容院	每顾客每次	10～15	12
12	洗衣房	每公斤干衣	15～30	8
13	餐饮厅 营业餐厅 快餐店、职工及学生食堂 酒吧、咖啡厅、茶座、卡拉OK房	 每顾客每次 每顾客每次 每顾客每次	 15～20 7～10 3～8	 10～12 12～16 8～18

续表

序号	建筑物名称	单位	最高日用水定额(L)	使用时间(h)
14	办公楼	每人每班	5～10	8
15	健身中心	每人每次	15～25	12
16	体育场(馆) 运动员淋浴	每人每次	17～26	4
17	会议厅	每座位每次	2～3	4

注：热水温度按 60℃计。

细节：卫生器具的一次和小时热水用水量及水温

卫生器具的一次和小时热水用水定额及水温应按表 5-4 确定。

卫生器具的一次和小时热水用水定额及水温　　表 5-4

序号	卫生器具名称	一次用水量(L)	小时用水量(L)	使用水温(℃)
1	住宅、旅馆、别墅、宾馆、酒店式公寓			
	带有淋浴器的浴盆	150	300	40
	无淋浴器的浴盆	125	250	40
	淋浴器	70～100	140～200	37～40
	洗脸盆、盥洗槽水嘴	3	30	30
	洗涤盆(池)	—	180	50
2	宿舍、招待所、培训中心			
	淋浴器：有淋浴小间	70～100	210～300	37～40
	无淋浴小间	—	450	37～40
	盥洗槽水嘴	3～5	50～80	30
3	餐饮业			
	洗涤盆(池)	—	250	50
	洗脸盆(工作人员用)	3	60	30
	顾客用	—	120	30
	淋浴器	40	400	37～40

续表

序号	卫生器具名称	一次用水量(L)	小时用水量(L)	使用水温(℃)
4	幼儿园、托儿所			
	浴盆：幼儿园	100	400	35
	托儿所	30	120	35
	淋浴器：幼儿园	30	180	35
	托儿所	15	90	35
	盥洗槽水嘴	15	25	30
	洗涤盆(池)	—	180	50
5	医院、疗养院、休养所			
	洗手盆	—	15～25	35
	洗涤盆(池)	—	300	50
	淋浴器	—	200～300	37～40
	浴盆	125～150	250～300	40
6	公共浴室			
	浴盆	125	250	40
	淋浴器：有淋浴小间	100～150	200～300	37～40
	无淋浴小间	—	450～540	37～40
	洗脸盆	5	50～80	35
7	办公楼 洗手盆	—	50～100	35
8	理发室 美容院 洗脸盆	—	35	35
9	实验室			
	洗脸盆	—	60	50
	洗手盆	—	15～25	30
10	剧场			
	淋浴器	60	200～400	37～40
	演员用洗脸盆	5	80	35
11	体育场馆 淋浴器	30	300	35
12	工业企业生活间			
	淋浴器：一般车间	40	360～540	37～40
	脏车间	60	180～480	40
	洗脸盆或盥洗槽水龙头：一般车间	3	90～120	30
	脏车间	5	100～150	35
13	净身器	10～15	120～180	30

注：一般车间指现行国家标准《工业企业设计卫生标准》GBZ 1—2010 中规定的3、4 级卫生特征的车间，脏车间指该标准中规定的1、2 级卫生特征的车间。

细节：冷水计算温度

冷水计算温度是指热水供应系统所用冷水的计算温度。冷水的计算温度应以当地最冷月平均水温资料确定。当无水温资料时，可按表 5-5 确定。

冷水计算温度(℃)　　　　表 5-5

区域	省、市、自治区、行政区	地面水	地下水	区域	省、市、自治区、行政区	地面水	地下水
东北	黑龙江	4	6～10	东南	浙江	5	15～20
	吉林	4	6～10		江苏 偏北	4	10～15
	辽宁 大部	4	6～10		江苏 大部	5	15～20
	辽宁 南部	4	10～15		江西 大部	5	15～20
华北	北京	4	10～15		安徽 大部	5	15～20
	天津	4	10～15		福建 北部	5	15～20
	河北 北部	4	6～10		福建 南部	10～15	20
	河北 大部	4	10～15		台湾	10～15	20
	山西 北部	4	6～10	中南	河南 北部	4	10～15
	山西 大部	4	10～15		河南 南部	5	15～20
	内蒙古	4	6～10		湖北 东部	5	15～20
西北	陕西 偏北	4	6～10		湖北 西部	7	15～20
	陕西 大部	4	10～15		湖南 东部	5	15～20
	陕西 秦岭以南	7	15～20		湖南 西部	7	15～20
	甘肃 南部	4	10～15		广东、港澳	10～15	20
	甘肃 秦岭以南	7	15～20		海南	15～20	17～22
	青海 偏东	4	10～15	西南	重庆	7	15～20
	宁夏 偏东	4	6～10		贵州	7	15～20
	宁夏 南部	4	10～15		四川 大部	7	15～20
	新疆 北疆	5	10～11		云南 大部	7	15～20
	新疆 南疆	—	12		云南 南部	10～15	20
	新疆 乌鲁木齐	8	12		广西 大部	10～15	20
东南	山东	4	10～15		广西 偏北	7	15～20
	上海	5	15～20		西藏	—	5

细节：热水(供水)温度

热水(供水)温度是指热水供应设备(如热水锅炉和水加热器)的出口温度。最低供水温度应保证热水管网最不利配水点的水温不低于使用水温要求，一般不低于55℃。最高供水温度应便于使用，过高的供水温度虽可增加蓄热量，减少热水供应量，但也会增大加热设备和管道的热损失，增加管道腐蚀和结垢，并易引发烫伤事故。根据水质处理情况，加热设备出口的最高水温和配水点最低水温可按表5-2采用。

热水水温按其使用性质，可分为盥洗用、沐浴用和洗涤用，其相应的所需水温如表5-6所示。

盥洗用、沐浴用和洗涤用的热水水温 **表5-6**

用水对象	热水水温(℃)
盥洗用(包括洗脸盆、盥洗槽、洗手盆用水)	30～35
沐浴用(包括浴盆、淋浴器用水)	37～40
洗涤用(包括洗涤盆、洗涤池用水)	≈50

设置集中热水供应系统的住宅，配水点的水温不应低于45℃。

细节：生活用热水水质要求

生活用热水的水质指标应符合现行国家标准《生活饮用水卫生标准》GB 5749—2006。加热前的水质是否需经软化和水质处理，应根据水质、水量、水温、使用要求、环境要求、水稳定性与管理、工程投资及设备维修和设备折旧率等多种因素，经技术经济比较按下列规定确定：

(1) 当洗衣房日用水量(按60℃计算)大于或等于10m^3，且原水总硬度(以碳酸钙计)大于300mg/L时，应进行水质软化处理；原水总硬度(以碳酸钙计)为150～300mg/L时，宜进行水质软化或阻垢缓蚀处理。

(2) 其他生活日用热水量(按 60℃计算)大于或等于 $10m^3$，且原水总硬度(以碳酸钙计)大于 300mg/L 时，宜进行水质软化或稳定处理。

(3) 经软化处理后的水质总硬度宜为：洗衣房用水：50～100mg/L；其他用水：70～150mg/L。这是综合考虑确定的，如将水的硬度降到 50mg/L 以下，则不但很不经济，且使用不舒服，还会使水呈酸性，加剧对管道和设备的腐蚀。

(4) 水质阻垢缓蚀处理应根据水的硬度、适用流速、温度、作用时间或有效长度及工作电压等选择合适的物理处理或化学稳定剂处理方法。

(5) 为了减少热水管道和设备的腐蚀，集中热水供应系统，加热前原水中(或软化处理后的水)溶解氧含量不得超过 5mg/L；水中的二氧化碳浓度不得超过 20mg/L。如超过上述规定时，宜采用除气措施。若平均小时热水量小于 $50m^3$ 时，可不进行除气。

【禁　　忌】

禁忌：热水供应系统加热前未进行水质软化和稳定处理

【分析】

由于水加热后，温度升高使钙、镁盐类溶解度降低，易形成水垢而附在管壁和设备内壁上，降低管道输水能力和设备的导热系数，同时水中的溶解氧也会因受热而逸出，加速金属管材的腐蚀，直接影响着热水系统的使用寿命、工程造价和维修费用。

热水使管道结垢的影响因素有水的硬度、管道材质、粗糙度、水温、流速、水中溶解氧含量和 pH 等，其中最主要的是碳酸盐硬度值(暂时硬度值)和水温。根据实践观察，水温若为 60℃以上，水中硬度以碳酸钙($CaCO_3$)含量计，其值低于

150mg/L 时，管壁和加热设备中结垢量较少，而当水中 $CaCO_3$ 含量大于 357mg/L 时，结垢量明显增加。因此，为了减少和降低热水管道及设备结垢量，对一定硬度的水除应尽量控制水温不要太高外，还应进行水质软化处理。

【措施】

热水供应工程中如原水取自城市自来水，则水质处理主要是水软化处理和水稳定处理。

1. 热水供应系统中水质软化处理

传统的水质软化处理方法有药剂法和离子交换法两种。通常采用离子交换法，适用于原水硬度高且对热水供应水质要求高、维护管理水平高的高级旅馆及大型洗衣房等场所，其具体做法如下：

(1) 全部软化法。全部生活用水均经过离子交换软化处理，流程如图 5-26 所示。图中的离子交换柱为适用于生活用水软化的专用设备，即交换柱中的离子交换树脂的卫生标准应符合《生活饮用水输配水设备及防护材料的安全性评价标准》GB/T 17219—1998 的要求：洗衣房用水经软化处理的水质总硬度(以碳酸钙计)宜为 50～100mg/L，其他用水为 75～150mg/L。

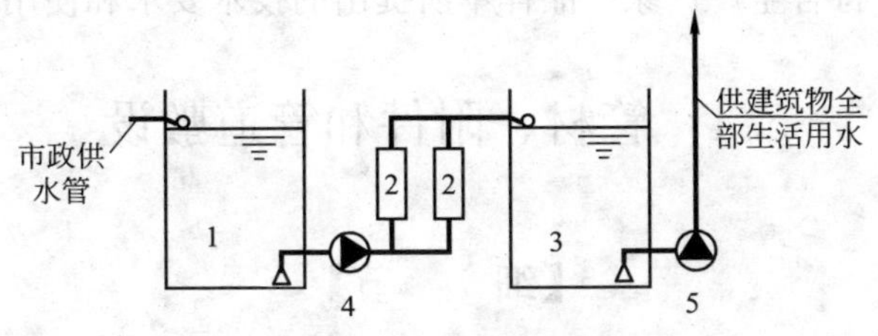

图 5-26　全部软化流程

1—贮水池；2—离子交换柱；3—软水池；4—水泵；5—供水泵

(2) 部分软化法。部分经过离子交换柱软化的原水与另一部分未经软化处理的原水混合，使混合后的水质总硬度达到上述指标，流程如图 5-27 所示。图中离子交换柱可采用一般的设备，但其离子交换树脂应符合上述卫生标准要求。

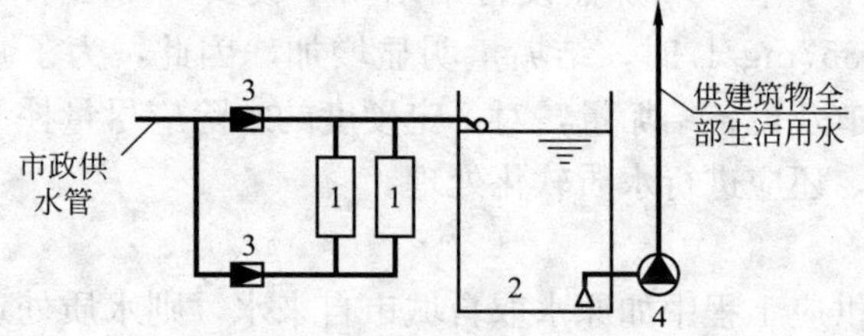

图 5-27　部分软化流程

1—离子交换柱；2—贮水池；3—计量水表；4—水泵

2. 水质稳定处理

水质稳定处理可选用物理或化学处理。物理处理可采用磁水器、电子除垢器、静电除垢器、碳铝式离子水处理器、防腐消声处理器等多种新型的水处理装置。化学处理法如采用聚磷酸盐和聚硅酸盐(归丽晶)等稳定剂。除氧装置也在一些热水用水量较大的高级宾馆等建筑中采用。

设计选用上述水质软化与水质稳定方法时，需注意以下几点：

(1) 选用的药剂或离子交换树脂应符合食品级的要求。

(2) 水质稳定装置应尽量靠近水加热设备的进水一侧。

(3) 符合生产厂家产品样本所提出的技术要求和使用条件。

5.4　管材、附件和管道敷设

【细　　节】

细节：自动排气阀

为了及时排除热水管道中的气体，保证系统内的热水畅通，在上行下给的管网最高处应安装自动排气阀。自动排气阀构造如图 5-28 所示，排气阀装设位置如图 5-29 所示。自动排气阀按管网的工作压力来选定，当系统工作压力 $P \leqslant 2\times105$Pa 时，应选用

排气孔径 $d=2.5\text{mm}$ 的阀座；当系统工作压力 $P\leqslant 2\times105\sim4\times105\text{Pa}$ 时，应选用孔径 $d=1.6\text{mm}$ 的阀座。

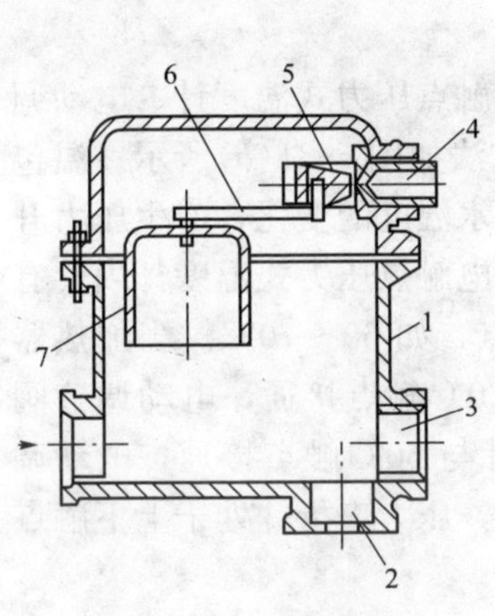

图 5-28　自动排气阀构造

1—排气阀体；2—直角安装出水口；3—水平安装出水口；4—阀座；5—滑阀；6—杠杆；7—浮球

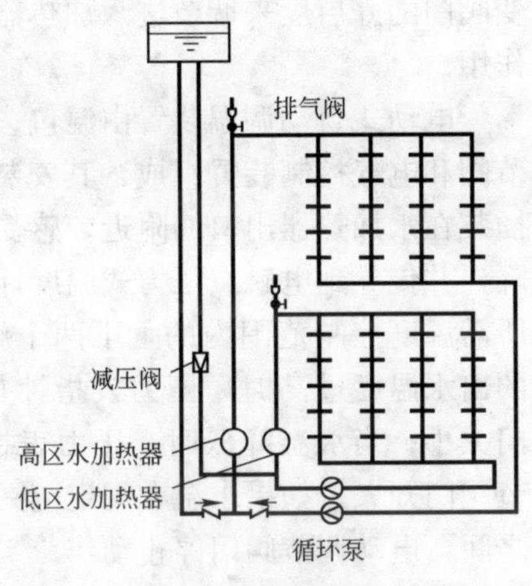

图 5-29　排气阀装设位置

细节：自动温度调节装置

热水供应系统中为实现节能节水、安全供水，在水加热设备的热媒管道上应装设自动温度调节装置来控制出水温度。自动调温装置的类型有直接式和电动式两种。

直接式自动调温装置由温包、感温原件和自动调节阀组成，其构造如图 5-30 所示，其安装方法如图 5-31(*a*)所示，温度调节阀必须垂直安装，温

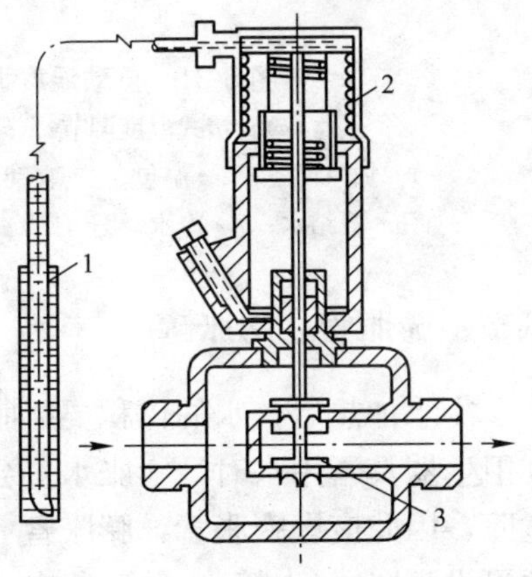

图 5-30　自动温度调节器构造

1—温包；2—感温原件；3—调温阀

包内装有低沸点液体，插装在水加热器出口的附近，感受热水温度的变化，产生压力升降，并通过毛细导管传至调节阀，通过改变阀门的开启度来调节进入加热器的热媒流量，起到自动调温的作用。

电动式自动调温装置由温包、电触点压力式温度计、电动调节阀和电气控制装置组成，其安装方法如图 5-31(*b*)所示。温包插装在水加热器出口的附近，感受热水温度的变化，产生压力升降，并传导到电触点压力式温度计。电触点压力式温度计内装有所需温度控制范围内的上下两个触点，如 60～70℃。当加热器的出水温度过高时，压力表指针与 70℃触点接通，电动调节阀门关小；当水温降低时，压力表指针与 60℃触点接通，电动调节阀门开大。如果水温在规定范围内，压力表指针处于上下触点之间，电动调节阀门停止动作。

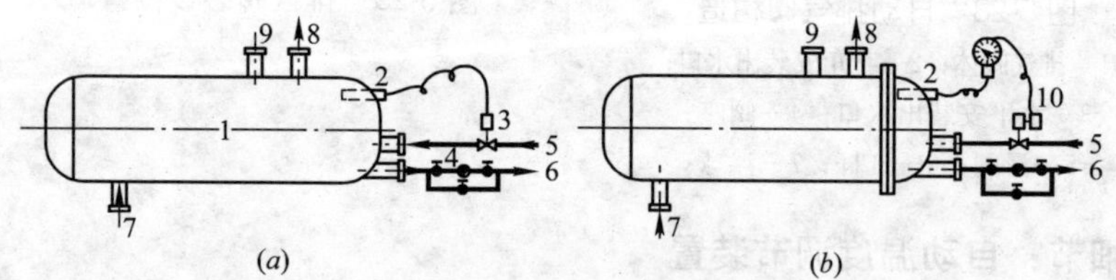

图 5-31　自动温度调节器安装示意图

(*a*)直接式温度调节；(*b*)间接式自动温度调节

1—加热设备；2—温包；3—自动调节阀；4—疏水器；5—蒸汽；6—凝结水；7—冷水；8—热水；9—安全阀；10—电动调节阀

细节：膨胀管、膨胀罐

冷水加热后，水的体积要膨胀，如果热水系统是密闭的，且在卫生器具不用水时，膨胀水量会增加系统的压力有胀裂管道的危险，因此应设膨胀管，膨胀管一般设在系统最高处，如安装不便可设膨胀罐(水箱)，并安装在水加热器的冷水进水管或热水回水管上。

1. 膨胀管

膨胀管(见图 5-32)常设置在开式热水供应系统中。膨胀管的设置应符合下列要求:

(1) 当热水系统由生活饮用高位水箱补水时,可将膨胀管引至同一建筑物的非生活饮用水箱的上空(见图 5-32 所示),其高度应按下式计算:

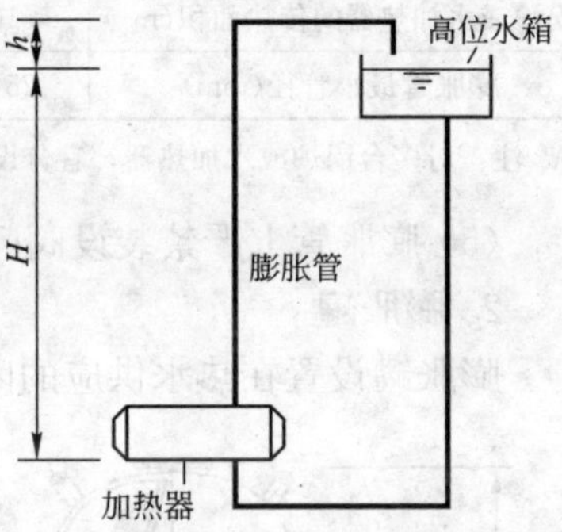

图 5-32 膨胀管的设置

$$h=H\left(\frac{\rho_l}{\rho_r}-1\right) \quad (5\text{-}2)$$

式中 h——膨胀管高出生活饮用高位水箱水面的垂直高度,m;

H——锅炉、水加热器底部至生活饮用高位水箱水面的高度,m;

ρ_l——冷水密度,kg/m^3;

ρ_r——热水密度,kg/m^3。

膨胀管出口离接入水箱水面的高度不应少于 100mm。

(2) 当热水供水系统上设置膨胀水箱时,膨胀水箱水面高出系统冷水补给水箱水面的高度应按式(5-2)计算,其容积应按下式计算:

$$V_p=0.0006\Delta t V_s \quad (5\text{-}3)$$

式中 V_p——膨胀水箱有效容积,L;

Δt——系统内水的最大温差,℃;

V_s——系统内的水容量,L。

按式(5-2)计算时,h 为膨胀水箱水面高出系统冷水补给水箱水面的垂直高度(m)。

(3) 当膨胀管有冻结可能时,应采取保温措施。

(4) 膨胀管的最小管径应按表 5-7 确定。

膨胀管的最小管径　　表 5-7

锅炉或水加热器的传热面积(m^2)	<10	≥10 且<15	≥15 且<20	≥20
膨胀管最小管径(mm)	25	32	40	50

注：对多台锅炉或水加热器，宜分设膨胀管。

(5) 膨胀管上严禁装设阀门。

2. 膨胀罐

膨胀罐设置在热水供应的闭式系统中，具体设置在水加热器冷水进水管上或放在回水总管上，吸收贮热设备及管道内水升温时的膨胀量，图 5-33 所示为隔膜式压力膨胀罐。

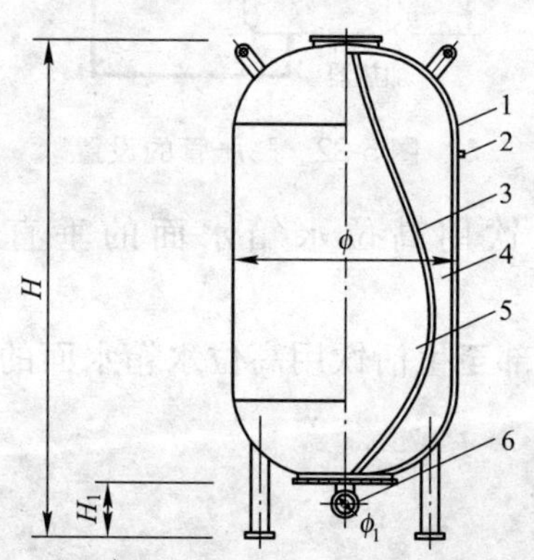

图 5-33　隔膜式压力膨胀罐

1—气压罐；2—充气口；3—橡胶隔膜；4—气室；5—水室；6—进出水口

在闭式热水供应系统中，应设置压力式膨胀罐，并应符合下列要求：

(1) 日用热水量大于 $30m^3$ 的热水供应系统应设置压力式膨胀罐。膨胀罐的总容积应按下式计算：

$$V_e=\frac{(\rho_f-\rho_r)P_2}{(P_2-P_1)\rho_r}V_s \quad (5\text{-}4)$$

式中 V_e——膨胀罐的总容积，m^3；

ρ_f——加热前加热、贮热设备内水的密度，kg/m^3，定时供应热水的系统宜按冷水温度确定；全日集中热水供应系统宜按热水回水温度确定；

ρ_r——热水的密度，kg/m^3；

P_1——膨胀罐处管内水压力(MPa，绝对压力)，为管内工作压力加 0.1Pa；

P_2——膨胀罐处管内最大允许压力(MPa，绝对压力)，其数值可取 $1.10P_1$；

V_s——系统内热水总容积，m^3。

应校核 P_2 值，并不应大于水加热器的额定工作压力。

（2）膨胀罐宜设置在加热设备的热水循环回水管上。

细节：疏水器

以蒸汽为热媒的间接加热设备，当热媒通过热交换后在加热器末端应设疏水器，其作用是自动阻止蒸汽逸漏，且迅速地排出凝结水，同时能排除系统中积累的空气和其他不凝性气体。当水加热器的换热能确保凝结水回水温度小于或等于 80℃时，可不装疏水器。蒸汽立管最低处与蒸汽管下凹处的下部宜设疏水管。疏水器按其工作压力有低压和高压之分，热水系统通常采用高压疏水器。常用疏水器的形式有吊桶式、热动力式、浮筒式、脉冲式和温调式等。

疏水器如仅作排除管道中冷凝积水时，可选用 $DN15$ 和 $DN20$ 的规格。当用于排除水加热器等用汽设备的凝结水时，则疏水器管径应按下式计算后确定：

$$Q=k_0G \tag{5-5}$$

式中 Q——疏水器最大排水量，kg/h；

k_0——附加系数，见表 5-8；

G——水加热设备最大凝结水量，kg/h。

附加系数 k_0 **表 5-8**

名称	附加系数 k_0		名称	附加系数 k_0	
	压差 $\Delta P\leqslant$ 0.2MPa	压差 $\Delta P>$ 0.2MPa		压差 $\Delta P\leqslant$ 0.2MPa	压差 $\Delta P>$ 0.2MPa
上开口浮筒式疏水器	3.0	4.0	浮球式疏水器	2.5	3.0
下开口浮筒式疏水器	2.0	2.5	喷嘴式疏水器	3.0	3.2
恒温式疏水器	3.5	4.0	热动力式疏水器	3.0	4.0

疏水器进出口压差 ΔP，可按下式计算：

$$\Delta P=P_1-P_2 \tag{5-6}$$

式中 ΔP——疏水器进出口压差，MPa；

P_1——疏水器前的压力，MPa，对于水加热器等换热设备，可取 $P_1=0.7P_z$（P_z 为进入设备的蒸汽压力）；

P_2——疏水器后的压力，MPa，当疏水器后凝结水管不抬高自流坡向开式水箱时，$P_2=0$；当疏水器后凝结水管道较长，又需抬高接入闭式凝结水箱时，P_2 按下式计算：

$$P_2=\Delta h+0.01H+P_3 \tag{5-7}$$

式中 Δh——疏水器后至凝结水箱之间的管道压力损失，MPa；

H——疏水器后回水管的抬高高度，m；

P_3——凝结水箱内压力，MPa。

细节：分水器、集水器和分汽缸

（1）多个热水、蒸汽管道系统或多个较大热水、蒸汽用户均宜设置分水器、分汽缸，凡设分水器和分汽缸的热水、蒸汽系统，其回水管上宜设集水器。

（2）分水器、分汽缸和集水器宜设置在热交换间和锅炉房等设备用房内，以方便维修及操作。

（3）分水器等的简体直径应大于最大接入管直径的 2 倍，其长度及总体设计应符合“压力容器”设计的有关规定。

细节：减压阀的选用标准

当水加热器采用的热媒为蒸汽时，若蒸汽供应管网的压力远大于水加热器所规定的蒸汽压力，为保证设备使用安全，应设减压阀把蒸汽压力降到需要值。

减压阀是利用流体通过阀瓣产生阻力而减压，供蒸汽介质减压使用的有波纹管式、活塞式和膜片式等几种类型。

减压阀的选用标准如下：

（1）在给定的弹簧压力级范围内，使出口压力在最大值与最小值之间能连续调整，不得有卡阻和异常振动。

（2）对于软密封的减压阀，在规定的时间内不得有渗漏；对于金属密封的减压阀，其渗漏量应不大于最大流量的0.5%。

(3) 出口流量变化时，直接作用式的出口压力偏差值不大于20%，先导式不大于10%；进口压力变化时，直接作用式的出口压力偏差不大于10%，先导式的不大于5%。

(4) 减压阀的阀后压力一般应小于阀前压力的0.5倍。

(5) 减压阀的应用范围很广，在蒸汽、压缩空气、工业用气、水、油和许多其他液体介质的设备和管路上均可使用，介质流经减压阀出口处的量，一般用质量流量或体积流量表示。

(6) 波纹管直接作用式减压阀适用于低压、中小口径的蒸汽介质；薄膜直接作用式减压阀适用于中低压、中小口径的空气、水介质；先导活塞式减压阀，适用于各种压力、各种口径、各种温度的蒸汽、空气和水介质；若用不锈耐酸钢制造，可适用于各种腐蚀性介质；先导波纹管式减压阀适用于低压、中小口径的蒸汽、空气等介质；先导薄膜式减压阀适用于低压、中压、中小口径的蒸汽或水等介质。

(7) 减压阀进口压力的波动应控制在进口压力给定值的80%～105%，如超过该范围，减压前期的性能会受影响。

(8) 减压阀的每一档弹簧只在一定的出口压力范围内适用，超出范围应更换弹簧。

(9) 在介质工作温度比较高的场合，一般选用先导活塞式减压阀或先导波纹管式减压阀；介质为空气或水(液体)的场合，一般宜选用直接作用薄膜式减压阀或先导薄膜式减压阀；介质为蒸汽的场合宜选用先导活塞式或先导波纹管式减压阀。

(10) 为了操作、调整和维修的方便，减压阀一般应安装在水平管道上。

细节：疏水器安装

(1) 浮筒式或钟形浮子式疏水器应水平安装。

(2) 加热设备宜各自单独安装疏水器，以保证系统正常工作。

(3) 疏水器的安装位置应便于检修，并尽量靠近用汽设备，安装高度应低于设备或蒸汽管道底部150mm以上，以便凝结水排出。

(4) 疏水器一般不装设旁通管，但对于特别重要的加热设备，如不允许短时间中断排除凝结水或生产上要求速热时，可考虑装设旁通管。旁通管应在疏水器上方或同一平面上安装。

(5) 当凝结水量很大，一个疏水器不能排除时，则需几个疏水器并联安装。并联安装的疏水器应同型号、同规格，一般适宜并联2个或3个疏水器，且必须安装在同一平面内。

(6) 当采用余压回水系统、回水管高于疏水器时，应在疏水器后装设止回阀。

(7) 当疏水器距加热设备较远时，宜在疏水器与加热设备之间安装回汽支管，如图5-34所示。

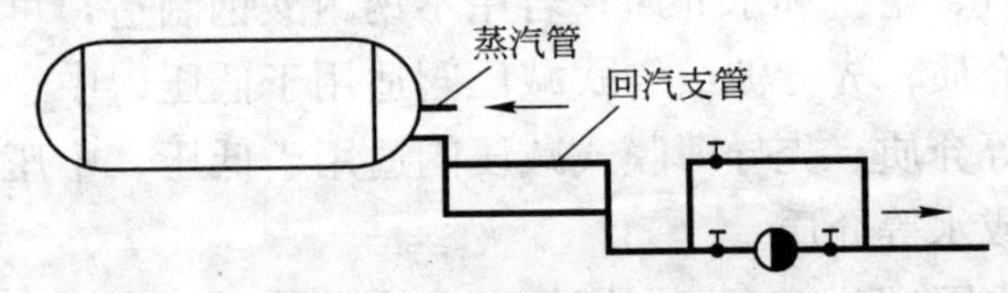

图5-34 回汽支管的安装

(8) 疏水器的安装方式如图5-35所示。

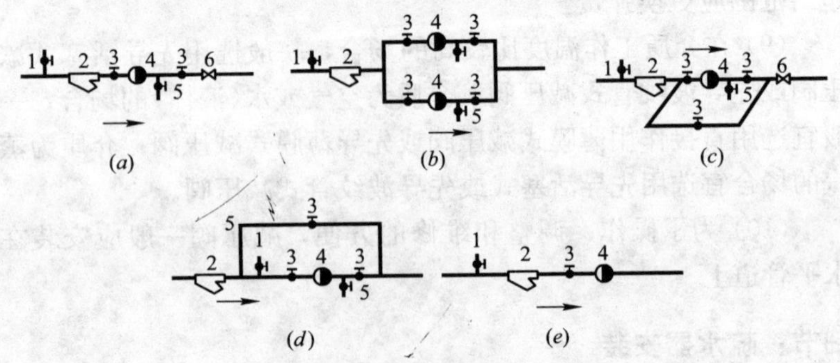

图5-35 疏水器的安装方式

(a)不带旁通管水平安装；(b)并联安装；(c)旁通管水平安装；(d)旁通管垂直安装；(e)直接排水

1—冲洗管；2—过滤器；3—截止阀；4—疏水器；5—检查管；6—止回阀

细节：蒸汽减压阀安装

（1）减压阀应安装在水平管段上，阀体应保持垂直。

（2）阀前、阀后均应安装闸阀和压力表，阀后应装设安全阀，一般情况下还应设置旁路管，如图 5-36 所示，其中各部分的安装尺寸如表 5-9 所示。

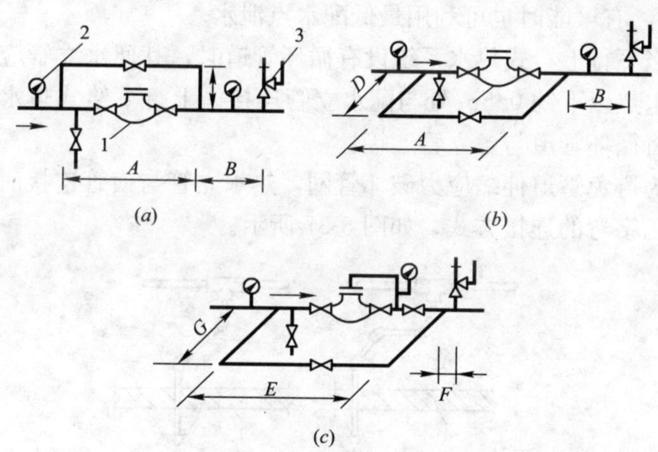

图 5-36　减压阀安装

(*a*)活塞式减压阀旁路管垂直安装；(*b*)塞式减压阀旁路管水平安装；

(*c*)薄膜式或波纹管减压阀的安装

1—减压阀；2—压力表；3—安全阀

减压阀安装尺寸(mm)　　**表 5-9**

减压阀公称直径 *DN*(mm)	*A*	*B*	*C*	*D*	*E*	*F*	*G*
25	1100	400	350	200	1350	250	200
32	1100	400	350	200	1350	250	200
40	1300	500	400	250	1500	300	250
50	1400	500	450	250	1600	300	250
65	1400	500	500	300	1650	350	300
80	1500	550	650	350	1750	350	350
100	1600	550	750	400	1850	400	400
125	1800	600	800	450			
150	2000	650	850	500			

细节：热水管道的布置要求

上行下给式配水干管的最高点应设排气装置（自动排气阀、带手动放气阀的集气罐和膨胀水箱），下行上给配水系统可利用最高配水点放气。

下行上给热水供应系统的最低点应设泄水装置（泄水阀或丝堵等），有可能时也可利用最低配水点泄水。

当下行上给式热水系统设有循环管道时，其回水立管应在最高配水点以下约 0.5m 处与配水立管连接。上行下给式热水系统只需将循环管道与各立管连接。

为避免管道伸缩应力破坏管网，热水立管与横管连接时，应采用乙字弯的连接方式，如图 5-37 所示。

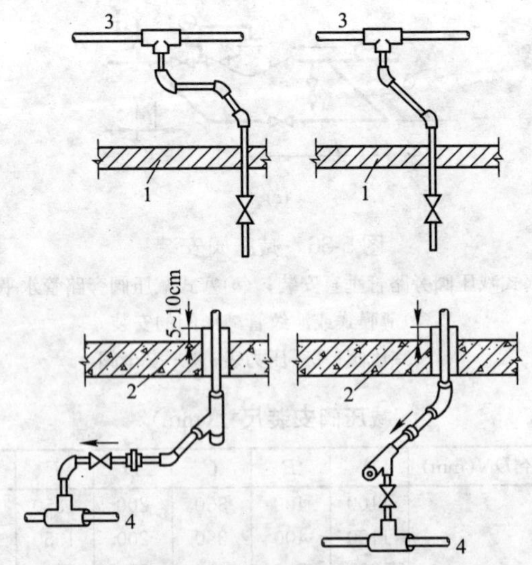

图 5-37 热水立管与水平干管的连接方式

1—吊顶；2—地板或沟盖板；3—配水横管；4—回水管

热水管道应设固定支架，一般设在伸缩器或自然补偿管道的两侧，其间距长度应满足管段的热伸长量不大于伸缩器所允许的补偿量。固定支架之间宜设导向支架。

为调节平衡热水管网的循环流量和检修时缩小停水范围，在配水、回水干管连接的分干管上，配水立管和回水立管的端点，以及居住建筑和公共建筑中每一用户或单元的热水支管上，均应装设阀门，如图 5-38 所示。

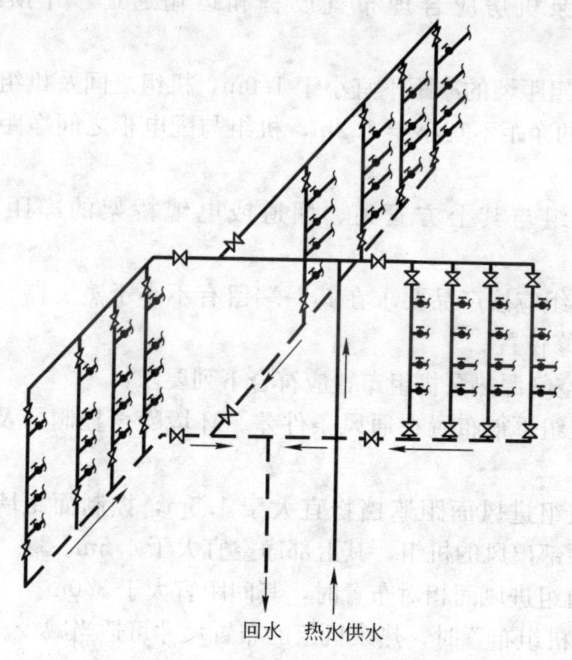

图 5-38 热水管网上阀门的安装位置

热水管网在下列管段上，应装设止回阀：

(1) 设置在水加热器、贮水器的冷水供水管上，防止加热设备的升压或冷水管网水压降低时产生倒流，使设备内热水回流至冷水管网产生热污染和安全事故。

(2) 设置在机械循环系统的第二循环回水管上，防止冷水进入热水系统，保证配水点的供水温度。

(3) 设置在冷热水混合器的冷、热水供水管上，防止冷、热水通过混合器相互串水而影响其他设备的正常使用。

细节：热泵机组布置要求

热泵机组的布置应符合下列规定：

（1）水源热泵机组布置应符合下列要求：

1）热泵机房应合理布置设备和运输通道，并预留安装孔、洞。

2）机组距墙的净距不宜小于 1.0m，机组之间及机组与其他设备之间的净距不宜小于 1.2m，机组与配电柜之间净距不宜小于 1.5m。

3）机组与其上方管道、烟道或电缆桥架的净距不宜小于 1.0m。

4）机组应按产品要求在其一端留有不小于蒸发器、冷凝器长度的检修位置。

（2）空气源热泵机组布置应符合下列要求：

1）机组不得布置在通风条件差、环境噪声控制严及人员密集的场所。

2）机组进风面距遮挡物宜大于 1.5m，控制面距墙宜大于 1.2m，顶部出风的机组，其上部净空宜大于 4.5m。

3）机组进风面相对布置时，其间距宜大于 3.0m。

小型机组布置时，热泵机组的布置尺寸可适当减少。

细节：燃油(气)热水机组机房布置要求

燃油(气)热水机组机房的布置应符合下列要求：

（1）燃油(气)热水机组机房宜与其他建筑物分离独立设置。当机房设在建筑物内时，不应设置在人员密集场所的上、下或贴邻，并应设对外的安全出口。

（2）机房的布置应满足设备的安装、运行和检修要求，其前方应留不少于机组长度 2/3 的空间，后方应留 0.8～1.5m 的空间，两侧通道宽度应为机组宽度，且不应小于 1.0m。机组最上部部件(烟囱除外)至机房顶板梁底净距不宜小于 0.8m。

(3) 机房与燃油(气)机组配套的日用油箱、贮油罐等的布置和供油、供气管道的敷设均应符合有关消防、安全的要求。

细节：热水管道敷设要求

热水管网的敷设方式有明设和暗设两种。铜管、薄壁不锈钢管和衬塑钢管等可根据建筑、工艺要求暗设或明设。塑料热水管宜暗设，明设时立管宜布置在不受撞击的地方，若不可避免时，应在管外加防紫外线照射和防撞击的保护措施。热水管道暗设时，其横干管可敷设在地下室、技术设备层、管廊、吊顶或管沟内，其立管可敷设在管道竖井或墙壁竖向管槽内，支管可埋设在地面、楼板面的垫层内，但铜管和聚丁烯管(PB)埋在垫层内宜设保护套。暗设管道在便于检修地方装设法兰，装设阀门处应留检修门，以利于管道更换和维修。管沟内敷设的热水管应置于冷水管之上，并且进行保温。

热水管道穿过建筑物的楼板、墙壁和基础处应加套管，穿越屋面及地下室外墙时，应加防水套管，以免管道膨胀时损坏建筑结构和管道设备。当穿过有可能发生积水的房间地面或楼板面时，套管应高出地面 50～100mm。热水管道在吊顶内穿墙时，可预留孔洞。

热水横管均应保持有不小于 0.003 的坡度，配水横干管应沿水流方向上升，以利于管道中的气体向高点聚集，便于排放。回水横管应沿水流方向下降，便于检修时泄水和排除管内污物。这样布管还可保持配、回水管道坡向一致，便于施工安装。

室外热水管道一般为管沟内敷设，当不可能时，也可直埋敷设，其保温材料为聚氨酯硬质泡沫塑料，外做玻璃钢管壳，并做伸缩补偿处理。直埋管道的安装与敷设还应符合有关直埋供热管道工程技术规程的规定。

细节：管道支架敷设

由于热水管道采取温度伸缩的补偿措施，其支架形式有固定支架和滑动导向支架。固定支架是固定热水管道系统位置的支架，导向支架是允许管道伸缩滑移的支架，安装在固定支架之间。

热水管道支架的安装间距规定为：铜管支吊架最大间距见表 5-10，薄壁不锈钢管支吊架最大间距见表 5-11，衬塑钢管支吊架最大间距见表 5-12，聚丙烯(PP-R)热水管支吊架最大间距见表 5-13，PVC-C 管和 PAP 管支吊架间距见表 5-14。

铜管支吊架最大间距　　表 5-10

公称直径(mm)	15	20	25	32	40	50	65	80	100	125	150	200
立管(m)	1.8	2.4	2.4	3.0	3.0	3.0	3.5	3.5	3.5	3.5	4.0	4.0
横管(m)	1.2	1.8	1.8	2.4	2.4	2.4	3.0	3.0	3.0	3.0	3.5	3.5

注：管道支承件宜采用铜合金制品，当采用钢件支架时，管道与支架间应设软隔垫。

薄壁不锈钢管支吊架最大间距　　表 5-11

公称直径(mm)	10～15	20～25	32～40	50～65
水平管(m)	1.0	1.5	2.0	2.5
立管(m)	1.5	2.0	2.5	3.0

注：当采用金属管卡或吊架时，金属管卡与管道之间应采用塑料带或橡胶等软物隔垫。

衬塑钢管支吊架最大间距　　表 5-12

公称直径(mm)	15	20	25	32	40	50	65	80	100	125	150	250	300
保温管(m)	2	2.5	2.5	2.5	3	3	4	4	4.5	7	7	8	8.5
不保温管(m)	2.5	3	3.25	4	4.5	5	6	6	6.5	8	9.5	11	12

注：立管管卡安装：层高小于等于 5m，每层必须安装 1 个；层高大于 5m，每层不得小于安装 2 个；管卡安装高度，距地面 1.5～1.8m。

聚丙烯(PP-R)热水管支吊架最大间距　　表 5-13

公称直径(mm)	20	25	32	40	50	63	75	90	110
立管(m)	0.5	0.6	0.7	0.8	0.9	1.0	1.1	1.2	1.5
水平管(m)	0.9	1.0	1.2	1.4	1.6	1.7	1.7	1.8	2.0

注：暗敷直埋管道的支架间距可采用 1.0～1.5m。

PVC-C 管、PAP 管支吊架最大间距 表 5-14

公称直径(mm)	20	25	32	40	50	63	75	90	110	125	140	160
立管(m)	1.0	1.1	1.2	1.4	1.6	1.8	2.1	2.4	2.7	3.0	3.4	3.8
水平管(m)	0.6	0.65	0.7	0.8	0.9	1.0	1.1	1.2	1.2	1.3	1.4	1.5

热水管道固定支架的间距应满足管段的热伸长度不大于伸缩器所允许的补偿量，并应符合表 5-15 的规定。固定支架之间按表 5-10～表 5-14 的规定宜设导向滑动支架。

直线管段最大固定支承(固定支架)间距 表 5-15

管材	铜管	不锈钢	衬塑钢管	PP-R	PEX	PB	PAP
间距(m)	20.0	20.0	20.0	3.0	3.0	6.0	3.0

细节：管道保温层设计

热水供应系统中的水加热设备、贮热水器、热水箱、热水供水干、立管，机械循环的回水干、立管，有冰冻可能的自然循环回水干、立管，均应保温，其主要目的是减少介质传送过程中无效的热损失。

热水供应系统保温材料应具有一定的机械强度、无腐蚀性、重量轻、且导热系数小、易于施工成型及可就地取材等特点。

保温层的厚度可按下式计算：

$$\delta=3.41\frac{d_{w}^{1.2}\lambda^{1.35}\tau^{1-75}}{q^{1.5}} \tag{5-8}$$

式中 δ——保温层厚度，mm；

d_w——管道或圆柱设备的外径，mm；

λ——保温层的导热系数，kJ/(h·m·℃)；

τ——未保温的管道或圆柱设备外表面温度，℃；

q——保温后的允许热损失，kJ/(h·m)，可按表 5-16 采用。

热水配、回水管、热媒水管常用的保温材料为岩棉、硬聚氨酯、超细玻璃棉和橡塑泡棉等材料，其保温层厚度可参照表 5-17 采用。蒸汽管用憎水珍珠岩管壳保温时，其厚度见表 5-18。水加热器、开水器等设备采用岩棉、硬聚氨酯发泡塑料等制品保温时，保温层厚度可为35mm。

保温后的允许热损失值［kJ/(h·m)］　　表 5-16

管径 DN(mm)	流体温度(℃)					备注
	60	100	150	200	250	
15	46.1	—	—	—	—	
20	63.8	—	—	—	—	
25	83.7	—	—	—	—	
32	100.5	—	—	—	—	
40	104.7	—	—	—	—	
50	121.4	251.2	335.0	367.8	—	
70	150.7	—	—	—	—	流体温度 60℃，只适用于热水管道
80	175.5	—	—	—	—	
100	226.1	355.9	460.55	544.3	—	
125	263.8	—	—	—	—	
150	322.4	439.6	565.2	690.8	816.4	
200	385.2	502.4	669.9	816.4	983.9	
设备面	—	418.7	544.3	628.1	753.6	

热水配、回水管、热媒水管保温层厚度　　表 5-17

管道直径 DN(mm)	热水配、回水管				热煤水、蒸汽凝结水管	
	15～20	25～50	65～100	＞100	≤50	＞50
保温层厚度(mm)	20	30	40	50	40	40

蒸汽管保温层厚度　　表 5-18

管道直径 DN(mm)	≤40	50～65	≥80
保温层厚度(mm)	50	60	70

管道和设备在保温之前，应进行防腐处理。保温材料应与管道或设备的外壁紧密相贴密实，并在保温层外表做防护层。如遇管道转弯处，其保温应做伸缩缝，缝内装填柔性材料。

【禁　　忌】

禁忌：管材和管件的选择不符合要求

【分析】

热水系统采用的管材和管件，应符合现行产品标准的要求。管道的工作压力和工作温度不得大于产品标准标定的允许工作压力和工作温度。热水管道应选用耐腐蚀、安装连接方便可靠、符合饮用水卫生要求的管材。

【措施】

管材的选择与要求如下：

(1) 聚丙烯(PP-R)管：应采用公称压力不低于 2.0MPa 等级的管材和管件。

(2) 交联聚乙烯(PEX)管：使用温度、允许工作压力及使用寿命参见有关规定。

(3) PVG-C 管：多层建筑可采用 S5 系列，高层建筑可采用 S4 系列(不得用于主干管和泵房)，室外可采用 S5 系列。热水管道应选用耐腐蚀、安装连接方便可靠、符合饮用水卫生要求的管材。一般可采用薄壁铜管、薄壁不锈钢管、塑料热水管、塑料及金属复合热水管等。住宅入户管敷设在垫层内时可采用聚丙烯管、聚丁烯管(PB)和交联聚乙烯管等软管。若采用塑料热水管或塑料及金属复合热水管材时，除符合产品标准外，还应符合下列要求：

1) 管道的工作压力应按相应温度下的允许工作压力选择。

2) 管件宜采用与管道相同的材质。设备机房内的管道不应采用塑料热水管。

3) 定时供热水的系统因水温周期性变化大，不宜采用对温度变化比较敏感的塑料热水管。

禁忌：未采取补偿管道温度伸缩的措施，导致管道弯曲、破裂

【分析】

热水系统中管道因受热膨胀而伸长，为保证管网使用安全，

在热水管网上应采取补偿管道温度伸缩的措施，以避免管道因为承受了超过自身许可的内应力而导致弯曲或破裂。

管道的热伸长量按下式计算：

$$\Delta L=\alpha(t_{2r}-t_{1r})L \tag{5-9}$$

式中 ΔL——管道的热伸长(膨胀)量，mm；

t_{2r}——管中热水最高温度，℃；

t_{1r}——管道周围环境温度，℃，一般取 $t_{1r}=5$℃；

L——计算管段长度，m；

α——线膨胀系数，mm/(m·℃)，见表 5-19。

不同管材的 α 值 [mm/(m·℃)] **表 5-19**

管材	PP-R	PEX	PR	ABS	PVC-U	PAP	薄壁铜管	钢管	铝合金衬塑	PVC-C	薄壁不锈钢管
α	0.16	0.15	0.13	0.1	0.07	0.025	0.02	0.012	0.025	0.08	0.0166

【措施】

补偿管道热伸长技术措施有自然补偿设置伸缩器补偿和伸缩动力补偿两种。

1. 自然补偿

自然补偿是利用管道敷设自然形成的 L 形或 Z 形弯曲管段，来补偿管道的温度变形。通常的做法是在转弯前后的直线段上设置固定支架，让其伸缩在弯头处补偿，如图 5-39 所示。弯曲两侧管段的长度不宜超过表 5-20 中所列的数值。

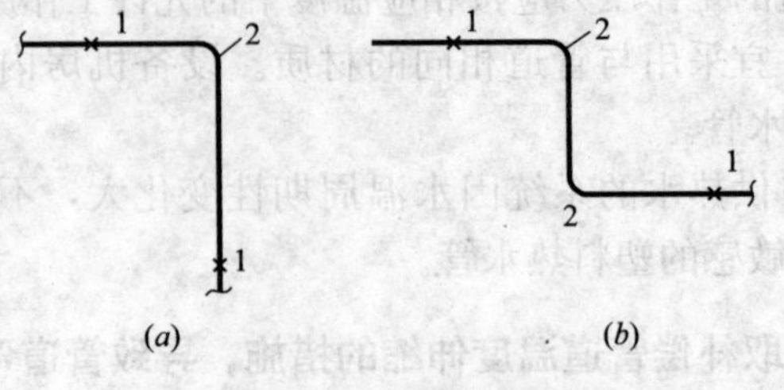

图 5-39 自然补偿管道

(a)L 形管段；(b)Z 形管段

1—固定支架；2—弯管

不同管材弯曲两侧管段允许的长度　　　　表 5-20

管材	薄壁铜管	薄壁不锈钢管	衬塑钢管	PP-R	PEX	PB	铝塑管 PAP
长度(m)	10.0	10.0	8.0	1.5	1.5	2.0	3.0

2. 伸缩器补偿

当直线管段较长无法利用自然补偿时应设置伸缩器。常用的伸缩器有管套伸缩器、方形伸缩器、波形伸缩器和多球橡胶软接头等。

铜管、不锈钢管、衬塑钢管和塑料热水管直线段长度大于表 5-15 的数值时，应设不锈钢波纹管和多球橡胶软管等伸缩器解决管道伸缩量。对于在垫层内敷设的小管径热水管可不用考虑管道的伸缩措施。

3. 伸缩应力补偿

热水管道系统的立管与干管连接处理，应在立管两端加弯头以补偿立管的伸缩应力，接管方法如图 5-40 所示。

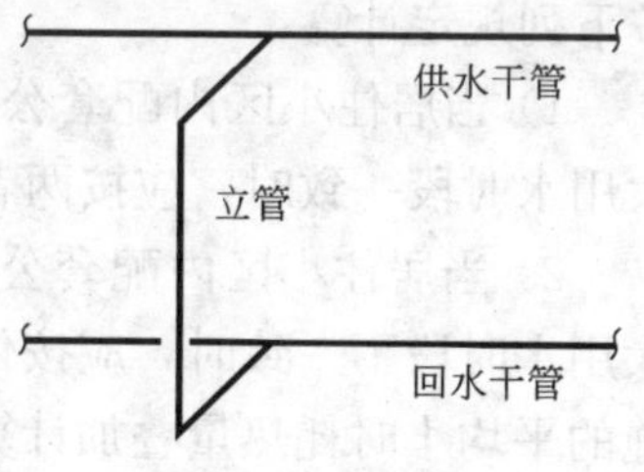

图 5-40　立管与干管的连接（伸缩应力补偿）

禁忌：容积式、导流型容积式、半容积式水加热设备布置间距过小

【分析】

无贮热容积的半即热式、快速式水加热器的体型一般比容积式、导流型容积式、半容积式水加热器小得多，其加热盘管不一定从前端抽出，可以从上从下两头抽出，也可以整体放倒或移出机房外检修，而容积式、导流型容积式和半容积式水加热器等带贮热容积的设备，体型一般均较高大，一般设备固定就很难整体移动，而水加热设备的核心部分加热盘管受水质、水温引起的结垢、腐蚀影响传热效果及制造加工不善出现问题是很难避免的。因此，在水加热器前端，即加热盘管装入水加热器的一侧必须留出能抽出加热盘管的距离，以供加热盘管清理水垢或检修之用。

【措施】

容积式、导流型容积式和半容积式水加热器的一侧应有净宽不小于 0.7m 的通道，前端应留有抽出加热盘管的位置。

5.5 热水供应系统设计与计算

【细　节】

细节：设计小时耗热量

(1) 设有集中热水供应系统的居住小区的设计小时耗热量应按下列规定计算：

1）当居住小区内配套公共设施的最大用水时段与住宅的最大用水时段一致时，应按两者的设计小时耗热量叠加计算。

2）当居住小区内配套公共设施的最大用水时段与住宅的最大用水时段不一致时，应按住宅的设计小时耗热量加配套公共设施的平均小时耗热量叠加计算。

(2) 全日供应热水的宿舍(Ⅰ、Ⅱ类)、住宅、别墅、酒店式公寓、招待所、培训中心、旅馆、宾馆的客房(不含员工)、医院住院部、养老院、幼儿园、托儿所(有住宿)和办公楼等建筑的集中热水供应系统的设计小时耗热量应按下式计算：

$$Q_h = K_h \frac{mq_r C(t_r - t_1)\ \rho_r}{T} \quad (5\text{-}10)$$

式中 Q_h——设计小时耗热量，kJ/h；

m——用水计算单位数(人数或床位数)；

q_r——热水用水定额，L/(人・d)或 L/(床・d)，按表 5-3 采用；

C——水的比热，C=4.187(kJ/kg・℃)；

t_r——热水温度，$t_r=60℃$；

t_1——冷水温度，按表5-5选用；

ρ_r——热水密度，kg/L；

T——每日使用时间，h，按表5-3采用；

K_h——小时变化系数，可按表5-21采用。

热水小时变化系数 K_h 值 **表5-21**

类别	热水用水定额［L/(人(床)·d)］	使用人(床)数	K_h
住宅	60～100	100～6000	4.8～2.75
别墅	70～110	100～6000	4.21～2.47
酒店式公寓	80～100	150～1200	4.00～2.58
宿舍(Ⅰ、Ⅱ类)	70～100	150～1200	4.80～3.20
招待所培训中心、普通旅馆	25～50 40～60 50～80 60～100	150～1200	3.84～3.00
宾馆	120～160	150～1200	3.33～2.60
医院、疗养院	60～100 70～130 110～200 100～160	50～1000	3.63～2.56
幼儿园托儿所	20～40	50～1000	4.80～3.20
养老院	50～70	50～1000	3.20～2.74

注：1. K_h 应根据热水用水定额高低、使用人(床)数多少取值，当热水用水定额高、使用人(床)数多时取低值，反之取高值，使用人(床)数小于等于下限值及大于或等于上限值的，K_h 就取下限值及上限值，中间值可用内插法求得。

2. 设有全日集中热水供应系统的办公楼、公共浴室等表中未列入的其他类建筑的 K_h 值可按表2-8中给水的小时变化系数选值。

定时供应热水的住宅、旅馆、医院及工业企业生活间、公共浴室、宿舍(Ⅲ、Ⅳ类)、剧院化妆间、体育馆(场)运动员休息室等建筑的集中热水供应系统的设计小时耗热量应按下式计算：

$$Q_h = \sum q_h (t_r - t_l) \rho_r n_0 b C \tag{5-11}$$

式中 Q_h——设计小时耗热量，kJ/h；

q_h——卫生器具热水的小时用水定额，L/h，按表5-4采用；

C——水的比热，$C=4.187$kJ/(kg·℃)；

t_r——热水温度，℃，按表5-4采用；

t_l——冷水温度，℃，按表5-5采用；

ρ_r——热水密度，kg/L；

n_0——同类型卫生器具数；

b——卫生器具的同时使用百分数：住宅、旅馆，医院、疗养院病房，卫生间内浴盆或淋浴器可按70%～100%计，其他器具不计，但定时连续供水时间应大于等于2h。工业企业生活间、公共浴室、学校、剧院、体育馆(场)等的浴室内的淋浴器和洗脸盆均按100%计。住宅一户设有多个卫生间时，可按一个卫生间计算。

应用式(5-11)时应注意，由于不同类型卫生器具的使用水温不同，必须换算为统一水温后才能正确计算出设计小时热水量。换算系数可按下式计算：

$$K_r = \frac{t_h - t_l}{t_r - t_l} \times 100\% \tag{5-12}$$

式中 K_r——换算系数(小时热水量占混合水量的百分数)；

t_r——热水系统供水温度，℃；

t_h——混合后卫生器具出水温度，℃；

t_l——冷水计算温度，℃。

(3) 具有多个不同使用热水部门的单一建筑(如旅馆内具有客房卫生间、职工公用淋浴间、洗衣房、厨房、游泳池及健身娱乐设施等多个热水用户)或多种使用功能的综合性建筑(如同一栋建筑内具有公寓、办公楼、商业用房和旅馆等多种用途)，当其热水由同一热水供应系统供应时，设计小时耗热量可按同一时间内出现高峰用水时间内，主要用水部门的设计小时耗热量加其他用水部门的平均小时耗热量计算。

细节：设计小时热水量

设计小时热水量可按下式计算：

$$q_{rh}=\frac{Q_h}{(t_r-t_l)C\rho_r} \tag{5-13}$$

式中 q_{rh}——设计小时热水量，L/h；

Q_h——设计小时耗热量，kJ/h；

t_r——设计热水温度，℃；

t_l——设计冷水温度，℃。

细节：设计小时供热量

全日集中热水供应系统中，锅炉、水加热设备的设计小时供热量应根据日热水用量小时变化曲线、加热方式及锅炉、水加热设备的工作制度经积分曲线计算确定。当无条件时，可按下列原则确定：

(1) 容积式水加热器或贮热容积与其相当的水加热器、燃油(气)热水机组应按下式计算：

$$Q_g=Q_h-\frac{\eta V_r}{T}(t_r-t_l)C\rho_r \tag{5-14}$$

式中 Q_g——容积式水加热器(含导流型容积式水加热器)的设计小时供热量，kJ/h；

Q_h——设计小时耗热量，kJ/h；

η——有效贮热容积系数；容积式水加热器，η=0.7～0.8，导流型容积式水加热器，η=0.8～0.9；第一循环系统为自然循环时，卧式贮热水罐，η=0.80～0.85；立式贮热水罐，η=0.85～0.90；第一循环系统为机械循环时，卧、立式贮热水罐，η=1.0；

V_r——总贮热容积，L；

T——设计小时耗热量持续时间，h，$T=2\sim4$h；

t_r——热水温度，℃，按设计水加热器出水温度或贮水温度计算；

t_l——冷水温度，℃。

当 Q_g 计算值小于平均耗热量时，Q_g 应取平均小时耗热量。

(2) 半容积式水加热器或贮热容积与其相当的水加热器、燃油(气)热水机组的设计小时供热量应按设计小时耗热量计算。

(3) 半即热式、快速式水加热器及其他无贮热容积的水加热设备的设计小时供热量应按设计秒流量所需耗热量计算。

细节：热媒耗量

(1) 采用蒸汽直接加热时，蒸汽耗量按下式计算：

$$G=3.6k\frac{Q_h}{h_m-h_r} \tag{5-15}$$

式中 G——蒸汽耗量，kg/h；

Q_h——设计小时耗热量，W；

k——热媒管道热损失附加系数，$k=1.05\sim1.10$；

h_m——蒸汽热焓，kJ/kg；

h_r——蒸汽与冷水混合后的热水热焓，kJ/kg，$h_r=4.187t_r$；

t_r——蒸汽与冷水混合后的热水温度，℃。

(2) 采用蒸汽间接加热时，蒸汽耗量按下式计算：

$$G=3.6k\frac{Q_h}{\gamma} \tag{5-16}$$

式中 G——蒸汽耗量，kg/h；

Q_h——设计小时耗热量，W；

k——热媒管道热损失附加系数，$k=1.05\sim1.10$；

γ——蒸汽的汽化热，kJ/kg。

(3) 采用高温热水间接加热时，高温热水耗量按下式计算：

$$G=3.6k\frac{Q_h}{C(t_{mc}-t_{mz})} \tag{5-17}$$

式中　G——高温热水耗量，kg/h；

Q_h——设计小时耗热量，W；

k——热媒管道热损失附加系数，$k=1.05\sim1.10$；

C——水的比热，$C=4.187$kJ/(kg·℃)；

t_{mc}——高温热水进口水温，℃；

t_{mz}——高温热水出口水温，℃。

细节：水加热器的加热面积

根据热平衡原理，制备热水所需的热量等于水加热器传递的热量，即

$$\varepsilon \cdot K \cdot \Delta t_j \cdot F_{jr}=C_r \cdot Q_g \tag{5-18}$$

由此导出水加热器的加热面积，计算公式为：

$$F_{jr}=\frac{C_r Q_g}{\varepsilon K \Delta t_j} \tag{5-19}$$

式中　F_{jr}——水加热器的加热面积，m^2；

Q_g——设计小时供热量，kJ/h；

K——传热系数，kJ/(m^2·℃·h)；

ε——由于水垢和热媒分布不均匀影响传热效率的系数，采用0.6～0.8；

Δt_j——热媒与被加热水的计算温度差，℃；

C_r——热水供应系统的热损失系数，取1.10～1.15。

K值对加热器换热影响很大，主要取决于热媒种类和压力、热媒和热水流速、换热管材质和热媒出口凝结水水温等；K值应按产品样本提供的参数选用；普通容积式水加热器K值，参见表5-22；快速式水加热器K值参见表5-23。

普通容积式水加热器 *K* 值　　　　表 5-22

热媒种类		热媒流速(m/s)	被加热水流速(m/s)	K [kJ/(m²·℃·h)]	
				钢盘管	铜盘管
蒸汽压力(MPa)	≤0.07	—	＜0.1	640～698	756～814
	＞0.07	—	＜0.1	698～756	814～872
热水温度 70～150℃		＜0.5	＜0.1	326～349	384～407

注：表中 K 值是按盘管内通过热媒和盘管外通过被加热水。

快速式水加热器 *K* 值　　　　表 5-23

被加热水流速(m/s)	传热系数 [kJ/(m²·℃·h)]							
	热媒为热水时，热水流速(m/s)						热媒为蒸汽时，蒸汽压力(MPa)	
	0.5	0.75	1.0	1.5	2.0	2.5	≤100	＞100
0.5	1105	1279	1400	1512	1628	1686	2733/2152	2588/2035
0.75	1244	1454	1570	1745	1919	1977	3431/2675	3198/2500
1.0	1337	1570	1745	1977	2210	2326	3954/3082	3663/2908
1.5	1512	1803	2035	2326	2558	2733	4536/3722	4187/3489
2.0	1628	1977	2210	2558	2849	3024	—/4361	—/4129
2.5	1745	2093	2384	2849	3198	3489	—	—

注：表中热媒为蒸汽时，分子为两回程汽—水快速式水加热器将被加热水温度升高 20～30℃时的传热系数，分母为两回程汽—水快速式水加热器将被加热水温度升高 60～65℃时的传热系数。

水加热器热媒与被加热水的计算温度差应按下列公式计算：

(1) 容积式水加热器、导流型容积式水加热器和半容积式水加热器。

$$\Delta t_j = \frac{t_{mc} + t_{mz}}{2} - \frac{t_c + t_z}{2} \qquad (5\text{-}20)$$

式中　Δt_j——计算温度差，℃；

t_{mc}、t_{mz}——热媒的初温和终温，℃；

t_c、t_z——被加热水的初温和终温，℃。

(2) 快速式水加热器、半即热式水加热器。

$$\Delta t_j = \frac{\Delta t_{max} - \Delta t_{min}}{\ln \frac{\Delta t_{max}}{\Delta t_{min}}} \tag{5-21}$$

式中 Δt_j——计算温度差，℃；

Δt_{max}——热媒与被加热水在水加热器一端的最大温度差，℃；

Δt_{min}——热媒与被加热水在水加热器另一端的最大温度差，℃。

热媒的计算温度应符合下列规定：

（1）热媒为饱和蒸汽时的热媒初温、终温的计算：

热媒的初温 t_{mc}：当热媒为压力大于 70kPa 的饱和蒸汽时，t_{mc}按饱和蒸汽温度计算；压力小于或等于 70kPa 时，t_{mc}按 100℃计算。

热媒的终温 t_{mz}：应由经热工性能测定的产品提供。可按：容积式水加热器 $t_{mz}=t_{mc}$；导流型容积式水加热器、半容积式水加热器、半即热式水加热器：$t_{mz}=50$～90℃；

（2）热媒为热水时，热媒的初温应按热媒供水的最低温度计算；热媒的终温应由经热工性能测定的产品提供。当热媒初温 $t_{mc}=70$～100℃时，其终温可按：容积式水加热器的 $t_{mz}=60$～85℃；导流型容积式水加热器、半容积式水加热器、半即热式水加热器的 $t_{mz}=50$～80℃；

（3）热媒为热力管网的热水时，热媒的计算温度应按热力管网供回水的最低温度计算，但热媒的初温与被加热水的终温的温度差，不得小于 10℃。

细节：热水贮水容积

1. 经验计算法

对于住宅、集体宿舍、旅馆、医院和公共浴池等建筑，可按不小于 45min 设计小时耗热量计算，经验计算公式为：

$$V_r \geqslant \frac{0.75Q}{C_B(t_r - t_l)} \tag{5-22}$$

式中 V_r——贮水器的容积，L；

C_B——水的比热容，kJ/(kg・℃)，热水供应系统中可取 4.19kJ/(k・℃)；

t_l——冷水温度，℃；

t_r——热水温度，℃。

对于企业浴室和和集团浴室可取 30min 设计小时耗热量计算，经验计算公式为：

$$V_r \geqslant \frac{0.5Q}{C_B(t_r - t_1)} \tag{5-23}$$

2. 理论计算法

当热水加热器的逐时供热量和热水系统逐时耗热量之间存在差异时，通常采用热水贮水器进行调节。集中热水供应系统中的水加热器贮热量应根据日热水用水小时变化曲线、锅炉加热器的工作制度、供热量及自动温度调节装置等因素经计算确定。但在具体设计时，往往缺乏上述资料，通常可按表 5-24 计算。

水加热器的贮热量　　表 5-24

加热设备	以蒸汽和 95℃以上的热水为热媒时		以≤95℃的热水为热媒时	
	工业企业淋浴室	其他建筑物	工业企业淋浴室	其他建筑物
容积式水加热器或加热箱	≥30minQ_h	≥45minQ_h	≥60minQ_h	≥90minQ_h
倒流型容积式水加热器	≥20minQ_h	≥30minQ_h	≥30minQ_h	≥40minQ_h
半容积式水加热	≥15minQ_h	≥15minQ_h	≥15minQ_h	≥20minQ_h

注：1. 燃油(气)热水机组所配贮热器，贮热量宜根据热媒供应情况按导流型容积式水加热器或半容积式水加热器确定。

2. 表中 Q_h 为设计小时耗热量(kJ/h)。

3. 估算法

在初步设计或方案设计阶段，各种建筑水加热器或贮水器的贮水容积(60℃热水)可按表 5-25 估算。

贮水容积估算值 **表 5-25**

建筑类别	以蒸汽或 90℃以上的热水为热媒时		以≤95℃的热水为热媒时	
	导流型容积式水加热器	半容积式水加热器	导流型容积式水加热器	半容积式水加热器
有集中热水供应的住宅［L/(人·d)］	5～8	3～4	6～10	3～5
设单独卫生间的集体宿舍、培训中心、旅馆［L/(床·d)］	5～8	3～4	6～10	3～5
宾馆、客房［L/(床·d)］	9～13	4～6	12～16	6～8
医院住院部［L/(床·d)］				
设公用盥洗室	4～8	2～4	5～10	3～5
设单独卫生间	8～15	4～8	11～20	6～10
门诊部	0.5～1	0.3～0.6	0.8～1.5	0.4～0.8
办公楼［L/(人·d)］	0.5～4	0.3～0.6	0.8～1.5	0.4～0.8

细节：热泵机组设计要求

（1）水源热泵热水供应系统设计应符合下列要求：

1）水源热泵宜优先考虑以空调冷却水等水质较好、水温较高且水量、水温稳定的废水为热源。

2）水源总水量应按供热量、水源温度和热泵机组性能等综合因素确定。

3）水源热泵的设计小时供热量应按下式计算：

$$Q_g = k_1 \frac{mq_r C(t_r - t_l)\rho_r}{T_1} \tag{5-24}$$

式中 Q_g——水源热泵设计小时供热量，kJ/h；

q_r——热水用水定额，L/(人·d)或 L/(床·d)，按不高于表 5-3 和表 5-4 中用水定额中下限取值；

m——用水计算单位数(人数或床位数)；

t_r——热水温度，t_r=60℃；

t_l——冷水温度，按表 5-5 选用；

T_1——热泵机组设计工作时间，h/d，取12h～20h；

k_1——安全系数，k_1=1.05～1.10；

4）水源水质应满足热泵机组或换热器的水质要求，当其不满足时，应采取有效的过滤、沉淀、灭藻、阻垢、缓蚀等处理措施。当以污废水为水源时，应作相应污水、废水处理。

5）水源热泵制备热水可根据水质硬度、冷水和热水供应系统的形式等，经技术经济比较后采用直接供水或作热媒间接换热供水。

6）水源热泵热水供应系统应设置贮热水箱（罐），其总贮热水容积为：全日制集中热水供应系统贮热水箱（罐）总容积，应根据日耗热量、热泵持续工作时间及热泵工作时间内耗热量等因素确定，当其因素不确定时宜按下式计算：

$$V_r = k_2 \frac{(Q_h - Q_g)T}{\eta(t_r - t_1)C\rho_r} \tag{5-25}$$

式中 Q_h——设计小时耗热量，kJ/h；

Q_g——设计小时供热量，kJ/h；

V_r——贮热水箱（罐）总容积，L；

T——设计小时耗热量持续时间，h；

η——有效贮热容积系数，贮热水箱、卧式贮热水罐 η=0.80～0.85，立式贮热水罐 η=0.85～0.90；

k_2——安全系数，k_2=1.10～1.20。

7）水源热泵换热系统设计应符合现行国家标准《地源热泵系统工程技术规范》GB 50366—2005的相关规定。

（2）空气源热泵热水供应系统设计应符合下列要求：

1）空气源热泵热水供应系统设置辅助热源应按下列原则确定：

最冷月平均气温不小于10℃的地区，可不设辅助热源；

最冷月平均气温小于10℃且不小于0℃时，宜设置辅助热源。

2）空气源热泵辅助热源应就地获取，经过经济技术比较，选用投资省、低能耗热源。

经技术经济比较合理时，采暖季节宜由燃煤(气)锅炉、热力管网的高温水或电力作为热水供应辅助热源。

3) 空气源热泵的供热量可按式(5-24)计算确定；当设辅助热源时，宜按当地农历春分、秋分所在月的平均气温和冷水供水温度计算；当不设辅助热源时，应按当地最冷月平均气温和冷水供水温度计算；

4) 空气源热泵水加热贮热设备的有效容积，可根据制备热水的方式按本节第(1)条第 6)项确定。

细节：热水配水管网水力计算

热水配水管网水力计算的目的是确定管径、计算水头损失及系统所需总水压力。热水配水管网不论有无循环管道，其计算方法和冷水管道的计算方法相同，即热水配水管道的设计秒流量按冷水管道的设计秒流量计算，计算所需的卫生器具热水给水定额流量、当量、支管管径和流出水头按表 2-11 确定，求得计算管段的设计秒流量后，依据允许的管内流速值确定管径并计算水头损失。由于热水温度较高，因此在热水管网水力计算中也心考虑以下一些不同点：

(1) 由于水温和水质的差异，考虑到结垢和腐蚀等因素，水头损失计算公式存在着差异，应选用“热水管道水力计算表”进行水力计算。

随着我国工业发展和人们生活水平的提高，在建筑物内热水管道逐步采用薄壁紫铜管和附件，其单位长度水头损失，可参考式(5-26)和式(5-27)计算。

当 $v<0.44$m/s 时

$$R=10\left(1+\frac{0.3187}{K_{c}Q}\right)^{0.3}A_{0}Q^{2} \tag{5-26}$$

当 $v\geqslant 0.44$m/s 时

$$R=10AQ^{2} \tag{5-27}$$

式中　R——单位长度水头损失，Pa/m；

Q——流量，m^3/s；

K_c——流速系数；

A_0——$v<0.44m/s$ 时的比阻，取 $5.511\times10^{-7}d^{-5.3}$；

A——$v\geqslant0.44m/s$ 时的比阻。

K_c、A_0、A 可参考表 5-26 选用，表 5-26 列出了热水紫铜管的水力参数。

热水紫铜管的水力参数 **表 5-26**

DN (mm)	外径 (mm)	壁厚 (mm)	d(mm)	比阻 A_0	流速系数 K_c	$Q_{0.44}$ (L/s)	比阻 A_0
15	16	1.0	14	3688	6.495	0.06774	4327
20	22	1.5	19	730.9	3.526	0.1248	857.5
25	28	1.5	25	170.7	2.037	0.2160	200.2
32	35	1.5	32	46.12	1.243	0.3540	54.12
40	44	2.0	40	14.14	0.7956	0.5530	16.59
50	55	2.0	51	3.900	0.4894	0.8991	4.576
65	70	2.5	65	1.078	0.3013	1.460	1.265
80	85	2.5	80	0.3588	0.1989	2.212	0.4210
100	105	2.5	100	0.1100	0.1273	3.456	0.1290
125	133	2.5	128	0.02972	0.07770	5.663	0.03487
150	159	3.0	153	0.01154	0.05438	8.091	0.01354

(2) 热水管道内的水流速度宜降低，一般当管径为 15～20mm 时，宜取管内流速小于或等于 0.8m/s；当管径为 25～40mm 时，宜取流速小于或等于 1.0m/s；当管径大于或等于 50mm 时，宜取流速小于或等于 1.2m/s。

(3) 热水管网的局部水头损失一般可按沿程损失的 25%～30%进行估算，也可按局部水头损失计算公式计算后累加。当需要精确计算时，可按下式计算：

$$h=\zeta\frac{\rho v^2}{2g} \tag{5-28}$$

式中 h——局部阻力水头损失，m；

ζ——局部阻力系数，见表 5-27；

ρ——60℃时的热水密度，取 0.98kg/L；

v——流速，m/s；

g——重力加速度，取 9.81m/s^2；

（4）热水配水管网的管径不宜小于 20mm。

管道局部阻力系数 **表 5-27**

局部阻力形式	ξ值	局部阻力形式	ξ值					
热水锅炉	2.5	直流四通	2.5					
突然扩大	1.0	旁流四通	2.5					
突然收缩	0.5	汇流四通	2.5					
逐渐放大	0.6	止回阀	2.5					
逐渐收缩	0.3	ξ						
Ω形伸缩器	2.0	口径(mm)	15	20	25	32	40	≥50
套管伸缩器	0.6	直杆截止阀	16	10	9	9	8	7
弯管	0.5	斜杆截止阀	3	3	3	2.5	2.5	2
直流三通	1.0	旋塞阀	4	2	2	2		
旁流三通	1.5	闸阀	1.5	0.5	0.5	0.5	0.5	0.5
汇流三通	3.0	90°弯头	2.0	2.0	1.5	1.5	1.0	1.0

细节：自然循环管网水力计算

自然循环计算内容包括确定管网循环作用水头、回水管径、循环流量及循环流量在配水和回水管路中的水头损失，计算方法与步骤如下：

（1）选择计算管路(管路最长、水头损失最大)。

（2）按冷水计算方法确定配水管路的管径。

（3）初选回水管径，比相应配水管小 1～2 号。

（4）选定计算管路(从加热器出口到最不利配水点)水温降落值 ΔT=5～15℃。

（5）求配水管路的各管段的热损失。

1）求出各管段的水温降落值。

假设水温降落值与管道表面积成正比，近似算出单位面积的温降值，即

$$\Delta t=\frac{\Delta T}{F} \tag{5-29}$$

$$t_z=t_c-\Delta t\sum f \tag{5-30}$$

式中 Δt——配水管网中的面积比温降，℃/m²；

ΔT——配水环路起点和终点的温差，一般 $\Delta T=5\sim15$℃；

F——计算管路的总外表面积，m²；

t_c、t_z——计算管路起点、终点的水温，℃；

$\sum f$——计算管段的散热面积，m²，可查表计算。

2）按下式求管段热损失，即：

$$Q_s=\pi DLK(1-\eta)\left(\frac{t_c+t_z}{2}-t_j\right) \tag{5-31}$$

式中 Q_s——计算管段热损失，W；

K——无保温时管道的传热系数，W/(m²·℃)；

η——保温系数，无保温时，$\eta=0$；简单保温时，$\eta=0.6$；较好保温时，$\eta=0.7\sim0.8$；

t_j——计算管段周围空气温度，℃，可以按表 5-28 确定；

D——管道的外径，m；

L——计算管段的长度，m。

计算管段周围空气温度 t_j 值 **表 5-28**

管道敷设情况	t_j(℃)
采暖房间内明装	18～20
采暖房间内暗装	30
敷设在不采暖房间顶棚内	采用一月份平均温度
敷设在不采暖的地下室	5～10
敷设在室内地沟内	35

（6）计算管路各管段的循环流量及总循环流量。

总循环流量可按下式计算：

$$Q_x=\frac{Q_s}{C_B(t_c-t_z)} \tag{5-32}$$

式中 Q_x——循环流量，L/s；

C_B——水的比热容，一般取 4.19kJ/(kg·℃)。

从加热设备流出的总流量 Q_x 在流动过程中要分配到各分支环路之中，用于补偿分支环路中各配水管的热损失。按循环流量与热损失成比例的原则，计算各配水管段所通过的循环流量，计算用图如图 5-41 所示。

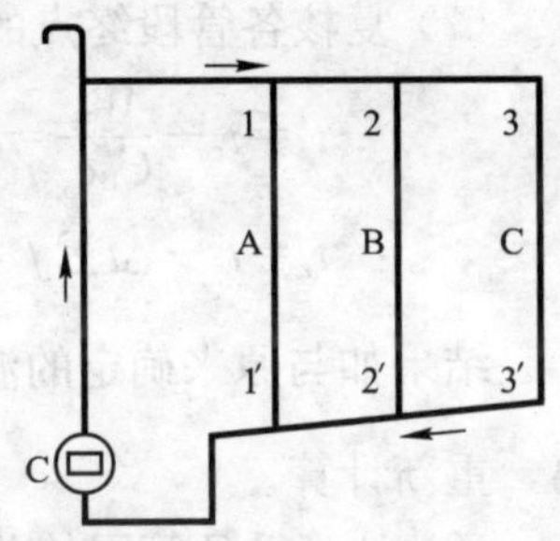

图 5-41 计算用图

流入节点 1 时携带的热量为：

$W_{1-2}+W_{2-3}+W_A+W_B+W_C$

循环流量流离节点 2 时携带的热量为：

$$W_2+W_3+W_B+W_C$$

$$\frac{Q_{1-2}}{Q_1}=\frac{W_{1-2}+W_{2-3}+W_B+W_C}{W_{1-2}+W_{2-3}+W_A+W_B+W_C}$$

$$Q_{1-2}=\frac{W_{1-2}+W_{2-3}+W_B+W_C}{W_{1-2}+W_{2-3}+W_A+W_B+W_C}\cdot Q_1$$

$$Q_1=Q_x$$

流入 A 管段的循环流量 Q_A 携带的热量为 W_A。

$$\frac{Q_A}{Q_{1-2}}=\frac{W_A}{W_{1-2}+W_{2-3}+W_B+W_C}$$

$$Q_A=\frac{W_A}{W_{1-2}+W_{2-3}+W_B+W_C}$$

流量守恒：$Q_A=Q_1-Q_2$；

流入节点 2 的流量所携带的热量为：$W_{2-3}+W_B+W_C$；

流入节点 2 流量为：$Q_2=Q_B+Q_{2-3}$；

Q_{2-3}用来补充热损失 W_3+W_C。

$$\frac{Q_{2-3}}{Q_2}=\frac{W_{2-3}+W_C}{W_{2-3}+W_B+W_C}$$

$$Q_{2-3}=\frac{W_{2-3}+W_C}{W_{2-3}+W_B+W_C}\cdot Q_2$$

$$Q_B = Q_2 - Q_{2-3}$$

计算配水管网的热损失$\sum W_s$，求总循环流量，即

$$\sum W_s = W_{s1} + W_{s2} + \cdots + W_{sn} \quad (5\text{-}33)$$

将$\sum W_s$ 代入式(5-32)求解热水系统的总循环流量 Q_x。

(7) 复核各管段终点的水温，即

$$t'_z = t_c - \frac{W_x}{C_B q_x} = t_c - \Delta t \quad \text{（计算结果）}$$

$$t_z = t_c - \Delta t \sum f \quad \text{（按面积比温降值初定的）}$$

结果如与原来确定的温差较大，$t'' = \frac{t_z + t'_z}{2}$作为各管段终点水温，重新计算。

(8) 计算循环管网的总水头损失，即

$$H = (H_p + H_x) + h_j \quad (5\text{-}34)$$

式中 H——循环管网的总水头损失，kPa；

H_p——循环流量通过配水计算管路的沿程和局部水头损失，kPa；

H_x——循环流量通过回水计算管路的沿程和局部水头损失，kPa；

h_j——循环流量通过水加热器的水头损失，kPa。

(9) 计算环路的自然循环压力。对于上行下给式，如图 5-42 (*a*)所示，自然循环压力应为：

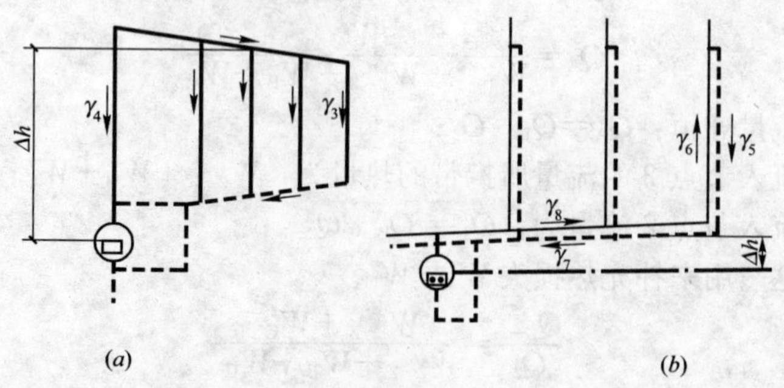

图 5-42 热水系统自然循环压力作用水头

(*a*)上行下给式；(*b*)下行上给式

$$H_{zr}=10\cdot\Delta h(\gamma_3-\gamma_4) \quad (5\text{-}35)$$

对于下行上给式，如图 5-24(*b*)所示，自然循环压力为：

$$H_{zr}=10[\Delta h_1(\gamma_7-\gamma_8)+\Delta h_2(\gamma_5-\gamma_6)] \quad (5\text{-}36)$$

式中 H_{zr}——管网的自然循环压力，kPa；

Δh——水加热器或锅炉中心与上行横干管中心的标高差，m；

Δh_1——水加热器或锅炉中心至水平干管中心平均高差，m；

Δh_2——水平干管中心距立管顶部的标高差，m；

γ_3——最远立管中热水的平均密度，kg/m^3；

γ_4——总配水立管中热水的平均密度，kg/m^3；

γ_5、γ_6——最远处回水立管、配水立管管段中热水的平均密度，kg/m^3；

γ_7、γ_8——水平干管回水管段、配水管段中热水的平均密度，kg/m^3。

(10) 比较 H_{zr}、H_x，判断能否实现自然循环。

实现自然循环的条件：$H_{zr}>1.35H_x$，比较自然压力值 H_{zr} 和循环水头损失 H_x，若不能满足实现自然循环的条件，可以通过放大回水管管径以减少循环水头损失 H_x 值，当调整管径存在经济上的不合理时，则采用机械循环。

细节：机械循环系统循环流量

全日循环系统的循环流量按下式计算：

$$Q_b=Q_x+Q_f \quad (5\text{-}37)$$

式中 Q_x——循环流量，m^3/h；

Q_f——循环附加流量，一般取设计小时用水量的 15%，m^3/h。

循环流量是指管网不配水时为使配水点的水温不低于规定温度所需的最小循环流量。当热水系统大量用水时，系统的循环流量就会降低，配水点的温度就会低于规定的温度。而且，循环流量在各配水管网各立管中很难实现按理论计算分配而达到与热损失相平衡。因此，循环附加流量一般取设计小时用水量的15%。

定时循环方式是在每日定时热水供应之前，将管网中已冷却的水抽回并补充以热水的循环方式。定时循环的热供应系统，在热水供应之前，循环泵应将管网中已经变冷的存水在加热器中进行循环加热，以保证达到设计供水温度。循环泵的流量应满足使管网中的水在一小时内循环2～4次。

细节：机械循环热水系统中循环水泵扬程

全日循环系统循环水泵扬程按下式计算：

$$H_b=\left(\frac{Q_x+Q_f}{Q_x}\right)^2 H_p+H_x \tag{5-38}$$

式中 H_b——循环水泵的扬程，kPa；

H_p——配水管路循环流量的水头损失，kPa；

H_x——回水管路循环流量的水头损失，kPa。

定时循环系统循环泵的流量和扬程按下式确定：

$$Q_b \geqslant (2\sim4)V \tag{5-39}$$

$$H_b \geqslant H_p+H_x+H_j \tag{5-40}$$

式中 V——具有循环作用的管网的水容积，包括配水管道和回水管道的水容积，但不包括水加热器的水容积，m^3；

Q_b——循环泵的流量，即循环流量，m^3/h。

细节：热媒管网水力计算

1. 热媒为热水

热媒循环管路中供水管和回水管的管径是按照式(5-17)所得出的热媒耗量G，以管中流速不超过1.2m/s，每米管长沿程水头损失控制在50～100Pa/m来选定管径和确定其相应的水头损失，应该采用水温为70～95℃、管道绝对粗糙度$K=0.2$mm的计算表，如表5-29所示。

常用塑料排水管件的主要规格(mm)　　表 5-29

外径 d_e	90°弯头		45°弯头		带检查口 90°弯头		立管检查口			套筒		
	Z	L	Z	L	Z	L	H	L	D	Z	L_1	L_2
50	40	65	12	37	—	—	59	45	50×2.5	2	52	25
75	50	90	17	57	50	90	80	58	70×4	2	82	40
110	70	118	25	73	70	118	122	86	100×4	3	106	50
160	90	148	36	94	—	—	—	—	—	4	124	60

外径 d_e	变径				伸缩节				通气帽			存水弯	
	D_1	D_2	L_1	L_2	D_1	D_2	H_1	H_2	H_1	H_2	d	H	L
50	75	50	43	28	51	55	67	10	60	30	35	95	95
75	110	50	51	28	76	84	90	13	75	30	48	128	140
110	110	75	51	43	111	120	126	15	80	30	64	178	183
160	160	110	64	54	161	171	145	13	96	30	116	—	—

热媒管网的热水自然循环作用水头如图 5-43 所示，可按下式计算：

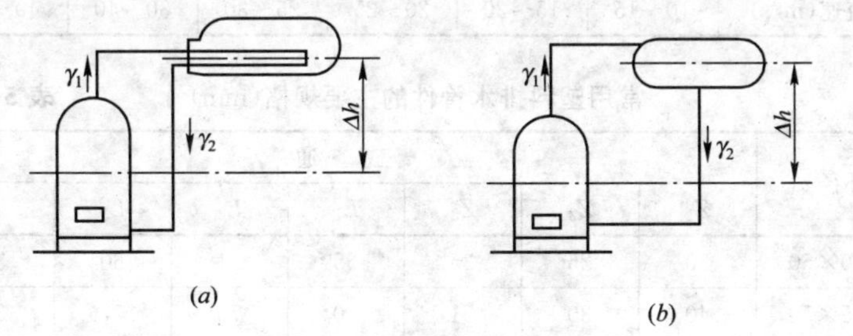

图 5-43　自然循环压力

(a)热水锅炉与水加热器连接(间接加热)；(b)热水锅炉与贮水器连接(直接加热)

$$H_{zr}=10\Delta h(\gamma_1-\gamma_2) \tag{5-41}$$

式中　H_{zr}——自然循环作用水头，kPa；

Δh——锅炉中心与热水罐中心或水加热器排管中心的标高差，m；

γ_1——锅炉出口管中水的平均密度，kg/m^3；

γ_2——热水罐或水加热器回水管中水的平均密度，kg/m^3。

热媒管网的热水循环水头损失 H_h 为沿程水头损失和局部水头损失的总和。

当 $H_{zr}>H_h$ 时，可形成自然循环，为保证系统的运行可靠，必须满足 $H_{zr}\geqslant(1.1\sim1.5)H_h$。若 H_{zr}略小于 H_h，在条件许可时可以适当调整水加热器和热水贮罐的设置高度来满足。经调整后仍不能满足要求时，则应采用机械循环方式强制循环，循环水泵的出水量和扬程应比理论值略大一些。

2. **热媒为蒸汽**

热媒蒸汽管道的管径和水头损失是按照式(5-16)所得出的热媒耗量 G，以管道的常用允许流速和相应的比压降确定。高压蒸汽管道常用的流速可按表 5-30 选取，管径和比压降可按表 5-31 确定。

高压蒸汽管道常用流速　　　　表 5-30

管径(mm)	15～20	25～32	40	50～80	100～150	≥200
流速(m/s)	10～15	15～20	20～25	25～30	30～40	40～60

常用塑料排水管件的主要规格(mm)　　　　表 5-31

外径 d_e	三　通						
	Z_1	Z_2	Z_3	L_1	L_2	L_3	R
50×50	30	26	35	55	51	60	31
75×50	40	30	51	80	70	77	31
75×75	47	39	54	87	79	94	49
110×50	30	29	65	78	77	90	31
110×75	48	41	72	96	89	112	49
110×110	68	55	77	116	103	125	63
160×110	80	80	98	140	140	148	63
160×160	97	83	110	155	141	168	82

续表

外径 d_e	管件粘接承口		
	d_e		L_{min}
	d_{min}	d_{max}	
50	50.1	50.4	25
75	75.1	75.5	40
110	110.2	110.6	48
160	160.2	160.7	58

蒸汽在水加热器中进行热交换后，由于温度下降而形成凝结水，凝结水从水加热器出口至疏水器的一段为 $a \sim b$ 段，如图 5-44 所示，在此管段中为汽水混合的两相流动，其管径常按通过的设计小时耗热量 Q_h 查表 5-32 确定，Q_h 可按式(5-42)计算。

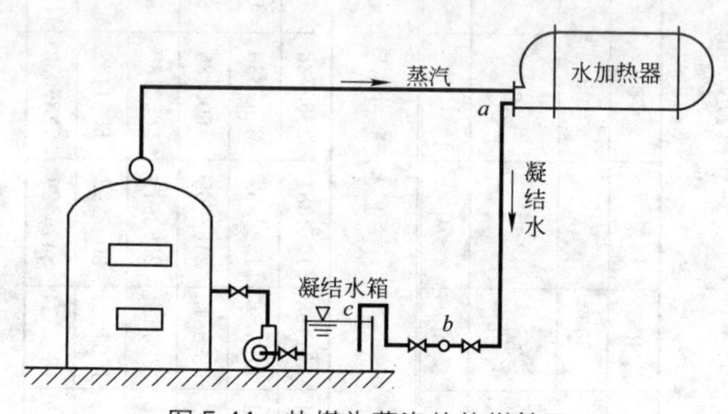

图 5-44　热媒为蒸汽的热媒管网

由加热器至疏水器间不同管径通过的小时耗热量　　表 5-32

DN (mm)	15	20	25	32	40	50	70	80	100	125	150
热量 (kJ/h)	33494	108857	167472	355300	460548	887602	2101774	3089232	4814820	7871184	17835768

凝结水是利用通过疏水器后的余压，输送到凝结水箱，如图 5-44 中 $b \sim c$ 段。当余压凝结水箱为开式时，其 $b \sim c$ 管段通过的热量按下列公式计算

$$Q_j = 1.25 Q_h \tag{5-42}$$

余压凝结水管 $b \sim c$ 管段管径选择 **表 5-33**

P(kPa)(绝对压强)	管径 DN(mm)											
17.1	15	20	25	32	40	50	70	125	150	159×5	219×6	219×6
19.6	15	20	25	32	50	70	100	125	159×5	219×6	219×6	219×6
24.5～29.4	20	25	32	40	50	70	100	150	159×5	219×6	219×6	219×6
>29.4	20	25	32	40	50	70	100	150	219×6	219×6	219×6	273×7
R (Pa/m)	按上述管通过热量（kJ/h）											
50	39147	87090	174171	253301	571498	1084381	2369728	3307572	6615144	12895344	13774572	21436416
100	43543	131047	283028	357971	803866	1532369	3257330	4689216	9294696	18212580	19468620	30228696
200	65314	185057	370532	506603	1138810	2168762	4605480	6615144	13146552	25748820	31526604	42705306
300	82899	217714	477295	619640	1394204	2553948	5652180	8122392	16077312	10467000	33703740	52335000
400	108852	251208	544284	715943	1607731	3077298	6531408	9378432	18599392	36425160	39146580	60289920
500	152400	283865	611273	799679	1800324	3416429	7285032	10467000	20766528	39565260	43542720	67826160

式中 Q_j——余压凝结水管段中的计算热量，kJ/h；

Q_h——设计小时耗热量，kJ/h；

1.25——考虑系统启动时凝结水的增大系数。

计算出 $b \sim c$ 管段通过的热量以后，可查表 5-33 确定管径，并使 $b \sim c$ 段的比压降 R 值不超过 150Pa/m 为宜。

【禁　　忌】

禁忌：机械循环的热水供应系统中循环水泵的确定不符合要求

【分析】

热水循环水泵的扬程只用于克服热水循环时的水头损失。循环水泵和水加热设备一般均位于热水管网系统的最低处，循环水泵的扬程不大，但它所承受管网的静水压力值较大，尤其是高层建筑的热水系统更为突出。在使用热水循环泵时，应考虑这部分静水压力，以免发生管道爆裂事故。因此，机械循环的热水供应系统中循环水泵的选择是否合理，直接关系着整个热水给水系统的安全性和稳定性。

【措施】

机械循环的热水供应系统的循环水泵的确定应遵守以下规定：

（1）水泵的出水量应为循环流量。

（2）循环水泵宜设置备用泵，交替运行。

（3）全日制热水供应系统的循环水泵应由泵前回水管的温度控制开停。

（4）当采用半即热式水加热器或快速水加热器时，水泵扬程应计算水加热器的水头损失。

（5）循环水泵应选用热水泵，水泵壳体承受的工作压力不得小于其所承受的静水压力加水泵扬程。

禁忌：蒸汽减压阀选择不合理

【分析】

减压阀是一种利用介质自身能量来调节与控制管路压力的智能型阀门。用于生活给水、消防给水及其他工业给水系统，通过调节减压导阀，即可调节主阀的出口压力。出口压力不因进口压力、进口流量的变化而变化，安全可靠地将出口压力维持在设定值上，并可根据需要调节设定值达到减压的目的。该阀减压精确、性能稳定、安全可靠、安装调节方便、使用寿命长。

蒸汽减压阀的选择应根据蒸汽流量计算出所需阀孔截面积，然后查阅有关产品样本，确定阀门公称直径。当无资料时，可按高压蒸汽管路的公称直径选用相同孔径的减压阀。

【措施】

蒸汽减压阀阀孔截面积可按下式计算：

$$f=\frac{G}{0.6q} \tag{5-43}$$

式中 f——所需阀孔截面积，cm^2；

G——蒸汽流量，kg/h；

0.6——减压阀流量系数；

q——通过每平方厘米阀孔截面的理论流量，$kg/cm^2 \cdot h$，可按图 5-45 查得。

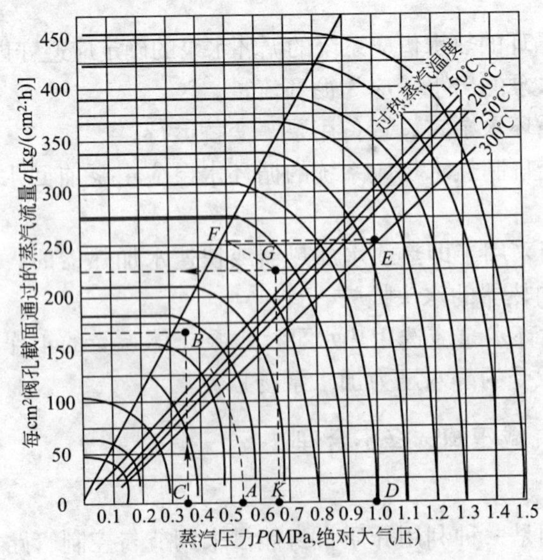

图 5-45 减压阀理论流量曲线

第 6 章　建筑饮水供应系统设计

6.1　饮用水(开水)供应

【细　　节】

细节：饮用水的分类及特征

根据饮用水的发展过程可简单的将其分为：第一代饮用水即自然水或天然水(泉水、井水、江河水)、第二代饮用水(经过净化处理达标的自来水)、第三代饮用水(矿泉水、纯净水、蒸馏水等)、第四代饮用水(活化水)。当前我国各地的饮水供应系统可为用户提供的饮用水种类有开水、纯水、矿泉水、蒸馏水、活性水、离子水等。饮水类别的选用应以有益健康为前提，以保留对人体有益的成分，去除对人体健康不利的有害物。

1. 开水、温水、凉开水

将符合我国现行国家标准《生活饮用水卫生标准》GB 5749—2006，但又不宜直接饮用的水(生水)经过煮沸(冷却)，根据饮用时的水温不同分别称之为开水、温水、凉开水，是我国居民长期以来习惯饮用的水，也是目前我国居民饮用水的主要来源。对于这一类饮用水要求煮沸(冷却)前的生水水质满足《生活饮用水水质标准》GB 5749—2006，在加热过程不能受到二次污染，但对煮沸后的开水水质没有明确的要求。经过煮沸后的开水，各项水质指标尤其是硬度、细菌学指标都应优于生水。

2. 优质水

一般指把符合生活饮用水水质标准的水或城市市政管网供给

的自来水作为原水，经过深度处理后，达到直接饮用标准，其水质符合《饮用净水水质标准》CJ 94—2005。

3. **矿泉水**

饮用矿泉水分为天然矿泉水和人工矿泉水两种。天然矿泉水是直接取自地层深部循环的地下水，主要特征是含有一定量的矿物盐、微量元素、二氧化碳气体等，其化学成分、温度、流量等在不定期的自然周期内保持相对稳定；而人工矿泉水是将人工净化后的水放入装有矿石的装置中进行矿化，再经消毒处理后制成的。

天然矿泉水和人工矿泉水的水质均应符合《饮用天然矿泉水标准》GB 8537—2008 要求。

4. **蒸馏水**

蒸馏水是水经过加热汽化后再冷凝而成的，其特征是电阻率 ρ 为 0.1～1MΩ·cm。

5. **纯水**

纯水也被称作太空水，是经膜处理、离子交换等工艺处理而成，其水质特征是含盐量小于 0.5mg/L，电阻率 ρ 为 1～10MΩ·cm。

6. **高纯水**

高纯水是由膜处理、离子交换等工艺多级处理而成的，其含盐量小于 0.05mg/L，电阻率 ρ 大于 10MΩ·cm。

7. **活性水**

活性水是用超声波、电场、磁力或激光等方法将水活化而成，经活化处理后，水中的氢氧原子排列发生变化，从而形成新的氢键，水分子比普通的水分子小，具有渗透性高、含氧高和溶解能力强等特点，有利于细胞活化，促进人体的新陈代谢。

8. **离子水**

将自来水通过过滤、吸附、离子交换、灭菌和电离等处理，分离出两种水：一种是供饮用的碱性离子水，另一种是供美容用的酸性离子水。

细节：饮用水水质要求

供应的开水、温水、凉开水要求原水符合我国现行国家标准《生活饮用用水水质标准》GB 5749—2006 和《饮用净水水质标准》GB 8537—2008 的要求，煮沸、输送过程中不受到二次污染。

生活饮用水水质应符合下列基本要求，以保证用户饮用安全：

(1) 生活饮用水中不得含有病原微生物。

(2) 生活饮用水中化学物质不得危害人体健康。

(3) 生活饮用水中放射性物质不得危害人体健康。

(4) 生活饮用水的感官性状良好。

(5) 生活饮用水应经消毒处理。

(6) 生活饮用水水质应符合表 6-1 和表 6-3 的卫生要求。集中式供水出厂水中消毒剂限值、出厂水和管网末梢水中消毒剂余量均应符合表 6-2 的要求。

水质常规指标及限值 **表 6-1**

指　标	限值	指　标	限值
1. 微生物指标		铅(mg/L)	0.01
总大肠菌群(MPN/100mL 或 CFU/100mL)	不得检出	汞(mg/L)	0.001
		硒(mg/L)	0.01
耐热大肠菌群(MPN/100mL 或 CFU/100mL)	不得检出	氰化物(mg/L)	0.05
		氟化物(mg/L)	1.0
大肠埃希氏菌(MPN/100mL 或 CFU/100mL)	不得检出	硝酸盐(以 N 计)(mg/L)	10 地下水源限制时为 20
菌落总数(CFU/mL)	100	三氯甲烷(mg/L)	0.06
2. 毒理指标		四氯化碳(mg/L)	0.002
砷(mg/L)	0.01	溴酸盐(使用臭氧时)(mg/L)	0.01
镉(mg/L)	0.005		
铬(六价)(mg/L)	0.05	甲醛(使用臭氧时)(mg/L)	0.9

续表

指　标	限值
亚氯酸盐（使用二氧化氯消毒时）(mg/L)	0.7
氯酸盐（使用复合二氧化氯消毒时）(mg/L)	0.7
3. 感官性状和一般化学指标	
色度(铂钴色度单位)	15
浑浊度（散射浑浊度单位)/NTU	1 水源与净水技术条件限制时为 3
臭和味	无异臭、异味
肉眼可见物	无
PH	不小于 6.5 且不大于 8.5
铝(mg/L)	0.2
铁(mg/L)	0.3
锰(mg/L)	0.1
铜(mg/L)	1.0
锌(mg/L)	1.0
氯化物(mg/L)	250
硫酸盐(mg/L)	250
溶解性总固体(mg/L)	1000
总硬度（以 $CaCO_3$ 计）(mg/L)	450
耗氧量（COD_{Mn} 法，以 O_2 计）(mg/L)	3 水源限制，原水耗氧量 >6mg/L 时为 5
挥发酚类（以苯酚计）(mg/L)	0.002
阴离子合成洗涤剂(mg/L)	0.3
放射性指标	指导值
总 α 放射性(Bq/L)	0.5
总 β 放射性(Bq/L)	1

注：1. MPN 表示最可能数；CFU 表示菌落形成单位。当水样检出总大肠菌群时，应进一步检验大肠埃希氏菌或耐热大肠菌群；水样未检出总大肠菌群，不必检验大肠埃希氏菌或耐热大肠菌群。

2. 放射性指标超过指导值，应进行核素分析和评价，判定能否饮用。

饮用水中消毒剂常规指标及要求　　表 6-2

消毒剂名称	与水接触时间	出厂水中限值(mg/L)	出厂水中余量(mg/L)	管网末梢水中余量(mg/L)
氯气及游离氯制剂（游离氯）	≥30min	4	≥0.3	≥0.05
一氯胺（总氯）	≥120min	3	≥0.5	≥0.05
臭氧(O_3)	≥12min	0.3	—	0.02 如加氯，总氯≥0.05
二氧化氯(ClO_2)	≥30min	0.8	≥0.1	≥0.02

水质非常规指标及限值 表 6-3

指　　标	限值	指　　标	限值
1. 微生物指标		七氯(mg/L)	0.0004
贾第鞭毛虫(个/10L)	<1	马拉硫磷(mg/L)	0.25
隐孢子虫(个/10L)	<1	五氯酚(mg/L)	0.009
2. 毒理指标		六六六(总量)(mg/L)	0.005
锑(mg/L)	0.005	六氯苯(mg/L)	0.001
钡(mg/L)	0.7	乐果(mg/L)	0.08
铍(六价)(mg/L)	0.002	对硫磷(mg/L)	0.003
硼(mg/L)	0.5	灭草松(mg/L)	0.3
钼(mg/L)	0.07	甲基对硫磷(mg/L)	0.02
镍(mg/L)	0.02	百菌清(mg/L)	0.01
银(mg/L)	0.05	呋喃丹(mg/L)	0.007
铊(mg/L)	0.0001	敌敌畏(mg/L)	0.001
氯化氰(以 CN^- 计)(mg/L)	0.07	莠去津(mg/L)	0.002
		溴氰菊酯(mg/L)	0.02
一氯二溴甲烷(mg/L)	0.1	2,4-滴(mg/L)	0.03
二氯一溴甲烷(mg/L)	0.06	滴滴涕(mg/L)	0.001
二氯乙酸(mg/L)	0.05	乙苯(mg/L)	0.3
三卤甲烷(三氯甲烷、一氯二溴甲烷、二氯一溴甲烷、三溴甲烷的总和)	该类化合物中各种化合物的实测浓度与其各自限值的比值之和不超过1	二甲苯(总量)(mg/L)	0.5
		1,1-二氯乙烯(mg/L)	0.03
		1,2-二氯乙烯(mg/L)	0.05
		1,2-二氯苯(mg/L)	1
		1,4-二氯苯(mg/L)	0.3
1,1,1-三氯乙烷(mg/L)	2	三氯乙烯(mg/L)	0.07
三氯乙酸(mg/L)	0.1	三氯苯(总量)(mg/L)	0.02
三氯乙醛(mg/L)	0.01	六氯丁二烯(mg/L)	0.0006
2,4,6-三氯酚(mg/L)	0.2	丙烯酰胺(mg/L)	0.0005
三溴甲烷(mg/L)	0.1	四氯乙烯(mg/L)	0.04

续表

指　标	限值	指　标	限值
甲苯(mg/L)	0.7	微囊藻毒素-LR(mg/L)	0.001
邻苯二甲酸二(2-乙基己基)酯(mg/L)	0.008	林丹(mg/L)	0.002
		毒死蜱(mg/L)	0.03
环氧氯丙烷(mg/L)	0.0004	草甘膦(mg/L)	0.7
苯(mg/L)	0.01	3. 感官性状和一般化学指标	
苯乙烯(mg/L)	0.02	氨氮(以N计)(mg/L)	0.5
苯并(a)芘(mg/L)	0.00001	硫化物(mg/L)	0.02
氯乙烯(mg/L)	0.005	钠(mg/L)	200
氯苯(mg/L)	0.3		

(7) 小型集中式供水和分散式供水因条件限制，水质部分指标可暂按照表 6-4 执行，其余指标仍按表 6-1、表 6-2 和表 6-3 执行。

小型集中式供水和散式供水部分水质指标及限值　　表 6-4

指　标	限值	指　标	限值
1. 微生物指标		pH	不小于 6.5 且不大于 9.5
菌落总数/(CFU/mL)	500		
2. 毒理指标		溶解性总固体(mg/L)	1500
砷(mg/L)	0.05	总硬度(以 $CaCO_3$ 计)(mg/L)	550
氟化物(mg/L)	1.2		
硝酸盐(以N计)(mg/L)	20	耗氧量(COD_{Mn}法，以 O_2 计)(mg/L)	5
3. 感官性状和一般化学指标			
色度(铂钴色度单位)	20	铁(mg/L)	0.5
浑浊度(散射浑浊度单位)NTU	3 水源与净水技术条件限制时为 5	锰(mg/L)	0.3
		氯化物(mg/L)	300
		硫酸盐(mg/L)	300

(8) 当发生影响水质的突发性公共事件时，经市级以上人民

政府批准，感官性状和一般化学指标可适当放宽。

细节：饮用水水温要求

1. 开水

为达到灭菌消毒的目的，应将水烧至100℃后并持续3min，计算温度采用100℃；对于闭式开水供应系统，水温按105℃计；温水供应系统水温按不大于50℃计。饮用开水目前仍是我国采用较多的饮水方式。

2. 生饮水

生饮水随地区不同，水源种类不同而异，一般为10～30℃，国外采用这种饮水方式较多，国内随着各种饮用净水的出现，这种饮水方式逐渐被人们接受。

3. 冷饮水

冷饮水温度因人、气候、工作条件和建筑物性质等不同而异，水温一般采用7～15℃，也可参照下述温度采用：高温环境的重体力劳动：14～18℃；露天作业的重体力劳动：10～14℃；轻体力劳动：7～10℃；一般地区：7～10℃；高级饭店、餐馆和冷饮店：4.5～7℃。

细节：饮水定额

饮用水量定额、小时变化系数与建筑物的性质、供水系统的形式、当地的生活习惯等因素相关，可由表6-5确定，表中时变化系数为饮用供应时间内的时变化系数，饮用水量不包括制水用水量(如制备冷饮水时冷凝器的冷却用水量)。

饮水定额及小时变化系数　　表6-5

建筑名称	单位	饮水定额(L)	K_h
热车间	每人每班	3～5	1.5
一般车间	每人每班	2～4	1.5

续表

建筑名称	单位	饮水定额(L)	K_h
工厂生活间	每人每班	1～2	1.5
办公楼	每人每班	1～2	1.5
宿舍	每人每日	1～2	1.5
教学楼	每学生每日	1～2	2.0
医院	每病床每日	2～3	1.5
影剧院	每观众每场	0.2	1.0
招待所、旅馆	每客人每日	2～3	1.5
体育馆(场)	每观众每场	0.2	1.0

注：小时变化系数指饮水供应时间内的变化系数。

细节：设计最大时饮用水量

设计最大时饮用水量的计算公式如下：

$$q_{max}=K_h=\frac{m\cdot q_E}{T} \tag{6-1}$$

式中 q_{max}——设计最大时饮用水量，L/h；

K_h——小时变化系数；

m——用水计算单位数，人数或床位数等；

q_E——饮水定额，L/(人·d)或L/(床·d)或L/(观众·d)；

T——供应饮用水时间，h。

细节：最大时耗热量

制备开水所需的最大时耗热量按下式计算：

$$Q_K=(1.05\sim1.10)(t_K-t_L)\cdot q_{max}\cdot C_s \tag{6-2}$$

式中 Q_K——制备开水所需的最大时耗热量，kJ/h；

t_K——开水温度，℃，集中开水供应系统按100℃计算，管道输送全循环系统按 105℃计算；

t_L——冷水计算温度确定；

C_s——水的质量热容，C_s＝4.19kJ/(kg·℃)。

在冬季需把冷饮水加热到 35～40℃，制备冷饮水所需的最大时耗热量按下式计算：

$$Q_K = (1.05 \sim 1.10)(t_E - t_L) \cdot q_{max} \cdot C_s \quad (6\text{-}3)$$

式中 t_E——冬季的饮水的温度，一般取 40℃。

细节：开水的制备方式

开水的制备方式有集中制备开水和分散制备开水两种。

按加热方式分有直接加热(如开式容器)和间接加热，一般采用间接加热。按热媒分有煤、煤气(含石油气)、蒸汽和电等。配合这几种热媒加热的开水炉(器)，目前我国已有多种产品，设计时应优选电源加热。

目前，在住宅、办公楼、科研楼和实验楼等建筑中，常采用小型的电开水器，灵活方便，可随时满足要求；还有的采用饮水机，既可制备开水，同时也可制备冷饮水，较好地满足了由气候变化引起的人们的需求，应用前景较好，这些都属于分散制备开水的方式。

细节：开水供应方式

(1) 开水集中制备分散供应。在开水间集中制备开水，人们用容器取水饮用，如图 6-1 所示。这种供应方式耗热量小、节约燃料、投资省、便于操作管理，但饮用不方便，饮用者需用保温容器到煮沸站打水，而且饮水点温度不易保证。这种方式适合于机关和学校等建筑。

(2) 开水集中制备管道输送方式。集中制备管道输送供应系统是在锅炉房或开水间烧制开水，然后用管道输送到各饮用点，如图 6-2 所示。

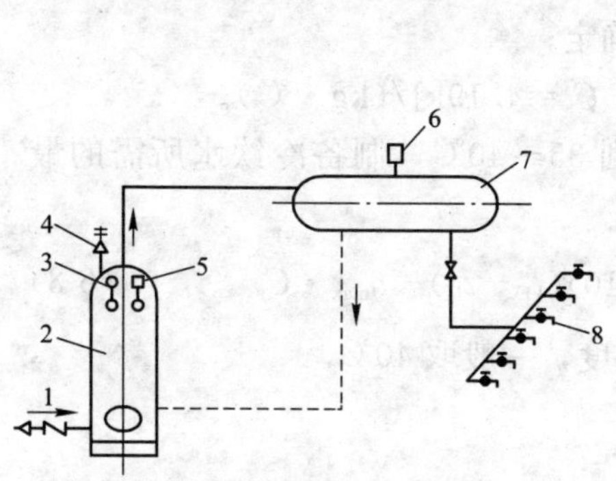

图 6-1　开水集中制备分散供应

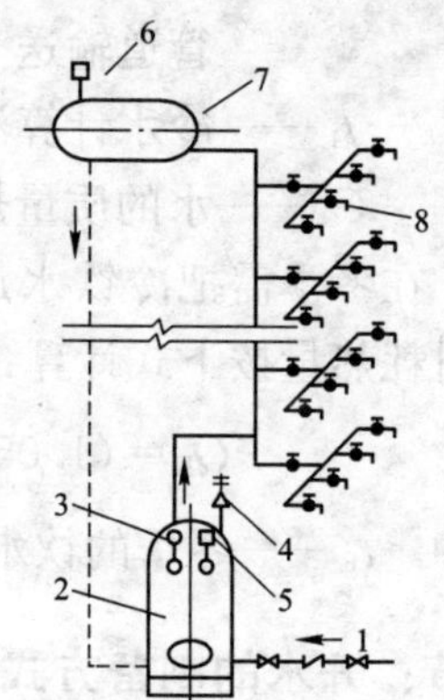

图 6-2　开水集中制备管道输送

1—给水；2—开水炉；3—压力表；4—安全阀；5—温度计；
6—自动排气阀；7—贮水罐；8—配水龙头

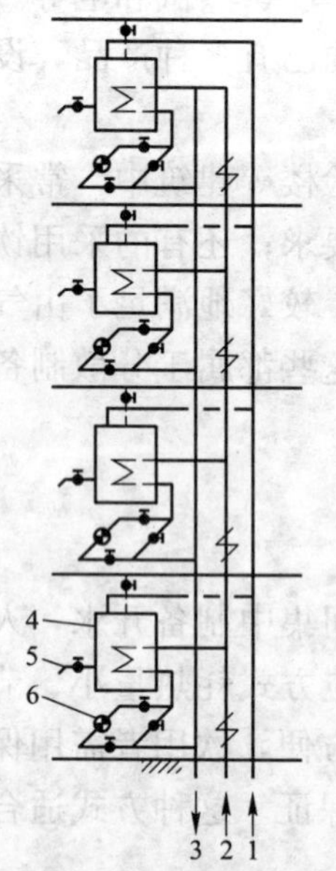

图 6-3　统一热源分散制备分散供应

1—给水；2—供给热媒；3—回流热媒；4—开水炉；5—配水龙头；6—疏水器

开水的供应可采用定时制，也可采用连续供应制。为使各饮水点维持一定的水温，应设置循环管道系统。当不能自然循环时，还需设循环水泵。这种供应方式便于操作管理，使用方便，能保证各饮水点的水温，但耗热量及投资较大。一般在可以自然循环时采用，适用于 4 层及 4 层以上的旅馆、办公楼、教学楼、科研楼、工业楼和医院等建筑。

(3) 统一热源分散制备分散供应。在建筑中把热媒输送到每层制备点，在各制备点(开水间)制备开水，以满足各楼层的需要，如图 6-3 所示。这种方式使用方便，并能保证开水温度，但不便于集中管理、投资较高、耗热量较大。在大型多层或高层建筑中常采用这种开水供应方式。

细节：开水供应系统设计要求

开水供应系统设计应满足下列要求：

(1) 开水计算温度应按 100℃计算，冷水计算温度应符合《建筑给水排水设计规范》GB 50015—2009 的相关规定。

(2) 开水器的通气管应引至室外。

(3) 配水水嘴宜为旋塞。

(4) 开水器应装设温度计和水位计，开水锅炉应装设温度计，必要时还应装设沸水箱或安全阀。

细节：开水器(炉)供应系统和开水间设计要求

进行开水器(炉)及供应系统和开水间设计时，应符合下列要求：

(1) 建筑物开水供应系统的选择应根据具体工程情况进行技术和经济比较后确定。

(2) 开水器(炉)应设置给水管、出水管或配水龙头、溢水管、泄水管、通气管(或沸水箱)、水位计和温度计。通气管应直接引到室外，配水水嘴宜为旋塞；开水锅炉应有温度计，必要时还应装沸水笛或安全阀。对闭式开水器(炉)还应设安全阀和压力表。给水管应设水表和阀门，宜设除垢器(当水质硬度较高时)。当采用不同热媒时，应按规定设置不同的计量及安全措施。

(3) 开水供应系统配管应采用铜管、不锈钢管、铝塑复合管和相应附件。配水龙头宜采用快开式。管道应进行保温处理。

(4) 开水器(炉)溢水管、排水管不应与排水系统直接连接，而应采用间接排水方式。

(5) 开水器(炉)应根据不同的热媒采用相应的排烟、通风措施，如燃气开水炉应设有排烟管引至室外。

(6) 开水饮用间严禁设在厕所内，应单独设置。用水制备间宜设在建筑物靠外墙的房间内。房间大小应考虑操作空间、设备安装及燃料堆放场地(如热媒为煤炭时)。分散式供应开水的开水间间距不宜大于 80m。开水制备间应有良好的通风、照明系统，地面和墙面应进行防水处理，地面应有排水设施。

细节：冷饮水供应系统制备流程

饮用温水的制备流程如图 6-4 所示，冷饮水制备流程如图 6-5 所示。

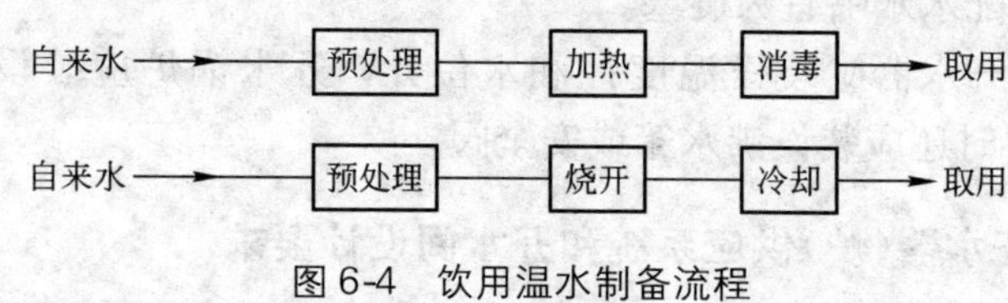

图 6-4　饮用温水制备流程

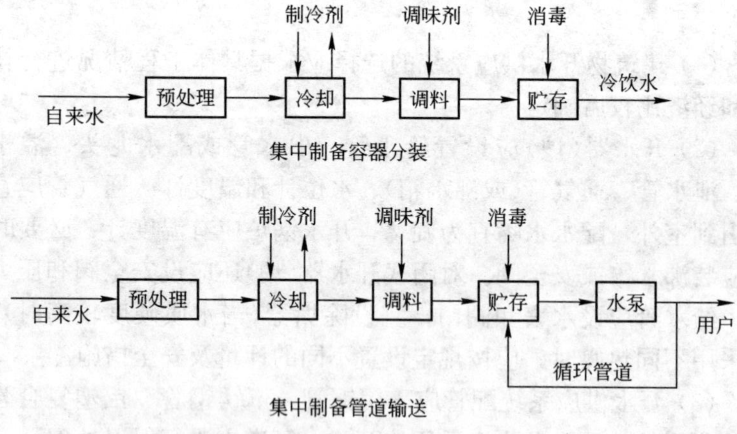

图 6-5　冷饮水的制备流程

冷饮水供应系统制备流程应说明以下几点：

(1) 预处理。预处理主要有活性炭、砂滤、陶瓷滤芯、电渗析等，应按不同的原水(自来水)水质和需用水质选择不同的过滤处理方式。

(2) 消毒。宜采用紫外线消毒。对于集中循环供应系统，应在制备冷饮水的供水管和系统循环回水管上分设消毒措施。

(3) 加热与烧开水。加热与烧开水宜采用蒸汽、燃气和电加热方式。

(4) 冷却。对于小型冷饮水的冷却，可采用成品冷饮水机，其余的冷却可采用制冷机组冷却。

(5) 管道应采用铜管、不锈钢管、铝塑复合管和相应附件。

细节：冷饮水供应方式

冷饮水的供应方法与开水的供应方法基本相同，也有集中制备分散供应和集中制备管道输送等方式。我国多采用集中制备分散供应的方式，不仅可以节省投资、便于管理，而且容易保证所需水质。

1. 冷饮水集中制备分散供应

对中、小学校以及体育场(馆)、车站和码头等人员流动较集中的公共场所，可采用如图 6-6 所示的冷饮水供应系统，人们可从饮水器中直接喝水。在夏季，预处理后的自来水经制冷设备冷却后降至要求水温；在冬季需启用加热设备，冷饮水温度要求与人体温度接近，一般取 35～40℃。

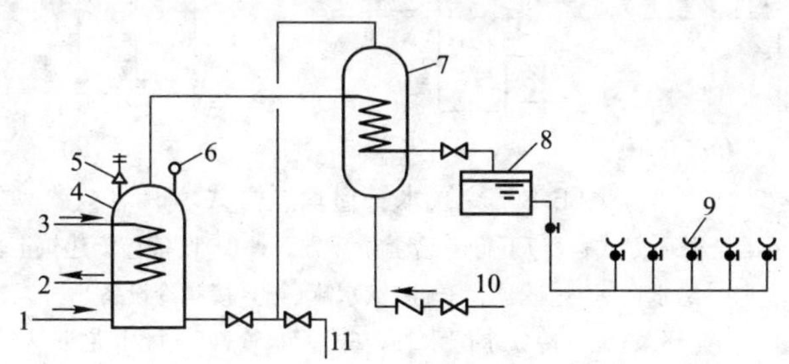

图 6-6　冷饮水集中制备分散供应系统

1—冷水(预处理)；2—凝结水；3—蒸汽；4—水加热器(开水炉)；5—安全阀；6—压力表；7—冷却设备；8—冷(温)水箱；9—饮水器；10—冷水；11—泄水

饮水器如图 6-7 所示，其装设高度一般为 0.9～1.0m，材料应采用金属镀铬、瓷质或搪瓷等，表面光洁易于清洗。饮水器应保证水质和饮水安全，不能造成水的二次污染。饮水器的喷嘴应倾斜安装，以免饮水后余水回落，污染喷嘴，同时喷嘴上还应有

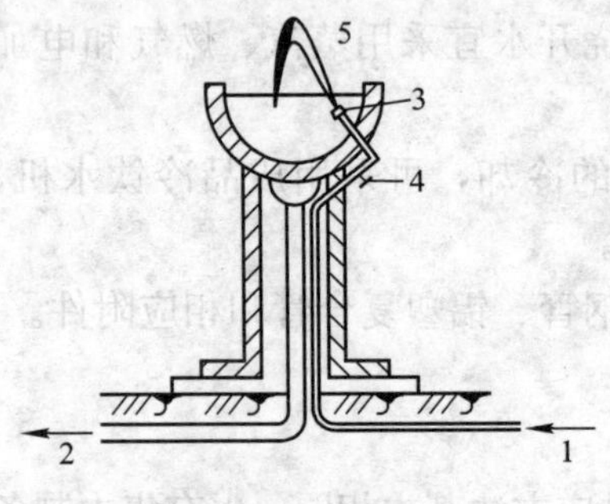

图 6-7　饮水器

1—供水器；2—排水管；3—喷嘴；4—调节阀；5—水柱

防护设备，避免饮水者接触喷嘴。此外，喷嘴孔的安装高度应保证当排水管堵塞时喷嘴不被淹没。

2　冷饮水集中制备管道输送

根据制冷设备、饮水器循环水泵安装位置、管道布置情况等，冷饮水供应有制冷设备和循环水泵置于供、回水管下部，上行下给的全循环方式，如图 6-8(*a*)所示、下行上给的全循环方式，如图 6-8(*b*)所示和制冷设备和循环水泵置于建筑物上部的全循环方式，如图 6-8(*c*)所示。

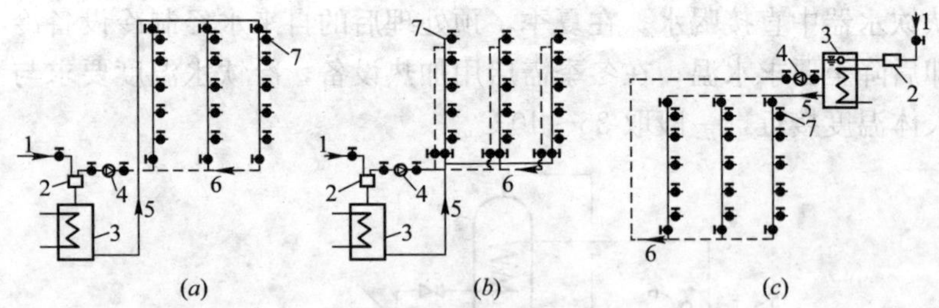

图 6-8　冷饮水管道输送方式

(*a*)上行下给全循环方式；(*b*)下行上给全循环方式；(*c*)设备置于建筑上部方式

1—给水；2—过滤器；3—冷饮水罐(箱)(接制冷设备)；4—循环泵；5—冷饮水配水管；6—回水管；7—配水龙头

细节：饮水供应点设置要求

饮水供应点的设置应符合下列要求：

(1) 不得设在易污染的地点，对于经常产生有害气体或粉尘的车间，应设在不受污染的生活间或小室内。

(2) 位置应便于取用、检修和清扫，并应设良好的通风和照明设施。

【禁　　忌】

禁忌：生活水箱给水进水口低于溢流管水口

【分析】

如果生活水箱给水进水口低于溢流管水口，当给水管停水后，容易造成水箱水回流，从而污染饮用水给水管。

【措施】

(1) 溢流管不得与下水道直接连接，出口应设网罩。

(2) 生活水箱给水进水口高出溢流管，其最小间隙为给水管管径的 2.5 倍。

(3) 生活的饮用水不得因水倒流而被污染，给水管配水进口不得被任何液体或杂质所淹没。

禁忌：生活饮用水管道与非饮用水管道连接

【分析】

为防止生活饮用水的水质遭到污染，影响人体健康，生活饮用水管不允许与其他用途的管道连接。

【措施】

生活饮用水管道不得与非饮用水管道连接。在特殊情况下，必须以饮用水作为工业备用水源时，两种管道的连接处应采取防止水质污染的措施。

禁忌：高位水箱给水出水管没有消毒设施

【分析】

因为生活饮用水没有再次消毒，饮用后会对人体造成伤害，不符合卫生防疫部门的要求。

【措施】

高位水箱给水出水管应设有消毒设施，通常采用紫外线消毒器进行消毒，如图 6-9 所示。

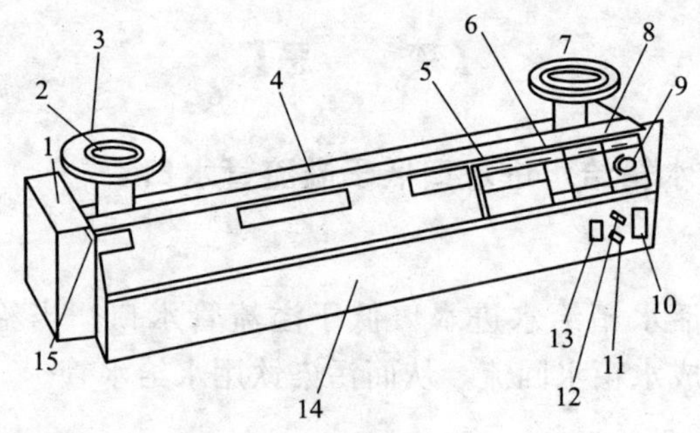

图 6-9　紫外线饮用水消毒器

1—紫外线灯防护罩；2—进水口；3—检测接水龙头；4—消毒筒体；5—工作指示灯；6—报警开关；7—出水口；8—电压表或定时器；9—电源开关；10—电源插座；11—主回路保险器；12—控制回路保险器；13—外接报警器插座；14—电气控制箱；15—电气箱开启螺钉

6.2　管道直饮水系统

【细　节】

细节：管道直饮水系统组成

管道直饮用水系统通常包括水源、深度净化水站和专用的直饮水供水管网等几部分。

1. 水源

水源一般取自城镇自来水、建筑或小区的生活给水管网。

2. 净水站

深度净化水站(简称净水站)内设有深度净水设备、加压设备和贮水设备。

(1) 深度净水设备一般包括前期预处理设备、主要处理设备和后期消毒设备三大部分。前期预处理是根据城镇自来水水质情况而采取的措施，通过预处理使水质满足后续深度净化设备的进水要求。主要处理设备是深度净化水站的核心组成部分，一般预处理多采用膜分离技术和吸附净水技术。为确保水质安全，消毒设备常用臭氧消毒设备和紫外线消毒设备。

(2) 加压设备一般采用水泵加压，通过管网向千家万户输送饮用净水(直饮水)。

(3) 贮水设备：包括原水调节水池(原水贮水罐)，用来贮存城镇自来水；饮用净水贮水罐，用来贮存饮用净水(直饮水)。

3. 供水管网

直饮水供水管网由室内外配水管网及循环回水管网和循环泵组成。配水管网用来将净水输送至各用水点，根据净水配水水平干管的位置不同，有下行上给供水方式和上行下给供水方式，如图 6-10 所示。一般公寓、住宅每户仅考虑在厨房安装一个饮

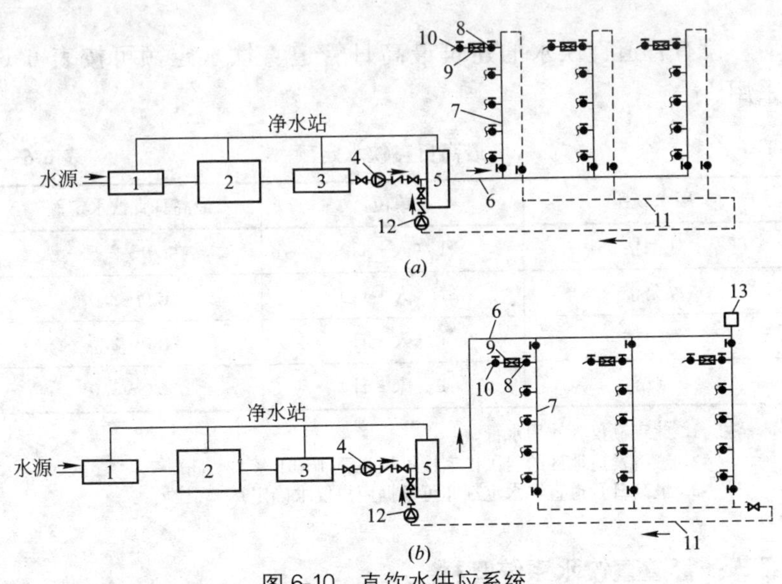

图 6-10 直饮水供应系统

(a)下行上给供水方式；(b)上行下给供水方式

1—原水调节水池；2—净水处理设备；3—供水设备；5—紫外线消毒设备；6—净水配水水平干管；7—配水立管；8—进户支管；9—水表；10—净水配水龙头；11—回水管；4、12—循环泵；13—自动排气阀

用净水(直饮水)配水龙头，其他公共建筑则根据需要设置饮水点。循环泵和循环回水管道的主要功能是收集直饮水配水管网中未能及时使用的深度净化水，将其送回净化水站重新消毒处理，不至于当净水用量小或夜间无用水时滞留在管道中成为死水，确保管网中直饮水的水质始终安全、可靠。

细节：管道直饮水系统水质要求

管道直饮水水质卫生标准应符合《饮用净水水质标准》CJ 94-2005 的要求，制备产品水的原水应采用城市市政给水管网供水或符合卫生要求的其他水源水，供水点出水水质亦应满足《饮用净水水质标准》CJ 94-2005 的要求。

细节：饮水定额

设有管道直饮水的建筑最高日管道直饮水定额可按表 6-6 采用。

最高日直饮水定额 **表 6-6**

用水场所	单位	最高日直饮水定额
住宅楼	L/(人·日)	2.0～2.5
办公楼	L/(人·班)	1.0～2.0
教学楼	L/(人·日)	1.0～2.0
旅馆	L/(床·日)	2.0～3.0

注：1. 此定额仅为饮用水量。
2. 经济发达地区的居民住宅楼可提高至 4～5L/(人·日)。
3. 最高日管道直饮水定额亦可根据用户要求确定。

细节：管道直饮水系统管材

鉴于直饮水性质的特殊性，为保证水质在输送过程中的洁净，防止水在管道内受到二次污染，除了将输送管道系统设置为全封闭式循环形式外，对管道的材料也提出了更高的要求。对优质水管道管材要求如表 6-7 所示。

优质水管道对管材要求 **表 6-7**

特性	要　求
物理稳定性	管道承压高，外部受压后不变形，使用寿命长
化学稳定性	在常温下主要成分不能溶于优质水中，不腐、不锈
耐热性	耐热性能好，受热后膨胀率要小
产品	内表面光滑，配件齐全
施工	材料便宜，通用性强，施工简单

直饮水管道管材可选用耐腐蚀、内表面光滑、符合食品卫生要求的薄壁不锈钢管、铜管等金属管材；塑覆铜管、钢塑复合管、铝塑复合管等复合管材及优质的塑料管(如交联聚乙烯 PEX 管、改性聚丙烯 PPC、ABS 管及 PPR 管等)。不锈钢管金属溶出量少，内表面光滑，耐热性能、机械性能、耐腐蚀性能以及连接施工等各方面有明显的优越性，但是工程造价比较高。目前流行使用的钢塑复合管具有优良的耐腐蚀性能，具有无毒、安全、抗磨、防结垢等优点。在实际工程中可针对不同的情况，选用合适的管材。

此外，管道连接件、水表、阀门、配水龙头等选用材质均应符合食品级卫生要求，并应与管材匹配。

细节：管道直饮水的水处理方法

1. 过滤

机械过滤、保安过滤(精密过滤)的作用是除去水中粒径大于 5μm 的颗粒，将原水中易被卷式膜表面截留的细小颗粒除去，防止膜表面形成硬垢、黏垢，其装置一般为机械过滤器、保安过滤器(精密过滤器)。

(1) 机械过滤即介质过滤，多采用砂滤、无烟煤过滤或煤、砂双层滤料过滤；保安过滤即精滤，一般采用绕线式(蜂房)滤芯、滤布滤芯、熔喷式聚丙烯纤维滤芯。

(2) 活性炭过滤也叫活性炭吸附，主要利用活性炭的巨大表面积吸附去除水中的有机物，如果是载银活性炭则同时具有杀菌的作用。其装置一般为活性炭滤器，内填粒状活性炭(亚甲蓝值大者为佳)或活性炭滤芯。

(3) 铜锌合金滤料(KDF)过滤的主要作用是去除水中的氯，使膜处理时避免有机膜被氧化，活性炭吸附处理也有脱氯作用。

2. 软化

软化的方法一般为药剂软化法、离子交换法等。饮用水处理多采用离子交换的方式置换出水中的 Ca^{2+}、Mg^{2+}，使原水软化，防止膜处理时表面结垢；当原水硬度不高时也可采用投加阻垢剂的方法防止结垢(阻垢剂一般由磷酸盐制成)。

3. 膜处理

(1) 微滤(MF)。归类于精密过滤，其滤膜的孔径为 0.1～2μm，20℃时的渗透量为 120～600L/(h·m^2)，工作压力为 0.05～0.2MPa，水耗为 5%～18%，能耗为 0.2～0.3kWh/m^3。其水通量大，使用寿命约 5～8 年。其出水浊度低，可去除水中胶体、细菌、有机物等物质，防止在膜表面形成黏泥。

(2) 超滤(UF)。孔径为 0.01～0.051μm，20℃时的渗透量为 30～300L/(h·m^2)，工作压力为 0.04～0.4MPa，水耗为 8%～20%，能耗为 0.3～0.5kWh/m^3。出水浊度很低，使用寿命约 5～8 年。其作用是截留水中粒径微细的杂质，去除水中有机物、胶体、细菌、病毒等物质。

(3) 纳滤(NF)。孔径为 0.001～0.01μm，20℃时的渗透量为 25～30L/(h·m^2)，工作压力为 0.5～1.0MPa，水耗为 15%～25%，能耗为 0.6～1.0kW·h/m^3，使用寿命约 5 年。水中硬度、二价离子、一价离子的去除率可达 50%～80%，截留分子量 300 以上的物质，并使出水 Ames 致突活性试验呈阴性。

(4) 反渗透(RO)。孔径小于1nm，20℃时的渗透量为4～10L/(h·m^2)，工作压力大于1.0MPa，水耗大于25%，能耗为3～4kWh/m^3，使用寿命约5年。水中一价离子、二价离子的去除率为95%～99%，能有效去除水中无机、有机污染，使出水Ames致突活性试验呈阴性。是纯净水制作必须的处理工艺，缺点是将水中对人体有害及有益的物质一并去除了。

4. 消毒

采用臭氧、二氧化氯、紫外线照射、微电解杀菌器等方式杀灭水中的细菌。

5. 矿化

经过膜处理的水中矿物盐含量降低，为满足某些种类饮用水(如矿泉水)对矿化度的要求，需进行矿化处理。将需进行矿化处理的水经过含矿物介质(麦饭石、木鱼石等)的过滤器，滤料中的矿物质会溶入滤后水中。

6. 活化

增加饮用水的能量，使水分子团变小，有利于人体健康。

细节：管道直饮水深度处理流程

图6-11所示为完整的深度处理工艺流程，图6-12所示为简易的深度处理工艺流程。

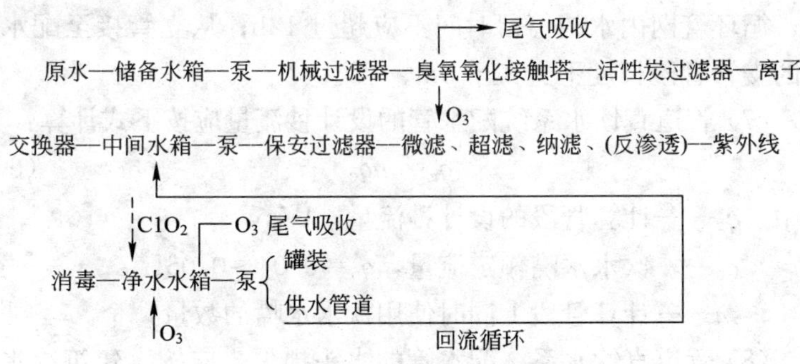

图6-11 完整的深度处理工艺

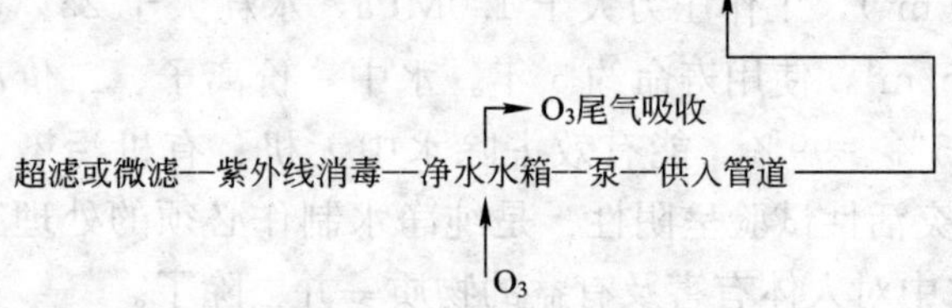

图 6-12　简易的深度处理工艺

细节：管道直饮水系统设计要求

管道直饮水系统设计应满足下列要求：

（1）管道直饮水应对原水进行深度净化处理，其水质应符合国家现行标准《饮用净水水质标准》CJ 94—2005 的规定。

（2）管道直饮水水嘴额定流量宜为 0.04～0.06L/s，最低工作压力不得小于 0.03MPa。

（3）管道直饮水系统必须独立设置。

（4）管道直饮水宜采用调速泵组直接供水或处理设备置于屋顶的水箱重力式供水方式。

（5）高层建筑管道直饮水系统应竖向分区，各分区最低处配水且最不利配水点处的水压，应满足用水水压的要求。

（6）管道直饮水应设循环管道，其供、回水管网应同程布置，循环管网内水的停留时间不应超过 12h；从立管接至配水龙头的支管管段长度不宜大于 3m。

（7）管道直饮水系统配水管的设计秒流量应按下式计算：

$$q_g = mq_o \tag{6-4}$$

式中　q_g——计算管段的设计秒流量，L/s；

q_o——饮水水嘴额定流量，q_o=0.04～0.06L/s；

m——计算管段上同时使用饮水水嘴的数量，个。

（8）管道直饮水系统配水管的水头损失，应按《建筑给水排水设计规范》GB 50015—2009 的相关规定计算。

细节：饮用水嘴同时使用数量计算

（1）当计算管段上饮水水嘴数量 n_o≤24 个时，同时使用数量 m 可按表 6-8 取值。

计算管段上饮水水嘴数量 n_o≤24 个时的 m 值　　　表 6-8

水嘴数量 n_o(个)	1	2	3～8	9～24
使用数量 m(个)	1	2	3	4

（2）当计算管段上饮水水嘴数量 n_o＞24 个时，同时使用数量 m 按表 6-9 取值。

计算管段上饮水水嘴数量 n_o＞24 个时的 m 值(个)　　　表 6-9

P_o / m / n_o	0.010	0.015	0.020	0.025	0.030	0.035	0.040	0.045	0.050	0.055	0.060	0.065	0.070	0.075	0.080	0.085	0.090	0.095	0.100
25	—	—	—	—	—	4	4	4	4	5	5	5	5	5	6	6	6	6	6
50	—	—	4	4	5	5	6	6	7	7	7	8	8	9	9	9	10	10	10
75	—	4	5	6	6	7	8	8	9	9	10	10	11	11	12	13	13	14	14
100	4	5	6	7	8	8	9	10	11	11	12	13	13	14	15	16	16	17	18
125	4	6	7	8	9	10	11	12	13	13	14	15	16	17	18	18	19	20	21
150	5	6	8	9	10	11	12	13	14	15	16	17	18	19	20	21	22	23	24
175	5	7	8	10	11	12	14	15	16	17	18	20	21	22	23	24	25	26	27
200	6	8	9	11	12	14	15	16	18	19	20	22	23	24	25	27	28	29	30
225	6	8	10	12	13	15	16	18	19	21	22	24	25	27	28	29	31	32	34
250	7	9	11	13	14	16	18	19	21	23	24	26	27	29	31	32	34	35	37
275	7	9	12	14	15	17	19	21	23	25	26	28	30	31	33	35	36	38	40
300	8	10	12	14	16	18	21	22	24	25	28	30	32	34	36	37	39	41	43
325	8	11	13	15	18	20	22	24	26	28	30	32	34	36	38	40	42	44	46
350	8	11	14	16	19	21	23	25	28	30	32	34	36	38	40	42	45	47	49
375	9	12	14	17	20	22	24	27	29	32	34	36	38	41	43	45	47	49	52
400	9	12	15	18	21	23	26	28	31	33	36	38	40	43	45	48	50	52	55
425	10	13	16	19	22	24	27	30	32	35	37	40	43	45	48	50	53	55	57
450	10	13	17	20	23	25	28	31	34	37	39	42	45	47	50	53	55	58	60
475	10	14	17	20	24	27	30	33	35	38	41	44	47	50	52	55	58	61	63
500	11	14	18	21	25	28	31	34	37	40	43	46	49	52	55	58	60	63	66

注：P_o 为水嘴同时使用概率。

（3）水嘴同时使用概率可按下式计算：

$$P_o = \frac{\alpha q_d}{1800 n_o q_o} \tag{6-5}$$

式中 α——经验系数，住宅楼取0.22，办公楼取0.27，教学楼取0.45，旅馆取0.15；

q_d——系统最高日直饮水量，L/d；

n_o——水嘴数量，个；

q_o——水嘴额定流量L/d。

当n_o值与表中数据不符时，可用差值法求得m。

细节：管道直饮水输送系统设计

系统应根据区域规划、区域内建筑物性质、规模和布置等因素确定，且独立设置，不得与其他用水系统相连。采用的管材应保证化学、物理性质稳定，宜优先选用薄壁不锈钢管，埋地管材选SUS 316，明装选SUS 304。系统应为环状，保证用水点的水量和水压要求。

系统应采用动态循环和循环消毒，系统循环不得影响配水系统的正常供水，保证管路不滞水，循环水宜经二次净化或消毒后再进入系统。室内循环管道为同程式，供水在系统内各段的停留时间不超过4～6h。小区集中供水系统的建筑物内循环回水管在出户前设流量控制阀，若室内管网分高、低区，且高区的回水管上设减压阀，则高、低区的最终回水管可合并出户，与室外循环回水管连接。净水箱的循环回水管需设减压装置及循环运行启闭控制装置(可调减压阀、电磁阀和流量压力控制阀等)。

配水管网应设检修阀、采样口(每个独立系统的原水、成品水、用户点和回流处应设采样口)、最高处设排气装置(应有滤菌和防尘措施)、最远端设排水装置(其设置点不应出现死水，出口处有防污染措施)，循环立管的上、下端部应设球阀。为保证水质，系统宜采用变频供水的方式，避免采用高位储水罐。

各用户从干管或立管上接出的支管应尽量短，宜设倒流防止器、隔菌器和带止水器的水表。系统内的水罐、水箱应为常压，有泄空、溢流装置。如果储存产品水，则应有 0.2μm 的膜呼吸器(臭氧消毒方式膜呼吸器前需设吸气阀，同时设呼气管道、臭氧尾气处理装置)。

系统应设计有水力强制冲洗、消毒和置换系统水的措施。系统应留有冲洗水的进出口，定期对管网进行水力冲洗，定期投药进行管道消毒，避免管道内细菌、微生物繁殖，在管网使用前须彻底消毒和清洗。

管道附件不应造成细菌停留、繁殖及颗粒聚积，宜避免内壁的凹凸不平，其材料应与管材配套，优先选用不锈钢材质。管件的密封圈应达到卫生食品级要求。分户室内计量水表应采用容积式水表，条件许可应带远传发信装置。始动流量计量等级达到 0.01，计量精度达到 C 或 D 级，水表的材质应符合饮用水计量仪表材料的要求。

建筑小区集中供水系统中，室内外埋地管应尽量少。室内露明管道应有防止结露的保温层，如果管道布置在温度不能保证大于 4℃的地方，则应有防冻措施；同时也应避免靠近热力管道或其他热源。

细节：管道直饮水系统净水机房设计

净水机房应靠近集中用水点，机房内应有防蚊蝇、防尘、防鼠等设施，确保符合食品级卫生要求，实现清洁生产，严格做到杀菌和消毒。所有与饮水接触的器材、设备应符合食品级卫生标准，并取得国家级资质认证。

管道直饮水系统净水机房设计应满足以下要求：

(1) 机房应为独立的封闭间，面积应满足生产工艺的要求。

(2) 设备布置要考虑采光、机械通风、消毒、防腐、地面排水和消防的协调配合。处理水量应预留发展并考虑到原水水质恶化的最不利情况。

(3) 设备宜按流程布置，同类设备相对集中，机房上部的房间不应设排水管及卫生设备。

(4) 机房设计应采取防噪措施，使产生的噪声不大于45dB。

(5) 机房地面，建筑物结构完整，采用紫外线空气消毒，紫外线灯按照30W/(10～15m^2)选用，地面上2m吊装。

(6) 门窗应耐腐蚀且不变形。

(7) 净水机房的附属设施应包括更衣设施(如衣柜、鞋柜等)、流动洗手及消毒设施、化验设施等。

(8) 开水器、开水炉的排污、排水管道不宜采用塑料排水管。

细节：最高日、最大时用水量

(1) 管道直饮水系统最高日用水量：

$$Q_d = N \cdot q_d \tag{6-6}$$

式中 Q_d——系统最高日用水量，L/d；

N——系统服务的人数；

q_d——用水定额，L/(d·人)。

(2) 管道直饮水系统最大时用水量：

$$Q_h = K_h Q_D / T \tag{6-7}$$

式中 Q_h——系统最大时用水量，L/h；

K_h——时变化系数，按表6-10选取；

T——系统中直饮水使用时间，h，见表6-10。

时变化系数及使用时间 表6-10

用水场所	住宅、公寓	办公楼
K_h	4～6	2.5～4.0
T	24	10

细节：水头损失

当管径＜DN32时，管道流速取0.6～1.0m/s，当管径≥DN32时，管道流速取1.0～1.5m/s。

1. **塑料管的沿程水头损失**

$$i=0.000915Q^{1.774}/d_i^{4.774} \tag{6-8}$$

式中 i——塑料管的沿程水头损失；

Q——计算管段的流量，m^3/s；

d_i——计算管段的内径，m。

2. **不锈钢、铝塑管的沿程水头损失**

$$i=0.00246Q^{1.75}/d_i^{4.75} \tag{6-9}$$

式中 i——不锈钢、铝塑管的沿程水头损失；

Q——计算管段的流量，m^3/s；

d_i——计算管段的内径，m。

3. **局部水头损失**

管道的局部水头损失可采用沿程水头损失的20%～30%，也可将各种管件折算成当量长度，按沿程水头损失的公式计算。

细节：净水水箱(槽)、原水调节水箱(槽)容积

1. **净水箱(槽)有效容积**

$$V_j=\beta(Q_b-Q_j)+600F_j+V_1+V_2 \tag{6-10}$$

式中 β——调节系数，取2～3h；

F_j——水池底面积，m^2；

V_1——调节水量，L，按表6-11选取；

V_2——控制净水设备自动运行的水量，L，按式(6-11)计算：

调节水量取值 **表6-11**

$3600q_s/Q_h$	2	3	4	5
V_1	$Q_h/3$	$Q_h/2$	$3Q_h/5$	$2Q_h/3$

$$V_2=\frac{Q}{4K} \tag{6-11}$$

式中 K——净水设备的启动频率，一般<3次/h。

2. **原水调节水箱(槽)容积**

$$V=t_0\times Q_h \tag{6-12}$$

式中　t_0——调节时间，按 1～4h 计。

原水调节水箱(槽)的自来水管按系统最大时用水量设计时，还应考虑反冲洗要求水量。当自来水供应的流量和压力足够时，可不设原水水箱(槽)，但必须在自来水管上装设倒流防止器。

【禁　　忌】

禁忌：埋地式生活饮用水贮水池未采取防污染措施

【分析】

埋地式生活饮用水贮水池周围 10m 以内，不得有化粪池、污水处理构筑物、渗水井和垃圾堆放点等污染源；周围 2m 以内不得有污水管和污染物。当达不到此要求时，应采取防污染的措施，以免生活饮用水水质受到污染。

【措施】

当达不到埋地生活饮用水贮水池与化粪池的净距大于 10m 的要求时，可参考以下措施：

(1) 提高生活饮用水贮水池池底标高，使池底标高高于化粪池等的池顶标高。

(2) 在生活饮用水贮水池与化粪池之间设置防渗墙。防渗墙的长度应满足两池之间的折线净间距(化粪池端至墙端与墙端至贮水池端距离之和)大于 10m；防渗墙的墙底标高不应低于贮水池池底标高；防渗墙墙顶标高不应低于化粪池池顶标高。

(3) 新建的化粪池池体应采用钢筋混凝土结构，并做防水处理。

(4) 新建的生活饮用水贮水池宜采用双层池体结构，双层池体分层缝隙的渗水，应能自流排走(自流入集水坑抽走)。

禁忌：利用建筑物的本体结构作为生活饮用水水池(箱)的壁板、底板及顶盖

【分析】

建筑本体结构的外面存在有地下水时，如池体结构与本体结

构共用，一旦本体结构出现渗水时，室外的地下水就会渗入水池而污染水质，故要求水池池体结构与建筑本体结构完全脱开，两者之间至少有一条可供渗水自流排出的缝隙。

生活饮用水的水中含有氧离子，要防止它渗入建筑本体结构后对钢筋的腐蚀作用而引起的对本体结构强度的损害。所以要求池体结构与建筑本体结构要完全脱开，两者之间至少有一条可供渗水自流排出的缝隙。

生活饮用水水池(箱)与其他用水水池(箱)必须各自有独立的池壁，两壁之间的缝隙渗水应能自流排出，以防止因共用分隔墙壁渗水而造成水质的交叉污染。

【措施】

建筑物内的生活饮用水水池(箱)体应采用独立结构形式。不得利用建筑物的本体结构作为水池(箱)的壁板、底板及顶盖。生活饮用水水池(箱)与其他用水水池(箱)并列设置时，应有各自独立的分隔墙，不得共用一面分隔墙，隔墙与隔墙之间应有排水措施。

禁忌：生活饮用水水池(箱)的构造和配管设计不合理

【分析】

人孔盖与盖座应吻合和紧密，并用富有弹性的无毒发泡材料嵌在接缝处，防止昆虫从人孔的盖与盖座之间的缝隙进入水池(箱)。暴露在外的人孔盖应有锁(外围有围护措施，已能防止非管理人员进入者除外)。

为了防止水管出现压力倒流或破坏进水管可能出现虹吸倒流时管内真空需要，进水管应在高出水池(箱)溢流水位以上进入水池(箱)。水池(箱)的构造和配管设计不合理，会直接导致水池(箱)内水质的污染。

【措施】

生活饮用水水池(箱)的构造和配管应符合下列规定：

(1) 人孔、通气管和溢流管应有防止昆虫爬入水池(箱)的措施。

（2）进水管应在水池（箱）的溢流水位以上接入，当溢流水位确定有困难时，进水管口的最低点高出溢流边缘的高度等于进水管管径，但最小不应小于25mm，最大可不大于150mm。

当进水管口为淹没出流时，管顶应钻孔，孔径不宜小于管径的1/5。孔上宜装设同径的吸气阀或其他能破坏管内产生真空的装置。

不存在虹吸倒流的低位水池，其进水管不受上述条件限制，但进水管仍宜从最高水面以上进入水池。

（3）进出水管布置不得产生水流短路，必要时应设导流装置。

（4）不得接纳消防管道试压水和泄压水等回流水或溢流水。

禁忌：生活饮用水管道配水件出水口设计不合理

【分析】

生活饮用水管的虹吸倒流是指已经从配水口流出的水，因生活饮用水水管产生负压而被吸回生活饮用水水管，使生活饮用水水质受到严重污染，这种事故应严格防止。

【措施】

（1）出水口不得被任何液体或杂质所淹没，主要针对配水件出口没有受水容器的取水水嘴和洒水栓而言。在配水件出口套接软管用于洒水或冲洗的连接在规范中被严格限定，要采取防止倒流的措施。结合我国目前的国情，以下措施可供参考：

1）公共厕所的连接冲洗软管的水嘴宜高出地面1.2m。

2）家用洗衣机的取水水嘴宜高出地面1.0～1.2m。

3）带有软管的浴盆混合水嘴，宜高出浴盆溢流边缘400mm，并宜选用转换开关（水嘴与淋浴器的出水转换）能自动复位的产品。

4）绿化洒水的洒水栓应高出地面至少400mm，并宜在控制阀出口安装吸气阀。

5）医院太平间或殡仪馆类似房间的连接冲洗软管的水嘴宜高出地面 1.2m。

（2）对于出水口下有固定承接用水容器的配水件，出水口应高出承接用水容器溢流边缘的最小空气间隙，不得小于出水口直径的 2.5 倍。

（3）不可能设置最小空气间隙时，应在管道上设置管道倒流防止器。

第 7 章　建筑中水系统设计

7.1　中水系统的组成与类型

【细　　节】

细节：中水

中水是一种将城市和居民生活中产生的杂排水经过适当处理，达到一定的水质标准后，回用于清洗汽车、冲洗厕所、绿化或冷却水补充等用途的非饮用水，因其水质介于上水与下水之间而得名。中水是国际公认的“城市第二水源”。中水回用不仅可以提高水资源可用总量，还可以解决污水对城市环境的影响，是城市重要的节水措施。

细节：中水系统的组成

中水系统是由原水的收集、储存、处理和中水供给等工程设施组成的，是建筑小区或建筑物的功能配套设施之一。建筑中水系统由以下几部分组成。

1. 中水原水系统

中水原水系统是流量控制设备收集、输送中水原水到中水处理设施的管道系统和一些与之配套的附属构筑物。

2. 中水处理设施

中水处理设施指各类用来处理中水原水的构筑物、计量装置和设备及流量控制。中水处理设施的设置应根据中水原水质、水量和中水使用要求等因素，经过技术经济比较后确定。

一般将整个处理过程分为前处理、中心处理和后处理三个阶段：

（1）前处理。用来截留中水原水中大的悬浮物、漂浮物及杂质，包括格栅或滤网截留、油水分离、毛发截留、调节水量、调整 pH 等。

（2）中心处理。用于去除水中呈溶解和胶体状态的有机物质，并进一步降低悬浮固体的含量。按采用的处理工艺，构筑物由混凝池、沉淀池、生物处理设施等组成。

（3）后处理。对中水供水水质要求很高时进行的深度处理，即中水再经过后处理设施处理，如消毒、过滤等，可采用的方法有过滤、生物膜处理、活性炭吸附等。

3. 中水管道系统

中水管道系统包括中水原水集水系统和中水供水系统。中水原水集水系统指建筑内部的合流制或分流制排水系统，排放的废水或污水进入中水处理站，同时设有超越管，以便出现事故时可直接排放。原水经中水处理站处理后成为中水，中水供水系统是将中水处理站处理后的中水输送到各杂用水用水点的管网。建筑内部的给水管网和中水管网相似。

细节：中水系统按服务范围划分

现有的中水系统按服务范围可分为建筑物中水系统、区域中水系统和城镇中水系统三种类型。

1. 建筑物中水系统

建筑物中水系统的系统框图如图 7-1 所示，它是为一栋或几栋建筑物内建立的中水系统。建筑物中水宜采用原水污、废分流，中水专供的完全分流系统，即生活污水单独排入城市排水管网或化粪池，以优质杂排水或杂排水作为中水水源，水处理设施在地下室或邻近建筑物的外部。建筑内部由生活饮用水管网和中水供水管网分质供水。建筑物中水系统具有投资少、见效快的特点。适用于用水量较大的各类建筑物，特别是对于优质排水量较大的旅馆、饭店、公寓、办公大楼、大型文化体育和科研大楼等更为适合。

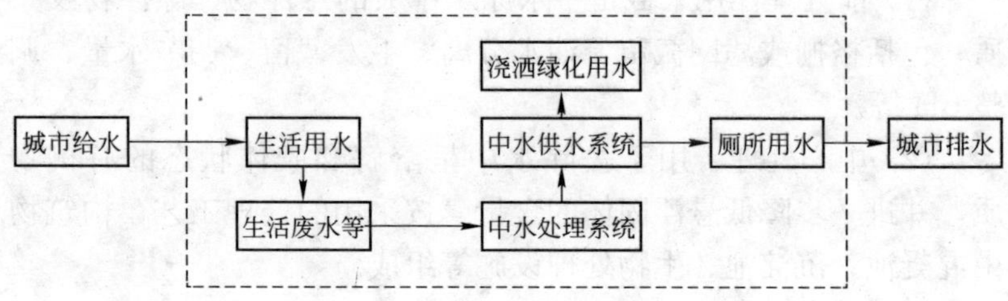

图 7-1　建筑物中水系统框图

2. 小区中水系统

小区中水系统是指在小区内建立的中水系统。小区主要指居住小区，也包括院校和机关大院等集中建筑区，统称建筑小区。建筑小区中水可采用全部完全分流系统、部分完全分流系统、半完全分流系统和无分流管系的简化系统。小区中水系统框图如图 7-2 所示，这种系统的中水水源取自小区内各建筑物排放的污废水、小区或城市污水处理厂出水和相对洁净的工业排水及雨水。根据建筑小区所在城镇排水设施的完善程度，确定室内排水系统，但应使建筑小区室外给水排水系统与建筑物内部给水排水系统相配套。目前，小区内多为分流制，以优质杂排水或杂排水为中水水源。建筑小区和建筑内部给水管网均为生活饮用水和杂用水双管配水系统。

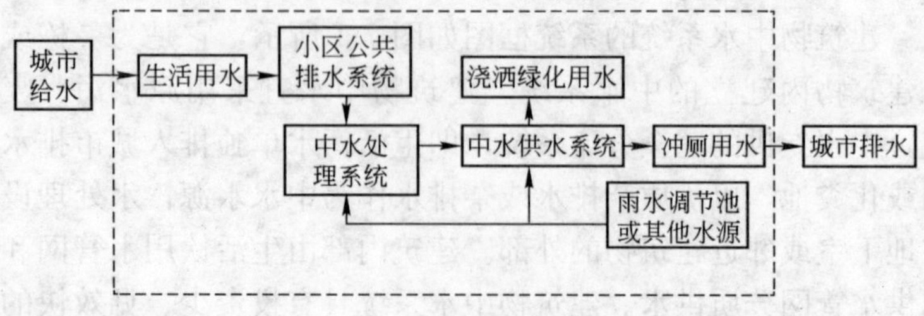

图 7-2　小区中水系统框图

这种系统工程规模较大，管道复杂，但集中处理的费用较低，多用于建筑物分布较集中的住宅小区和集中高层楼群、机关大院和高等院校等。

细节：中水系统按管道设置情况划分

根据设计区域内中水供水管道和原水分流管道的设置情况，可以分为完全系统、部分完全系统、半完全系统和土壤渗透系统。

1. 完全系统

完全系统是指整个设计区域内都设置了中水供水管道和原水分流管道的中水系统，如图 7-3 所示。

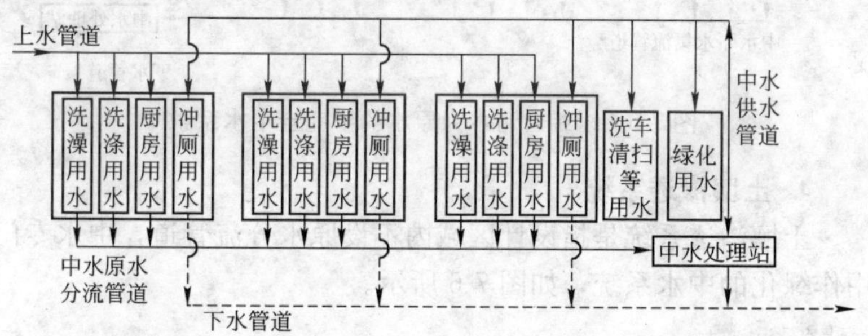

图 7-3　完全系统

2. 部分完全系统

部分完全系统是指设计区域内仅在部分区域设置了中水供水管道和原水分流管道的中水系统，如图 7-4 所示。

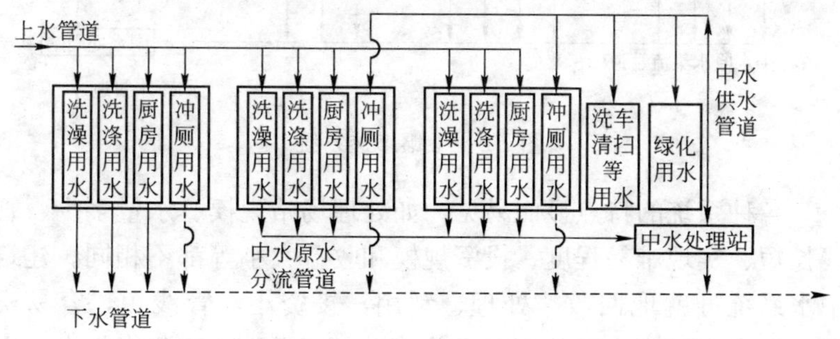

图 7-4　部分完全系统

3. 半完全系统

半完全系统是指设计区域内只设原水分流管道，不设中水供水管道(以中水作为景观或河湖补水)的中水系统；不设原水分流管道，只设中水供水管道(由市政中水管道直接接入，以综合污水或外接水源作为中水原水)的中水系统，如图 7-5 所示。

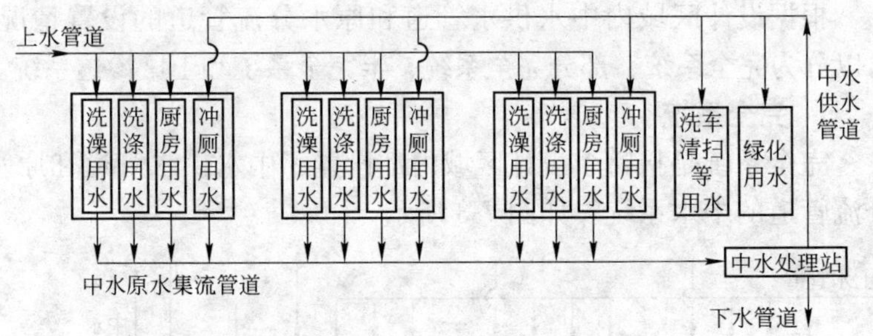

图 7-5 以综合污水为原水的半完全中水系统

4. 土壤渗透系统

土壤渗透系统是指设计区域内不设原水分流管道，中水专门用作绿化的中水系统，如图 7-6 所示。

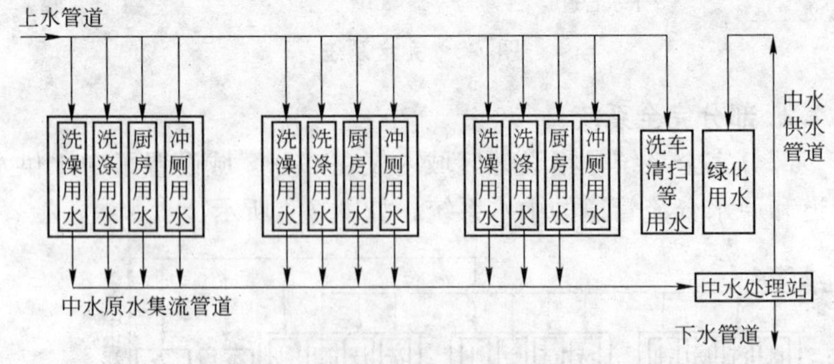

图 7-6 土壤渗透系统

各种系统的特点显而易见，如处理场站规模、水量多少、管线长短、实现难易程度、投资规模和收益大小等都不相同。建筑中水系统可就地回收、处理、利用，投资小，管线短，容易实现，作为建筑或小区的配套设施建设，不需要政府集中投资，因此建的较多，但规模效益差、水量平衡调节差。

细节：中水的用途

中水用于不与人体直接接触的用水处，其用途如下：

(1) 冲厕用水。冲厕用水用于各种便溺卫生器具的冲洗用水。在住宅内，便溺用卫生器具最好是坐式大便器，该器可以封闭，用中水更为安全。

(2) 绿化用水。在小区内有绿化地带，栽有各种花草树木，需定期浇灌养护，可用中水代替自来水浇灌。用于绿化用水，可采用滴灌、喷灌等技术，以节约中水用量。

(3) 浇洒道路用水。为防止小区道路起灰或清除道路上的污泥脏物，采用中水进行浇洒和冲洗。

(4) 水景补充用水。小区内设有水景，能改变小区气候环境，也使小区增加了美感，各种水景因漏失或蒸发而减少的水量，可用中水补充。

(5) 消防用水。在设有消防设施的建筑小区，可用中水替代自来水进行消防。

(6) 汽车冲洗用水。随着国民经济和小区建筑的发展，住户拥有各式汽车数量逐渐增加，采用中水对汽车的冲洗保洁可减少自来水的用量。

(7) 小区环境用水。小区垃圾场地冲洗、锅炉的湿法除尘等均可采用中水。

(8) 空调冷却水。在设有集中空调的建筑，空调冷却水因漏失和蒸发而减少的，可以用中水补充。

细节：建筑物中水水源

(1) 建筑物中水水源可取自建筑的生活排水和其他可以利用的水源。

(2) 中水水源应根据排水的水质、水量、排水状况和中水回用的水质、水量选定。

(3) 建筑物中水水源可选择的种类和选取顺序为：

1）卫生间、公共浴室的盆浴和淋浴等的排水。

2）盥洗排水。

3）空调循环冷却系统排污水。

4）冷凝水。

5）游泳池排污水。

6）洗衣排水。

7）厨房排水。

8）冲厕排水。

(4) 中水原水量按下式计算：

$$Q_y = \sum \alpha \cdot \beta \cdot Q \cdot b \tag{7-1}$$

式中 Q_y——中水原水量，m^3/d；

α——最高日给水量折算成平均日给水量的折减系数，一般取 0.67～0.91；

β——建筑物按给水量计算排水量的折减系数，一般取 0.8～0.9；

Q——建筑物最高日生活给水量，按《建筑给水排水设计规范》中的用水定额计算确定，m^3/d；

b——建筑物用水分项给水百分率。各类建筑物的分项给水百分率应以实测资料为准，在无实测资料时，可参照表 7-1 选取。

各类建筑物分项给水百分率（%）　　表 7-1

项目	住宅	宾馆、饭店	办公楼、教学楼	公共浴室	餐饮业、营业餐厅
冲厕	21.3～21	10～14	60～66	2～5	6.7～5
厨房	20～19	12.5～14	—	—	93.3～95
沐浴	29.3～32	50～40	—	98～95	—
盥洗	6.7～6.0	12.5～14	40～34	—	—
洗衣	22.7～22	15～18	—	—	—
总计	100	100	100	100	100

注：沐浴包括盆浴和淋浴。

（5）用作中水水源的水量宜为中水回用水量的110％～115％。

（6）综合医院污水作为中水水源时，必须经过消毒处理，产出的中水可用于独立的不与人直接接触的系统。

（7）传染病医院、结核病医院污水和放射性废水，不得作为中水水源。

（8）建筑屋面雨水可作为中水水源或其补充。

（9）中水原水水质应以实测资料为准，在无实测资料时，各类建筑物各种排水的污染浓度可参照表7-2确定。

细节：建筑小区中水水源

（1）建筑小区中水水源的选择要依据水量平衡和技术经济比较确定，并应优先选择水量充裕稳定、污染物浓度低、水质处理难度小、安全且居民易接受的中水水源。

（2）建筑小区中水可选择的水源有：小区内建筑物杂排水；小区或城市污水处理厂出水；相对洁净的工业排水；小区内的雨水；小区生活污水。

当城市污水处理厂出水达到中水水质标准时，建筑小区可直接连接中水管道使用；当城市污水处理厂出水未达到中水水质标准时，可作为中水原水进一步处理，达到中水水质标准后方可使用。

（3）小区中水水源的水量应根据小区中水用量和可回收排水项目水量的平衡计算确定。

（4）小区中水原水量可按下列方法计算：

小区建筑物分项排水原水量按式(7-1)计算确定。

小区综合排水量可按下式计算：

$$Q_{y_1}=Q_1\cdot\alpha\cdot\beta \tag{7-2}$$

式中 Q_{y_1}——小区综合排水量，m^3/d；

Q_1——小区最高日给水量；

α、β——见式(7-1)。

小区中水原水的水量应根据小区中水用量和可回收排水项目

各类建筑物各种排水的污染浓度表(mg/L) **表 7-2**

类别	住宅			宾馆、饭店			办公楼、教学楼			公共浴室			餐饮业、营业餐厅		
	BOD_5	COD_{Cr}	SS	BOD_5	COD_{Cr}	SS	BOD_5	COD_{Cr}	SS	BOD_5	COD_{Cr}	SS	BOD_5	COD_{Cr}	SS
冲厕	300～450	800～1100	350～450	250～300	700～1000	300～400	260～340	350～450	260～340	260～340	350～450	260～340	260～340	350～450	260～340
厨房	500～650	900～1200	220～280	400～550	800～1100	180～220	—	—	—	—	—	—	500～600	900～1100	250～280
沐浴	50～60	120～135	40～60	40～50	100～110	30～50	—	—	—	45～55	110～120	35～55	—	—	—
盥洗	60～70	90～120	100～150	50～60	80～100	80～100	90～110	100～140	90～110	—	—	—	—	—	—
洗衣	220～250	310～390	60～70	180～220	270～330	50～60	—	—	—	—	—	—	—	—	—
总计	230～300	455～600	155～180	140～175	295～380	95～120	195～260	260～340	195～260	50～65	115～135	40～65	490～590	890～1075	255～285

水量平衡计算确定。

细节：中水水质标准

不同用途的中水，其水质是不同的，具体要求如下：

1. 满足卫生要求

中水的卫生要求是保证用水的安全性，其指标有大肠菌数、细菌总数、余氯量、悬浮物、生化需氧量和化学需氧量等。

2. 满足感官要求

中水不应使人有不快的感觉，其指标有浊度、色度和臭味等。

3. 满足设备和管道的使用要求

中水中的pH、硬度、蒸发残渣、溶解性物质是保证设备和管道使用要求的指标，可使管道和设备不腐蚀、不结垢以及不堵塞等。

用于厕所冲洗便器、城市绿化、洗车及扫除用水的水质标准，应按《城市污水再生利用 城市杂用水水质》GB/T 18920—2002执行，如表7-3所示。

城市杂用水水质标准 **表7-3**

序号	项目	冲厕	道路清扫、消防	城市绿化	车辆冲洗	建筑施工
1	pH	6.0～9.0				
2	色(度) ≤	30				
3	嗅	无不快感				
4	浊度(NTU) ≤	5	10	10	5	20
5	溶解性总固体(mg/L) ≤	1500	1500	1000	1000	—
6	五日生化需氧量(BOD_5)(mg/L) ≤	10	15	20	10	15
7	氨氮(mg/L) ≤	10	10	20	10	20
8	阴离子表面活性剂(mg/L) ≤	1.0	1.0	1.0	0.5	1.0

续表

序号	项　　目	冲厕	道路清扫、消防	城市绿化	车辆冲洗	建筑施工
9	铁(mg/L)　≤	0.3	—	—	0.3	—
10	锰(mg/L)　≤	0.1	—	—	0.1	—
11	溶解氧(mg/L)　≤	1.0				
12	总余氯(mg/L)	接触 30min 后≥1.0，管网末端≥0.2				
13	总大肠菌群(个/L)　≤	3				

注：混凝土拌合用水还应符合行业的有关规定。

中水用于空调冷却水等场所时，水质应达到相应的水质标准。作为多用途的中水水质标准应按最高要求确定。中水用于景观环境用水时，中水水质应符合《城市污水再生利用 景观环境用水水质》GB/T 18921—2002 的规定，如表 7-4 所示。景观用水应为流动循环水，可通过物理方式、化学方式、微生物方式或生态方式进行水处理。

景观环境用水水质的再生水水质指标(mg/L)　　**表 7-4**

序号	项　　目	观赏性景观环境用水			娱乐性景观环境用水		
		河道类	湖泊类	水景类	河道类	湖泊类	水景类
1	基本要求	无漂浮物，无令人不愉快的嗅和味					
2	pH 值(无量纲)	6～9					
3	五日生化需氧量(BOD_5)　≤	10	6		6		
4	悬乳物(SS)　≤	20	10		—		
5	浊度(NTU)　≤	—			5.0		
6	溶解氧　≥	1.5			2.0		
7	总磷(以 P 计)　≤	1.0	0.5		1.0	0.5	
8	总氮　≤	15					
9	氨氮(以 N 计)　≤	5					
10	粪大肠菌群(个/L)　≤	10000		2000	500		不得检出

续表

序号	项　　目		观赏性景观环境用水			娱乐性景观环境用水		
			河道类	湖泊类	水景类	河道类	湖泊类	水景类
11	余氯	≥	0.05					
12	色度(度)	≤	30					
13	石油类	≤	1.0					
14	阴离子表面活性剂	≤	0.5					

注：1. 对于需要通过管道输送再生水的非现场回用情况采用加氯消毒方式；而对于现场回用情况不限制消毒方式。
2. 若使用未经过除磷脱氮的再生水作为景观用水，鼓励使用本标准的各方在回用地点积极探索通过人工培养具有观赏价值水生植物的方法，使景观水的氮磷满足表中的要求，使再生水中的水生植物有经济合理的出路。
3. “—”表示对此项无要求。
4. 氯接触时间不应低于 30min 的余氯。对于非加氯消毒方式无此项要求。

细节：中水水量平衡设计步骤

(1) 实测确定各类建筑内厕所、沐浴、盥洗、洗衣、厨房及绿化、浇洒等用水量，无实测资料时，可按表 7-5 估算。

各类建筑物分项给水水量和百分率　　表 7-5

种类	住宅		宾馆、饭店		办公楼	
	水量［(L/(人·d))］	百分率(%)	水量［L/(人·d)］	百分率(%)	水量［L/(人·d)］	百分率(%)
冲厕	40～60	31～32	50～80	13～19	15～20	60～66
厨房	30～40	23～21	—	—	—	—
沐浴	40～60	31～32	300	79～71	—	—
盥洗	20～30	15	30～40	8～10	10	40～34
总计	130～190	100	380～420	100	25～30	100

注：淋浴包括盆浴及淋浴。

(2) 初步确定中水原水集流对象和中水供水对象。

(3) 计算中水用量，计算公式为：

$$Q' = \sum q_i' \tag{7-3}$$

式中　Q'——中水用水总量，m^3/d；

q_i'——各建筑物或各类中水用水量，m^3/d。

（4）计算中水日处理水量，计算公式为：

$$Q_1=(1+n)Q' \tag{7-4}$$

式中　Q_1——中水处理水量，m^3/d；

n——中水处理设施自耗水系数，一般取10%～15%。

（5）计算可集流的中水原水量，计算公式为：

$$Q=\sum q_i \tag{7-5}$$

式中　Q——可集流的中水原水总量，m^3/d；

q_i——各种可集流的中水原水量，按建筑给水量的80%～90%计算，其余10%～20%为不可集流水量，m^3/d。

（6）比较可集流水中原水量与中水处理水量为：

$$\alpha=\frac{Q-Q_1}{Q_1}\times 100\% \tag{7-6}$$

式中　α——考虑集流水量和中水用水量不稳定的安全系数，一般取10%～15%。

（7）计算日溢流量或生活饮用水补给水量Q_2，即：

$$Q_2=Q-Q_1 \tag{7-7}$$

式中　Q_2——当$Q>Q_1$时，为溢流不处理中水原水流量；当$Q<Q_1$时，为生活饮用水补给水量，m^3/d。

细节：中水水量平衡图

为使中水系统水量平衡规划更明显直观，应做出水量平衡图。该图是用数字和图线表示出中水原水的收集、处理、储存和使用之间量的关系，主要内容应包括如下要素：

（1）中水原水的产生部位及原水量、存储量、排放量、建筑的原排水量。

（2）中水处理量及处理消耗量。

（3）中水各用水点的用量及总用量。

（4）中水损耗量、存储量。

(5) 自来水(高质量水)的用量，对中水系统的补给量。

(6) 规划范围内的污水排放量、回用量、给水量及其所占比率。

计算并表示出以上各量之间的关系，不但可以借此协调水的平衡，还可明显看出节水效果。

水量平衡如图 7-7 所示。

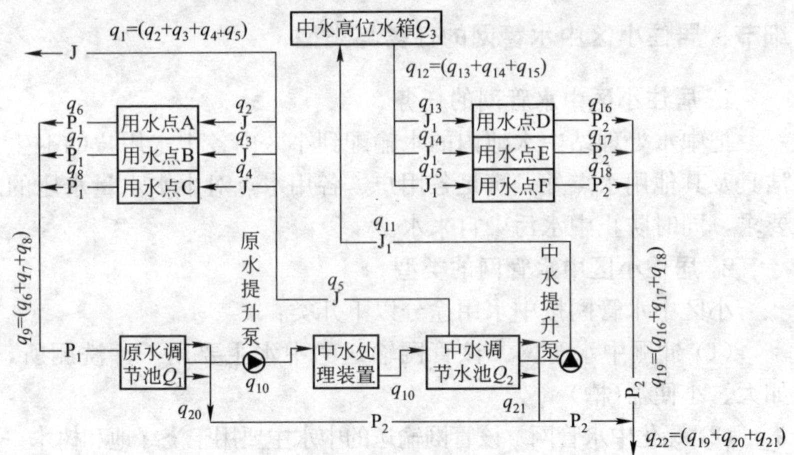

图 7-7　水量平衡示意图

J—自来水；P_1—中水原水；J_1—中水供水；P_2—直接排水；$q_{1\sim5}$—自来水总供水量及分项水量；$q_{6\sim9}$—中水原水分项水量及汇总水量；q_{10}—中水处理水量；q_{11}—中水供水量；$q_{12\sim15}$—中水用水总量及分项水量；$q_{16\sim22}$—污水排放分项水量及汇总水量；Q_1—原水调节水量；Q_2—中水调节水量；Q_3—中水高位水箱调节水量

细节：居住小区中水给水方式

居住小区污水的排放应符合《污水排入城市下水道水质标准》CJ 343—2010 的规定。生活污水处理构筑物机械运行噪声不得超过《声环境质量标准》GB 3096—2008 和《民用建筑隔声设计规范》GB 50118—2010 的要求，对建筑物内运行噪声较大的机械应设独立隔间。居住小区污水处理设施的建设应由城镇排水工程总体规划统筹确定，并尽量纳入城镇污水集中处理工程范围。当城镇已建成或规划了污水处理厂时，居住小区不宜再设污水处理设施；若新建小区远离城镇，小区污水无法排入城镇管网时，在小区内可设置集中或分散的污水处理设施。目前，我国分散的处理设施主要是化粪池，但由于管理不善，清掏不及时，达不到处理效果。当几个居住小区相邻较近时，也可考虑几个小区规划共建一个集中的污水处理厂(站)。

细节：居住小区中水管网的任务与类型

1. 居住小区中水管网的任务

把中水处理站中水池内的水输配到小区内各中水用户的卫生洁具及其他用水点处，满足各用户、各用水点对中水水量水压的要求，同时防止中水污染自来水。

2. 居住小区中水管网的类型

小区中水管网按中水用途分以下几类：

(1) 冲厕中水管网。该管网输送的中水主要用于冲洗厕所，如大、小便器(槽)。

(2) 绿化中水管网。该管网输送的中水主要用于浇绿地和树木。

(3) 消防中水管网。该管网输送的中水主要用于消防用水。

(4) 冲洗汽车中水管网。该管网输送的中水主要用于汽车冲洗用水。

以上几种中水管网又称专用中水用水管网，但在小区中水工程中，若以上几种用水水质统一采用其中一种最高标准水质供给同一管网，称统一中水管网，既节省工程造价，又方便管理和施工。

细节：居住小区中水管网的组成

小区中水供应方式往往采用加压给水方式，其组成如下：

(1) 中水干管指由中水池加压至小区的管道，它与小区各建筑的输配水支管连接。

(2) 中水支管常指小区各建筑外的管道，它连接各建筑单元的中水进户管。

(3) 进户管在中水支管上接出，并进入各建筑内。

（4）一般在干管、支管、进户管的始端均设置有阀门，并将其放置在阀门井内。居住小区中水管网组成如图 7-8 所示。

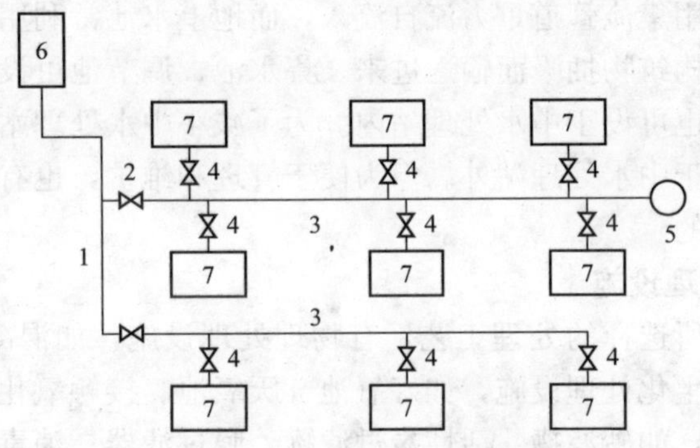

图 7-8　小区中水管网的组成

1—干管；2—阀门井及阀门；3—支管；4—进户管；

5—水塔；6—中水站；7—小区建筑

在有的居住小区，中水加压装置为恒速泵，为便于调节管网水量并使恒速泵自动控制运行，在小区中水管网上设水塔、高位水箱或气压水罐，所以小区中水管网的组成包括干管、支管、进户管、加压装置、各种阀门和水表等。

细节：居住小区处理站的任务与类型

居住小区中水处理站的任务是：小区中水处理站收集和贮存从集流管道内流来的污废水，然后把污废水按所选的处理工艺进行处理，使处理后水质达到用户所要求的中水用水量和水质标准，继而把它们输送到小区中水管网。它是小区中水工程的核心，起着保证输送所需中水的水质、水量和水压的作用。

细节：居住小区处理站的组成

居住小区中水处理站由收集和储水设施、处理设施和加压设施三大部分组成。

1. 收集和储水设施

收集和储水设施包括中水原水的集中和贮存，如调节池、集水池。池内有格栅、提升泵等。集水池、调节池常用砖砌或钢筋混凝土材料制成，有圆形和方形两种，常置于地下和地上。地下水池常利用集流管道重力流自流入，而地上水池常利用加压泵从其他集流构筑物抽吸而输送进来。集水池、调节池可设于中水处理站外，也可设于中水处理站内。为了减小中水处理站的建筑面积，常设于中水处理站外。但为便于管理和维护，也有设于中水处理站内的。

2. 处理设施

根据所选择的处理工艺，有物理处理设施，如混凝沉淀池、过滤池；生化处理设施，如好氧池、厌氧池、接触氧化池；深度处理设施，如砂滤罐、活性炭过滤罐、膜过滤器；消毒设备，如臭氧消毒装置、氯气消毒装置、二氧化氯消毒装置等。

3. 加压设施

加压设施有处理后水的中水池、中水箱、水泵、气压水罐等，用于贮水加压用。

除以上主要部分外，还应有水质化验设备、药剂储存设备和各种仪表、仪器、管道等。

细节：居住小区中水回用系统网络的组成

完全的城市区域中水回用系统网络由城市区域系统、建筑小区区域系统和单元系统组成，形成污废水资源化最大限度的可靠网络。

1. 城市区域中水回用系统

城市区域中水回用系统以城市污水处理厂为基础，在污水处理厂出水达标后增设中水处理设备和配套管网，形成城市中水回用的核心体系，构建城市中水回用的外层循环系统网络，将城市生活污水处理成适宜于城市建设的建筑业、汽车冲洗、道路喷洒和消防等城市环境用水和其他采暖用水和循环冷却水等。可以直接延伸到小区建筑中水。

2. 建筑小区中水回用系统

以居住小区、宾馆、饭店、学校、医院、机关单位等城市大型公共建筑为重点，建设小区区域中水回用系统，构建城市中水回用的中间层循环系统网络。其主要功能是将小区建筑内产生的各种生活污废水、雨水进行综合处理，消毒达到所需的中水回用水质标准，通过小区及建筑内的中水道系统向小区市政用水、杂用水供水。经使用后再回至小区中水处理设施或直接排入城市污水处理厂，实现循环使用。

3. 单元中水回用系统

单元中水回用系统指对盥洗淋浴、洗涤后的废水进行简单的收集处理后，用于浇花、冲洗地面和便器冲洗。如某组合节水器在洗脸盆下设置一储水箱，在水箱底部开设出水口，装置阀门的接水管与便器相连，洗脸水经过过滤后冲洗便器。

城市和小区供水和回用，即水源→水处理→供水→排水→治污→中水回用的闭环系统，如图 7-9 所示。

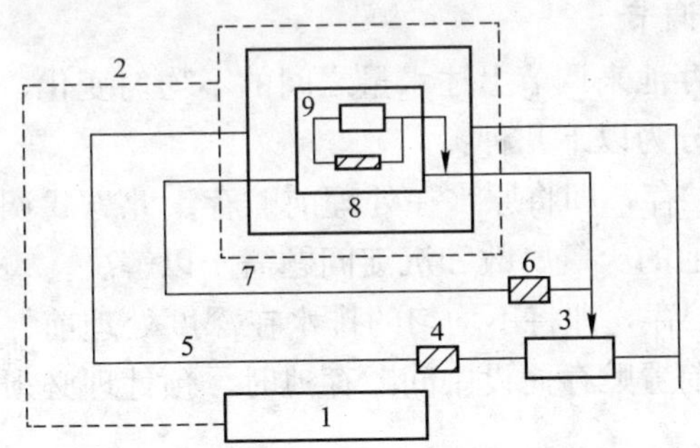

图 7-9 城市和小区供水回用系统网络图

1—供水水源；2—供水管网；3—污水处理厂；4—水厂里中水设施；5—城市区域中水道系统；6—小区区域中水设施；7—小区区域中水道系统；8—单元中水设施；9—单元中水道系统

【禁　　忌】

禁忌：中水系统水量不平衡

【分析】

水量平衡是指生活补给水量、中水原水水量、中水处理水量、中水用水量之间通过计算调整达到平衡一致，以合理确定中水处理系统的规模和处理方法，使原水收集、水质处理和中水供应几部分有机结合，保证中水系统能在中水用水和中水原水很不稳定的情况下协调运作。水量平衡应保证中水用水量稍小于中水原水量。水量平衡计算是系统设计和量化管理的一项工作，是合理设计构筑物、中水处理设备及管道的依据。水量平衡计算从两方面进行：一方面是确定中水用水量；另一方面是确定可作为中水水源的污废水可集流的流量。

【措施】

为使中水产量与中水用水量、中水原水量与处理水量之间保持均衡，满足一天内及一年内各季原水量的处理和用水量的使用要求，在中水系统的设计中应采取一定的技术措施，主要做法如下：

1. 贮存调节

设置贮存池来调节上述水量之间的不均匀变化，贮存池根据设置情况可分为以下几种：

（1）前贮存，即将原水在处理前贮存。此方式调节简便，但污水在前贮池的厌氧腐败和沉淀问题需予以解决。

（2）中贮存，即将不均匀的排水在深度处理前、预处理后贮存。当不设前置贮存而设中间贮存池时，预处理必须选用耐冲击负荷的设备。

（3）后贮存，即贮存中水。

（4）前贮后贮结合使用，即处理前设置原水调节贮存池，处理后设置中水调节贮存池（箱），这是一种较为常用且稳妥的方法。

2. 运行调节

利用水位信号控制处理设备，使处理水量随用水量或原水量的变化而自动调整。这种方式只适用于用水或原水比较均匀，且处理设备耐冲击负荷能力较强的场合，此时仍宜设置调贮水池，但贮存容量可以减小。

3. 中水原水的分流、溢流和超越

在原水管道进入处理站的原水调节贮存池之前设置溢流井和分流井，能够在原水量出现瞬时高峰、用水短时中断或设备来不及处理、中水供大于求时，起到保障原水集水系统平衡及保护中水设施的作用。超越是处理设备故障检修或其他偶然事故发生时使用的方法。

4. 补给自来水

当中水供水不足或设备故障时应补给自来水，可设置自来水管道作为中水的备用水源。严禁自来水补充管道与中水供水管道直接连接，向中水水池或水箱补给自来水的管道应高出水池或水箱溢流水位 2.5 倍管径(管径按中水最大时供水量确定)以上，用空气进行隔断，自来水补给管上应安装水表。

禁忌：原水系统的原水收集率过低，降低设施效益

【分析】

提出收集率的要求是为了把可利用的排水都尽量收回。所谓可利用的排水就是经水量平衡计算和技术经济分析，需要与可能回收利用的排水，凡能够回收处理利用的，就尽量回收，这样才能提高水的综合利用率，提高效益。经验表明，因设计人员怕麻烦，该回收的不回收，大大降低了废水回收利用率和设备能力利用率，更有甚者为了应付要求，做样子工程不求效益。如有的饭店职工浴室、公共盥洗间的排水都不回收，但因水量少，设备效能不能发挥，造成成本高、效益差。要上中水，就不能装样子，要图实效。因此，提出收集率的要求，这个要求是能够实现的，在生活用水中，设可回收排水项目的给水量为 100%，扣除 15% 的损耗，其排水为 85%，要求收集率不低于 75% ，还是有充分余量的。

【措施】

原水系统应计算原水收集率，收集率不应低于回收排水项目给水量的 75%，以利于设施效益的提高。原水收集率按下式计算：

$$\eta=\frac{\sum Q_p}{\sum Q_j}\times 100\% \quad (7\text{-}8)$$

式中 η——原水收集率；

$\sum Q_p$——中水系统回收排水项目的回收水量之和，m^3/d；

$\sum Q_j$——中水系统回收排水项目的给水量之和，m^3/d。

收集率计算公式式中的“回收排水项目”为经水量平衡计算和可行性技术经济分析，决定利用的排水项目。

禁忌：中水供水管道采用非镀锌钢板，造成管道腐蚀

【分析】

中水对管道和设备究竟有无危害，国内较多人员做过研究。北京市环保研究所做的挂片试验结果如表 7-6 所示。

挂片结垢、腐蚀试验结果　　表 7-6

类型 \ 材质 \ 指标	腐蚀速度(mm/a)			结垢速度(mg/(cm² · 月))		
	钢 A3	紫铜	镀锌管	钢 A3	紫铜	镀锌管
滤池出水	0.27	0.008	0.097	11.75	0.12	3.98
消毒后中水	0.134	0.0084	0.05	0	0	0.04
中水加温循环试验	0.136	0.041	0.064	19.3	4.33	12.78

从表 7-6 中可以看出：

（1）根据腐蚀判断标准，金属腐蚀速度为 <0.13mm/a 时，接近于不腐蚀；腐蚀速度为 0.13～1.3mm/a 时，腐蚀逐渐加重。可判断出中水对钢材有轻微腐蚀，对镀锌钢管和钢材几乎不腐蚀。

（2）中水系统基本无结垢产生，而对钢材产生的结垢成分分析多为腐蚀垢。北京市政设计研究院的试验装置测得中水年平均腐蚀率为 3.1185mpy(1mpy＝2.54 10^{-2} mm/a)，即 0.08mm/a，而同一地区自来水年平均腐蚀率为 0.6563mpy，即 0.017mm/a，虽然比自来水腐蚀速度增加了将近 4 倍，但均在标准以内。

中水与自来水相比，残余有机物和溶解性固体增多，余氯的

增多虽有效地防止了生物垢的形成，但氯离子对金属，特别是钢材具有腐蚀性，实践工程中还必须加以防护和注意选材。

【措施】

中水供水管道应采用塑料给水管、塑料和金属复合管或其他给水管材，不得采用非镀锌钢管。

中水贮存池(箱)宜采用耐腐蚀和易清垢的材料制作。钢板池(箱)内、外壁及其附配件均应采取防腐蚀处理。

7.2 中水处理与中水系统设计

【细 节】

细节：中水物理化学处理法

物理化学处理法是利用物理、化学原理去除污水中污染物质的方法，适用于污水水质变化较大的情况，主要包括混凝气浮、混凝沉淀、过滤和活性炭吸附等方法。混凝沉淀(气浮)是在污水中预先投入化学药剂来破坏胶体的稳定性，使污水中的细小悬浮物和胶体聚集成具有可分离性的絮凝体，继而通过沉淀或气浮使固液分离的一种方法。过滤是利用沉淀、惯性、扩散或直接截留等作用将悬浮颗粒输送到滤料表面，并通过双电层之间的分子间力和相互作用力的综合作用使之附着在滤料表面，从而与水分离的一种方法。活性炭吸附是利用活性炭的物理吸附、化学吸附、生物吸附、催化氧化、氧化和还原等性能去除污水中多种污染物的方法，主要去除的污染物包括表面活性剂、溶解性有机物、色度、重金属和余氧等。活性炭在达到吸附饱和状态时，进行脱附再生后，可以重复使用。

物理化学处理法的优点是可除去磷化物，处理设施占地小，对水质的变化适应性强，但氮去除效果差，水回收率低，污泥量大，经济费用较高。

细节：中水生物处理法

生物处理法适用于有机物含量较高的污水，利用微生物、细菌等的氧化还原合成等过程，将污水中无机物、有机物和胶体变为无机物质，再通过过滤消毒、沉淀，使处理水达到中水水质标准。一般采用接触氧化法、活性污泥法、生物转盘等生物处理方法，或是单独使用。生物处理法是去除洗涤剂的最有效的方法，且技术可靠、出水水质较稳定、运转费用低。因此，中水原水中洗涤剂成分较多时，宜采用以生物处理法为主体的处理工艺。目前，宾馆饭店的中水处理工程中以洗浴废水为中水原水时，多采用生物接触氧化法作为中心处理工艺。在中水生物处理法中，有部分盘面暴露在空气中，会给周围环境带来很大的气味，因此应尽量少采用生物转盘。

生物处理法优点是水的回收率较高，能除去水中的氮，日常运行管理费用较低，但不适宜间歇运行。

细节：中水膜分离法

膜分离法是利用特殊的有选择透过性的半透膜，将溶液中的部分溶剂或溶质渗透出来，从而达到分离或浓缩目的的一种方法。膜分离法有多种类型，一般中水处理中采用的方法为反渗透膜(RO)和超滤(UF)。反渗透膜和超滤都是依靠压力差和半透膜实现水与污染物质分离的方法，区别在于反渗透膜的操作压力必须高于溶液的渗透压，而超滤受渗透压力的影响小，能在低压下操作。膜分离法不仅悬浮物(SS)的去除率很高，还能很好地分离病毒和细菌，但处理成本和设备投资较高。膜分离法一般用于传统生化或物化处理法之后，对处理出水进行进一步的处理。中水经过膜分离法处理后，再经过除臭、消毒，达到要求的水质标准。

膜分离法是一种新的工艺，优点是对原水水质变化适应性强，占地面积小，适用于间歇运行，但不能去除氮及 ABS，且水的回收率较低。

细节：杂排水为水源的中水处理工艺

当以优质杂排水或杂排水作为中水原水时，因水中有机物浓度较低，处理目的主要是去除原水中的悬浮物和少量有机物，降低水的浊度和色度，可采用以物化处理为主的工艺流程，或采用生物处理和物化处理相结合的工艺流程，如图 7-10 所示。采用膜处理工艺时，应有保障其可靠进水水质的预处理工艺和易于膜的清洗及更换的技术措施。

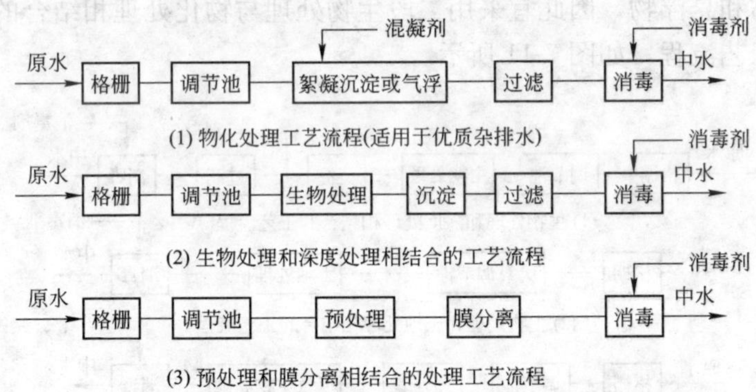

图 7-10　优质杂排水和杂排水为中水水源时的水处理

代表性工艺流程主要以下几种形式：

(1) 以生物接触氧化为主的工艺流程：原水→格栅→调节池→生物接触氧化→沉淀→过滤→消毒→中水。

(2) 以生物转盘为主的工艺流程：原水→格栅→调节池→生物转盘→沉淀→过滤→消毒→中水。

(3) 以混凝沉淀为主的工艺流程：原水→格栅→调节池→混凝沉淀→过滤→活性炭→消毒→中水。

(4) 以混凝气浮为主的工艺流程：原水→格栅→调节池→混凝气浮→过滤→消毒→中水。

(5) 以微絮凝过滤为主的工艺流程：原水→格栅→调节池→

过滤→活性炭→消毒→中水。

(6) 以过滤-臭氧为主的工艺流程：原水→格栅→调节池→过滤→臭氧→消毒→中水。

(7) 以物化处理-膜分离为主的工艺流程：原水→格栅→调节池→絮凝沉淀过滤→精密过滤→膜分离→消毒→中水。

细节：含有粪便污水的排水为水源的中水处理工艺

当以含有粪便污水的排水作为中水原水时，因中水原水中有机物和悬浮物浓度都很高，中水处理的目的是同时去除水中的有机物和悬浮物，因此宜采用二段生物处理与物化处理相结合的处理工艺流程，如图 7-11 所示。

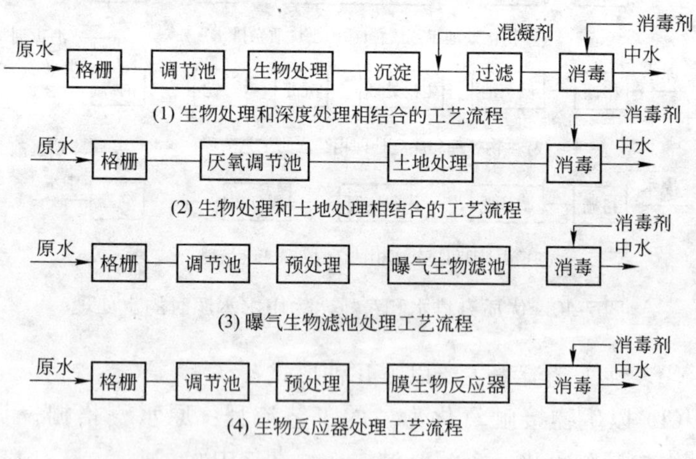

图 7-11　生活排水为中水水源时的水处理

代表性工艺流程主要以下几种形式：

(1) 以多级沉淀分离-生物接触氧化为主的工艺流程：原水→沉淀 1→沉淀 2→接触氧化 1→接触氧化 2→沉淀 3→接触氧化 3→沉淀 4→过滤→活性炭→消毒→中水。

(2) 以膜生物反应器为主的工艺流程：原水→化粪池→膜生物反应器→中水。

细节：污水处理站二级处理出水为水源的中水处理工艺

当利用污水处理站二级处理出水作为中水水源时，目的在于去除水中残留的悬浮物，降低水的浊度和色度，因此宜选用物化处理或与生化处理结合的深度处理工艺流程，如图 7-12 所示。

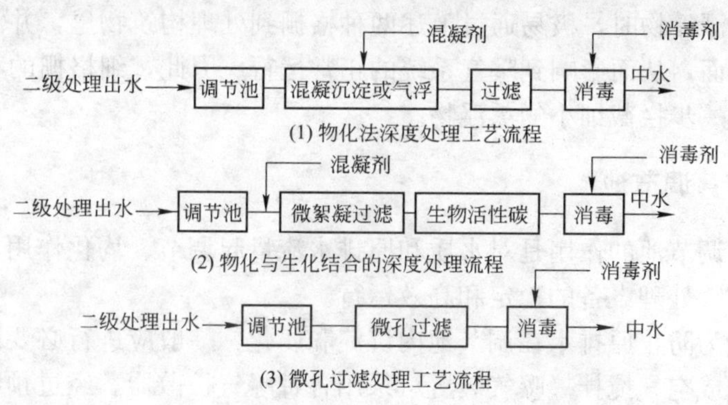

图 7-12　污水处理站二级出水作中水水源时的水处理

细节：格栅

格栅是由栅条或金属制成的框架，斜置或垂直于污水流经的渠道上。格栅主要用于截留废水中较大的漂浮物与悬浮物，从而防止水泵、排水管以及处理设备堵塞。

格栅的类型按间距可分为粗格栅、中格栅、细格栅。栅条形状有圆形、矩形、方形等，其中圆形栅条的水力阻力小、矩形栅条因其刚度好而常采用。

按格栅的形式来分，包括一体三索式格栅除污机、链条式格栅除污机、回转式格栅除污机、阶梯式格栅除污机等。

1. 粗格栅

粗格栅的栅条间距为 50～150mm，是设于泵前的第一道格栅，用来拦截粗大的漂浮物，使水泵不受损害。在实际操作中，存在许多大型的漂浮物，粗格栅必须具有足够的强度和刚度，以免造成弯曲，一般采用不锈钢或碳钢。

2. **中格栅**

中格栅的栅条间距为 10～50mm，用来拦截中等大小的漂浮物，保护水泵不受损害。

3. **细格栅**

细格栅的栅条间距为 5～10mm，在处理原水中存在的大量小型漂浮物时，极易通过上述两种格栅到处理构筑物里，并漂浮在水面，从而影响到曝气系统的正常运行。因此，细格栅的存在可进一步拦截细小的漂浮物。

细节：调节池

调节池的作用是对水质和原排水流量起调节、均化作用，保证后续处理设备的稳定和高效运行。

为防止原排水在调节池内沉淀和腐化，一般应进行必要的预曝气或空气搅拌。曝气装置可采用各种曝气扩散器。经过预曝气可减轻曝气池的负荷，一般可有效除去 BOD_5 大约 20%。同时，还可以除臭、改善沉淀效果、恢复原排水中微生物的活性等。曝气量宜为 $0.6 \sim 0.9 m^3/(m^2 \cdot h)$和降温(对于洗浴废水，原排水温度约为 38～42℃，经过预曝气，温度可降低 9～13℃)。

调节池的水深可取 1.5～2.0m，最高水位应不高于原排水进水管的最高水位。调节池底部应设有集水坑和排泄管，池底应有不小于 0.02 的坡度，坡向集水坑，池壁应设置爬梯和溢水管。当采用地埋式时，顶部应设置人孔和直通地面的排气管有效容积，一般采用 8～16h 的设计小时处理流量。

细节：混凝沉淀

混凝沉淀是污水处理的重要手段之一，可用于主要处理阶段和后处理阶段，它可有效地去除污水中的磷，去除率可达 84%～97%，并且可以进一步去除污水中的悬浮物、重金属、细菌、虫卵、COD、BOD、病毒和乳化油等，同时还可使水质在一定程度上得到软化和脱盐。常用的混凝剂有石灰、铝盐(如硫酸铝)、铁盐(如三氯化铁)和高分子聚合物(如聚丙烯酰胺、聚合铝、聚合铁等)。在中、小型中水处理工程中，设置调节池后可不再设置初次沉淀池。

生物处理后的二次沉淀池和物理化学处理的混凝沉淀池宜采用立式沉淀池或斜板(管)沉淀池。

初次沉淀池的设置应根据原水水质和处理工艺等因素确定。当原水为优质杂排水或杂排水时，设置调节池后可不再设置初次沉淀池。

斜板(管)沉淀池宜采用矩形，沉淀池表面负荷宜采用 1～3$m^3/(m^2 \cdot h)$，斜板(管)间距(孔径)应大于 80mm，板(管)斜长宜取 1m，斜角宜为 60°。斜板(管)上部清水深不宜小于 0.5m，下部缓冲层不宜小于 0.8m。竖流式沉淀池的设计表面水力负荷宜采用 0.8～1.2$m^3/(m^2 \cdot h)$，中心管流速不得大于 30mm/s，中心管下部应设喇叭口和反射板，板底面距泥面不得小于 0.3m，排泥斗坡度应大于 45°。

沉淀池宜采用静水压力排泥，静水水头不得小于 1.5m，排泥管直径不宜小于 80mm。沉淀池集水应设出水堰，其出水最大负荷不应大于 1.70L/(s·m)。

细节：过滤

1. 滤池的分类

(1) 按过滤水流方向可分为降流式、升流式、升流与降流混合式和水平流式滤池。

(2) 按过滤滤料可分为单层滤料(滤料粒径较大，滤速降低)、双层滤料、混合滤料滤池。

(3) 按过滤滤料冲洗方式分为固定床式滤池和移动床式滤池。

(4) 按过滤驱动力分为重力式滤池和压力式滤池。

2. 颗粒的去除机理

水中的细小颗粒粘附在滤料的表面，涉及两方面的问题：一是被水流携带的颗粒如何与滤料颗粒表面接近或接触；二是颗粒与滤料接近或接触后，依靠哪种力使其粘附在滤料表面上。

（1）颗粒迁移。在过滤过程中，滤层孔隙中的水流属于层流状态。被水流携带的颗粒将随着水流流线运动。颗粒飞离流线与滤料接近，由拦截、沉淀、惯性、水动力及扩散等作用引起。颗粒尺寸较大时，流线中的颗粒会直接碰在滤料表面产生拦截作用；颗粒沉速较大时会在重力作用下脱离流线产生沉淀作用；颗粒具有较大惯性也会与滤料表面接触；颗粒较小、布朗运动较剧烈会使颗粒扩散到滤料表面；滤料表面速度梯度的存在使非球形颗粒产生转动而与滤料接触。上述作用会同时存在但只能做定性描述。

（2）颗粒粘附。颗粒粘附是物理化学作用，颗粒在迁移到滤料表面时，在范德华力和静电引力相互作用下，并在某些化学键和某些特殊的化学吸附力的作用下，被粘附在滤料表面，同时也产生絮凝颗粒的架桥作用。粘附作用主要取决于滤料和水中颗粒的表面物理化学性质。对于在过滤过程中，滤料层中悬浮颗粒截留量随着过滤时间和滤层深度及水头损失而变化的规律，研究者们也提出了不少模型，但涉及水温、流速、水质、滤料与级配和颗粒的尺寸等因素的影响很复杂，在设计和运行中一般要根据实验或经验确定。

细节：居住小区给水站的设置要求

根据《建筑中水设计规范》GB 50336—2002 的规定，对小区中水处理站的要求如下：

1. 中水处理站的选址

中水处理站位置应根据小区的总体规划、中水原水的产生、中水用水的位置、环境卫生和管理维护要求确定。在总体规划上，要充分考虑节水、中水回用的重要性，尽可能使污废水资源化，使中水回用于消防、水景、绿化、冲洗汽车和冲厕等方面，减少自来水的用量。在此基础上，给中水处理站和地下设施（如化粪池、集水池和贮水池）留有位置，做到污废水便于集流和处理。由于中水处理站可能带来一定的污染，选址时，应尽可能选在常年主风向的下风向，并要考虑中水处理站的防洪和防灾，便于小区专业人员管理，有关设备的搬运和安装、污泥废物及反冲洗水的处理与排放。为减少输水能耗和土建管材的施工费用，中水处理站应当靠近中水用水大户。

2. 中水处理站对建筑的要求

中水处理站内安装有主要处理设备设施、加药投药设备设施及其他附属管理房间。

中水处理站的设备设施平面布置根据处理工艺而定，但应有专设加药贮药间、消毒剂制备贮存间、消毒设备间、投药设备间，它们与其他房间隔开，并有直通室外的门。根据中水处理站的规模和条件，宜设值班、化验、休息和卫生间等。

中水处理站处理间的高度应满足最高构筑物、设备的高度要求，其净高通常不宜低于5m。

中水处理站内各种构筑物、设备在平面上的净距不应小于0.6m，主要通道不应小于1.0m，顶部有人孔的构筑物和设备距顶板最低处不应小于0.8m。

中水处理站一定要通风良好，换气次数可为8～12次/h，光线明亮，冬季不结冻，采用生物处理工艺，其室温不应小于12℃，地面上不积水，有较好的排水措施。

3. 中水处理站构筑物和设备的布置

(1) 地上中水处理站的门窗要安装纱窗，防止蚊蝇乱飞。

(2) 电控设备应有防潮措施，尽可能安装在干燥通风的地方。

(3) 便于管道和设备的连接与安装，便于操作和管理，尤其是管道上的阀门，各种仪表仪器要便于操作与查看。

(4) 为减少泵的提升次数，节省能耗，便于操作管理，各构筑物、设备应按工艺尽可能地采用重力流。

(5) 满足工艺流程，不同工艺的组合应紧凑，各工艺的处理单元也应紧凑，使构筑物和设备布置合理。

(6) 在处理过程中可能产生可燃易爆气体，如厌氧处理中产生的可燃气体，应有防火防爆措施。各种药剂可能产生有毒气体，如对人体有毒的氯气，因此应有防毒措施。次氯酸发生器易产生氢气，氢气属于易燃气体，因此要有良好的排气和防火措施。

4. 中水处理站管道设置

要求中水处理站有自来水管道、中水管道和各种排污管道，对它们设置的要求如下：

（1）为避免误开误用，中水处理站各种管道和阀门应有明显的区分标志。

（2）中水池应设溢流管、泄空管和清扫管，采用间接排水方式排出，溢流管应设铜制隔网。

（3）为方便检修或限制中水原水量，中水处理站的集流池应设能直接排放的超越管。

（4）中水池应设自来水应急补给管，其管径按中水最大时供水量选定，自来水出水口与中水池之间应有不小于 2.5 倍管径的空气隔断，如图 7-13 所示。

在自来水补水时，可以开启手动阀人工补水，若是电磁阀，电磁阀由中水池的浮球继电器控制启闭。

除上述之外，中水池上安装补水隔断水箱，箱内有浮球阀，由浮球控制进水，中水箱内离底一定高度安装有进水浮球阀，在低水位时，自来水自动补水，如图 7-14 所示。

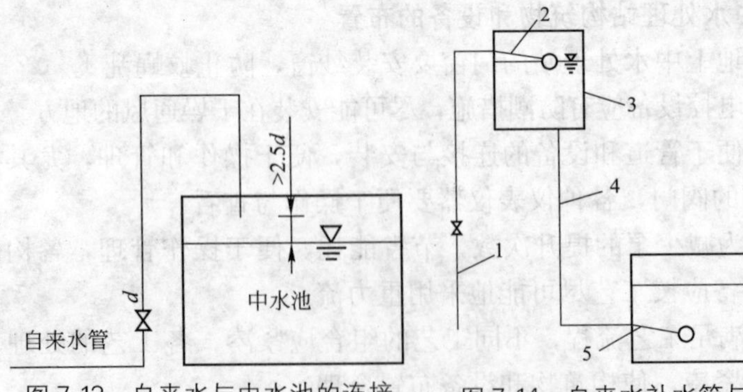

图 7-13　自来水与中水池的连接

图 7-14　自来水补水箱与中水箱连接补水方式图

1—自来水管；2—浮球阀；3—补水箱；4—中水池进水管；5—中水池进水管低位浮球阀；6—中水池

细节：居住小区中水管网的布置

根据建筑小区的建筑布置、地形、各用户对中水水量和水压的要求、中水处理站的位置和地形等，中水管网可布置成枝状和环状。建筑小区面积较小，用水量不大者可采用枝状管网布置方式；建筑小区面积较大，建筑物多的，特别是杂用水与消防共用管网，宜布置成环状管网，如图 7-15 所示。

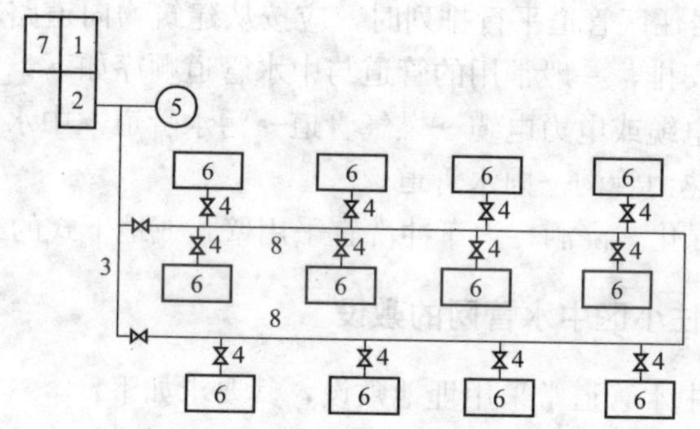

图 7-15　中水环状管网系统

1—中水储水池；2—加压泵站；3—中水干管；4—中水进户管；5—中水水塔；6—建筑物；7—水处理站；8—中水支管

管网布置时，应密切配合建筑小区的建设规划，做到统一设计、统一施工安装，具体布线应考虑建筑小区人口规模、建筑层数和标准，以及整个中水系统的设计用水量。根据地形、建筑小区道路的位置，用户对水量、水压需要等确定管线位置，其具体要求如下：

（1）中水管道与生活饮用水给水管道和排水管道平行埋设时，其水平净距不得小于 0.5m；交叉埋设时，中水管道应位于生活饮用水管道下面、排水管道的上面，其净距均不小于 0.15m。

（2）小区中水干管宜沿用水量较大的地段布置，以最短距离向中水大用户供水。

（3）中水管道严禁与生活饮用水给水管道连接，且中水管道上不得装设取水水嘴。

(4) 中水供水系统必须独立设置。

(5) 中水管道应采取下列防止误接、误用和误饮的措施：

1) 中水管道外壁应涂浅绿色标志。

2) 中水池(箱)、阀门、水表及给水栓均应有明显的“中水”标志。

3) 为防止误接，中水工程验收时，应逐段进行检查。

(6) 中水供水管道及附件应采用耐腐蚀的给水管管材。

(7) 居住区管道平行排列时，应按从建筑物向道路和由浅至深的顺序安排，一般常用的管道与中水管道顺序如下：

通信电缆或电力电缆→燃气管道→污水管道→中水管道→给水管道→热力管沟→雨水管道。

(8) 绿化、浇洒、汽车冲洗宜采用壁式或地下式的给水栓。

细节：居住小区中水管网的敷设

小区中水管道常采用埋地敷设，其要求如下：

(1) 中水管道应避免穿越垃圾堆和毒物污染区，如必须穿过时应采取防护措施。

(2) 金属中水管道一般不做基础，但对通过回填垃圾、建筑废料、流砂层、沼泽地以及不平整的岩石层等地段，应做垫层或基础。非金属中水管一般做垫层或基础。

(3) 在中水干管的始端、各支管的始端、进入管始端设阀门井并在其管道上安装阀门，根据需要安装水表。

(4) 中水管道宜与道路中心线或主要建筑物呈平行敷设，并尽可能减少与其他管道的交叉。

(5) 中水管道的埋设深度应根据土壤的冰冻深度、外部荷载、管材强度和与其他管道交叉以及当地管边埋深的经验等因素确定。一般按冰冻线以下 200mm 敷设，但管顶覆土深度不小于 0.7m。

细节：中水处理站的选择及布置要求

(1) 若处理站所用化学药剂和消毒剂可能产生危害时，应采取必要的安全防护措施，如隔离或增加换气次数等。

(2) 处理站的大小可按处理流程确定。对于建筑小区中水处理站，加药贮药间和消毒剂制备贮存间宜与其他房间隔开，并有直接通向室外的门；对于建筑物内的中水处理站宜设置药剂储存间。中水处理站应设有值班和化验等房间。

(3) 处理站地面应设集水坑，当不能重力排出时，应设潜污泵排水。

(4) 处理构筑物及处理设备应布置合理、紧凑，满足构筑物的施工、设备安装、运行调试、管道敷设及维护管理的要求，并应留有发展及设备更换的余地，还应考虑最大设备的进出要求。处理设备的选型应确保其功能、效果、质量要求。

(5) 处理站设计应满足主要处理环节运行观察、水量计量、水质取样化验监(检)测和进行中水处理成本核算的条件。

(6) 处理站应设有适应处理工艺要求的采暖、通风、换气、照明、给水和排水设施。

(7) 中水处理站位置应根据建筑的总体规划、中水原水和用水点的位置、环境卫生和管理维护要求等因素确定。建筑物内的中水处理站宜设在建筑物的最底层，建筑群(组团)的中水处理站宜设在其中心建筑的地下室或裙房内；小区中水处理站按规划要求独立设置，处理构筑物宜为地下式或封闭式。以生活污水为原水的地面处理站与公共建筑和住宅的距离不宜小于15m。

细节：建筑中水系统设计原则

(1) 在技术可靠、保证环境卫生、经济合理的条件下，尽可能使用中水，并纳入整个给水排水工程规划和设计中。

(2) 优先考虑利用优质杂排水作为中水水源。在经过水量平衡后，如果优质杂排水不能满足需要，再考虑利用杂排水或其他水源(如生活污水或雨水等)。

(3) 处理后的中水水质应稍高于《建筑中水设计规范》GB 50336—2002规定的中水水质标准，保证安全可靠。

(4) 应做好水量平衡，原水水量应满足中水用水量要求。当出现短时间用水高峰或发生事故时，可采用自来水补给或考虑其他备用水源，但应防止自来水被中水回流污染。

(5) 中水供水系统必须独立设置，管外壁应涂浅绿色标志，中水设施(如水箱、水池、水表、阀门、井盖等)应有明显的“中水”标志，以防止误接。中水管道不宜暗装于楼面和墙体内，中水管道及附件不得采用非镀锌钢管及附件。

细节：建筑中水系统设计步骤

(1) 确定使用中水的种类、范围、数量和排水集流的类别(优质杂排水、杂排水和生活污水)。划分建筑内部和居住小区供水系统及排水系统。

(2) 进行绘制水量平衡图，水量平衡计算。根据平均日流量确定中水处理站的处理能力。

(3) 选定中水处理站位置，一般宜设于建筑物地下室。居住小区中水处理站宜设于室外小区内。

(4) 确定中水处理工艺流程，进行处理设施的设计与计算。

(5) 进行建筑内部及居住小区排水管网、供水管网及中水管网的设计与计算。中水管网的设计秒流量建议采用《建筑给水排水设计规范》GB 50015—2009 中给水设计秒流量计算公式计算。

(6) 编制工程概算，进行经济分析比较。

细节：中水处理设施处理能力设计

中水处理设施处理能力按下式计算：

$$q=Q_{py}/t \tag{7-9}$$

式中 q——设施处理能力，m^3/h；

Q_{py}——经过水量平衡计算后的中水原水量，m^3/d；

t——中水设施每日设计运行时间，h。

以生活污水为原水的中水处理工程，应在建筑物粪便排水系统中设置化粪池，化粪池容积按污水在池内停留时间不小于 24h 计算。

【禁　忌】

禁忌：中水消毒剂的选择不合理，消毒效果差

【分析】

在中水处理系统中设置消毒设施，是为了保障中水卫生指标，它直接影响中水的使用安全。如生活污水、食品加工厂废水、医院废水、屠宰厂废水、饲养场废水、皮革厂废水以及某些化学试验室废水，都或多或少地含有某些致命的微生物，未经消毒而任意排放这类废水，将引起严重的卫生问题。

中水消毒处理过程的关键是消毒剂的选择及使用剂量。因为液氯价格低廉，被城市自来水厂、污水处理厂和医院污水处理站等广泛使用。出于安全考虑，对于建在建筑内部的小型中水处理站，采用液氯消毒隐患较多，因此使用较少。

在一些城市，次氯酸钠和二氧化氯等成品溶液购置较为方便，也常被用作中水消毒剂。

【措施】

中水处理必须设有消毒设施，中水消毒应符合下列要求：

(1) 投加消毒剂宜采用自动定比投加，与被消毒水充分混合接触。

(2) 消毒剂宜采用次氯酸钠、二氯异氰尿酸钠、二氧化氯或其他消毒剂。当处理站规模较大并采取严格的安全措施时，可采用液氯作为消毒剂，但必须使用加氯机。

(3) 采用氯化消毒时，加氯量宜为 5～8mg/L，消毒接触时间应不小于 30min。当中水水源为生活污水时，应适当增加加氯量。

禁忌：以洗浴(涤)排水为原水的中水系统，污水泵吸水管上未设置毛发聚集器

【分析】

在洗浴(涤)排水中含有较多的毛发纤维，在中水处理系统中

仅设置格栅时，仍会有毛发穿过，进入后续处理设施，大量聚集后，还会造成系统堵塞。因此，在水泵吸水管上应设置毛发聚集器。

【措施】

以洗浴(涤)排水为原水的中水系统，污水泵吸水管上应设置毛发聚集器。毛发聚集器可按下列规定设计：

(1) 过滤筒(网)的孔径宜采用3mm，其有效过水面积应大于连接管截面积的2倍。

(2) 具有反洗功能和便于清污的快开结构，过滤筒(网)应采用耐腐蚀材料制造。

禁忌：设计中水处理站时未考虑臭气、振动和噪声对环境的影响

【分析】

由于中水处理系统中常采用各种药剂，产生较多的危害，这种危害主要指药剂对设备及房屋五金配件的腐蚀，以及生成的有害气体的扩散而产生的污染、毒害以及爆炸等。如混凝剂(尤其是铁盐)的腐蚀、液氯投加的溢散氯气、次氯酸钠发生器产氢的排放以及臭氧发生器尾气的排放等，中水处理站多被设置在地下室，对这些问题应特别注意。

中水处理站的除臭是非常必要的。除臭措施有活性炭吸附和土壤除臭等，但至今还没有形成较规范的设计参数为工程中使用。工程中普遍采用的方式仍是通风换气，把臭气转移到室外。

【措施】

减少臭气、振动和噪声对环境的影响的措施如下：

1. 防臭措施

(1) 处理站尤其是产生臭味的地方必须保障有良好的通风换气设施。

(2) 对产生臭气和有害气体的处理工序必须采用密闭性好的设备。

(3) 对不可避免的臭气和集中排出的臭气应采取防臭措施，

常用的臭味处置方法如下：

1）隔离法。对产生臭气的设备加盖、加罩防止散发或收集处理。

2）稀释法。把收集的臭气排到不影响周围环境的大气中。

3）燃烧法。将废气在高温下燃烧除掉臭味。

4）化学法。采用水洗、碱洗及氧气或氧化剂氧化除臭。

5）吸附法。一般采用活性炭过滤吸附除臭。

6）土壤法。将臭气用管道排至松散透气好的土壤中，靠土层中的微生物作用将空气中的氨等有臭气体转化为无臭气体。

(4) 尽量选用产生臭气较少的处理工艺。

2. 减振、降噪措施

(1) 尽量选用不产生或少产生振动和噪声的处理工艺和处理设备。

(2) 处理站设置在建筑内部地下室时，必须与主体建筑及相邻房间严密隔开，以防空气传声。

(3) 所有转动设备的基座均应采取减振处理，用橡胶垫、弹簧或软木基础与楼板隔开。

(4) 所有连接振动设备的管道均应采用减振接头和减振吊架，以防固体传声。

禁忌：中水处理系统中未设置格栅，机械杂质进入处理系统

【分析】

格栅是中水处理的重要环节，其作用是截留原排水中漂浮和悬浮的机械杂质，如毛发、布头、纸屑、肥皂头、塑料及橡胶制品等废弃物。格栅的间隙比一般生活污水处理要小。

【措施】

中水处理系统应设置格栅，格栅宜采用机械格栅。格栅可按下列规定设计：

(1) 设置一道格栅时，格栅条空隙宽度小于10mm；设置粗细两道格栅时，粗格栅条空隙宽度为10～20mm，细格栅条空隙

宽度为 2.5mm。

（2）设在格栅井内时，其倾角不小于 60°的格栅井应设置工作台，其位置应高出格栅前设计最高水位的 0.5m，其宽度不宜小于 0.7m，格橱井应设置活动盖板。

禁忌：无法确定中水系统中调节池（箱）的调节容积

【分析】

中水的原水取自建筑排水，建筑物的排水量随着季节、昼夜、节假日及使用情况的变化而变化，每天每小时的排水量是不均匀的。处理设备则需要在均匀水量的负荷下运行，才能保障其处理效果和经济效益。这就需要在处理设施前设置中水原水调节池。调节池容积应按原水量逐时变化曲线及处理量逐时变化曲线所围面积的最大部分算出来。一般认为原水变化曲线不易做出，其实只要认真地根据原排水建筑的性质、使用情况以及耗水量统计资料或参照同地区类似建筑的资料即可拟定出来，即使拟定的不十分正确，也比简单的估算符合实际。处理曲线可根据原水曲线、工作制度的要求画出。当确无资料难以计算时，也可按百分比计算。在计算方法上，国内现有资料不大一致，有的按最大小时水量的几倍计算或连续几个最大小时的水量估算。对于洗浴废水或其他杂排水，确实存在着高峰排量，但很难准确地确定，如估计时变化系数还不如直接按日处理水量的百分数计算。

间歇运行时，原水贮存池按处理设备运行周期计算，如下式：

$$W_1 = 1.5Q_{y_1}(24 - t_1) \tag{7-10}$$

式中 W_1——原水储存池有效容积，m^3；

t_1——处理设备连续运行时间，h；

Q_{y_1}——中水原水平均小时进水量，m^3/h；

1.5——系数。

连续运行时，原水调节池容量按日处理水量的 35%～50% 计算，即相当于 8.4、12.0 倍平均时水量。根据国内外资料及医院污水处理的经验，认为这个计算是合理、安全的。中国环境科学研究院的研究也认为，该调节储量是充分而又可靠的，设计中不应片面地追求调节池容积的加大，而应合理调整来水量、处理量及中水用量和其发生时间之间的关系。执行时可根据具体工程原水小时变化情况取其高限或低限值。

【措施】

处理设施后应设中水贮存池(箱)。中水贮存池(箱)的调节容积应按处理量及中水用量的逐时变化曲线求算。在缺乏上述资料时，其调节容积可按下列方法计算：

(1) 间歇运行时，中水贮存池(箱)的调节容积可按处理设备运行周期计算。

(2) 连续运行时，中水贮存池(箱)的调节容积可按中水系统日用水量的25%～35%计算。

(3) 当中水供水系统设置供水箱采用水泵-水箱联合供水时，其供水箱的调节容积不得小于中水系统最大小时用水量的50%。

禁忌：无法确定中水系统中贮存池(箱)的调节容积

【分析】

由于中水处理站的出水量与中水用水量不一致，在处理设施后还必须设中水贮存池。中水贮存池的容积既能满足处理设备运行时的出水量有处存放，又能满足中水的任何用量时均能有水供给。这个调节容积的确定与上文所述理由相同，应按中水处理量曲线和中水用量逐时变化曲线求算。计算时分以下情况：

(1) 连续运行时，中水贮存池(箱)的调节容积可按日中水系统日用水量的25%～35%计算，是参考以市政水为水源的水池、水塔调节贮量的调查结果的上限值确定的。中水贮存池的水源是由处理设备提供的，不如市政水源稳定可靠。这个估算贮量，相当于6.0～8.4倍平均时中水用量。中水使用变化大，若按时变化系数$K=2.5$估算，也相当2.4～3.4倍最大小时的用量。

(2) 间歇运行时，中水贮存池按处理设备运行周期计算，如下式：

$$W_2 = 1.2t_2(q - q_z) \tag{7-11}$$

式中 W_2——中水池有效容积，m^3；

t_2——处理设备设计运行时间，h；

q——设施处理能力，m^3/h；

q_z——中水平均小时用水量，m^3/h；

1.2——系数。

由处理设备余压直接送至中水供水箱或中水供水系统需要设置中水供水箱时，中水供水箱的调节容积不得小于中水最大小时用水量的50%，将近为平均小时中水用量的2倍。通常说的中水供水箱指的是设置在系统高处的供水调节水箱，一般与中水贮存池组成水位自控的补给关系，它的调节贮量和地面中水贮存池的调节容积，都是调节中水处理出水量与中水用量之间不平衡的调节容积。

【措施】

在中水系统中应设调节池(箱)，调节池(箱)的调节容积应按中水原水量及处理量的逐时变化曲线求算。在缺乏上述资料时，其调节容积可按下列方法进行计算：

(1) 连续运行时，调节池(箱)的调节容积可按日处理水量的35%～50%计算。

(2) 间歇运行时，调节池(箱)的调节容积可按处理工艺运行周期计算。

第8章 游泳池及水景给水排水系统设计

8.1 游泳池和水上游乐池给水排水系统

【细　节】

细节：水质要求

（1）游泳池和水上游乐池的池水水质应符合我国现行标准《游泳池水质标准》CJ 244—2007的要求。

（2）世界级比赛用和有特殊要求的游泳池的池水水质标准，除应满足《游泳池水质标准》CJ 244—2007的要求外，还应符合国际游泳协会(FINA)的相关要求，如表8-1所示。

世界及比赛用游泳池池水水质卫生标准　　表8-1

序号	项目	水质卫生标准	备注
1	温度	26±1℃	—
2	pH	7.2～7.6 (电阻值10.13～10.14Ω)	宜使用电子测量
3	浑浊度	0.10FTU	滤后入池前测定值
4	游离性余氯	0.3～0.6mg/L	DPD液体
5	化合性余氯	≤0.4mg/L	—
6	菌落*	21±0.5℃；100CFU/mL	24h、48h、78h
		37±0.5℃；100CFU/mL	24h、48h
7	大肠埃希氏杆菌*	37±0.5℃；100CFU/mL 池水中不可检出	24h、48h

续表

序号	项目	水质卫生标准	备注
8	绿脓杆菌*	37±0.5℃；100mL 池水中不可检出	24h、48h
9	氧化还原电位	≥700mV	电阻值为 10.13～10.14Ω
10	清晰度	能清晰看见整个游泳池底	—
11	密度	1kg/dm^3	20℃时的测定值
12	高锰酸钾消耗量	游泳池原水或补充水的高锰酸钾耗氧量+3mg/L；池水中最大总量 100mg/L	—
13	THM(三卤甲烷)	≤20μg/L	—
14	室内泳池的空气温度	至少比池水温度高 2℃	由于建筑原因

*细菌的测试应使用膜滤。过滤后，将滤膜在 37℃的温度下在胰蛋白酶解蛋白大豆琼脂中保存 2～4h，然后将滤膜放入隔离的培养基中。

(3) 游泳池和水上游乐池的初次充水和使用过程中的补充水水质，应符合现行国家标准《生活应用水卫生标准》GB 5749—2006 的要求。

(4) 游泳池和水上游乐池的淋浴等生活用水水质，应符合现行国家标准《生活饮用水卫生标准》GB 5749—2006 的要求。

(5) 人工游泳池池水水质卫生标准应符合表 8-2 的规定。

人工游泳池池水水质卫生标准　　表 8-2

序号	项目	标准	序号	项目	标准
1	水温	22～26℃	6	细菌总数	≤1000 个/mL
2	pH	6.5～8.5	7	大肠菌数	≤18 个/L
3	浑浊度	≤5(NTU)	8	有毒物质	按《游泳池和游乐池给水排水设计规程》CECS 14—2002 附录 A 执行
4	尿素	≤3.5mg/L			
5	游离性余氯	≤0.3～0.5mg/L			

细节：水温要求

室内游泳池和水上游乐池的池水设计温度应根据池的类型按表8-3 确定。

游泳池和水上游乐池的池水设计温度　　　　表 8-3

游泳池的用途及类型		池水设计温度(℃)	备注
竞赛类	竞赛游泳池	25～27	—
	花样游泳池		
	水球池		
	跳水池	27～28	
专用类	教学池	25～27	—
	训练池		
	热身池		
	冷水池	≤16	室内冬泳池
	社团池	27～28	—
公共游泳池	成人池	27～28	
	儿童池	28～29	
	残疾人池	29～30	
水上游乐池	成人戏水池	27～28	
	幼儿戏水池	29～30	
	造浪池	27～28	
	环流河		
	滑道跌落地		
	放松池	36～38	与跳水池配套
多用途池		25～28	—
多功能池		25～28	

露天游泳池的池水设计温度，宜符合表 8-4 的规定。

露天游泳池的池水设计温度　　　　表 8-4

类型	有加热装置	无加热装置
池水设计温度(℃)	26～28	≥23

细节：补充水量及充水时间

游泳池和水上游乐池的初充水量如表 8-5 所示。

游泳池和水上游乐池的初充水量 **表 8-5**

序号	池的类型和特征		每日补充水量占池水容积的百分数(%)
1	比赛池、训练池、跳水池	室内	3～5
		室外	5～10
2	公共游泳池、水上游乐池	室内	5～10
		室外	10～15
3	儿童游泳池、幼儿戏水池	室内	≥15
		室外	≥20
4	家庭游泳池	室内	3
		室外	5

游泳池和水上游乐池的初次充水时间，应根据使用性质、城镇给水条件等确定，游泳池不宜超过 48h；水上游乐池不宜超过 72h。对于竞赛、训练及宾馆等使用的游泳池，其充水时间宜短一些；其他以健身、娱乐、消夏为主的池子，或是当地用水紧张，大量充水会影响周边用户正常用水时，充水时间可适当放宽。

细节：游泳池循环净化给水系统

循环净化给水系统是将游泳池和水上游乐池中使用过的池水，按规定的流量和流速从池内抽出，经过滤净化使池水澄清并经消毒处理，再送回池子重复使用。该系统由池子回水管路、净化工艺、加热设备和净化水配水管路组成，具有耗水量少的特点，可保证水质卫生要求，但系统较复杂、投资大。

游泳池的循环方式有顺流循环、逆流循环和混合循环三种，如图 8-1 所示。

顺流循环是指将游泳池或水上游乐池的全部循环水量，经设在池子端壁或侧壁水面以下的给水口送入池内，回水则由设在池底的回水口取回，经过净化处理后送回池内继续使用。这种循环方式配水较为均匀，底部回水口可与排污口、泄水口合用，结构

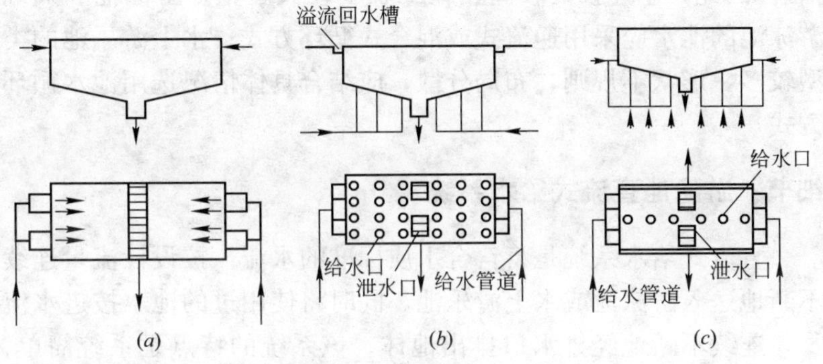

图 8-1 游泳池水流循环方式
(a)顺流循环；(b)逆流循环；(c)混合循环

形式简单，建设费用经济，但是不利于池水表面排污、池内局部沉淀产生，对于公共游泳池和露天游泳池，一般水深较浅，为节省建设施工费用和方便维护管理，宜采用顺流循环方式。

逆流循环是将游泳池和水上游乐池的全部循环水量，经设在池壁外侧的溢水槽收集到回水管路，送到净化设备处理后，再通过净化水配水管路送到池底的给水口或给水槽进入池内。这种循环方式能够有效去除池水表面污物和池底沉淀污物，池底均匀布置给水口满足水流均匀、避免涡流的要求，使池水均匀有效地交换更新。

混合循环是指将游泳池或水上游乐池全部循环水水量的60%～70%，经设在池壁外侧的溢流回水槽取回，其余30%～40%的循环水量经设在池底的回水口取回。这两部分循环水量汇合后进行净化处理，然后经池底给水口送入池内继续使用，这种循环方式除具有逆流式池水循环方式的优点外，卫生条件也比逆流式池水循环方式的好，这是因为混合式循环的池壁和池底同时回水使水流能冲刷池底的积污。

逆流式和混合式是国际泳联推荐的池水循环方式，为了满足池底均匀布置给水口、方便施工安装和维修更换给水口的要求，池底应架空设置或加大池深(将配水管埋入池底垫层或埋入沟槽)。因此，基建投资较高、施工难度较大。竞赛游泳池和训练游泳池的池水应采用逆流式或混合式循环方式；水上游乐池的类型较多，形状不规则，布局分散，应结合具体情况选用池水循环方式。

细节：游泳池直流式给水系统

直流式给水系统是将符合水质标准的水流，按设计流量连续不断地送入游泳池或水上游乐池，同时将使用过的池水按进水流量，连续不断地经排水口排出池体。该系统的特点是系统简单、投资省、保证水质、维护方便、运行费用少，但是受到水源条件的约束。当符合水质和水温要求且水源充沛时，可以考虑采用，多用于温泉地区和地下有热水资源地区的温泉游泳池和医疗游泳池；对于幼儿戏水池及儿童游泳池，为保证池水卫生也推荐采用直流式给水系统。

细节：游泳池直流净化给水系统

直流净化给水系统是将天然的地面水或地下水，经过过滤净化和消毒杀菌处理达到游泳池水质标准后，经给水口连续不断地送入游泳池或水上游乐池，同时将与进水体积相同的、使用过的池水经排水口不断排出池体，如图 8-2 所示。建设循环水净化系统投资高，难以满足广大游泳爱好者的需求，所以在靠近水质良好、水温适宜、水量充沛的城镇，当技术经济、社会和环境效益比较合理时，仅夏季使用的露天游泳池和水上游乐池可采用直流

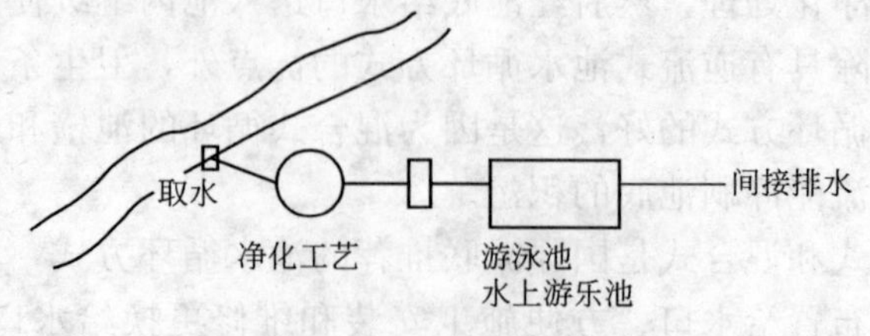

图 8-2　直流净化给水系统

净化给水系统。

细节：池水循环周期

游泳池和水上游乐池的池水净化循环周期是指将池水全部净化一次所需要的时间。确定循环周期的目的是限定池水中污浊物的最大允许浓度，以保证池水中的杂质、细菌含量和余氯量始终处于游泳协会和卫生防疫部门规定的允许范围内。合理确定循环周期关系到净化设备和管道的规模、池水水质卫生条件、设备性能与成本以及净化系统的效果，是一个重要的设计数据。

(1) 根据游泳池类型、用途、游泳负荷、池水容积、消毒剂种类、池水净化设备效率及运行时间等因素，池水循环净化周期应按表 8-6 中的规定采用。

游泳池池水循环净化周期　　表 8-6

<table>
<tr><th colspan="2">游泳池分类</th><th>池水深度(m)</th><th>循环次数(次/d)</th><th>循环周期(h)</th></tr>
<tr><td rowspan="4">竞赛类</td><td>竞赛游泳池</td><td>2.0</td><td>6～4.5</td><td>4～5</td></tr>
<tr><td>花样游泳池</td><td>3.0</td><td>4～3</td><td>6～8</td></tr>
<tr><td>水球池</td><td>1.8～2.0</td><td>6～4</td><td>4～6</td></tr>
<tr><td>跳水池</td><td>5.5～6.0</td><td>3～2.4</td><td>8～10</td></tr>
<tr><td rowspan="5">专用类</td><td>教学池</td><td rowspan="2">1.4～2.0</td><td rowspan="4">6～4</td><td rowspan="4">4～6</td></tr>
<tr><td>训练池</td></tr>
<tr><td>热身池</td><td rowspan="2">1.35～1.60</td></tr>
<tr><td>残疾人池</td></tr>
<tr><td>冷水池</td><td>1.8～2.0</td><td>6～4.5</td><td>4～6</td></tr>
<tr><td rowspan="6">公共游泳池</td><td>社团池</td><td>1.35～1.60</td><td>6～4</td><td>4～6</td></tr>
<tr><td>成人游泳池</td><td rowspan="2">1.35～2.00</td><td rowspan="2">6～4.5</td><td rowspan="2">4～6</td></tr>
<tr><td>大学校池</td></tr>
<tr><td>成人初学池</td><td rowspan="2">1.2～1.6</td><td rowspan="2">6～4</td><td rowspan="2">4～6</td></tr>
<tr><td>中学校池</td></tr>
<tr><td>儿童池</td><td>0.6～1.0</td><td>24～12</td><td>1～2</td></tr>
</table>

续表

游泳池分类		池水深度(m)	循环次数(次/d)	循环周期(h)
水上游乐池	成人戏水池	1.0～1.2	6	4
水上游乐池	幼儿戏水池	0.3～0.4	＞24	＜1
	造浪池	2.0～0	12	2
	环流河	0.9～1.0	12～6	2～4
	滑道跌落池	1.0	4	6
	放松池	0.9～1.0	80～48	0.3～0.5
多用途池		2.0～3.0	6～4.5	4～5
多功能池		2.0～3.0	6～4.5	4～5
私人游泳池		1.2～1.4	4～3	6～8

注：池水的循环次数可按每日使用时间与循环周期的比值确定。

(2) 多用途泳池和多功能泳池宜按最小水深确定池水循环周期。

(3) 同一游泳池有两种使用水深时，其深水区与浅水区应分别按表 8-6 中相应水深规定的循环周期分别计算其循环次数。

一般来讲，池水循环周期的选值应根据以下实际情况分析后确定：

(1) 若公共游泳池和水上游乐池因使用人员多，且比较复杂，对池水污染快，设计时宜取下限值。

(2) 池体水面面积大，相应承受人数多，污染物就多，特别是露天游泳池和游乐池受风沙杂物污染多，此时宜取下限值。

(3) 若水面面积相同，水深较大，承受人数相同，由于容积大则稀释度相对大，可以取略大的数值。

细节：循环流量

循环流量是计算净化和消毒设备的重要数据，常用的计算方法有循环周期计算法和人数负荷法。循环周期计算法是根据已经确定的池水循环周期和池水容积，按下式计算：

$$q_c = \frac{\alpha_p \cdot V_p}{T_p} \tag{8-1}$$

式中 q_c——游泳池或水上游乐池的循环水流量，m^3/h；

α_p——管道和过滤净化设备的水容积附加系数，可取 α_p=1.05～1.10；

V_p——游泳池或水上游乐池的池水容积，m^3；

T_p——循环周期，h。

目前，循环周期计算池水循环流量已被大多数国家普遍采用。实践证明，它对保证池水的水质卫生是有效可行的，但此方法未考虑到使用人数，由于池水被污染是人员在游泳或游乐过程中分泌的汗等污物造成的，而该因素未在公式中体现。

细节：循环水泵

(1) 池水循环净化系统循环水泵的选择应符合下列规定：

1) 水泵的额定流量不得小于按式(8-1)计算出的保证游泳池循环周期的流量。

2) 水泵的扬程不得小于送水几何高度和循环系统设备、管道阻力及流出水头之和。

3) 水泵应为耐腐蚀、低噪声、节能、低转速离心水泵。

4) 不同用途游泳池的循环水泵应分别设置。

5) 水泵扬程宜以计算扬程乘以 1.10 的保证系数作为选泵扬程。

6) 宜设置备用水泵。

(2) 过滤器反冲洗水泵，宜采用循环水泵的工作水泵与备用水泵并联的工况设计，并应按反冲洗所需的流量和扬程校核、调整循环水泵的工况参数。

(3) 功能循环给水系统的循环水泵，宜按不少于 2 台水泵并联运行设计，可不设置备用水泵。

(4) 滑道润滑水循环水泵必须设置备用水泵。

(5) 循环水泵装置的设计应符合下列规定：

1）应设计成自灌式，且每台水泵宜设独立的吸水管。

2）宜置于靠近平衡水池、均衡水池或顺流式循环方式的游泳池回水口处。

3）水泵吸水管内的水流速度宜采用 1.0～1.2m/s；水泵出水管内的水流速度宜采用 1.5～2.0m/s。

4）每台水泵的吸水管上应装设可挠曲橡胶接头、阀门、毛发聚集器和压力真空表；其出水管上应装设可挠曲橡胶接头、止回阀、阀门和压力表。

为防止水泵运行时的噪声通过管道传至建筑物的结构上，影响到周围房间，室内游泳池管道与水泵进出口阀门的连接处，应设可曲挠橡胶软接头。

细节：平衡水池和均衡水池

（1）在下列情况下，宜设置平衡水池：

1）顺流式和混合式的池水循环系统中，循环水泵从池底直接吸水，吸水管过长影响水泵吸水高度时。

2）多个游乐池共用一组循环水泵，致使循环水泵无条件设计成自灌式时。

（2）平衡水池的有效容积应按下式计算：

$$V_p = V_f + 0.08q_c \tag{8-2}$$

式中 V_p——平衡水池的有效容积，m^3；

V_f——单个最大过滤器反冲洗所需水量，m^3；

q_c——游泳池的循环水量，m^3/h。

（3）平衡水池的构造应符合下列规定：

1）平衡水池的最高水面与游泳池的水表面应保持一致。

2）平衡水池内底表面应低于游泳池回水管以下 700mm。

3）游泳池采用城市给水补水时，补水管应接入该池；当补水管口与该池内最高水面的间隙小于 2.5 倍补水管管径时，补水管上应装设倒流防止器。

4）平衡水池应设检修人孔、水泵吸水坑和有防虫的溢水管、泄水管。

5）平衡水池有效尺寸应满足施工安装和检修等要求。

6）平衡水池应采用表面光滑、耐腐蚀、不污染水质、不变形和不透水的材料建造。当采用钢筋混凝土材质时，其内壁应涂刷或衬贴不污染水质的防腐涂料和材料。

（4）池水采用逆流式和混合流式循环时，应设置均衡水池。

（5）均衡水池的有效容积应按下列公式计算：

$$V_j = V_a + V_f + V_c + V_s \tag{8-3}$$

$$V_s = A_s \cdot h_s \tag{8-4}$$

式中 V_j——均衡水池的有效容积，m^3；

V_a——游泳者入池后所排出的水量，m^3，每位游泳者按 $0.056m^3$ 计；

V_f——单个最大过滤器反冲洗所需的水量，m^3；

V_c——充满循环系统管道和设备所需的水容量，m^3；

V_s——池水循环系统运行时所需的水量，m^3；

A_s——游泳池的水表面面积，m^2；

h_s——游泳池溢流回水时的溢流水层厚度，m，可取 0.005～0.01m。

（6）均衡水池的构造应符合下列规定：

1）均衡水池内最高水面应低于游泳池溢流回水管管底，且距离不小于 300mm；

2）均衡水池内应设置程序电磁阀补水装置；

3）接入均衡水池的补水管应根据相关规定安装倒流防止器；

4）均衡水池应设检修人孔、进水管、水位计、水泵吸水坑和有防虫网的溢水管、泄水管；

5）均衡水池应采用不变形、耐腐蚀和不透水材料建造。当为钢筋混凝土材质时，池内壁应衬贴或涂刷防腐材料。

细节：循环管道

（1）循环水泵管道内的水流速度宜按下列规定选定：

1）循环给水管道内的水流速度不宜超过 2.0m/s；

2）循环回水管道内的水流速度宜采用 0.7～1.0m/s；

（2）循环水管的敷设应符合下列规定：

1）循环水干管应沿游泳池周边的管廊或管沟内敷设；

2）循环水干管沿游泳池周边埋设时，应采取措施防止管道受重压和不均匀沉降造成损坏；当为金属管道时，还应采取防腐措施；

3）管廊或管沟应设置有人孔、吊装孔、排水装置、通风换气装置及维修照明装置。

（3）池底给水口配水管敷设在地底板下面时，池底板与建筑地面间应有保证管道安装、检修的空间；如配水管埋设在池底板垫层内或管槽内时，应有保证管道不被损坏和移位的保护措施。

（4）逆流式池水循环系统的池岸溢流回水槽的回水管，宜采用等流程或分路回水管分别接入均衡水池，并应符合下列规定：

1）回水管管径应经计算确定；

2）回水管应有不小于 0.5%的坡度坡向均衡水池；

3）回水管管底应高出均衡水池最高水位 300mm 以上；

（5）循环水管道材质的选用应符合下列规定；

1）可采用丙烯腈-丁二烯-苯乙烯共聚管（ABS）、氯化聚氯乙烯管（CPVC）、硬聚氯乙烯管（UPVC）等给水塑料管；

2）有特殊要求时，可选用铜管或不锈钢管；

3）管道公称压力不宜小于 1.0MPa。

细节：溢流回水槽和溢水槽

（1）逆流式池水循环系统和混合式池水循环系统，应沿池壁两侧或四周边设置池岸溢流回水槽，并应符合下列规定：

1）溢流回水槽截面尺寸应按其过流量不小于游泳池设计循环流量计算确定，但宽度不宜小于 300mm；

2）跳水池设有即时安全气浪时，溢流回水槽的深度不应小于 300mm；

3）溢流回水槽内回水口数量应经计算确定；回水槽沟底应以1%的坡度坡向回水口。

（2）顺流式池水循环系统应沿池壁两侧或四周边设置溢水槽，并应符合下列规定：

1）溢水槽截面尺寸应按其过流量不小于游泳池设计循环流量的15%计算确定；

2）溢水槽的最小宽度不宜小于200mm；

3）溢水槽应设排水口，且接管管径不得小于50mm、间距不宜大于3.0m，沟底应以1%的坡度坡向排水口。

（3）溢流回水槽和溢水槽的构造应符合下列规定：

1）游泳池向槽内溢水的溢流堰应保持水平，其允许误差为±2mm；

2）与游泳池池壁相邻一侧的槽壁应与池壁铅垂线有10°～12°的夹角；

3）槽的内表面应衬贴耐腐蚀、不污染水质、不透水、表面光滑、易清洗、坚固耐用的非金属或金属材质的表面层；

4）溢流回水槽和溢水槽的上口应设置与游泳池岸颜色相协调的组合式丙烯腈-丁二烯-苯乙烯共聚（ABS）塑料格栅盖板，格栅盖板宜采用格栅条平行池壁型。

细节：补水水箱

（1）游泳池在下列情况下应设置补水水箱：

1）循环水泵直接从池底回水口吸水时；

2）无平衡水池和均衡水池时。

（2）补水水箱的有效容积应按下列要求确定：

1）单纯作补水使用时，不宜小于游泳池的小时补水量，同时不得小于2.0m^3；

2）同时兼回收游泳池的溢水用途时，应按循环流量的5%～10%计算确定。

（3）补水水箱的设计应符合下列规定：

1）补水水箱进水管应高出箱内最高水面2.5倍进水管管径的空隙，并应装设水位控制阀门；补水进水管上应装计量水表；

2）补水水箱出水管管径宜按小时补水量或小时溢流水量确定，并应装设阀门；如补水箱低于游泳面时，出水管还应装设止回阀；

3）补水水箱兼作游泳池初次充水的隔断水箱时，应另行配置进水管和出水管，并应装设阀门；

4）补水水箱还应配置人孔、通气管、溢水管、泄水管和水位标尺等。

（4）补水水箱应采用不污染水质、不变形和耐腐蚀的材料建造。

细节：水质的净化处理

1. 预净化

为防止水中夹带颗粒状物或游泳者遗留下的毛发及纤维物体进入水泵和过滤器，当游泳池的水进入循环系统时，应先进行预净化处理。否则，不但会损坏水泵叶轮，还会影响滤层的正常工作。因此，在循环回水进入水泵之前、吸水管阀门之后，必须设置毛发聚集器。

毛发聚集器的原理与给水管道上的Y形过滤器相同，但因聚集器的过滤筒必须经常取出清洗，因此取出滤筒处的压盖不要采用法兰盘连接，而应采用快开式的压盖，否则每次清扫会浪费较长时间。

毛发聚集器一般用铸铁制造，其内壁应衬有防腐层，也有用不锈钢制造的，防腐性能较佳。过滤筒应用不锈钢或紫铜制造，滤孔直径宜采用3mm。

目前，国内生产的快开式毛发聚集器有$DN100$、$DN150$、$DN200$和$DN250$等规格，当流量超过单个设备的过水能力时可并联使用。

2. 过滤

过滤是游泳池水净化工艺的主要部分。过滤可将水中的微小颗粒、悬浮物及部分微生物截留在滤层之外，从而降低水的浑浊度。过滤一般采用压力过滤器，其过滤效率高、操作简便且占用建筑面积少。专为游泳池设计的压力过滤器外壳和内件均用不锈钢制造，过滤器直径分别为 600mm 和 800mm，滤速约 40mm/h，最高处理水量可达 15～25m^3/h。

单层滤料一般采用石英砂；双层滤料上层为无烟煤，下层为石英砂；三层滤料上层为沸石、中层为活性炭，下层为石英砂。过滤器经一段时间运行后，滤层积聚了污物，使过滤阻力加大而滤速降低，此时应对滤料进行反冲洗。反冲洗水源可利用游泳池的贮水，而不必另设贮水池。

3. 投药及投药装置

水进入过滤器前，应投加混凝剂(混凝剂一般宜用精制硫酸铝、明矾或三氯化铁等，投加量随水质及水温、气温而变化，投加量一般为 5～10mg/L，实际运行中可经检验而确定其最佳投入量。)，使水中的微小污物吸附在絮凝体上，以提高过滤的效果。滤后水回流入池前，应投加消毒剂消灭水中的细菌。同时，为使进入泳池的滤后水 pH 保持在 6.5～8.5 之间，需投药调节 pH。pH 调整剂一般可用碳酸钠、碳酸氢钠或盐酸，投加量为 3～5mg/L，具体应根据池水的酸碱度而调整投药量。为防止藻类生长，可投加 1～5mg/L 的硫酸铜。

投药装置应采用电动计量泵，其优点是能够进行定时、定量投加，当需要变更投药量时，可按需调整，使用方便。投药应用耐腐蚀的塑料给水管，或夹钢丝的透明软塑料管作为投药管。投药容器应耐腐蚀，并装有搅拌器。

细节：池水的消毒处理

游泳池池水常用的消毒方法有臭氧消毒、紫外线消毒及氯消毒等，以氯消毒使用最多。

氯消毒应用于游泳池时，不能使用液氯，因氯对游泳者的眼睛会产生一定的刺激作用并有气味。特别是液氯属危险物品，在运输及使用过程中，万一出现泄漏事故，会造成人员伤亡。

目前使用的含氯消毒剂有漂粉精、氯片、二氧化氯及次氯酸钠溶液等。一般使用二氧化氯消毒器及次氯酸钠发生器产生次氯酸钠溶液及二氧化氯，也可直接向化工厂购买其成品溶液直接使用。固体状的消毒剂应调配成溶液后湿式投加。

投氯量应满足消灭水中细菌的需要，一般夏冬季用量为 2mg/L、春秋季用量为 5mg/L，使游离余氯量为 0.4～0.6mg/L、化合性余氯为 1.0mg/L 以上，并定期取水样化验，调整投加量。投加装置采用电动计量泵。

紫外线消毒和臭氧消毒是有效的杀菌消毒方法，但成本较高，而且无持续的杀菌效果，不能消灭游泳者带入的细菌，用于游泳池的水消毒有其局限性。因此，在采用这两种方法消毒游泳池水后，还要辅以氯消毒，以达到水质卫生标准中的余氯量。

细节：池水的加热处理

（1）池水加热的热源应按下列原则选择：

1）有条件的地区应优先采用温度不低于 400℃的余热和废热、太阳能、热泵作为热源；

2）应充分利用城镇热力网或区域锅炉房作为热源；

3）可利用建筑内锅炉房作热源；

4）可自设燃油、燃气或电力作热源。

（2）根据热源条件和使用性质，温水游泳池的池水加热方式应按下列原则选定：

1）竞赛用游泳池及大、中型其他用途游泳池应采用间接式池水加热方式；

2）小型游泳池可采用燃气、燃油、燃煤及电热等锅炉直接加热的方式；

3）有条件的地区可采用直接或间接太阳能及热泵加热方式。

（3）池水的温度应符合 8.1 节中的水温要求的规定。

（4）池水加热系统的控制设施应具有较大幅度调节池水温度的

功能，以适应不同竞赛项目及不同使用人群对池水温度的要求。

(5) 池水初次加热所需时间，应根据池体结构和衬贴材料特点及热源供应条件等因素确定，一般可采用24～48h，并应满足按每小时池水温度升高不超过0.5℃。

(6) 池水加热设备的设置应符合下列规定：

1) 不同用途游泳池的加热设备应分开设置；

2) 每座游泳池加热设备的数量，应按初次池水加热时不少于2台同时工作选定；

3) 多个游乐池共用一组加热设备时应符合下列规定：

① 应共用一组循环过滤器系统；

② 不同池子的循环给水管道应分开各自独立设置。

4) 每台加热设备应装设温度自动控制装置。

【禁　　忌】

禁忌：直接将氯气注入游泳池进行消毒

【分析】

氯气是有毒气体，若将其直接注入池中，氯气扩散不但会造成池水含氯量不均匀，而且会对管理及游泳者造成伤害。投加系统只有处于真空状态(即负压状态)下，才能保证氯气不会向外泄露，保证人员安全。

【措施】

采用氯气消毒时，严禁将氯直接注入游泳池水中，必须采用负压自动投加到游泳池循环进水管道中的方式。

要求自动投加的目的是：一旦失去负压条件，能立即开启故障保险，关闭供氯气装置，从而保证不发生安全事故。

禁忌：采用的过滤器不合理，影响过滤效果

【分析】

正确选用循环过滤器的滤速是保证过滤效果的一个重要参

数。许多给水排水工作者认为，我国在以往设计中采用的滤速偏低(一般不大于10m/h)。近年来国外进口的高速过滤器滤速范围在25～40m/h之间，有的甚至高达50m/h。

滤速主要取决于滤料以及原水水质，我国游泳池过滤采用的滤料主要是石英砂；在游泳池的设计中，过滤器通常采用压力过滤器。过滤速度越大，过滤效率越低。在实际使用中，当过滤速度超过30m/h时，效率降低更快；且过滤速度过高，必然缩短反冲周期，增加反冲水量。从理论上分析，压力过滤器过滤产水时必然有一个最佳产水效率，评定该效率的标准是过滤器的运行周期及反冲水量两者间的关系。因此，压力过滤器的最佳产水效率应提高过滤效率，而不是盲目地提高过滤速度。国外将过滤器的过滤速度划分为以下三类：

1. 低速过滤

低速过滤是我国以往设计中通常采用的，过滤速度不大于10m/h。

2. 中速过滤

中速过滤的过滤速度为11～30m/h。中速过滤在10～25m/h范围内时，过滤器的压力损失与过滤速度成正比，所以在人数负荷较高的游泳池(如公共游泳池)推荐采用。

3. 高速过滤

高速过滤的过滤速度为31～50m/h。高速过滤不能有效地截留杂质和胶体，不宜在大中型游泳池内使用，小型家庭游泳池考虑到经济等原因可采用高速过滤，但滤速不宜超过36.5m/h。

【措施】

游泳池内循环水过滤宜采用压力过滤器，压力过滤器应符合下列要求：

(1) 过滤器的滤速应根据池的类型和滤料种类确定。低速过滤器的滤速不宜大于10m/h，中速过滤器的滤速宜为10～25m/h，多层滤料过滤器的滤速宜为20～30m/h。

(2) 过滤器的个数及单个过滤器面积应根据循环流量的大小

和运行维护等情况，通过技术经济比较确定，且不宜少于两个。

(3) 过滤器宜采用水进行反冲洗，冲洗管道不得与市政给水管网直接连接。

禁忌：给水口的设置和布置不符合要求

【分析】

游泳池给水口的设置数据应满足循环流量的要求，保证循环水净化后水量满足规定。给水口的设置位置对池内水流的组织至关重要，应保证循环净化水均匀进入到池内的各个角落，并均匀推动水流向前或向上流动，不产生短流、涡流、急流和死水区。

池壁配水时，给水口为穿池壁式安装。池底配水时，给水口安装分以下三种形式：

1. 穿池底式

将给水口穿池底板的套管按设计位置预埋在底板内。此种方式需将池底架空，以便安装配水管，不仅造价高，且维修困难。

2. 池底预留沟槽式

在有配水管的地方将池底做成沟槽形状，配水管就敷设在沟槽内，然后在配水管上接给水口，待安装完成后，用混凝土填满。此种方式池底不需架空，造价可降低，但结构设计和施工较困难。

3. 预留垫层式

将池子的有效深度增加0.3～0.5m，配水管就敷设在这个增加的空间内，给水口从配水管接出，安装完成后用混凝土填满。这种方式对结构设计、施工和管道安装及维修都有利，应合理采用。

由于游泳池和水上游乐池的池水循环净化建立在稀释理论的基础上，所以，池水净化过程是一个逐步稀释的过程。因此，游泳池和水上游乐池给水系统的给水必须做到池水表面平稳无波动、无涡流和无死水区。而其回水系统的回水口要不使水短流和有效地减少水中杂质的沉淀。对顺流式循环系统还要注意池内的表层水要得到循环净化处理。

池底给水时，给水口有如下三种布置方式：

(1) 满天星布置。将给水口均匀布置在每条泳道分隔线在池底的垂直投影线上，间距不宜超过 3.0m。

(2) 条状式布置。在平行游泳池长边方向设置 3～5 条配水管。配水管上安装给水口，间距为 2.0～2.5m。

(3) 管槽式给水。在池底管槽内安装用工程塑料制作的条形向外呈弧状的可拆卸盖板，其上均匀钻有出水孔，水经槽内给水管从出水孔均匀进入游泳池内。

池壁给水时，给水口有以下两种布置方式：

(1) 端壁给水；

(2) 端壁和侧壁同时给水。

池长为 50m 时两端布置给水口的优点：缩短水流行程(一般回水口设在池子中间的深水区)，减少池底的沉积污物；减少死水区。

池长为 25m 时，因池子构造一端为浅水，另一端为深水，给水口可在浅水端壁布置，有利于将人多的浅水区较脏的池水及时更换，保证池水卫生符合要求。在两侧壁布置给水口时，间距较大易造成短流甚至涡流，故间距也应符合规定。池壁给水口不得用池底给水口代替。给水口连接管管径小于 $DN50$，以保证循环水量。

给水口在池水水面下的规定首先是为了保证余氯在池内有一定的时间和不被很快挥发，其次要保证配水均匀。

【措施】

(1) 游泳池给水口的设置应符合下列要求：

1) 数量应满足循环水流量的要求；

2) 位置应使池水水流均匀循环、不发生短流；

3) 游泳池池底给水口的配水管宜采用预留垫层或管槽的敷设方式。

(2) 游泳池给水口的布置应符合下列要求：

1) 游泳池池底垂直给水时，应均匀布置在每条泳道分隔线于池底的水平投影线上，其纵向间距宜为 3.0m；非规则水上游乐池应按每个给水口的服务面积为 7.6～8.0m²，均匀布置；

2）游泳池池壁水平给水时：

① 游泳池给水口位置的安装误差不宜大于±10mm；

② 同一水池内的给水口，在池壁上的位置应处于同一水平线；

③ 跳水池和水深超过 2.5m 的游泳池、水上游乐池，应至少设置两层给水口，且上、下层给水口应错开布置，最低一层给水口应高出池底内表面 0.5m；

④ 侧壁给水时，应两侧给水，给水口间距不宜超过 3.0m；在池子拐角处距端壁或另一池壁的距离不得超过 1.5mm；给水口应在水面以下 0.5～1.0m 处；

⑤ 游泳池端壁给水且池长为 50m 时，应两端给水，并应布置在每条泳道分隔线在端壁的垂直投影线上，设在池水表面下 0.5～1.0m 处。

禁忌：回水口设置不合理，影响池水循环净化处理的效果

【分析】

游泳池回水口的布置与给水口的布置相同，对提高池水循环净化处理的效果至关重要，设计不能忽视。

顺流式池水循环的回水口与给水口的布置对保证池水均匀循环极为重要，主要有以下几种情况：

(1) 游泳池为两端端壁布置给水口，回水口宜设在池中部的深水区，以使水流行程相等，回水口不得小于 2 个。

(2) 游泳池为浅水端给水深水端回水，回水口应设在无给水口的深水端池底，回水口不得小于 2 个。

(3) 游泳池为四周池壁布置给水口，回水口应设在端壁中心连线的池底，且回水口不宜少于 4 个。

(4) 回水口应采用坑槽或沟槽形式，以有利于降低流速，减小抽吸力，保证安全，同时方便清扫池底的积污。

游泳池回水口的数量规定要考虑回水均匀。在实践中有些短池在深水区只设一个回水口，因水流不均匀，则远离回水口两侧

池水的卫生指标达不到要求。当有多个回水口时，回水口应与回水管并联，以使两个回水口水量均匀，行程基本相等。如为回水槽，不应一端与回水管相连接，以防有接管端短流及无接管端成死水区，造成池水循环不均匀。

【措施】

(1) 溢流回水槽内回水口的设置应符合下列规定：

1) 应采用有消声措施的回水口；

2) 溢流回水槽内回水口的间距不宜大于 3.0m；

3) 回水口数量应满足池水循环水流量的要求；

4) 跳水池采用溢流回水时，回水口的数量还应考虑安全保护气浪运行时增加的瞬间溢水量。

(2) 池底回水口的设置应符合下列规定：

1) 回水口的位置应使各给水口水流均匀一致；

2) 回水口应采用坑槽形式，坑槽顶面应设格栅盖板并与游泳池底表面相平；格栅盖板、盖座与坑槽之间应固定牢靠，紧固件应设有防止伤害游泳者的措施；

3) 回水口数量应满足循环水流量的要求，每座游泳池的回水口数量不应少于 2 个；

4) 回水口格栅盖板开口孔隙的宽度不应大于 8mm，且孔隙的水流速度不应大于 0.2m/s。

8.2 水景给水排水系统

【细　　节】

细节：建筑水景的分类

建筑水景一般是由水面建筑、照明系统、水池及给水排水系统组成。

水景按照水流形态不同可分为以下几种：

1. 池水式或湖水式

在广场、庭院及公园中建成池(湖)，湖光倒影，微波荡漾，群鱼戏水，相映成趣，分外增添优美景色。特点是水面开阔且不流动，耗能不大，用水量少，无噪声，是一种较好观赏水池。常见形式有镜池(湖)和浪池(湖)。

2. 喷水(喷泉)

喷水(喷泉)是水景的主要形式。在水压作用下，利用各种喷头喷射不同形态的水流，构成美丽的图景，组成千姿百态的形式，再配以彩灯，景观效果更好。还使用音乐控制的喷泉，喷射水柱随音乐声音的大小而跳动起落，还有与各种雕塑相配合，组成各种不同形式的喷泉。适用于各种场合，室内外均可采用，如在广场、公园、餐厅、庭院、门厅及屋顶花园等。常见形式有射流(直射)、冰塔(雪松)、冰柱、水膜、水雾。

3. 流水

使水流沿小溪流行，形成潺潺流水，涓涓细流，穿桥绕石，引人入胜，可使建筑环境生动活泼，耗能一般不大。它可用于公园、庭院及厅堂之内。常见形式有渠流、溪流、漫流、旋流。

4. 涌水

水流自低处向上涌出，制造静水涟漪的景观或带起串串闪亮如珍珠般的气泡。大流量涌水令人赏心悦目，可用于多种场合。常见形式有珠泉、涌泉。

5. 跌水

哗哗流水从高处突然跌落，飞流而下，击起滚滚浪花，形成雄伟景观。或水幕悬吊，飘飘下垂。若使边界平滑、水流平稳，会给人以晶莹透明，视若水晶的感觉。近年来在有些城市的中心广场，将宏大的水幕作为银幕放映电影，可谓是景中生景。如果建在建筑大厅内，效果也不错。缺点是运行噪声较大，能耗高。常见形式有瀑布、水幕、壁流、孔流、叠流。

细节：水景造型的选择原则

水景形态种类繁多，没有固定形式可以遵循，应根据置景艺术、环境要求与功能选择适当的水流形态、水景形式和运行方式。大体原则如下：

（1）与周围建筑相协调，服从建筑总体规划。以水景为主景观的要选择超高型喷泉、音乐喷泉、水幕、瀑布、叠流、壁流、湖水以及组合水景等。陪衬功能的水景要选择溪流、涌泉、叠流、池水、小型喷泉等。安静环境要选择以静为主题的水景，热闹环境要选择以动为主题的水景。同时要做到主次结合，粗细、刚柔并进。

（2）充分利用地形、地貌和自然景色，做到巧借自然、顺应自然、使水景与周围环境融为一体，节省工程造价。

（3）考虑建成后对周围环境的影响，喷洒水雾对周围建筑有影响时尽量不要选超高喷泉等，对噪声有要求时尽量选择以静水为主的水景。

（4）组合水景水流密度要适当，幽静淡雅主题，水流适当稀疏一些。活泼快乐主题，水柱数量与变化多一点。壮观主题，水流适当丰满、粗壮些。

细节：水景给水排水系统组成及给水方式

给水排水系统由水源、水池、加压设备、供水管路、喷头或出水口、管路配件、回水管路、排水管道、溢水管路等部分组成。必要时还要增加水处理及过滤装置。水景常见给水方式有以下两种：

1. 直流系统

如果水景用水量小，其水源的供水能满足使用要求，为了简化装备、节省能量，可采用直流系统。水源一般采用城市给水管网供水，也可采用再生水作为景观水源，使用后由水池溢流排入排水或雨水管中。

2. 循环系统

喷泉或大型水景观，由于用水量较大，喷水所需压力较高，城市供水不能满足需要。为了节省用水，可以使用循环用水系统，即喷射后的水流回集水池，然后由水泵加压供喷水管网循环使用，平时只需补充少量的损失水量。损失水量包括排污、蒸发及随风吹散等部分。对小型的水景，可在水池中安装潜水泵，就地循环，不必另建集水池和泵房。

细节：常见喷泉喷头的类型

喷头种类繁多，可根据不同的要求来选用，下面介绍几种常用的喷头。

（1）直射喷头。如图 8-3 所示，水流沿渐缩形喷嘴或筒形直接喷出，形成较长水柱，是喷头的基本形式。其构造简单，造价低廉。如果制成球形铰接，可以调节喷射角度。

（2）散射(牵牛花喷头)。水流在喷头内由于导叶的旋转作用或离心作用而喷出，散射成倒立圆锥形或牵牛花形。有时也用于工业冷却水水池中，如图 8-4(*a*)、(*b*)所示；也可利用导流板或挡板，使水散射成倒圆锥形或蘑菇形，如图 8-4(*c*)所示。

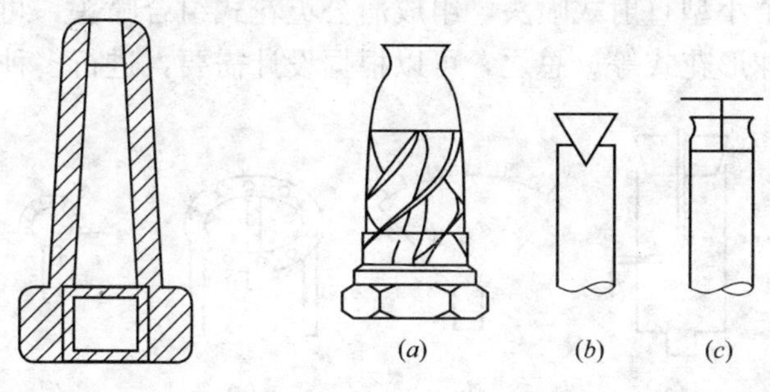

图 8-3　直射喷头图　　　　图 8-4　散射喷头图

（3）掺气喷头。利用喷头喷水造成的负压，使喷出水流掺气或吸入大量空气，体积增大，形成乳白色粗大水柱，非常壮观，景观效果很好，也是常用的一种喷头，如图 8-5 所示。

（4）缝隙式喷头。喷水口制成条形缝隙，可喷出扇形水膜，如图 8-6(*a*)所示；或使水流折射而成扇形，如图 8-6(*b*)所示；如制成环形缝隙则可喷成空心圆柱，使用较小水量造成壮观的粗大水柱，如图 8-6(*c*)所示。

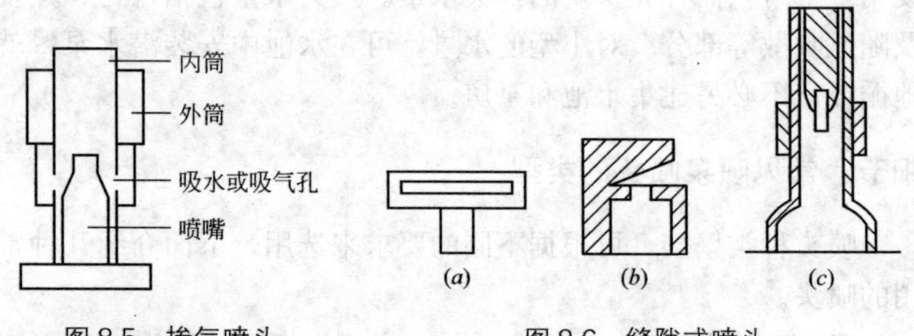

图 8-5　掺气喷头　　图 8-6　缝隙式喷头

（5）组合式喷头。用同一种多个喷头或几种喷头构成一种组合喷头，可以喷出极其壮观的水流图案。这种组合的喷头种类繁多。图 8-7(*a*)所示为散射与直射组合成百合花形喷头；图 8-7(*b*)所示为用不同角度的直射喷头，组成扇形或指形水柱；图 8-7(*c*)中，环形管上装设多个直射喷头，使喷头装设的角度不同，可以形成各种形状的水柱图案；图 8-7(*d*)中，在半球体或空心体上装设多个小型直射式喷头，组成蒲公英花式组合喷头，可形成半球形或球形花式等。总之，可以根据设计需要，进行多种组合。

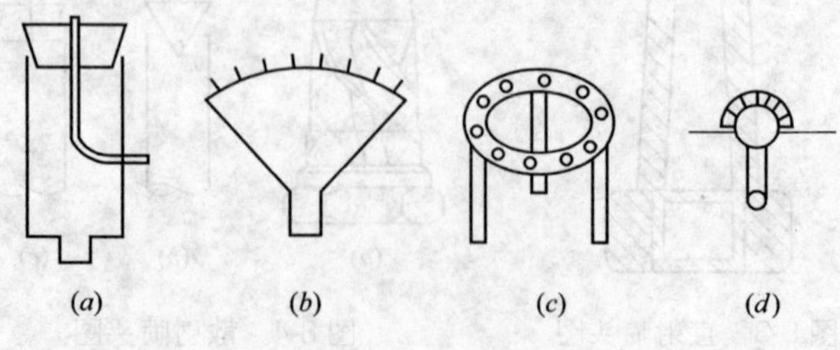

图 8-7　组合喷头

除此以外，常用喷头还有半球形喷头、蒲公英喷头、玉柱喷头、涌泉喷头、集流直射喷头、旋转喷头和水雾喷头等。喷头选择应根据喷泉水景的造型确定，为保证喷泉的喷水效果，首先必须保证喷头的质量。喷头材质应为不易锈蚀、经久耐用、易于加工的材料，常用黄铜、青铜和不锈钢等金属材料。小型喷头也可选用尼龙和塑料制品。为保持水柱形状，喷头加工制作必须精密，表面采用磨光或抛光，各式喷头均需符合水力学要求。扬程与流量计算按厂家给出的产品性能参数确定。

细节：喷泉造型设计

运用基本射流，可以设计出多种优美的喷泉造型。设计射流的形式、喷射高度和喷水池平面形状等方案时，应仔细考虑喷泉所处的位置、地形、周围建筑以及所要形成的气氛，必须使喷泉与建筑协调，增加建筑的美感，使人们在观赏时可以得到美的享受。

1. 单股射流

单股射流由一股垂直上射的水柱形成，水柱高度根据需要而定，可由几米到几十米，甚至可达百余米。瑞士著名的莱蒙湖独股喷泉，水柱高达 140 余米，可谓奇观。小型单股射流可设置在庭院或其他地方，设备简单，装设方便，在不大的范围内形成较好的景观效果，如图 8-8 所示。

2. 密集射流

密集射流是由多个单股射流组成不同高度的密集射流，形成较大型的几何图形，形式甚为壮观，适用于具有大视野的场合，如车站、广场和机场等处，如图 8-9 所示。

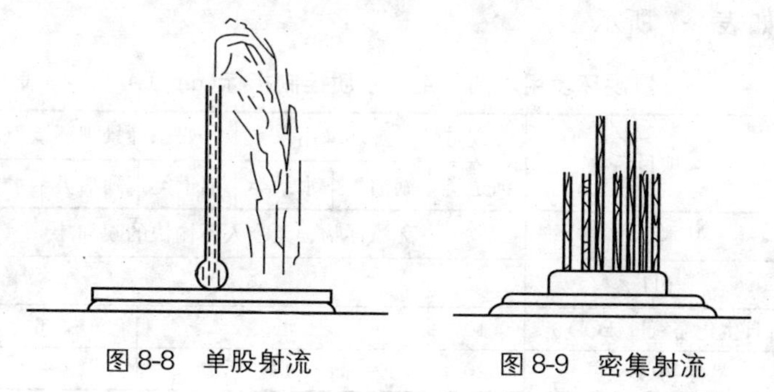

图 8-8　单股射流　　图 8-9　密集射流

3. 分散射流

分散射流是利用不同的射角和不同射程的射流组成分散射流喷泉，常用于公共建筑物的广场上，如图 8-10 所示。

4. 组合射流

组合射流是利用密集射流和分散射流组合而成的，可以形成多种多样的美丽图形，适用于大型建筑前广场，如图 8-11 所示。

图 8-10　分散射流

图 8-11　组合射流

细节：水源及水质

水景一般可采用生活饮用水、清洁的生产用水和清洁的河、湖水作为水源。小型喷泉用水量很小时，可采用自来水作为水源的直流系统。在大型喷泉采用循环系统时，如附近有适宜的生产用水或天然水源时，可以用来作为水源，也可以采用自来水作为补充用水的水源。

水质宜符合《地表水环境质量标准》GB 3838—2002 中的规定，如表 8-7 所示。

景观环境用水的再生水水质控制指标(mg/L)　　表 8-7

序号	项目	观赏性景观环境用水			娱乐性景观环境用水		
		河道类	湖泊类	水景类	河道类	湖泊类	水景类
1	基本要求	无漂浮物、无令人不愉快的嗅和味					
2	pH	6～9					
3	五日生化需氧量(BOD_5)≤	10	6			6	
4	悬浮物(SS)≤	20	10			—	

续表

序号	项目	观赏性景观环境用水			娱乐性景观环境用水		
		河道类	湖泊类	水景类	河道类	湖泊类	水景类
5	浊度(NTU)≤	—			5.0		
6	溶解氧≥	1.5			2.0		
7	总磷(以P计)≤	1.0	0.5			1.0	2.0
8	总氮≤	15					
9	氨氮(以N计)≤	5					
10	粪大肠菌群(个/L)≤	10000		2000	500		不得检出
11	余氯①≥	0.05					
12	色度(度)≤	30					
13	石油类≤	1.0					
14	阴离子表面活性剂≤	0.5					

① 氯按接触时间不应低于30min的余氯。对于非加氯消毒方式无此项要求。

注：1. 对于需要通过管道输送再生水的非现场回用情况必须加氯消毒；而对于现场回用情况不限制消毒方式。

2. 若使用未经过除磷脱氮的再生水作为景观环境用水，鼓励使用本标准的各方在回用地点积极探索通过人工培养具有观赏价值水生植物的方法，使景观水体的氮磷满足要求，使再生水中的水生植物有经济合理的出路。

细节：水景给水排水系统设计要求

1. 给水管道系统

喷泉的给水管道分为喷泉配水管与水源引入管，配水管上装设喷头，为了保持各喷头的水压均匀，配水管常采用环形管，并在管上对称布置喷头。每组喷头应有调节阀门，阀门常采用球阀，以便调节喷水高度和喷水量。管线布置应力求简短，流速不可过高，以减小压力损耗。管道安装技术要求较高，转弯应当圆滑，接口要严密，管径要渐变，安装喷头处必须无粗糙和毛刺，光滑无缺口。管道安装应有不小于0.02的坡度，坡向集水坑，以利泄空水池。在选用管材时，输水管可用钢管或铸铁管，配水管用钢管、塑料管、不锈钢管、复合管等。钢管应涂防腐材料。

管路配件包括球阀、电动阀、电磁阀、蝶阀、止回阀、水位控制阀等。

为了保持池中正常水位，还需设置补充水管，以补充喷水池的水量损失。补充水管可装设浮球阀等自动控制水位的设备。

2. 排水管道

池内还要装设排水管及溢流管，排水管上需要安装闸门，在排水管的闸门之后，可与溢流管合并成一条总排水管，排入雨水管中。喷泉给水排水系统如图 8-12 所示。

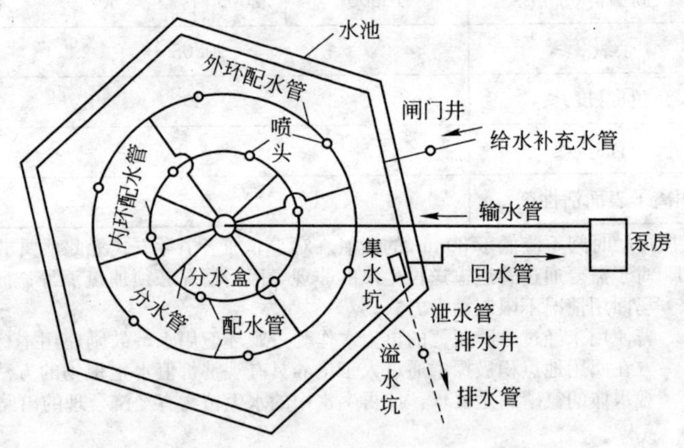

图 8-12　喷泉的给水排水系统

3. 加压设备

喷泉的加压设备多选用潜水泵、离心清水泵。有循环加压泵房时采用清水泵，无条件设加压泵房时采用潜水泵。根据喷头出口压力与流量经水力计算确定水泵的扬程和流量。泵房设于喷水池附近，以利观察和调整喷水效果。也有将泵房置于喷水池之下的地下泵房，加压水泵也可用于水池排水。用加压泵排水时，排水出口要加消能井。

4. 水池

水池(湖)是水景的主要组成部分之一，它具有储存水量、点缀景色和装设给水排水管道系统的作用，也可装置潜水循环水泵。水池的形式可用圆形、多边形、方形及荷叶边形等。池的大小视需要而定。池的深度一般大于或等于 0.5m。池底应有坡度坡向集水坑，以利检修和冬季泄空之用。如配水管路设于水池底上时，管上应铺设卵石掩盖而较为美观。大池宜用钢筋混凝土制造，小型水池可用砖石砌造。水池(湖)要求防水、防渗、防冻，以免损坏和渗漏，浪费水资源。

5. 喷头

喷头是喷泉系统的主要组成部分，是喷射水柱的关键设备。射流的形状、流量依喷头的喷嘴类型及其直径而定，射流的高度与喷头前的水压有关，而喷头布置成不同倾斜的角度或垂直，也都影响喷头的喷射高度和喷射距离。

细节：喷泉水力计算步骤

喷泉水力计算步骤如下：

(1) 根据总体规划选择水景形式。

(2) 各种型号规格喷头前的喷水高度和射程，水压与出流量之间的关系，均由试验获得，可参照各专业公司提供的资料选择喷头形式、喷射半径、射流高度、射流轨迹、喷头流量和喷头所需的水压，确定喷头数量。

(3) 计算管道系统的管径、管道阻力、循环流量，选择循环水泵。

(4) 计算并确定循环水泵房的工艺尺寸。

细节：水景跌流水力计算

水幕、叠流和喷泉水池中的水盘，水溢流流出，形成多种塔形水柱，如图 8-13 所示。

1. 周边溢流水量计算

(1) 周边均匀溢流可按环形堰进行估算。

$$q=\pi\cdot D\cdot m\sqrt{2g}H^{3/2} \tag{8-5}$$

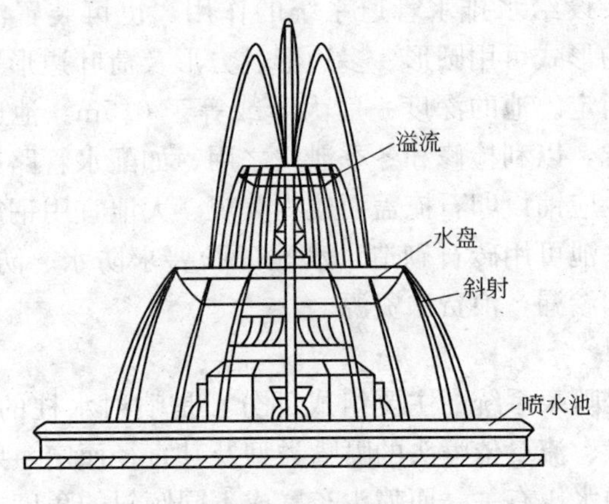

图 8-13　水盘

式中　q——堰流量，m^3/s；

m——流量系数，取值见表 8-8；

H——堰前水头，m；

D——水盘直径，m。

流量系数　　**表 8-8**

堰口形式	直角	45°角	圆角	斜坡 80°～120°
m 值	320	360	360	340～380

(2) 周边分段流出可用各种水堰式计算。

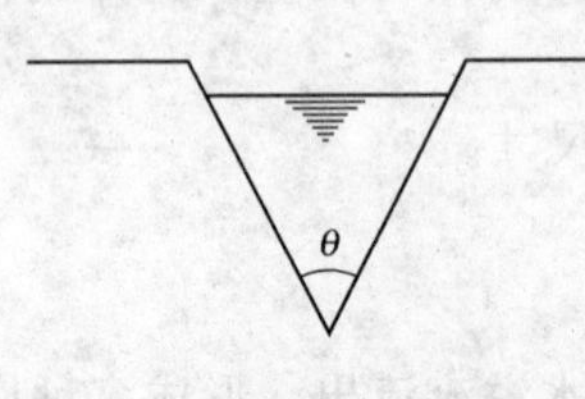

图 8-14　三角堰

1) 三角堰(见图 8-14)。

$$q=AH^{5/2} \quad (8\text{-}6)$$

式中　q——三角堰流量，L/s；

A——与堰口夹角 θ 有关的流量系数，取值见表 8-9；

H——堰前水头，m。

A 值与 θ 的关系　　**表 8-9**

θ(°)	30	40	45	50	60	70	80	90	100	110	120	130	140	150	160	170
A	380	516	587	666	818	992	1189	1417	1689	2024	2455	3039	3894	5289	8637	16198

2）矩形堰。

$$q = AH^{3/2} \tag{8-7}$$

式中 q——矩形堰流量，L/s；

A——与堰口宽度 b 有关的流量系数，取值见表 8-10；

H——堰前水头，m。

A 值与 b 的关系 **表 8-10**

b(m)	0.05	0.10	0.15	0.20	0.25	0.30	0.35	0.40	0.50	0.55	0.60	0.70	0.80
A	99.6	199.5	298.9	398.6	498.2	597	697.5	797.2	996.8	1096.1	1195	1395	1594

3）梯形堰（见图 8-15）。

$$q = A_1 H^{3/2} + A_2 H^{5/2} \tag{8-8}$$

式中 q——梯形堰流量，L/s；

A_1——与堰口宽度 b 有关的系数，取值见表 8-11；

A_2——与堰口坡角 α 有关的系数，取值见表 8-12；

H——堰前水头，m。

图 8-15 梯形堰

梯形堰 A_1 值 **表 8-11**

b(m)	0.05	0.10	0.15	0.20	0.25	0.30	0.35	0.40	0.45	0.50	0.55	0.60	0.70
A_1	66.4	132.9	199.3	265.7	332.2	398.6	465.0	531.4	597.9	664.3	730.7	797.2	930.9

梯形堰 A_2 值 **表 8-12**

α(°)	5	10	15	20	25	30	35	40	45	50	55	60	65	70	75
A_2	16199	8038	5289	3840	3039	2454	2024	1689	1417	1189	992	818	661	526	380

2. 孔口及管嘴射流计算

在水盘的水面下，做成孔口或管嘴，在盘中水位的作用下，喷洒各种形式和不同角度的水柱，形成独特的景色。如图 8-13 中下部大水盘的孔口射流情况。

水盘的孔口及管嘴（见图 8-16）的计算，可应用公式 $q = \mu F$

$\sqrt{2gh}$（μ 为流量系数），管嘴水平喷射时，其水平喷射距离可按下式计算：

$$l=2\Phi\sqrt{H+h} \tag{8-9}$$

式中 l——水平喷射距离，m；

Φ——流速系数，视孔口形式而不同，按表 8-13 采用；

H——作用水头，m；

h——孔口距水池水面高度，m。

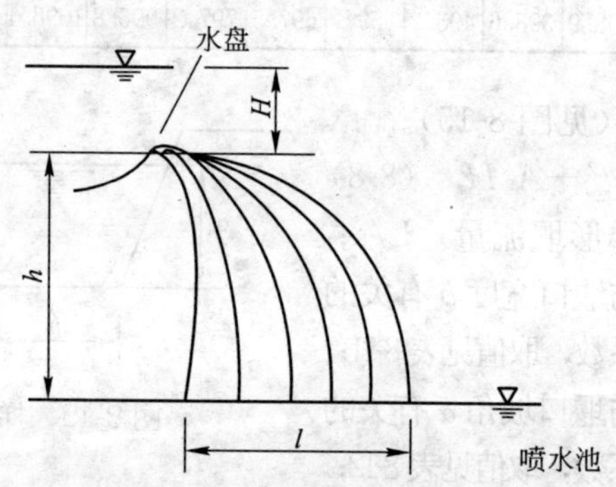

图 8-16 孔口或管嘴出流

孔口或管嘴的 Φ 值 **表 8-13**

孔口或管嘴类型	薄壁孔口	外管嘴	内管嘴	收缩形管嘴	扩张形管嘴
Φ 值	0.97	0.61～0.82	0.71～0.97	0.96	0.45～0.50

细节：水池平面尺寸及深度计算

1. 水池平面尺寸

在设计风速下，水滴应不致被风吹到池外。水滴在风力作用下的飘移距离可用下式计算：

$$L=0.03\frac{Hv^2}{d} \tag{8-10}$$

式中 L——水滴飘移距离，m；

H——水滴最大降落高度，m；

v——设计风速，m/s；

d——水滴计算直径，mm，与喷头形式有关，参考表 8-14。

各种喷头喷洒水滴的直径 **表 8-14**

喷头形式	螺旋式	碰撞式	直流式
水滴直径(mm)	0.25～0.50	0.25～0.5	3.0～5.0

喷泉水池的实际尺寸宜比计算值增大 1m 以上，以减少池水外溅。

2. 水池深度

喷泉水池不作其他用途时，水面超高不小于 0.25m，池水深度不小于 0.5m。如有其他用途，还应满足其他用途要求。水池底部应有不小于 0.01 的坡度，坡向集水坑或排水口。

细节：泄水量计算

为便于水池和管道的维护及放空，池中需设泄水装置，泄水量的计算公式如下：

$$T=0.26\frac{F}{d^2}\sqrt{H} \tag{8-11}$$

式中 T——泄空时间，h；

F——水池面积，m^2；

d——泄水口直径，mm；

H——开始泄水时水深，m。

泄水口上设置格栅，泄水管上设置闸阀，采用循环供水系统时，泄水口可兼作水泵吸水口，利用水泵排空。

【禁　　忌】

禁忌：排水设备未设置溢流口

【分析】

为使水池中水位保持一定高度、进行表面排污和维持水面清洁，池中应设溢流口。

【措施】

溢流口宜设在不影响美观且便于清除积污和疏通管道之处；口上设置格栅以防悬浮物堵塞管道，格栅的间隙应不大于排水管径的 1/4；大型池如设一个溢流口不能满足要求时，可设多个，均匀布置在池中或周边处。

如用漏斗式溢流口，溢流口溢流水量计算公式如下：

$$q=\mu \cdot F\sqrt{2gh} \tag{8-12}$$

式中 q——溢流水量，m^3/s；

μ——流量系数，可取 0.49；

F——过水断面面积，m^2；

h——口上水深，m。

禁忌：喷泉水量损失后未及时进行补给

【分析】

水量的损失包括溢流、风吹、排污、蒸发和渗漏等。喷泉在运行中会损失部分水量，必须进行补充，以维持正常工作。

【措施】

补充水量除满足最大损失水量外，还要满足运行前的充水要求。充水时间一般可按 24～48h 考虑。

对非循环的镜池等静水面，从卫生和美观考虑，每月宜换水 1～2 次，或按表 8-15 中的损失水量不断补充新水。

水量损失 **表 8-15**

水景形式	占循环流量的比例(%)		溢流排污损失占池水容积的比例(%)	水景形式	占循环流量的比例(%)		溢流排污损失占池水容积的比例(%)
	风吹损失	蒸发损失			风吹损失	蒸发损失	
喷泉、水膜、孔流等	0.5～1.5	0.4～0.6	3～5	瀑布、水幕、涌泉等	0.3～12.0	0.2	3～5
水雾	1.5～3.5	0.6～0.8	3～5	镜湖、珠泉等	—	—	2～4

附　录

附录A　建筑给水排水设计常用术语

建筑给水排水设计常用术语如下表所示。

建筑给排水设计常用术语

名称	英文	含　义
生活饮用水	drinking Water	水质符合生活饮用水卫生标准的用于日常饮用、洗涤的水
生活杂用水	non-dinking water	用于冲洗便器、汽车，浇洒道路、浇灌绿化，补充空调循环用水的非饮用水
小时变化系数	hourly variation coefficient	最高日最大时用水量与平均时用水量的比值
最大时用水量	maximum hourly water consumption	最高日最大用水时段内的小时用水量
平均时用水量	average hourly water consumption	最高日用水时段内的平均小时用水量
回流污染	backflow pollution	由虹吸回流或背压回流对生活给水系统造成的污染
背压回流	back-pressure back flow	给水管道内上游失压导致下游有压的非饮用水或其他液体、混合物进入生活给水管道系统的现象
虹吸回流	siphonage back flow	给水管道内负压引起卫生器具、受水容器中的水或液体混合物倒流入生活给水系统的现象
空气间隙	air gap	在给水系统中，管道出水口或水嘴口的最低点与用水设备溢流水位间的垂直空间距离；在排水系统中，间接排水的设备或容器的排出管口最低点与受水器溢流水位间的垂直空间距离

续表

名称	英文	含　义
溢流边缘	flood-level rim	指由此溢流的容器上边缘
倒流防止器	backflow preventer	一种采用止回部件组成的可防止给水管道水流倒流的装置
真空破坏器	vacuum breaker	一种可导入大气压消除给水管道内水流因虹吸而倒流的装置
引入管	service pipe	将室外给水管引入建筑物或由市政管道引入至小区给水管网的管段
接户管	inter-building pipe	布置在建筑物周围，直接与建筑物引入管和排出管相接的给水排水管道
入户管（进户管）	inlet pipe	住宅内生活给水管道进入住户至水表的管段
竖向分区	vertical division zone	建筑给水系统中，在垂直向分成若干供水区
并联供水	parallel water supply	建筑物各竖向给水分区有独立增（减）压系统供水的方式
串联供水	series water supply	建筑物各竖向给水分区，逐区串级增（减）压供水的方式
叠压供水	pressure superposed water supply	利用室外给水管网余压直接抽水再增压的二次供水方式
明设	exposed installation	室内管道明露布置的方法
暗设	concealed installation	室内管道布置在墙体管槽、管道井或管沟内，或者由建筑装饰隐蔽的敷设方法
分水器	manifold	集中控制多支路供水的管道附件
线胀系数	coefficient of line-expansion	温度每增加 1℃时，管线单位长度的增量
卫生器具	plumbing fixture, fixture	供水并接受、排出污废水或污物的容器或装置
卫生器具当量	fixture unit	以某一卫生器具流量（给水流量或排水流量）值为基数，其他卫生器具的流量（给水流量或排水流量）值与其的比值

续表

名称	英文	含　义
额定流量	ominal flow	卫生器具配水出口在单位时间内流出的规定水量
设计流量	design flow	给水或排水某种时段的平均流量作为建筑给排水管道系统设计依据
水头损失	head loss	水通过管渠、设备、构筑物等引起的能耗
气压给水	pneumatic water supply	由水泵和压力罐以及一些附件组成，水泵将水压入压力罐，依靠罐内的压缩空气压力，自动调节供水流量和保持供水压力的供水方式
配水点	points of distribution	给水系统中的用水点
循环周期	circulating period	循环水系统构筑物和输水管道内的有效水容积与单位时间内循环量的比值
反冲洗	backwash	当滤料层截污到一定程度时，用较强的水流逆向对滤料进行冲洗
历年平均不保证时	unassured hour for average year	累计历年不保证总小时数的年平均值
水质稳定处理	stabilization treatment of water quality	为保持循环冷却水中的碳酸钙和二氧化碳的浓度达到平衡状态(既不产生碳酸钙沉淀而结垢，也不因其溶解而腐蚀)，并抑制微生物生长而采用的水处理工艺
浓缩倍数	cycle of concentration	循环冷却水的含盐浓度与补充水的含盐浓度的比值
自灌	self-priming	水泵启动时水靠重力充入泵体的引水方式
水景	waterscape，fountain	人工建造的水体景观
生活污水	domestic sewage	居民日常生活中排泄的粪便污水
生活废水	domestic wastewater	居民日常生活中排泄的洗涤水
生活排水	domestic drainage	居民在日常生活中排出的生活污水和生活废水的总称
排出管	outlet pipe	从建筑物内至室外检查井的排水横管段

续表

名称	英文	含义
立管	vertical pipe，riser	呈垂直或与垂线夹角小于45°的管道
横管	horizontal pipe	呈水平或与水平线夹角小于45°的管道。其中连接器具排水管至排水立管的横管段称横支管；连接若干根排水立管至排出管的横管段称横干管
清扫	cleanout	装在排水横管上，用于清扫排水管的配件
检查口	check hole，check pipe	带有可开启检查盖的配件，装设在排水立管及较长横管段上，作检查和清通之用
存水弯	trap	在卫生器具内部或器具排水管段上设置的一种内有水封的配件
水封	waterseal	在装置中有一定高度的水柱，防止排水管系统中气体窜入室内
H管	H pipe	连接排水立管与通气立管形如H的专用配件
通气管	vent pipe，vent	为使排水系统内空气流通，压力稳定，防止水封破坏而设置的与大气相通的管道
伸顶通气管	stack vent	排水立管与最上层排水横支管连接处向上垂直延伸至室外通气用的管道
专用通气立管	specific vent stack	仅与排水立管连接，为排水立管内空气流通而设置的垂直通气管道
汇合通气管	vent headers	连接数根通气立管或排水立管顶端通气部分，并延伸至室外接通大气的通气管段
主通气立管	main vent stack	连接环形通气管和排水立管，为排水横支管和排水立管内空气流通而设置的垂直管道
副通气立管	secondary vent stack，assistant vent stack	仅与环形通气管连接，为使排水横支管内空气流通而设置的通气立管
环形通气管	loop vent	在多个卫生器具的排水横支管上，从最始端的两个卫生器具之间接触至主通气立管或副通气立管的通气管段

续表

名称	英文	含　义
器具通气管	fuxture vent	卫生器具存水弯出口端接至主通气管的管段
结合通气管	yoke vent	排水立管与通气立管的连接管段
自循环通气	self-circulation venting	通气立管在顶端、层间和排水立管相连，在底端与排出管连接，排水时在管道内产生的正负压通过连接的通气管道迂回补气而达到平衡的通气方式
间接排水	indirect drain	设备或容器的排水管道与排水系统非直接连接，其间留有空气间隙
真空排水	vacuum drain	利用真空设备使排水管道内产生一定真空度，利用空气输送介质的排水方式
同层排水	same-floor drain	排水横支管布置在排水层或室外，器具排水管不穿楼层的排水方式
覆土深度	covered depth	埋地管道管顶至地表面的垂直距离
埋设深度	buried depth	埋地排水管道内底至地表面的垂直距离
水流偏转角	angle of turning flow	水流原来的流向与其改变后的流向之间的夹角
充满度	depth ratio	水流在管渠中的充满程度，管道以水深与管径的比值表示，渠道以水深与渠高之比值表示
隔油池	grease tank	分隔、拦集生活废水中油脂物质的小型处理构筑物
隔油器	grease interceptor	分隔、拦集生活废水中油脂的装置
降温池	cooling tank	降低排水温度的小型处理构筑物
化粪池	septic tank	将生活污水分格沉淀，并对污泥进行厌氧消化的小型处理构筑物
中水	reclaimed water	各种排水经适当处理达到规定的水质标准后回用的水
医院污水	hospital sewage	医院、医疗卫生机构中被病原体污染了的水

续表

名称	英文	含义
一级处理	primary treatment	又称机械处理，采用机械方法对污水进行初级处理
二级处理	secondary treatment	由机械处理和生物化学或化学处理组成的污水处理过程
换气次数	time of air change	通风系统单位时间内送风或排风体积与室内空间体积之比
暴雨强度	rainfall intensity	单位时间内的降雨量
重现期	recurrence interval	经一定长的雨量观测资料统计分析，大于或等于某暴雨强度的降雨出现一次的平均间隔时间，其单位通常以年表示
降雨历时	duration of rainfall	降雨过程中的任意连续时段
地面集水时间	inlet time	雨水从相应汇水面积的最远点地表径流到雨水管渠入口的时间，简称集水时间
管内流行时间	time of flow	雨水在管渠中流行的时间，简称流行时间
汇水面积	catchment area	雨水管渠汇集降雨的面积
重力流雨水排水系统	gravity building drainage systern	按重力流设计的屋面雨水排水系统
满管压力流雨水排水系统	full pressure storm system	按满管压力流原理设计管道内雨水流量、压力等可得到有效控制和平衡的屋面雨水排水系统
雨水口	gulley，gutterinlet	将地面雨水导入雨水管渠的带格栅的集水口
雨落水管	downspout，leader	敷设在建筑物外墙，用于排除屋面雨水的排水立管
雨水斗	roof drain	将建筑物屋面的雨水导入雨水立管的装置
径流系数	run-off coefficient	一定汇水面积的径流雨水量与降雨量的比值
集中热水供应系统	central hot water supply system	供给一幢（不含单幢别墅）或数幢建筑物所需热水的系统

续表

名称	英文	含　义
全日热水供应系统	all day hot water supply system	在全日、工作班或营业时间内不间断供应热水的系统
定时热水供应系统	fixed time hot water supply system	在全日、工作班或营业时间内某一时段供应热水的系统
局部热水供应系统	local hot water supply system	供给单个或数个配水点所需热水的供应系统
开式热水供应系统	open hot water system	热水管系与大气相通的热水供应系统
闭式热水供应系统	closed hot water supply system	热水管系不与大气相通的热水供应系统
单管热水供应系统	single line hot water system，tempered water system	用一根管道供单一温度，用水点不再调节水温的热水系统
热泵热水供应系统	heat pump hot water system	通过热泵机组吸收环境低温热能制备和供应热水的系统
水源热泵	water-source heat pump	以水或添加防冻剂的水溶液为低温热源的热泵
空气源热泵	air-source heat pump	以环境空气为低温热源的热泵
热源	heat source	用以制取热水的能源
热媒	heat medium	热传递载体，常为热水、蒸汽、烟气
废热	waste heat	工业生产过程中排放的带有热量的废弃物质，如废蒸汽、高温废水(液)、高温烟气等
太阳能保证率	solar fraction	系统中由太阳能部分提供的热量除以系统总负荷
太阳辐照量	solar irradiation	接收到太阳辐射能的面密度
燃油(气)热水机组	fuel oil(gas)hot water heaters	由燃烧器、水加热炉体(炉体水套与大气相通，呈常压状态)和燃油(气)供应系统等组成的设备组合体
设计小时耗热量	design heat consumption of maximum hour	热水供应系统中用水设备、器具最大时段内的小时耗热量

续表

名称	英文	含　义
设计小时供热量	design heat supply of maximum hour	热水供应系统中加热设备最大时段内的小时产热量
同程热水供应系统	reversed return hot water system	对应每个配水点的供水与回水管路长度之和基本相等的热水供应系统
第一循环系统	heat carrier circulation system	集中热水供应系统中，锅炉与水加热器或热水机组与热水贮水器之间组成的热媒循环系统
第二循环系统	hot water circulation system	集中热水供应系统中，水加热器或热水贮水器与热水配水点之间组成的热水循环系统
上行下给式	downfeed system	给水横干管位于配水管网的上部，通过立管向下给水的方式
下行上给式	upfeed system	给水横于管位于配水管网的下部，通过立管向上给水的方式
回水管	return pipe	在热水循环管系中仅通过循环流量的管段
管道直饮水系统	pipe portable water system	原水经深度净化处理，通过管道输送，供人们直接饮用的供水系统
水质阻垢缓蚀处理	water quality treatment of scaleinhibitor & corrosion-delay	采用电、磁、化学稳定剂等物理、化学方法稳定水中钙、镁离子，使其在一定的条件下不形成水垢，延缓对加热设备或管道的腐蚀的水质处理

附录B　给水管段设计秒流量计算表

给水管段设计和流量计算表如表B-1～表B-3所示。

给水管段设计秒流量计算表(一)　　**表B-1**

U_0	1.0		1.5		2.0		2.5	
N_g	U(%)	q(L/s)	U(%)	q(L/s)	U(%)	q(L/s)	U(%)	q(L/s)
1	100.00	0.20	100.00	0.20	100.00	0.20	100.00	0.20
2	70.94	0.28	71.20	0.28	71.49	0.29	71.78	0.29

续表

U_0	1.0		1.5		2.0		2.5	
N_g	U(%)	q(L/s)	U(%)	q(L/s)	U(%)	q(L/s)	U(%)	q(L/s)
3	58.00	0.35	58.30	0.35	58.62	0.35	58.96	0.35
4	50.28	0.40	50.60	0.40	50.94	0.41	51.30	0.41
5	45.01	0.45	45.34	0.45	45.69	0.46	46.06	0.46
6	41.12	0.49	41.45	0.50	41.81	0.50	42.18	0.51
7	38.09	0.53	38.43	0.54	38.79	0.54	39.17	0.55
8	35.65	0.57	35.99	0.58	36.36	0.58	36.74	0.59
9	33.63	0.61	33.98	0.61	34.35	0.62	34.73	0.63
10	31.92	0.64	32.27	0.65	32.64	0.65	33.03	0.66
11	30.45	0.67	30.80	0.68	31.17	0.69	31.56	0.69
12	29.17	0.70	29.52	0.71	29.89	0.72	30.28	0.73
13	28.04	0.73	28.39	0.74	28.76	0.75	29.15	0.76
14	27.03	0.76	27.38	0.77	27.76	0.78	28.15	0.79
15	26.12	0.78	26.48	0.79	26.85	0.81	27.24	0.82
16	25.30	0.81	25.66	0.82	26.03	0.83	26.42	0.85
17	24.56	0.83	24.91	0.85	25.29	0.86	25.68	0.87
18	23.88	0.86	24.23	0.87	24.61	0.89	25.00	0.90
19	23.25	0.88	23.60	0.90	23.98	0.91	24.37	0.93
20	22.67	0.91	23.02	0.92	23.40	0.94	23.79	0.95
22	21.63	0.95	21.98	0.97	22.36	0.98	22.75	1.00
24	20.72	0.99	21.07	1.01	21.45	1.03	21.85	1.05
26	19.92	1.04	20.27	1.05	20.65	1.07	21.05	1.09
28	19.21	1.08	19.56	1.10	19.94	1.12	20.33	1.14
30	18.56	1.11	18.92	1.14	19.30	1.16	19.69	1.18
32	17.99	1.15	18.34	1.17	18.72	1.20	19.12	1.22
34	17.46	1.19	17.81	1.21	18.19	1.24	18.59	1.26
36	16.97	1.22	17.33	1.25	17.71	1.28	18.11	1.30

续表

U_0	1.0		1.5		2.0		2.5	
N_g	U(%)	q(L/s)	U(%)	q(L/s)	U(%)	q(L/s)	U(%)	q(L/s)
38	16.53	1.26	16.89	1.28	17.27	1.31	17.66	1.34
40	16.12	1.29	16.48	1.32	16.86	1.35	17.25	1.38
42	15.74	1.32	16.09	1.35	16.47	1.38	16.87	1.42
44	15.38	1.35	15.74	1.39	16.12	1.42	16.52	1.45
46	15.05	1.38	15.41	1.42	15.79	1.45	16.18	1.49
48	14.74	1.42	15.10	1.45	15.48	1.49	15.87	1.52
50	14.45	1.45	14.81	1.48	15.19	1.52	15.58	1.56
55	13.79	1.52	14.15	1.56	14.53	1.60	14.92	1.64
60	13.22	1.59	13.57	1.63	13.95	1.67	14.35	1.72
65	12.71	1.65	13.07	1.70	13.45	1.75	13.84	1.80
70	12.26	1.72	12.62	1.77	13.00	1.82	13.39	1.87
75	11.85	1.78	12.21	1.83	12.59	1.89	12.99	1.95
80	11.49	1.84	11.84	1.89	12.22	1.96	12.62	2.02
85	11.15	1.90	11.51	1.96	11.89	2.02	12.28	2.09
90	10.85	1.95	11.20	2.02	11.58	2.09	11.98	2.16
95	10.57	2.01	10.92	2.08	11.30	2.15	11.70	2.22
100	10.31	2.06	10.66	2.13	11.04	2.21	11.44	2.29
110	9.84	2.17	10.20	2.24	10.58	2.33	10.97	2.41
120	9.44	2.26	9.79	2.35	10.17	2.44	10.56	2.54
130	9.08	2.36	9.43	2.45	9.81	2.55	10.21	2.65
140	8.76	2.45	9.11	2.55	9.49	2.66	9.89	2.77
150	8.47	2.54	8.83	2.65	9.20	2.76	9.60	2.88
160	8.21	2.63	8.57	2.74	8.94	2.86	9.34	2.99
170	7.98	2.71	8.33	2.83	8.71	2.96	9.10	3.09
180	7.76	2.79	8.11	2.92	8.49	3.06	8.89	3.20
190	7.56	2.87	7.91	3.01	8.29	3.15	8.69	3.30

续表

U_0	1.0		1.5		2.0		2.5	
N_g	U(%)	q(L/s)	U(%)	q(L/s)	U(%)	q(L/s)	U(%)	q(L/s)
200	7.38	2.95	7.73	3.09	8.11	3.24	8.50	3.40
220	7.05	3.10	7.40	3.26	7.78	3.42	8.17	3.60
240	6.76	3.25	7.11	3.41	7.49	3.60	7.88	3.78
260	6.51	3.28	6.86	3.57	7.24	3.76	7.63	3.97
280	6.28	3.52	6.63	3.72	7.01	3.93	7.40	4.15
300	6.08	3.65	6.43	3.86	6.81	4.08	7.20	4.32
320	5.89	3.77	6.25	4.00	6.62	4.24	7.02	4.49
340	5.73	3.89	6.08	4.13	6.46	4.39	6.85	4.66
360	5.57	4.01	5.93	4.27	6.30	4.54	6.69	4.82
380	5.43	4.13	5.79	4.40	6.16	4.68	6.55	4.98
400	5.30	4.24	5.66	4.52	6.03	4.83	6.42	5.14
420	5.18	4.35	5.54	4.65	5.91	4.96	6.30	5.29
440	5.07	4.46	5.42	4.77	5.80	5.10	6.19	5.45
460	4.97	4.57	5.32	4.89	5.69	5.24	6.08	5.60
480	4.87	4.67	5.22	5.01	5.59	5.37	5.98	5.75
500	4.78	4.78	5.13	5.13	5.50	5.50	5.89	5.89
550	4.57	5.02	4.92	5.41	5.29	5.82	5.68	6.25
600	4.39	5.26	4.74	5.68	5.11	6.13	5.50	6.60
650	4.23	5.49	4.58	5.95	4.95	6.43	5.34	6.94
700	4.08	5.72	4.43	6.20	4.81	6.73	5.19	7.27
750	3.95	5.93	4.30	6.46	4.68	7.02	5.07	7.60
800	3.84	6.14	4.19	6.70	4.56	7.30	4.95	7.92
850	3.73	6.34	4.08	6.94	4.45	7.57	4.84	8.23
900	3.64	6.54	3.98	7.17	4.36	7.84	4.75	8.54
950	3.55	6.74	3.90	7.40	4.27	8.11	4.66	8.85
1000	3.46	6.93	3.81	7.63	4.19	8.37	4.57	9.15

续表

U_0	1.0		1.5		2.0		2.5	
N_a	U(%)	q(L/s)	U(%)	q(L/s)	U(%)	q(L/s)	U(%)	q(L/s)
1100	3.32	7.30	3.66	8.06	4.04	8.88	4.42	9.73
1200	3.09	7.65	3.54	8.49	3.91	9.38	4.29	10.31
1300	3.07	7.99	3.42	8.90	3.79	9.86	4.18	10.87
1400	2.97	8.33	3.32	9.30	3.69	10.34	4.08	11.42
1500	2.88	8.65	3.23	9.69	3.60	10.80	3.99	11.96
1600	2.80	8.96	3.15	10.07	3.52	11.26	3.90	12.49
1700	2.73	9.27	3.07	10.45	3.44	11.71	3.83	13.02
1800	2.66	9.57	3.00	10.81	3.37	12.15	3.76	13.53
1900	2.59	9.86	2.94	11.17	3.31	12.58	3.70	14.04
2000	2.54	10.14	2.88	11.53	3.25	13.01	3.64	14.55
2200	2.43	10.70	2.78	12.22	3.15	13.85	3.53	15.54
2400	2.34	11.23	2.69	12.89	3.06	14.67	3.44	16.51
2600	2.26	11.75	2.61	13.55	2.97	15.47	3.36	17.46
2800	2.19	12.26	2.53	14.19	2.90	16.25	3.29	18.40
3000	2.12	12.75	2.47	14.81	2.84	17.03	3.22	19.33
3200	2.07	13.22	2.41	15.43	2.78	17.79	3.16	20.24
3400	2.01	13.69	2.36	16.03	2.73	18.54	3.11	21.14
3600	1.96	14.15	2.13	16.62	2.68	19.27	3.06	22.03
3800	1.92	14.59	2.26	17.21	2.63	20.00	3.01	22.91
4000	1.88	15.03	2.22	17.78	2.59	20.72	2.97	23.78
4200	1.84	15.46	2.18	18.35	2.55	21.43	2.93	24.64
4400	1.80	15.88	2.15	18.91	2.52	22.14	2.90	25.50
4600	1.77	16.30	2.12	19.46	2.48	22.84	2.86	26.35
4800	1.74	16.71	2.08	20.00	2.45	23.53	2.83	27.19
5000	1.71	17.11	2.05	20.54	2.42	24.21	2.80	28.03
5500	1.65	18.10	1.99	21.87	2.35	25.90	2.74	30.09

续表

U_0	1.0		1.5		2.0		2.5	
N_g	U(%)	q(L/s)	U(%)	q(L/s)	U(%)	q(L/s)	U(%)	q(L/s)
6000	1.59	19.05	1.93	23.16	2.30	27.55	2.68	32.12
6500	1.54	19.97	1.88	24.43	2.24	29.18	2.63	34.13
7000	1.49	20.88	1.83	25.67	2.20	30.78	2.58	36.11
7500	1.45	21.76	1.79	26.88	2.16	32.36	2.54	38.06
8000	1.41	22.62	1.76	28.08	2.12	33.92	2.50	40.00
8500	1.38	23.46	1.72	29.26	2.09	35.47		
9000	1.35	24.29	1.69	30.43	2.06	36.99		
9500	1.32	25.10	1.66	31.58	2.03	38.50		
10000	1.29	25.90	1.64	32.72	2.00	40.00		
11000	1.25	27.46	1.59	34.95				
12000	1.21	28.97	1.55	37.14				
13000	1.17	30.45	1.51	39.29				
14000	1.14	31.89	N_g=13333 U=1.5% q=40					
15000	1.11	33.31						
16000	1.08	34.69						
17000	1.06	36.05						
18000	1.04	37.39						
19000	1.02	38.70						
20000	1.00	40.00						

给水管段设计秒流量计算表(二)　　表 B-2

U_0	3.0		3.5		4.0		4.5	
N_g	U(%)	q(L/s)	U(%)	q(L/s)	U(%)	q(L/s)	U(%)	q(L/s)
1	100.00	0.20	100.00	0.20	100.00	0.20	100.00	0.20
2	72.08	0.29	72.39	0.29	72.70	0.29	73.02	0.29
3	59.31	0.36	59.66	0.36	60.02	0.36	60.38	0.36

续表

U_0	3.0		3.5		4.0		4.5	
N_g	U(%)	q(L/s)	U(%)	q(L/s)	U(%)	q(L/s)	U(%)	q(L/s)
4	51.66	0.41	52.03	0.42	52.41	0.42	52.80	0.42
5	46.43	0.46	46.82	0.47	47.21	0.47	47.60	0.48
6	42.57	0.51	42.96	0.52	43.35	0.52	43.76	0.53
7	39.56	0.55	39.96	0.56	40.36	0.57	40.76	0.57
8	37.13	0.59	37.53	0.60	37.94	0.61	38.35	0.61
9	35.12	0.63	35.53	0.64	35.93	0.65	36.35	0.65
10	33.42	0.67	33.83	0.68	34.24	0.68	34.65	0.69
11	31.96	0.70	32.36	0.71	32.77	0.72	33.19	0.73
12	30.68	0.74	31.09	0.75	31.50	0.76	31.92	0.77
13	29.55	0.77	29.96	0.78	30.37	0.79	30.79	0.80
14	28.55	0.80	28.96	0.81	29.37	0.82	29.79	0.83
15	27.64	0.83	28.05	0.84	28.47	0.85	28.89	0.87
16	28.83	0.86	27.24	0.87	27.65	0.88	28.08	0.90
17	26.08	0.89	26.49	0.90	26.91	0.91	27.33	0.93
18	25.40	0.91	25.81	0.93	26.23	0.94	26.65	0.96
19	24.77	0.94	25.19	0.96	25.60	0.97	26.03	0.99
20	24.20	0.97	24.61	9.98	25.03	1.00	25.45	1.02
22	23.16	1.02	23.57	1.04	23.99	1.06	24.41	1.07
24	22.25	1.07	22.66	1.09	23.08	1.11	23.51	1.13
26	21.45	1.12	21.87	1.14	22.29	1.16	22.71	1.18
28	20.74	1.16	21.15	1.18	21.57	1.21	22.00	1.23
30	20.10	1.21	20.51	1.23	20.93	1.26	21.36	1.28
32	19.52	1.25	19.94	1.28	20.36	1.30	2078	1.33
34	18.99	1.29	19.41	1.32	19.83	1.35	20.25	1.38
36	18.51	1.33	18.93	1.36	19.35	1.39	19.77	1.42
38	18.07	1.37	18.48	1.40	18.90	1.44	19.33	1.47
40	17.66	1.41	18.07	1.45	18.49	1.48	18.92	1.51
42	17.28	1.45	17.69	1.49	18.11	1.52	18.54	1.56

续表

U_0	3.0		3.5		4.0		4.5	
N_g	U(%)	q(L/s)	U(%)	q(L/s)	U(%)	q(L/s)	U(%)	q(L/s)
44	16.92	1.49	17.34	1.53	17.76	1.56	18.18	1.60
46	16.59	1.53	17.00	1.56	17.43	1.60	17.85	1.64
48	16.28	1.56	16.69	1.60	17.11	1.64	17.54	1.68
50	15.99	1.60	16.40	1.64	16.82	1.68	17.25	1.73
55	15.33	1.69	15.74	1.73	16.17	1.78	16.59	1.82
60	14.76	1.77	15.17	1.82	15.59	1.87	16.02	1.92
65	14.25	1.85	14.66	1.91	15.08	1.96	15.51	2.02
70	13.80	1.93	14.21	1.99	14.63	2.05	15.06	2.11
75	13.39	2.01	13.81	2.07	14.23	2.13	14.65	2.20
80	13.02	2.08	13.44	2.15	13.86	2.22	14.28	2.29
85	12.69	2.16	13.10	2.23	13.52	2.30	13.95	2.37
90	12.38	2.23	12.80	2.30	13.22	2.38	13.64	2.46
95	12.10	2.30	12.52	2.38	12.94	2.46	13.63	2.54
100	11.84	2.37	12.26	2.45	12.68	2.54	13.10	2.62
110	11.38	2.50	11.79	2.59	12.21	2.69	12.63	2.78
120	10.97	2.63	11.38	2.73	11.80	2.83	12.234	2.93
130	10.61	2.76	11.02	2.87	11.44	2.98	11.87	3.09
140	10.29	2.88	10.70	3.00	11.12	3.11	11.55	3.23
150	10.00	3.00	10.42	3.12	10.83	3.25	11.36	3.38
160	9.74	3.12	10.16	3.25	10.57	3.38	11.00	3.52
170	9.51	3.23	9.92	3.37	10.34	3.51	10.76	3.66
180	9.29	3.34	9.70	3.49	10.12	3.64	10.54	3.80
190	9.09	3.45	9.50	3.61	9.92	3.77	10.34	3.93
200	8.91	3.56	9.32	3.73	9.74	3.89	10.16	4.06
220	8.57	3.77	8.99	3.95	9.40	4.14	9.83	4.32
240	8.29	3.98	8.70	4.17	9.12	4.38	9.94	4.58

续表

U_0	3.0		3.5		4.0		4.5	
N_g	U(%)	q(L/s)	U(%)	q(L/s)	U(%)	q(L/s)	U(%)	q(L/s)
260	8.03	4.18	8.44	4.39	8.86	4.61	9.28	4.83
280	7.81	4.37	8.22	4.60	8.63	4.83	9.06	5.07
300	7.60	4.56	8.01	4.81	8.43	5.06	8.85	5.31
320	7.42	4.75	7.83	5.01	8.24	5.28	8.67	5.55
340	7.25	4.93	7.66	5.21	8.08	5.49	8.50	5.78
360	7.10	5.11	7.51	5.40	7.92	5.70	8.34	6.01
380	6.95	5.29	7.36	5.60	7.78	5.91	8.20	6.23
400	6.82	5.46	7.23	5.79	7.65	6.12	8.07	6.46
420	6.70	5.63	7.11	5.97	7.53	6.32	7.95	6.68
440	6.59	5.80	7.00	6.16	7.41	6.52	7.83	6.89
460	6.48	5.97	6.89	6.34	7.31	6.72	7.73	7.11
480	6.39	6.13	6.79	6.52	7.21	6.92	7.63	7.32
500	6.29	6.29	6.70	6.70	7.12	7.12	7.54	7.54
550	6.08	6.69	6.49	7.14	6.91	7.60	7.32	8.06
600	5.90	7.08	6.31	7.57	6.72	8.07	7.14	8.57
650	5.74	7.46	6.15	7.99	6.56	8.53	6.98	9.07
700	5.59	7.83	6.00	8.40	6.42	8.98	6.83	9.57
750	5.46	8.20	5.87	8.81	6.29	9.43	6.70	10.06
800	5.35	8.56	5.75	9.21	6.17	9.87	6.59	10.54
850	5.24	8.91	5.65	9.60	6.06	10.30	6.48	11.01
900	5.14	9.26	5.55	9.99	5.96	10.73	6.38	11.48
950	5.05	9.60	5.46	10.37	5.87	11.16	6.29	11.95
1000	4.97	9.94	5.38	10.75	5.79	11.58	6.21	12.41
1100	4.82	10.61	5.23	11.50	5.64	12.41	6.06	13.32
1200	4.69	11.26	5.10	12.23	5.51	13.22	5.93	14.22
1300	4.58	11.90	4.98	12.95	5.39	14.02	5.81	15.11

续表

U_0	3.0		3.5		4.0		4.5	
N_g	U(%)	q(L/s)	U(%)	q(L/s)	U(%)	q(L/s)	U(%)	q(L/s)
1400	4.48	12.53	4.88	13.66	5.29	14.81	5.71	15.98
1500	4.38	13.15	4.79	14.36	5.20	15.60	5.61	16.84
1600	4.30	13.76	4.70	15.05	5.11	16.37	5.53	17.70
1700	4.22	14.36	4.63	15.74	5.04	17.13	5.45	18.54
1800	4.16	14.96	4.56	16.41	4.97	17.89	5.38	19.38
1900	4.09	15.55	4.49	17.08	4.90	18.64	5.32	20.21
2000	4.03	16.13	4.44	17.74	4.85	19.38	5.26	21.04
2200	3.93	17.28	4.33	19.05	4.74	20.85	5.15	22.67
2400	3.83	18.41	4.24	20.34	4.65	22.30	5.06	24.29
2600	3.75	19.52	4.16	21.61	4.56	23.73	4.98	25.88
2800	3.68	20.61	4.08	22.86	4.49	25.15	4.90	2.46
3000	3.62	21.69	4.02	24.10	4.42	26.55	4.84	29.02
3200	3.56	22.76	3.96	25.33	4.36	27.94	4.78	30.58
3400	3.50	23.81	3.90	26.54	4.31	29.31	4.72	32.12
3600	3.45	24.86	3.85	27.75	4.26	30.68	4.67	33.64
3800	3.41	25.90	3.81	28.94	4.22	32.03	4.63	35.16
4000	3.37	26.92	3.77	30.13	4.17	33.38	4.58	36.67
4200	3.33	27.94	3.73	31.30	4.13	34.72	4.54	38.17
4400	3.29	28.95	3.69	32.47	4.10	36.05	4.51	39.67
4600	3.26	29.96	3.66	33.64	4.06	37.37	N_g=4444 U=4.5% q=40.00	
4800	3.22	30.95	3.62	34.79	4.03	38.69		
5000	3.19	31.95	3.59	35.94	4.00	40.00		
5500	3.13	34.40	3.53	38.79				
6000	3.07	36.82	N_g=5714 U=3.5% q=40.00					
6500	3.02	39.21						
6667	3.00	40.00						

给水管段设计秒流量计算表（三）　　表 B-3

U_0	5.0		6.0		7.0		8.0	
N_g	U(%)	q(L/s)	U(%)	q(L/s)	U(%)	q(L/s)	U(%)	q(L/s)
1	100.00	0.20	100.00	0.20	100.00	0.20	100.00	0.20
2	73.33	0.29	73.98	0.30	74.64	0.30	75.30	0.30
3	60.75	0.36	61.49	0.37	62.24	0.37	63.00	0.38
4	53.18	0.43	53.97	0.43	54.76	0.44	55.56	0.14
5	48.00	0.48	48.80	0.49	49.62	0.50	50.45	0.50
6	44.16	0.53	44.98	0.54	45.81	0.55	46.65	0.56
7	41.17	0.58	42.01	0.59	42.85	0.60	43.70	0.61
8	38.76	0.62	39.60	0.63	40.45	0.65	41.31	0.66
9	36.76	0.66	37.61	0.68	38.46	0.69	39.33	0.71
10	35.07	0.70	35.92	0.72	36.78	0.74	37.65	0.75
11	33.61	0.74	34.46	0.76	35.33	0.78	36.20	0.80
12	32.34	0.78	33.19	0.80	34.06	0.82	34.93	0.84
13	31.22	0.81	32.07	0.83	32.94	0.86	33.82	0.88
14	30.22	0.85	31.07	0.87	31.94	0.89	32.82	0.92
15	29.32	0.88	30.18	0.91	31.05	0.93	31.93	0.96
16	28.50	0.91	29.36	0.94	30.23	0.97	31.12	1.00
17	27.76	0.94	28.62	0.97	29.50	1.00	30.38	1.03
18	27.08	0.97	27.94	1.01	28.82	1.04	29.70	1.07
19	26.45	1.01	27.32	1.04	28.19	1.07	29.08	1.10
20	25.88	1.04	26.74	1.07	27.62	1.10	28.50	1.14
22	24.84	1.09	25.71	1.13	26.58	1.17	27.47	1.2
24	23.94	1.15	24.80	1.19	25.68	1.23	26.57	1.28
26	23.14	1.20	24.01	1.25	24.98	1.29	25.77	1.34
28	22.43	1.26	23.30	1.30	24.18	1.35	25.06	1.40
30	21.79	1.31	22.66	1.36	23.54	1.41	24.43	1.47

续表

U_0	5.0		6.0		7.0		8.0	
N_g	U(%)	q(L/s)	U(%)	q(L/s)	U(%)	q(L/s)	U(%)	q(L/s)
32	21.21	1.36	22.08	1.41	22.96	1.47	23.85	1.53
34	20.68	1.41	21.55	1.47	22.43	1.53	23.32	1.59
36	20.20	1.45	21.07	1.52	21.95	1.58	22.84	1.64
38	19.76	1.50	20.63	1.57	21.51	1.63	22.40	1.70
40	19.35	1.55	20.22	1.62	21.10	1.69	21.99	1.76
42	18.97	1.55	19.84	1.67	20.72	1.74	21.61	1.82
44	18.61	1.64	19.48	1.71	20.36	1.79	21.25	1.87
46	18.28	1.68	19.15	1.76	20.03	1.84	20.92	1.92
48	17.97	1.73	18.84	1.81	19.72	1.89	20.61	1.98
50	17.68	1.77	18.55	1.86	19.43	1.94	20.32	2.03
55	17.02	1.87	17.89	1.97	18.77	2.07	19.66	2.16
60	16.45	1.97	17.32	2.08	18.20	2.18	19.08	2.29
65	15.94	2.07	16.81	2.19	17.69	2.30	18.58	2.42
70	15.49	2.17	16.36	2.29	17.24	2.41	18.13	2.54
75	15.08	2.26	15.95	2.39	16.83	2.52	17.72	2.66
80	14.71	2.35	15.58	2.49	16.46	2.63	17.35	2.78
85	14.38	2.44	15.25	2.59	16.13	2.74	17.02	2.89
90	14.07	2.55	4.94	2.69	15.82	2.85	16.71	3.01
95	13.79	2.62	14.66	2.79	15.54	2.95	16.43	3.12
100	13.53	2.71	14.40	2.88	15.28	3.06	16.17	3.23
110	13.06	2.87	13.93	3.06	14.81	3.26	15.70	3.45
120	12.66	3.04	13.52	3.25	14.40	3.46	15.29	3.67
130	12.30	3.20	13.16	3.42	14.04	3.65	14.93	3.88
140	11.97	3.31	12.84	3.60	13.72	3.84	14.61	4.09
150	11.69	3.51	12.55	3.77	13.43	4.03	14.32	4.30

续表

U_0	5.0		6.0		7.0		8.0	
N_g	U(%)	q(L/s)	U(%)	q(L/s)	U(%)	q(L/s)	U(%)	q(L/s)
160	11.43	3.66	12.29	3.93	13.17	4.21	14.06	4.50
170	11.19	3.80	12.05	4.10	12.93	4.40	13.82	4.70
180	10.97	3.91	11.84	4.26	12.71	4.58	13.60	4.90
190	10.77	11.09	11.64	4.12	12.51	4.75	13.40	5.09
200	10.59	4.20	11.45	4.58	12.33	4.93	13.21	5.28
220	10.25	4.51	11.12	4.89	11.99	5.28	12.88	5.67
240	9.96	4.78	10.83	5.20	11.70	5.62	12.59	6.04
260	9.71	5.05	10.57	5.50	11.45	5.95	12.33	6.41
280	9.48	5.31	10.34	5.79	11.22	6.28	12.10	6.78
300	9.28	5.51	10.14	6.08	11.01	6.61	11.89	7.14
320	9.09	5.82	9.95	6.37	10.83	6.93	11.71	7.49
340	8.92	6.07	9.78	6.65	10.66	7.25	11.54	7.84
360	8.77	6.31	9.63	6.93	10.50	7.56	11.38	8.19
380	8.63	6.56	9.49	7.21	10.36	7.87	11.24	8.54
400	8.49	6.80	9.35	7.48	10.23	8.18	11.10	8.88
420	8.37	7.03	9.23	7.76	10.10	8.49	10.98	9.22
440	8.26	7.27	9.12	8.02	9.99	8.79	10.87	9.56
460	8.15	7.50	9.01	8.29	9.88	9.09	10.76	9.90
480	8.05	7.70	8.91	8.56	9.78	9.39	10.66	10.23
500	7.96	7.96	8.82	8.82	9.69	9.69	10.56	10.56
550	7.75	8.52	8.61	9.47	9.47	10.42	10.35	11.39
600	7.56	9.08	8.42	10.11	9.29	11.15	10.16	12.20
650	7.40	9.62	8.26	10.74	9.12	11.86	10.00	13.00
700	7.26	10.16	8.11	11.36	8.98	12.57	9.85	13.79
750	7.13	10.69	7.98	11.97	8.85	13.27	9.72	14.58

续表

U_0	5.0		6.0		7.0		8.0	
N_g	U(%)	q(L/s)	U(%)	q(L/s)	U(%)	q(L/s)	U(%)	q(L/s)
800	7.01	11.21	7.86	12.58	8.73	13.96	9.60	15.36
850	6.90	11.73	7.75	13.18	8.62	14.65	9.49	16.14
900	6.80	12.24	7.66	13.78	8.52	15.34	9.39	16.91
950	6.71	12.75	7.56	14.37	8.43	16.01	9.30	17.67
1000	6.63	13.26	7.48	14.96	8.34	16.69	9.22	18.43
1100	6.48	14.25	7.33	16.12	8.19	18.02	9.06	19.94
1200	6.35	15.23	7.20	17.27	8.06	19.34	8.93	21.43
1300	6.23	16.20	7.08	18.41	7.94	20.65	8.81	22.91
1400	6.13	17.15	6.98	19.53	7.84	21.95	8.71	24.38
1500	6.03	18.10	6.88	20.65	7.74	23.23	8.61	25.84
1600	5.95	19.04	6.80	21.76	7.66	24.51	8.53	27.28
1700	5.87	19.97	6.72	22.85	7.58	25.77	8.45	28.72
1800	5.80	20.89	6.65	23.94	7.51	27.03	8.38	30.15
1900	5.74	21.80	6.59	25.03	7.44	28.29	8.31	31.58
2000	5.68	22.71	6.53	26.10	7.38	29.53	8.25	33.00
2200	5.57	24.51	6.42	28.24	7.27	32.01	8.14	35.81
2400	5.48	26.29	6.32	30.35	7.18	34.46	8.04	38.60
2600	5.39	28.05	6.24	32.45	7.10	36.89	N_g=2500 U=8.0% q=40.00	
2800	5.32	29.80	6.17	34.52	7.02	39.31		
3000	5.25	31.53	6.10	36.59	N_g=2857 U=7.0% q=40.00			
3200	5.19	33.24	6.04	38.64				
3400	5.14	34.95	N_g=3333 U=6.0% q=40.00					
3600	5.09	36.64						
3800	5.04	38.33						
4000	5.00	40.00						

附录C 给水塑料管水力计算表

给水塑料管水利计算表

(流量 q_g 为L/s、管径 DN 为mm、流速 v 为m、水头损失 i 为kPa/m)

q_g	DN15		DN20		DN25		DN32		DN40		DN50		DN70		DN80		DN100	
	v	i	v	i	v	i	v	i	v	i	v	i	v	i	v	i	v	i
0.10	0.50	0.275	0.26	0.060														
0.15	0.75	0.564	0.39	0.123	0.23	0.033												
0.20	0.99	0.940	0.53	0.206	0.30	0.055	0.20	0.02										
0.30	1.49	0.193	0.79	0.422	0.45	0.113	0.29	0.040										
0.40	1.99	0.321	1.05	0.703	0.61	0.188	0.39	0.067	0.24	0.021								
0.50	2.49	4.77	1.32	1.04	0.76	0.279	0.49	0.099	0.30	0.031								
0.60	2.98	6.60	1.58	1.44	0.91	0.386	0.59	0.137	0.36	0.043	0.23	0.014						
0.70			1.84	1.90	1.06	0.507	0.69	0.181	0.42	0.056	0.27	0.019						
0.80			2.10	2.40	1.21	0.643	0.79	0.229	0.48	0.071	0.30	0.023						
0.90			2.37	2.96	1.36	0.792	0.88	0.282	0.54	0.088	0.34	0.029	0.23	0.018				
1.00					1.51	0.955	0.98	0.340	0.60	0.106	0.38	0.035	0.25	0.014				
1.50					2.27	1.96	1.47	0.698	0.90	0.217	0.57	0.072	0.39	0.029	0.27	0.012		
2.00							1.96	1.160	1.20	0.361	0.76	0.119	0.52	0.049	0.36	0.020	0.24	0.008

续表

q_g	DN15		DN20		DN25		DN32		DN40		DN50		DN70		DN80		DN100	
	v	i	v	i	v	i	v	i	v	i	v	i	v	i	v	i	v	i
2.50							2.46	1.730	1.50	0.536	0.95	0.517	0.65	0.072	0.45	0.030	0.30	0.011
3.00									1.81	0.741	1.14	0.245	0.78	0.099	0.54	0.042	0.36	0.016
3.50									2.11	0.974	1.33	0.322	0.91	0.131	0.63	0.055	0.42	0.021
4.00									2.41	0.123	1.51	0.408	1.04	0.166	0.72	0.069	0.48	0.026
4.50									2.71	0.152	1.70	0.503	1.17	0.205	0.81	0.086	0.54	0.032
5.00											1.89	0.606	1.30	0.247	0.90	0.104	0.60	0.039
5.50											2.08	0.718	1.43	0.293	0.99	0.123	0.66	0.046
6.00											2.27	0.838	1.56	0.342	1.08	0.143	0.72	0.052
6.50													1.69	0.394	1.17	0.165	0.78	0.062
7.00													1.82	0.445	1.26	0.188	0.84	0.071
7.50													1.95	0.507	1.35	0.213	0.90	0.080
8.00													2.08	0.569	1.44	0.238	0.96	0.090
8.50													2.21	0.632	1.53	0.265	1.02	0.102
9.00													2.34	0.701	1.62	0.294	1.08	0.111
9.50													2.47	0.772	1.71	0.323	1.14	0.121
10.00															1.80	0.354	1.20	0.134

附录 D 排水管水力计算表

排水塑料管水力计算表（n=0.009）［de(mm)，v(m/s)，Q(L/s)］ **表 D-1**

坡度	h/D=0.5										h/D=0.6			
	de=50		de=75		de=90		de=110		de=125		de=160		de=200	
	v	Q	v	Q	v	Q	v	Q	v	Q	v	Q	v	Q
0.003											0.74	8.38	0.86	15.24
0.0035									0.63	3.48	0.80	9.05	0.93	16.46
0.004							0.62	2.59	0.67	3.72	0.85	9.68	0.99	17.60
0.005					0.60	1.64	0.69	2.90	0.75	4.16	0.95	10.82	1.11	19.67
0.006					0.65	1.79	0.75	3.18	0.82	4.55	1.04	11.85	1.21	21.55
0.007			0.63	1.22	0.71	1.94	0.81	3.43	0.89	4.92	1.13	12.80	1.31	23.28
0.008			0.67	1.31	0.75	2.07	0.87	3.67	0.95	5.26	1.20	13.69	1.40	24.89
0.009			0.71	1.39	0.80	2.20	0.92	3.89	1.01	5.58	1.28	14.52	1.48	26.40
0.01			0.75	1.46	0.84	2.31	0.97	4.10	1.06	5.88	1.35	15.30	1.56	27.82
0.011			0.79	1.53	0.88	2.43	1.02	4.30	1.12	6.17	1.41	16.05	1.64	29.18

续表

坡度	$h/D=0.5$										$h/D=0.6$			
	$de=50$		$de=75$		$de=90$		$de=110$		$de=125$		$de=160$		$de=200$	
	v	Q	v	Q	v	Q	v	Q	v	Q	v	Q	v	Q
0.012	0.62	0.52	0.82	1.60	0.92	2.53	1.07	4.49	1.17	6.44	1.48	16.76	1.71	30.48
0.015	0.69	0.58	0.92	1.79	1.03	2.83	1.19	5.02	1.30	7.20	1.65	18.74	1.92	34.08
0.02	0.80	0.67	1.06	2.07	1.19	3.27	1.38	5.80	1.51	8.31	1.90	21.64	2.21	39.35
0.025	0.90	0.74	1.19	2.31	1.33	3.66	1.54	6.48	1.68	9.30	2.13	24.19	2.47	43.99
0.026	0.91	0.76	1.21	2.36	1.36	3.73	1.57	6.61	1.72	9.48	2.17	24.67	2.52	44.86
0.03	0.98	0.81	1.30	2.53	1.46	4.01	1.68	7.10	1.84	10.18	2.33	26.50	2.71	48.19
0.035	1.06	0.88	1.41	2.74	1.58	4.33	1.82	7.67	1.99	11.00	2.52	28.63	2.93	52.05
0.04	1.13	0.94	1.50	2.93	1.69	4.63	1.95	8.20	2.13	11.76	2.69	30.60	3.13	55.65
0.045	1.20	1.00	1.59	3.10	1.79	4.91	2.06	8.70	2.26	12.47	2.86	32.46	3.32	59.02
0.05	1.27	1.05	1.68	3.27	1.89	5.17	2.17	9.17	2.38	13.15	3.01	34.22	3.50	62.21
0.06	1.39	1.15	1.84	3.58	2.07	5.67	2.38	10.04	2.61	14.40	3.30	37.48	3.83	68.15
0.07	1.50	1.24	1.99	3.87	2.23	6.12	2.57	10.85	2.82	15.56	3.56	40.49	4.14	73.61
0.08	1.60	1.33	2.13	4.14	2.38	6.54	2.75	11.60	3.01	16.63	3.81	43.28	4.42	78.70

机制排水铸铁管水力计算表(n=0.013)[de/(mm), v/(m/s), Q(L/s)] 表 D-2

坡度	h/D=0.5								h/D=0.6			
	de=50		de=75		de=100		de=125		de=150		de=200	
	v	Q	v	Q	v	Q	v	Q	v	Q	v	Q
0.005	0.29	0.29	0.38	0.85	0.47	1.83	0.54	3.38	0.65	7.23	0.79	15.57
0.006	0.32	0.32	0.42	0.93	0.51	2.00	0.59	3.71	0.2	7.92	0.87	17.06
0.007	0.35	0.34	0.45	1.00	0.55	2.16	0.64	4.00	0.77	8.56	0.94	18.43
0.008	0.37	0.36	0.49	1.07	0.59	2.31	0.68	4.28	0.83	9.15	1.00	19.70
0.009	0.39	0.39	0.52	1.14	0.62	2.45	0.72	4.54	0.88	9.70	1.06	20.90
0.01	0.41	0.41	0.54	1.20	0.66	2.58	0.76	4.78	0.92	10.23	1.12	22.03
0.011	0.43	0.43	0.57	1.26	0.69	2.71	0.80	5.02	0.97	10.72	1.17	23.10
0.012	0.45	0.45	0.59	1.31	0.72	2.83	0.84	5.24	1.01	11.20	1.23	24.13
0.015	0.51	0.50	0.66	1.47	0.81	3.16	0.93	5.86	1.13	12.52	1.37	26.98
0.02	0.59	0.58	0.77	1.70	0.93	3.65	1.08	6.76	1.31	14.16	1.58	31.15
0.025	0.66	0.64	0.86	1.90	1.04	4.08	1.21	7.56	1.46	16.17	1.77	34.83
0.03	0.72	0.70	0.94	2.08	1.14	4.47	1.32	8.29	1.60	17.71	1.94	38.15
0.035	0.78	0.76	1.02	2.24	1.23	4.83	1.43	8.95	1.73	19.13	2.09	41.21
0.04	0.83	0.81	1.09	2.40	1.32	5.17	1.53	9.57	1.85	20.45	2.24	44.05
0.045	0.88	0.86	1.15	2.54	1.40	5.48	1.62	10.15	1.96	21.69	2.38	46.72
0.05	0.93	0.91	1.21	2.68	1.47	5.78	1.71	10.70	2.07	22.87	2.50	49.25
0.06	1.02	1.00	1.33	2.94	1.61	6.33	1.87	11.72	2.26	25.05	2.74	53.95
0.07	1.10	1.08	1.44	3.17	1.74	6.83	2.02	12.66	2.45	27.06	2.96	58.28
0.08	1.17	1.15	1.54	3.39	1.86	7.31	2.16	13.53	2.61	28.92	3.17	62.30

参 考 文 献

[1] 中华人民共和国建设部. 高层民用建筑设计防火规范(2005 版)(GB 50045—1995). 北京：中国计划出版社，1995.

[2] 中华人民共和国建设部. 自动喷水灭火系统设计规范(GB 50084—2001). 北京：中国计划出版社，2001.

[3] 中华人民共和国卫生部. 生活饮用水卫生标准(GB 5749—2006). 北京：中国标准出版社，2007.

[4] 中华人民共和国住房和城乡建设部. 游泳池给水排水工程技术规程(CJJ 122—2008). 北京：中国建筑工业出版社，2008.

[5] 中华人民共和国住房和城乡建设部. 建筑给水排水设计规范(GB 50015—2009). 北京：中国计划出版社，2009.

[6] 崔莉. 建筑设备. 北京：机械工业出版社，2002.

[7] 姜湘山. 建筑小区中水工程. 北京：机械工业出版社，2003.

[8] 李亚峰等. 高层建筑给水排水工程. 北京：化学工业出版社，2004.

[9] 马金等. 建筑给水排水工程. 北京：清华大学出版社，2004.

[10] 曹宇等. 污水处理厂运行管理培训教程. 北京：化学工业出版社，2005.

[11] 何培斌，建筑制图与识图. 北京：中国电力出版社，2005.

[12] 樊建军等. 建筑给水排水及消防工程. 北京：中国建筑工业出版社，2005.

[13] 陈送财. 建筑给排水. 北京：机械工业出版社，2005.

[14] 李玉华. 建筑给水排水工程设计计算. 北京：中国建筑工业出版社，2006.

[15] 景绒. 建筑消防给水系统. 北京：化学工业出版社，2006.

[16] 龙兴灿. 给排水与管网工程. 北京：人民交通出版社，2008.

[17] 孙勇. 建筑给水排水. 哈尔滨：哈尔滨工业大学出版社，2008.

[18] 易津湘. 建筑设备工程——给排水、供热与通风空调. 哈尔滨：哈尔滨工程大学出版社，2008.

[19] 王春燕，张勤. 高层建筑给水排水工程. 重庆：重庆大学出版社，2009.

[20] 程文义. 建筑给排水工程(第二版). 北京：中国电力出版社，2009.
[21] 游映玖. 建筑给水排水工程设计. 北京：机械工业出版社，2009.
[22] 王烽华. 工业建筑给水排水及消防工程设计示例. 北京：中国建筑工业出版社，2010.
[23] 李敬苗，魏一然. 建筑给水排水工程. 北京：中国建材工业出版社，2010.